The Separation and Refining
Technology of Precious Metals

贵金属分离与
精炼工艺学

余建民 编著

The Second Edition
第二版

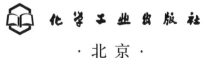

化学工业出版社

·北京·

本书全面系统地总结了贵金属分离与精炼工艺。书中首先概括介绍了贵金属的主要物理化学性质和贵金属的重要化合物及配合物，以及贵金属分离方法和工艺流程，进而深入浅出地对金、银、钯、铂、锇、铱、铑、钌的分离精炼工艺分别进行了重点论述，还介绍了光谱分析用高纯贵金属基体的制备方法。全书理论紧密联系实际，可操作性强。为了满足国外同行的阅读需要，本书特意增加了英文目录。为了方便查阅，附录列出了上海黄金交易所可提供标准金锭企业名单、上海黄金交易所可提供标准金条企业名单、上海期货交易所金锭注册商标、包括标准及升贴水标准、上海黄金交易所可提供标准银锭企业名单、美国材料与试验学会（ASTM）及俄罗斯贵金属产品标准（ГОСТ）。

　　本书与第一版相比变化较大的是，增加了选择性沉淀及选择性吸附铂族金属（铂、钯、铑）新技术、固相萃取分离贵金属新技术；完善了分子识别分离贵金属新技术；重新改写了金的精炼工艺，尤其是增加了高纯金（99.999%）制备新工艺；增加了无铜离子及高电流密度银电解新工艺；王水溶解-氯化铵直接沉淀精炼钯新工艺；亚硫酸钠（草酸铵）还原-氯气氧化精炼铂新工艺；铑的溶解新技术、离子交换净化-直接还原铑（铱）新工艺；计算机靶材用高纯钌粉制备新工艺；银锭自动浇铸机等。

　　本书可供从事贵金属矿产资源提取冶金、贵金属二次资源综合利用、贵金属分离提纯与精炼、贵金属新材料研究、贵金属冶金分析及设计的研究人员、生产技术人员参考，同时也可供高等院校化学冶金专业的师生参阅。

图书在版编目（CIP）数据

　　贵金属分离与精炼工艺学/余建民编著. —2版.

北京：化学工业出版社，2016.4

　　ISBN 978-7-122-26298-1

　　Ⅰ.①贵…　Ⅱ.①余…　Ⅲ.①贵金属-分离法②贵金属-精炼（冶金）　Ⅳ.①TF83

　　中国版本图书馆 CIP 数据核字（2016）第 028958 号

责任编辑：成荣霞　　　　　　　　　　文字编辑：向　东
责任校对：宋　夏　　　　　　　　　　装帧设计：王晓宇

出版发行：化学工业出版社（北京市东城区青年湖南街 13 号　邮政编码 100011）
印　　装：北京虎彩文化传播有限公司
710mm×1000mm　1/16　印张 25　字数 473 千字　2016 年 8 月北京第 2 版第 1 次印刷

购书咨询：010-64518888　　　　　　　售后服务：010-64518899
网　　址：http://www.cip.com.cn
凡购买本书，如有缺损质量问题，本社销售中心负责调换。

定　　价：128.00 元　　　　　　　　　　　　　版权所有　违者必究

贵金属精炼是贵金属冶金学的一个重要组成部分，它包括贵金属之间的相互分离以及使制取的贵金属达到用户要求纯度的一切技术操作与方法。

贵金属的精炼方法是根据贵金属及其化合物的性质和冶金过程中利用的物理化学原理制定的。但是随着科学技术的发展，在不同时期人们对金属性质的认识不尽相同，随着贵金属的应用范围不断扩大，人们对贵金属纯度和状态的要求亦有所不同，因而贵金属的分离和提纯技术也必然不断发展和变化。

1755 年，法国的吉统·莫尔沃等人制得了可锻性的铂；1790 年法国的扎契发明了制取纯铂的方法；1800 年英国的沃拉斯顿发明了用氯化铵沉淀精炼铂的经典方法，并于 19 世纪 50 年代开始了贵金属精炼的工业化生产。由于镧系收缩的影响，贵金属的物理性质非常相似，化学性质独特，因而其精炼工艺具有相当高的技术含量。从 19 世纪到 20 世纪 60 年代，传统沉淀分离工艺是贵金属精炼的主要方法，世界著名贵金属生产厂如国际镍公司（Inco）Acton 精炼厂、英国Royston 的 Mathey-Rusterburg 精炼厂，英高克公司的新泽西州精炼厂、俄罗斯的克拉斯诺雅斯克铂族金属精炼厂等均曾经或部分还在使用传统沉淀精炼工艺。但是随着近 20 年以来高新技术产业、生命科学等诸多领域对贵金属的新需求，人们对贵金属产品（锭、粉）中杂质元素的数量及含量提出了极为严格的要求，为此国家有关部门也相继颁布了贵金属产品新标准、光谱分析用高纯贵金属基体新标准，这些均对贵金属传统沉淀精炼工艺提出了新的挑战。自从 20 世纪 70 年代初以来，关于应用溶剂萃取分离技术、离子交换分离技术、色谱分离技术、分子识别技术等现代分离技术精炼贵金属的研究日益活跃，一些研究成果已应用于实际生产中，近一二十年来，Acton 精炼厂、Mathey-Rusterburg 精炼厂和Lonrho 精炼厂（南非）相继以现代溶剂萃取分离技术、离子交换分离技术替代了传统沉淀分离技术。我国自 21 世纪初以来先后引进消化吸收了国外最先进的贵金属精炼核心技术、核心设备、自动化仪器仪表等，极大地提高了我国贵金属精炼技术和装备的水平，也给我国贵金属精炼技术的研究与开发带来了极大的机遇和挑战。

自从 2006 年 8 月《贵金属分离与精炼工艺学》一书出版以来，由于实用性强，得到了国内外许多读者的好评。近 10 年来，在贵金属分离与精炼方面，经过广大科技工作者的攻关，一些新的工艺技术日趋成熟并不断地被应用于国内一些贵金属精炼企业。例如，铑的溶解新技术，选择性沉淀铂族金属（铂、钯、铑）新技术，选择性吸附铂族金属（铂、钯、铑）新技术，固相萃取分离贵金属新技术，分子识别分离贵金属新技术，焦亚硫酸钠控制电势-二次还原制备高纯金（99.999%）新工艺，无铜离子银电解新工艺，高电流密度银电解新工艺，王水溶解-氯化铵直接沉淀精炼钯新工艺，亚硫酸钠（草酸铵）还原-氯气氧化精炼铂新工艺，离子交换净化-直接还原铑（铱）新工艺，计算机靶材用高纯钌粉制备新工艺等，以及银锭自动浇铸机的引进消化及吸收。为了反映本领域的最新研究成果及进展，笔者参考了大量国内外文献资料，并结合自己的生产实践经验，系统全面地总结了贵金属分离与精炼工艺，重点对第3～10章的内容做了补充更新，并对原书中的错误进行了修改，形成第二版。经过修订，全书的内容更新、更全面，对从事贵金属矿产资源和二次资源的提取冶金、分离提纯、回收、分析、设计的研究人员和生产技术人员、高等院校和中等专业学校化学冶金专业的师生有所裨益。

特别指出的是，从2006年起本书被国内多家贵金属矿产资源、二次资源综合利用企业当作职工培训教材，书中的部分技术成功地应用于深圳多家废旧首饰提纯企业，使贵金属回收率及纯度得到了较大的提高，生产周期缩短，生产成本及劳动强度降低，产生了较好的经济效益，充分彰显了这些技术的优越性。如今这些技术已经成为核心技术，获得较好经济效益的关键技术，这些技术符合我国生态环境良性循环、资源利用永续不衰和可持续发展及循环经济产业战略，也符合企业自身的发展需要，是技术和经济的统一。因此将这些技术向贵金属二次资源领域推广具有很大的潜力和广阔的前景，这也是这本书具有生命力的一个源泉。

在编著过程中得到了云龙县贵金属科技有限公司及其董事长蹇祝明的支持，还得到了朋友的帮助和鼓励，家人也给予了极大的支持。本书得到了云南省应用基础研究计划重点项目（2012FA006）的资助，在出版过程中化学工业出版社的编辑付出了艰辛的劳动，笔者在此对他们表示衷心的感谢。但由于贵金属精炼工艺学是一门新兴学科，限于笔者的学识和水平，书中不足之处在所难免，恳请读者朋友们批评指正。

余建民

2016年1月于春城昆明

目录
Contents

Contents

4　The Refining Technology of Silver ……………………………………………… 214

Appendix ··· **370**

1

贵金属元素化学

1.1　贵金属的电子层结构和氧化态[1]

贵金属在元素周期表中的位置及价电子层结构如表 1-1 所示。

表 1-1　贵金属在元素周期表中的位置及价电子层结构

周期＼族	Ⅷ			ⅠB
四	26 Fe 铁　$3d^6 4s^2$ 55.84	27 Co 钴　$3d^7 4s^2$ 58.93	28 Ni 镍　$3d^8 4s^2$ 58.69	29 Cu 铜　$3d^{10} 4s^1$ 63.54
五	44 Ru 钌　$4d^7 5s^1$ 101.10	45 Rh 铑　$4d^8 5s^1$ 102.91	46 Pd 钯　$4d^{10}$ 106.42	47 Ag 银　$4d^{10} 5s^1$ 107.87
六	76 Os 锇　$5d^6 6s^2$ 190.2	77 Ir 铱　$5d^7 6s^2$ 192.22	78 Pt 铂　$5d^9 6s^1$ 195.08	79 Au 金　$5d^{10} 6s^1$ 196.97

金、银和铜位于元素周期表ⅠB族，统称为铜族元素，位于第Ⅷ族的九种元素中第四周期的铁、钴、镍称为铁系元素，第五、六周期的钌、铑、钯、锇、铱、铂六种元素称为铂族金属（或稀贵金属）。铂族金属中属于第五周期的钌、铑、钯的密度约为 $12g/cm^3$，称为轻铂族金属，属于第六周期的锇、铱、铂的密度约为 $22g/cm^3$，称为重铂族金属。

从表 1-1 可以看出，所有贵金属元素均具有 d 电子层，ns 轨道电子有从 ns 轨道转移到 $(n-1)d$ 轨道的强烈趋势，因此就决定了这些元素是多价态的，并有生成配合物的强烈趋势。贵金属的常见氧化态及电离势等性质如表 1-2 所示。

决定元素氧化态稳定性的因素是很复杂的，考虑其完整的能量循环是必要的，但由于许多化合物缺乏所需的数据，只能把电离势作为一般指导性判据。例如，银的第二电离势相对较高，决定了它的稳定氧化态是＋1；而金的第三电离势相对较低，导致金易生成稳定的＋3氧化态。在周期表中贵金属元素的主要氧化态及其稳定性的递变规律为：同族中从上到下高氧化态稳定性逐渐增强，同一周期中从左到右高氧化态稳定性逐渐降低。

表 1-2　贵金属的常见氧化态及电离势等性质

元素	Ru	Rh	Pd	Ag	Os	Ir	Pt	Au
价电子层结构	$4d^7 5s^1$	$4d^8 5s^1$	$4d^{10}$	$4d^{10} 5s^1$	$5d^6 6s^2$	$5d^7 6s^2$	$5d^9 6s^1$	$5d^{10} 6s^1$
主要氧化态	＋2，＋4 ＋6，＋7 ＋8	＋3 ＋4	＋2 ＋4	＋1	＋2，＋3 ＋4，＋6 ＋8	＋3 ＋4 ＋6	＋2 ＋4	＋1 ＋3
稳定氧化态	＋4	＋3	＋2	＋1	＋8	＋3 ＋4	＋2 ＋4	＋3
M^+离子半径/Å				1.26				1.37
M^{2+}离子半径/Å	0.81	0.80	0.85	0.89	0.88	0.92	1.24	—
M^{3+}离子半径/Å		0.68						
M^{4+}离子半径/Å	0.69		0.65		0.69	0.68	0.65	
电负性	1.42	1.45	1.35	1.42	1.52	1.55	1.44	1.42
第一电离势/(kJ/mol)	710.8	720.4	804.1	731.3	839.7	888.3	868.6	889.1
第二电离势/(kJ/mol)	1601.6	1536.7	1874.5	2073.3			1791.6	1978.7
第三电离势/(kJ/mol)				3465.6				2894.6
第四电离势/(kJ/mol)				5020				4200

注：1Å＝0.1nm。

1.2　贵金属的主要物理性质[2,3]

贵金属的颜色除金为金黄色，锇为蓝灰色外，其余6种金属均为银白色；除金、银外它们均为难熔的金属；都具有较大的密度，其中铱的密度最大；均是热和电的良导体，其中银是最好的导体；均易生成合金，金银还有良好的延展性，1g金能拉成长3km的细丝，可碾压成厚度为0.001mm的金箔；铂钯易于机械加工，纯铂可冷轧成厚为0.0025mm的箔，铑铱可以加工但很困难，锇钌硬度高且脆，不能承受机械加工。如图1-1所示为贵金属物理性质的变化规律。

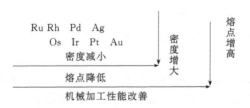

图 1-1　贵金属物理性质的变化规律

　　贵金属对气体的吸附能力很强。熔融态的银可溶解超过其体积 20 倍的氧，但凝固时又逸出。450℃时，金能吸收约为其体积 40 倍的氧，在熔融状态下吸收的氧更多。铂可制成碎粒或海绵体，能吸附气体，常温时可吸收超过其体积 114 倍的氢，温度升高吸附气体的性能更强。钯可制成非常稳定的胶体悬浮物及固定制剂，后者对氢有极强的吸附性，能吸附 3000 倍体积的氢。1mol 钯（细粉）可以吸附 1mol 乙烯。铱呈微末状黑粒时，易吸收气体，并对许多化学反应有催化作用。熔融铑具有高度溶解气体的性能，凝固时放出气体，铑黑易吸收氢及其他气体。钌和锇也有类似的性质。铂族元素的高度催化活性是和它们吸收气体的性质密切相关的。它们强烈地加速着许多种化学反应，特别是对有气态氢参加的反应更为显著。如在钯存在的情况下，即使在冷态和黑暗条件下氢也能还原氯、溴、碘和氧，使 SO_2 变为 H_2S，ClO_3^- 变为 Cl^-，$FeCl_3$ 变为 $FeCl_2$ 等。当氧和水同时存在时，被氢饱和的钯能使 N_2 变为 NH_4NO_2，即在常温常压条件下可固定自由氮。

　　贵金属对光的反射能力较强。银对白光的反射能力最强。对 5500Å 的光线，银、铑、钯的反射率分别为 94%、78% 和 65%。后两种金属反射率差一点但却具有不会因 H_2S 作用而变黑的优点，所以它们常用于制造能耐受强热的照明装置的镜子。

　　贵金属的主要物理性质见表 1-3。

表 1-3　贵金属的主要物理性质

金 属 元 素	钌	铑	钯	银	锇	铱	铂	金
原子序数	44	45	46	47	76	77	78	79
相对原子质量	101.7	102.9055	106.42	107.8682	190.2	192.22	195.08	196.6882
最近的原子距离/nm	0.27056	0.2689	0.2751	0.2889	0.27341	0.2715	0.2774	0.2884
晶体结构	密集六方	面心立方	面心立方	面心立方	密集六方	面心立方	面心立方	面心立方
晶格常数 a(25℃)/nm	0.27056	0.38031	0.32898	0.40862	0.27340	0.38392	0.39229	0.40786
晶格常数 c/a	1.5825	—	—	—	1.5799	—	—	—
原子半径/nm	0.125	0.125	0.128	0.134	0.126	0.127	0.130	0.134
原子体积/(μcm^3/mol)	8.3	8.5	8.9	10.21	8.5	8.6	9.12	10.11
硬度(金刚石=10)	6.5	6	5	2.5	7	6.5	4.5	2.5
密度(20℃)/(g/cm³)	12.450	12.410	12.020	10.49	22.610	22.650	21.450	19.32
熔点/℃	2427	1966	1550	961	3027	2454	1770	1063
沸点/℃	4119	3727	2900	2164	5020±100	4500	3824	2808
比热容/[J/(g·K)]	0.231	0.247	0.245	0.234	0.129	0.129	0.131	0.129
热导率(10~100℃)/[J/(cm²·s·℃)]	1.047	1.507	0.754	4.187	0.879	1.465	0.712	3.098
线膨胀系数/10^{-6}℃$^{-1}$	9.1	8.3	11.1	19.68	6.1	6.8	9.1	14.16
电阻率/μΩ·cm	6.80	4.33	9.93	1.59	8.12	4.71	9.85	2.86
电阻温度系数(0~100℃)/℃$^{-1}$	0.0042	0.00463	0.0038	0.0041	0.0042	0.00427	0.003927	0.004
1000℃时与铂连接的电动势/mV	9.760	14.12	-11.491	0.80[2]	—	12.750	—	12.35[1]
物质磁化率/[10^{-6}cm/(g·s)]	0.427	0.9903	5.231	-0.195	0.052	0.133	0.9712	-0.15
蒸气压(1500℃)/Pa	1.333×10^{-6}	1.333	1.333×10^{-6}	34.663	1.333×10^{-4}	1.333×10^{-10}	1.333×10^{-4}	9.066×10^{-2}

① 温度为 800℃。

② 温度为 700℃。

1.3　贵金属的主要化学性质[2,3]

　　贵金属一个共同的化学特性是其化学稳定性。量子力学理论指出，在等价轨道上的电子排布全充满和全空状态具有较低的能量和较高的稳定性。铂族元素电子结构的特点为：ns 轨道电子除锇、铱为 2 个电子外，其余都只有 1 个电子或没有。这说明其价电子有从 ns 轨道转移到 $(n-1)d$ 轨道的强烈趋势，最外层电子不易失去。金银的次外层 d 电子与外层的 s 电子一样也参与金属键的生成，因此它们的熔点和升华焓都较高，并导致金属变为水合阳离子时，在能量上不利，以致于金银不易被腐蚀。

　　贵金属的化学性质因其在周期表中的位置及原子序数的不同有一定的差异，正是这些差异为它们的分离、精炼提供了可能。

　　铂族元素的主要氧化态及其稳定性的递变规律如图 1-2 所示。贵金属元素化学活性增加规律见图 1-3。原子半径随周期表和原子序数的变化规律如图 1-4 所示。

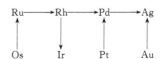

图 1-2 铂族元素的主要氧化态及稳定性规律

图 1-3 贵金属元素化学活性增加规律

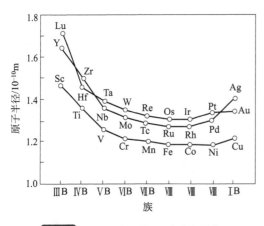

图 1-4 过渡元素的原子半径变化规律

　　铂族元素对酸的化学稳定性比所有其他金属都高，其中钌和锇、铑和铱对酸的化学稳定性特别高，不仅不溶于普通酸，甚至不溶于王水。钯和铂能溶于王水。钯是铂族元素中最活泼的一个，可溶于浓硝酸和热的浓硫酸。金一般只溶于王水。银是贵金属中最活泼的，能溶于硝酸和热的浓硫酸，但因生成 AgCl 沉淀而不溶于王水。

　　铂族元素抗氧化性都很强，在常温下对空气和氧都是十分稳定的，只有粉状锇在室温下会慢慢氧化生成有毒的挥发性 OsO_4，若在空气中加热会迅速氧化为 OsO_4。铱是唯一可在氧化气氛下应用到 2300℃ 而不发生严重损坏的金属。铑有良好的抗氧化性，在一般温度和所有气氛下铑镀层均很光亮。铂是唯一能抗氧化直到熔点的金属。金和银在空气中不与氧直接化合，加热至 200℃ 时即有 Ag_2O 薄膜生成，至 400℃ 时又分解。钌在空气中加热到 450℃ 以上会缓慢氧化，生成稍带挥发性的 RuO_2。在空气中，350～790℃下钯会生成氧化膜，高于此温度又分解为钯和氧。铱和铑在 600～1000℃ 的空气中会氧化，在更高温度下氧化物消失，又恢复其金属光泽。

贵金属在各种条件下抗腐蚀性能的差异如表 1-4 所示。

表 1-4　贵金属耐腐蚀性能比较

腐蚀介质		Au	Ag	Pt	Pd	Rh	Ir	Os	Ru
H_2SO_4	浓	A	B	A	A	A	A	A	A
HNO_3	0.1mol/L	A	B	A	A	A	A	—	A
	70%	A	—	A	D	A	—	C	A
	70%、100℃	A	D	A	D	A	A	D	A
王水	室温	D	D	D	D	A	A	D	A
	煮沸	D	D	D	D	A	A	D	A
HCl	36%,室温	A	B	A	A	A	A	A	A
	36%,煮沸	A	D	B	B	A	A	C	A
Cl_2	干	B	—	B	C	A	A	A	A
	湿	B	—	B	B	A	A	A	A
NaClO 溶液	室温	—	—	A	C	B	—	D	D
	100℃	—	—	A	D	B	B	D	D
$FeCl_3$溶液	室温	B	—	—	C	A	A	C	A
	100℃	—	—	—	D	A	A	D	A
熔融 Na_2SO_4		A	D	B	C	C	—	B	B
熔融 NaOH		A	A	B	B	B	B	C	C
熔融 Na_2O_2		D	A	D	D	B	C	D	C
熔融 $NaNO_3$		A	D	A	C	A	A	A	A
熔融 Na_2CO_3		A	A	B	B	B	B	B	B

注：A—不腐蚀；B—轻微腐蚀；C—腐蚀；D—强烈腐蚀。

据文献介绍对氧、硫、氯、氟最稳定的分别为铂、钌、铱、铑。

1.4　贵金属重要化合物[2～5]

贵金属有着大量的氧化物、硫化物、磷化物等二元化合物，但最重要的是卤化物。

1.4.1　氧化物

表 1-5 给出了贵金属的主要氧化物。

表 1-5　贵金属的主要氧化物

氧化态	Ru	Rh	Pd	Ag	Os	Ir	Pt	Au
+1				Ag_2O				Au_2O
+2			PdO	AgO				
+3		Rh_2O_3				Ir_2O_3		Au_2O_3
+4	RuO_2	RhO_2			OsO_2	IrO_2	PtO_2	
+8	RuO_4				OsO_4			

（1）一价氧化物

贵金属中，金、银有一价氧化物，将碱溶液加入含 Ag^+ 的水溶液中，就可制得暗棕色的水合 Ag_2O 沉淀。但要将它所含的水全部脱去，又不引起 Ag_2O 分解却很困难。无水 Ag_2O 可通过在氧气中加热银粉来制取。Ag_2O 受热易分解，常压下 Ag_2O 于 297℃就完全分解为银和氧气，它是碱性氧化物，在水溶液中的溶解度较小。Ag_2O 与氨水作用能生成爆银（Ag_3N、Ag_2NH），这是一种黑色粉末，稍经触动、碰击、摩擦、加热即会引起分解，发生爆炸。生成爆银的反应如下：

$$3Ag_2O + 2NH_3 \Longrightarrow 2Ag_3N + 3H_2O \Longrightarrow Ag_2O + NH_3 \Longrightarrow Ag_2NH + H_2O$$

（2）二价氧化物

贵金属中只有银和钯有二价氧化物。

PdO 可由元素直接合成，也可将 $PdCl_2$ 与 Na_2CO_3 共熔，用水漂去可溶钠盐后脱水而成。PdO 不溶于任何酸，且难溶于王水，875℃能分解为金属钯和氧气。

AgO 是用碱性 $S_2O_8^{2-}$ 处理 $AgNO_3$ 水溶液而得的黑色沉淀物，它没有顺磁性，所以并非真正的 Ag^{2+}，有人认为是 $Ag^+ Ag^{3+} O_2$。AgO 是一种半导体，而且是强氧化剂，在 97℃能分解为 Ag_2O 和 O_2。AgO 能溶于 HNO_3 水溶液，并失去部分氧，所得溶液具有顺磁性，其中可能含有 Ag^{2+}。

（3）三价氧化物

用氢氧化金在 147℃小心加热脱水，即可得暗棕色粉末状氧化金 Au_2O_3，它为两性氧化物，可溶于浓无机酸，也可溶于热的碱溶液，从 Au_2O_3 与 KOH 化合的水溶液中可结晶出黄色针状的 $KAuO_2 \cdot 3H_2O$。将 Au_2O_3 加热到约 150℃即分解放出氧。

当把稍微过量的碱加到 $RhCl_3$ 溶液中，黄色的水合氧化铑 $Rh_2O_3 \cdot nH_2O$ 就沉淀出来，如果要制取具有刚玉型结构的无水氧化物，最好是用 HNO_3 将 $Rh_2O_3 \cdot nH_2O$ 转变为 $Rh(NO_3)_3 \cdot 2H_2O$，再加热分解。

（4）四价氧化物

除了钯和金、银，其他贵金属均可生成四价氧化物。这些氧化物的结构除 PtO_2 外，都是金红石型结构。

将 Rh_2O_3 固体在氧气中进行加压加热，就会变成黑色的 RhO_2。黑色无水

IrO_2 和 RuO_2 都可用在氧气中加热金属的方法制得。OsO_2 则通常是在 647℃时用氧化氮和金属作用的方法来制取的，也可用有机物还原 OsO_4 而得。铂不直接同氧发生反应，这是铂最重要的特性。PtO_2 可用 H_2PtCl_6 和 $NaNO_3$ 在 447℃时共熔，洗掉钠盐后干燥而得。

黑色 RuO_2 不溶于水，在氢气中加热即被还原为金属单质。OsO_2 为黑色而有金属光泽的粉末，隔绝空气加热会发生歧化反应生成 OsO_4 和 Os。IrO_2 为蓝黑色带金属光泽的粉末，溶于盐酸（特别是新配制的）。PtO_2 黑色粉末，不溶于酸。

（5）八价氧化物

钌和锇都有高价氧化物。OsO_4 可用粉末锇在空气中灼热而得。OsO_4 在常温下，为透明固体，近于无色或带浅绿色。它于 41℃熔化，120℃汽化。它具有烧碱的气味，与有机物或氢气接触时，将被还原为 OsO_2。

当氯气流通过钌酸盐的酸性溶液时，便挥发出橙色的 RuO_4。在常温时为黄色针状体，具有烧碱的气味。它于 25℃熔化，65℃汽化。

RuO_4 和 OsO_4 都为挥发性氧化物，通常利用这个特性使它们与其他物质分离。如用氯作用于锇化物或钌化物溶液得到氧化物，再进一步加热溶液，RuO_4 和 OsO_4 即挥发出来。RuO_4 和 OsO_4 的分子结构都为正四面体，在 CCl_4 中均极易溶解。因此，可用 CCl_4 从水溶液中提取它们。它们都是强氧化剂，且都为酸性氧化物，然而它们与碱的反应却不同，OsO_4 溶于碱时生成 $[OsO_4(OH)_2]^{2-}$；而 RuO_4 则释放出氧，生成 RuO_4^{2-}：

$$2RuO_4 + 4OH^- \longrightarrow 2RuO_4^{2-} + 2H_2O + O_2\uparrow$$

它们的热稳定性也不同，RuO_4 在真空中升华，约在 177℃时爆炸分解为 RuO_2 和 O_2，而 OsO_4 的热稳定性好得多。OsO_4 极易溶于一系列有机溶剂。

1.4.2　氢氧化物

金的氢氧化物可由下列反应制得：

$$AuCl_3 + 3KOH \longrightarrow Au(OH)_3\downarrow + 3KCl$$

向沸腾的 $AuCl_3$ 溶液中加入 K_2CO_3 也可制得 $Au(OH)_3$，还可用浓碱从金氰酸 $\{H[Au(CN)_2]\}$ 稀溶液中沉淀出 $Au(OH)_3$。当碱过剩时，金的氢氧化物会与其作用生成金酸盐。

银的氢氧化物不稳定，60℃即分解。

铂的氢氧化物有 $Pt(OH)_2$ 和 $Pt(OH)_4$ 两种。氢氧化亚铂 $Pt(OH)_2$ 由下式得到：

$$PtCl_2 + 2KOH + nH_2O \longrightarrow Pt(OH)_2 \cdot nH_2O\downarrow + 2KCl$$

$Pt(OH)_2$ 易于生成胶体溶液，在烘干时脱水变为 PtO。将碱（不过量）加入氯铂酸溶液中则生成 $Pt(OH)_4$，它为棕色，是两性氢氧化物，与碱作用生成 $Na_2Pt(OH)_6$，与硫酸作用生成 $Pt(SO_4)_2$。

将 KOH 加入到钯的氯化物溶液中生成黄褐色的 $Pd(OH)_2$ 沉淀，它也能溶于过量的碱溶液中。

铱有两种氢氧化物，在加热情况下用碱液作用于四价铱盐溶液，可得深蓝色 $Ir(OH)_4$ 沉淀；用碱液作用于三价铱盐溶液可得橄榄绿色的 $Ir(OH)_3$ 沉淀，空气可将它氧化为 $Ir(OH)_4$。

当 $RhCl_3$ 与 KOH 的混合溶液煮沸时，沉淀出黑色的 $Rh(OH)_3$，它不溶于酸。再加入少许稀碱时，将沉淀出含水的黄色沉淀（成分尚未确定），且易溶于酸。

1.4.3　硫化物

金的硫化物有 Au_2S、Au_2S_2 和 Au_2S_3。黑色的硫化亚金 Au_2S 可通 H_2S 于酸化的 $Au(CN)_2^-$ 溶液而得。将 H_2S 通入 Au_2Cl_6 乙醚溶液可制得 Au_2S_3，它是黑色不溶于水的固体，加热到 197～240℃ 分解。Au_2S 能溶于 KCN 溶液及碱金属多硫化物中。

硫化银为黑色。H_2S 作用于银件表面，即生成 Ag_2S。将 H_2S 通入含 Ag^+ 的溶液中，即得到黑色沉淀 Ag_2S。Ag_2S 是所有银化物中最难溶的，$\lg K_{sp}^{\ominus} \approx -50$，也不溶于稀酸。在自然界中 Ag_2S 以辉银矿存在。Ag_2S 加热至 400℃ 分解为金属银。

铂有 PtS 和 PtS_2 两种硫化物。将 $PtCl_2$、Na_2CO_3 和硫一起加热可制得灰色 PtS，其相对密度为 0.9，既不溶于酸类，也不溶于王水。用 H_2S 或 Na_2S 溶液与四价铂的卤化物溶液作用可得黑色 PtS_2 沉淀，其相对密度为 5.3，溶于王水。

钯只有 PdS 一种硫化物。将 H_2S 通入钯盐溶液即沉淀出黑色 PdS 沉淀，而且在冷态下亦能沉淀完全。PdS 易溶于硝酸、王水。

用 H_2S 沉淀铂族金属离子时，铱是最难沉淀的。将铱盐的酸性溶液加热到 100℃ 时连续通入 H_2S，生成暗褐色 $Ir_2S_3 \cdot 3H_2O$ 沉淀。Ir_2S_3 可溶于王水。

冷态时将 H_2S 通入任何铑盐溶液仅能得到浑浊液，加热时生成大量黑色 Rh_2S_3 沉淀，它仅溶于王水，不溶于其他酸类。

用 H_2S 或 Na_2S 作用于锇化物溶液可得黑色 OsS_2 沉淀。沉淀在冷态、热态下均能进行。OsS_2 易成为稳定的胶体溶液，不溶于酸，可溶于王水。

将 H_2S 通入钌盐溶液生成黑色 RuS_2 沉淀，用钌和硫也可直接化合而成。RuS_2 只溶于王水，而不溶于酸。

贵金属同硒、碲也能发生反应，生成相应的硒化物、碲化物，它们的结构一般与硫化物类似，如银在铜电解精炼时可生成铜银硒化物（CuAgSe）。

1.4.4　卤化物

所有铂族金属均能生成多种氧化态的卤素配合物，金银也能生成多种卤素配合物，在此主要讨论铂族金属和金银的二元化合物。

（1）铂族金属卤化物

① 氟化物　铂族金属氟化物列于表 1-6。除钯外，铂族金属的六氟化物均已知。这些化合物通常由元素氟化反应而得，锇在 300℃ 氟化得 OsF_6，它为最稳定的六氟化物，其他六氟化物由于热稳定性差，必须用冷凝管迅速冷凝而得。它们均为挥发性的化学性质活泼的物质，腐蚀性强，通常必须保存在镍和蒙乃尔合金器皿中。除热分解外，紫外线照射也可引起 OsF_6 分解成 OsF_5 和 F_2。PtF_6 是已知的最强氧化剂之一，已发现它的蒸气能把 O_2 氧化成 O_2^+。六氟化物的蒸气与水蒸气能发生水解反应。

所有铂族金属的五氟化物也都很活泼，可以水解，最显著的特点是聚合为四聚物。加热时颜色会发生变化，如绿色 $[OsF_5]_4$→绿色液体→蓝色液体→无色蒸气，这是由于解聚引起的。五氟化物可由 MF_6 分解或控制氟化而得，其控制温度为：

元素	Ru	Pt	Rh	Ir
温度/℃	300	350	400	360

四氟化物可通过下列反应得到：

$$10RuF_5+I_2 = 10RuF_4+2IF_5$$

$$OsF_6 \xrightarrow{W(CO)_6} OsF_4+F_2$$

$$RhCl_3 \xrightleftharpoons{BrF_3} RhF_4 \cdot 2BrF_4 \rightleftharpoons RhF_4$$

$$Pt \xrightleftharpoons{BrF_3} PtF_4 \cdot 2BrF_3 \xrightleftharpoons{F_2} PtF_4 \leftarrow PtBr_2$$

$$Pd \xrightleftharpoons{BrF_3} Pd^{II}Pd^{IV}F_6 \xrightarrow{F_2,150℃} PdF_4$$

四氟化物遇水激烈地水解。

三氟化钌（RuF_3）用 I_2 还原制取：

$$5RuF_5+I_2 = 2IF_5+5RuF_3$$

RhF_3 可在 500～600℃ 下直接氟化而得，固体 RhF_3 不与水和碱反应。IrF_3 只能由还原 IrF_6 而制得。

二氟化钯可用下面的反应制取：

$$Pd^{II}Pd^{IV}F_6+SeF_4 = 2PdF_2+SeF_6$$

PdF_2 具有顺磁性。Pd^{2+} 还存在于 $PdSnF_6$ 和 $PdGeF_6$ 等化合物中。

表 1-6   铂族金属的氟化物

价态 元素	II	III	IV	V	VI
Ru		RuF₃,褐色	RuR₄,沙黄色	RuF₅,暗绿色,蒸气无色,熔点 86.5℃,沸点 227℃	RuF₆,暗褐色,熔点 54℃
Os			OsF₄,黄色	[OsF₅]₄,蓝灰色,蒸气无色,熔点 70℃	OsF₆,淡黄色,蒸气无色,熔点 33.2℃,沸点 47℃
Rh		RhF₃,红色	RhF₄,紫色	[RhF₅]₄,暗红色	RhF₆,黑色
Ir		IrF₃,黑色		[IrF₅]₄,黄绿色,熔点 104℃	IrF₆,黄色,熔点 44.8℃,沸点 53.6℃
Pd	PdF₂,紫色	PdF₃ (为 Pd²⁺ · PdF₆²⁻)	PdF₄,砖红色		
Pt			PtF₄,黄褐色	[PtF₅]₄,深红色,熔点 80℃	PtF₆,暗红色,熔点 61.3℃,沸点 69.1℃

② 其他卤化物　铂族金属的无水氯化物、溴化物和碘化物见表 1-7。

除 Pd 和 Pt 的卤化物外，铂族金属的卤化物一般不溶于水，稍有惰性，对制备配合物用处不大。

金属钌与 Cl_2 和 CO 在 370℃时相互作用生成 β-$RuCl_3$。β-$RuCl_3$ 在 Cl_2 中加热到 450℃转变为黑色叶片状 α-$RuCl_3$。$RuCl_3$ 水溶液与 KI 作用生成 RuI_3。

在 650℃以上用过量 Cl_2 与锇作用生成 $OsCl_4$ 和 $OsCl_3$ 的混合物。470℃时，通入低压氯气，$OsCl_4$ 会分解为 $OsCl_4$ 与 $OsCl_3$ 的混合物。

$RhCl_3$ 是在 327℃下用金属铑和 Cl_2 化合而成的。把水合 Rh_2O_3 溶解在盐酸中，蒸发溶液得到深红色结晶态的 $RhCl_3 \cdot nH_2O$（$n=3$ 或 4）。它是铑（III）化合物中最重要的一个，常用作制备铑配合物的原料。由 $RhCl_3$ 还可制得 RhI_3：

$$RhCl_3 + 3I^- \Longrightarrow RhI_3 + 3Cl^-$$

铑的卤化物与卤盐或氢卤酸结合可生成多种铑配合物。

表 1-7   铂族金属的无水氯化物、溴化物和碘化物

元素 价态	Ru	Os	Rh	Ir	Pd	Pt
II	RuBr₂	—	—	—	PdCl₂ 红色,PdBr₂ 红黑色,PdI₂ 黑色	PtCl₂ 黑红色,PtBr₂ 褐色,PtI₂ 黑色
III	α-RuCl₃ 黑色,β-RuCl₃ 褐色,RuBr₃ 暗褐色,RuI₃ 黑色	OsCl₃ 暗灰色,OsBr₃ 黑色,OsI₃ 黑色	RhCl₃ 红色,RhBr₃ 暗红色,RhI₃ 黑色	IrCl₃ 棕红色,IrBr₃ 黄色,IrI₃ 黑色	—	PtCl₃ 绿色,PtBr₃ 墨绿色,PtI₃ 黑色

续表

元素\价态	Ru	Os	Rh	Ir	Pd	Pt
Ⅳ	$RuCl_4$ 以蒸气存在;无溴化物和碘化物	$OsCl_4$ 黑色,$OsBr_4$ 黑色;无碘化物	—	$IrCl_4$,$IrBr_4$,IrI_4	—	$PtCl_4$ 红棕色,$PtBr_4$ 暗红色,PtI_4 黑色

$IrCl_3$ 不溶于水,可由金属铱在 627℃下氯化而得。

二氯化铂和二氯化钯都有两种存在形式,可用下面的方法获得:

$$Pd \underset{}{\overset{>550℃}{\rightleftharpoons}} \alpha\text{-}PdCl_2 \quad Pd \underset{}{\overset{<550℃}{\rightleftharpoons}} \beta\text{-}PdCl_2 \quad PdCl_2 \overset{慢}{\rightleftharpoons} \beta\text{-}PdCl_2$$

$$H_2PtCl_6 \cdot 6H_2O \overset{Cl_2,550℃}{\rightleftharpoons} PtCl_4 \overset{>350℃}{\rightleftharpoons} \beta\text{-}PtCl_2 \overset{550℃,1\sim2d}{\rightleftharpoons} \alpha\text{-}PtCl_2 \overset{Cl_2,500\sim650℃}{\longleftarrow} Pt$$

这些氯化物是分子型物质或多聚物。$PdCl_2$ 可溶于盐酸,生成 $[PdCl_4]^{2-}$,还可与许多配位体 L（如胺类、苄腈和膦类）反应,生成 L_2PdCl_2 或 $[LPdCl_2]_2$ 型配合物。$PtCl_2$ 与 $PdCl_2$ 相似。

$PdBr_2$ 可用溴与海绵钯作用制得,也可用钯盐溶液和含几滴硝酸的氢溴酸作用制得。向 $PdCl_2$ 溶液中加 KI 则沉淀出黑色絮状物 PdI_2。PdI_2 溶于大量过量的碘化钾的硫氢化碱溶液。

铂的三氯化物和三溴化物、三碘化物均可由铂和卤素在加热下反应制得。$PtCl_3$ 含有 Pt^{II} 和 Pt^{IV} 两种价态离子,具有以 $[Pt_6Cl_{12}]$ 为单元的无限的链。$PtCl_4$ 为红色棕色结晶,易溶于水,能溶解在极性溶剂之中。在碘液中加热 Pt 可得 PtI_4,为黑色无晶型粉末。

（2）金、银的卤化物

金、银的卤化物见表 1-8。

用含 X^-（X^- 为 Cl^-、Br^-、I^-）的溶液加到含 Ag^+ 的溶液中可得到银（Ⅰ）的卤化物沉淀,其中 AgCl 为白色、AgBr 为淡黄色、AgI 为黄色。在水中的溶解度按 AgCl＜AgBr＜AgI 的次序减小。AgF 是由 Ag_2O 溶于 HF 水溶液,然后结晶制得的。AgF 为黄色结晶,能生成水合物,如 $AgF \cdot 4H_2O$。卤化银（Ⅰ）对光都很敏感,遇光即分解出金属银,故都可用作感光材料,AgBr 在照相行业中特别重要。AgI 在过冷的云层中能人工诱导降雨。

AgCl 不溶于水,熔点 455℃,$K_{sp}^{\ominus} = 1.56 \times 10^{-10}$。但因生成配合物而溶于盐酸,也易溶于氨水、氰化物溶液等。

表 1-8　金、银的卤化物

卤化物	氟化物	氯化物	溴化物	碘化物
银	AgF 黄色,熔点 700℃	AgCl 白色,熔点 455℃,$K_{sp}^{\ominus} = 1.56 \times 10^{-10}$	AgBr 淡黄色,熔点 434℃,$K_{sp}^{\ominus} = 7.7 \times 10^{-13}$	AgI 黄色,熔点 558℃,$K_{sp}^{\ominus} = 1.5 \times 10^{-16}$
金	AuF_3 橙色	AuCl 黄色粉末,Au_2Cl_6 红色	AuBr 黄绿色,Au_2Br_6 红色	AuI,AuI_3 不稳定

$$AgCl + HCl === H[AgCl_2]$$
$$AgCl + 2NH_3 \cdot H_2O === Ag(NH_3)_2Cl + 2H_2O$$
$$AgCl + Na_2S_2O_3 === NaAgS_2O_3 + NaCl$$
$$AgCl + 2KCN === K[Ag(CN)_2] + KCl$$

另外，$AgCl$ 和 Na_2CO_3 共熔可以从 $AgCl$ 中提取银：

$$2AgCl + Na_2CO_3 \xrightarrow{\triangle} 2Ag\downarrow + 2NaCl + CO_2\uparrow + \frac{1}{2}O_2\uparrow$$

氯化银还易于被活泼金属置换生成金属银，例如，$2AgCl + Fe === 2Ag + FeCl_2$

氟化金（Ⅲ）是在 300℃ 下用 Au_2Cl_6 氟化而成的橙色结晶，为吸水性物质，可溶于水和酒精，且易挥发，150～180℃ 升华，在 500℃ 时分解。AuF_3 是一种很强的氟化剂。

无水氯化金（Ⅲ）和溴化金（Ⅲ）都是红色结晶，可在 200℃ 下用金与 Cl_2、Br_2 直接作用而得。它们在固体和蒸气中均为二聚体（Au_2X_6）。氯化金也可由金粉与氯化铁或氯化铜作用而得：

$$Au + 3FeCl_3 === AuCl_3 + 3FeCl_2 \qquad Au + 3CuCl_2 === AuCl_3 + 3CuCl$$

在 180℃ 由氯和金直接作用可得氯化亚金，它为黄色粉末，在较高温度下即离解，也可发生水解。将 $AuCl_3$ 加热到 60～180℃，便分解生成 $AuCl$ 和 Cl_2。

金的卤化物极易被还原，如用 $FeSO_4$、SO_2、碲、硫、磷、砷和草酸等均可将金从其卤化物溶液中还原出来：$AuCl_3 + 3FeSO_4 === Au\downarrow + Fe_2(SO_4)_3 + FeCl_3$，此性质已用于金的精炼中。

氯化亚锡作用于三氯化金溶液得红色胶体状金：

$$2AuCl_3 + 3SnCl_2 === 2Au(胶体) + 3SnCl_4$$，此反应可用于检验极稀溶液中的金。

1.4.5　硝酸盐

硝酸银（$AgNO_3$）是一种重要的银盐。它为无色透明的晶体，易溶于水，饱和水溶液中的质量分数与温度的关系如下：

温度/℃	20	50	100
$AgNO_3$/%	68.3	80.0	90.1

$AgNO_3$ 的熔点为 200℃，在光作用下，或与有机物接触时，即还原出黑色粉末状银。由于 $AgNO_3$ 的稳定性差且易溶于水，其水溶液常用作银电解液。

钯溶于硝酸生成 $Pd(NO_3)_2$ 黄褐色结晶，$Pd(NO_3)_2$ 在空气中会吸湿潮解。

1.4.6　氰化物

金的氰化物有一氰化金 $AuCN$ 和氰化亚金 $[Au(CN)_2]^-$ 等。将盐酸、硫酸与氰化亚金钾 $KAu(CN)_2$ 作用后加热可得 $AuCN$，它是柠檬黄色结晶粉末，能溶于氨、多硫化铵、碱金属氰化物及硫代硫酸盐中。

氰化银由下列反应制得：$AgNO_3 + KCN \overset{\triangle}{\rightleftharpoons} AgCN\downarrow + KNO_3$

氰化银不溶于水，但当氰盐过量时生成氰的配合物而易溶解。

氰化钯由 $HgCN$ 加入钯的化合物溶液而得。它为白色极细晶体，不溶于水，在 HCl 溶液中溶解极微，在 KCN 溶液和 NH_4CN 溶液中溶解良好，这是 $Pd(CN)_2$ 的特性。在分析中使钯呈 $Pd(CN)_2$ 沉淀而与其他铂族元素分离。

1.4.7 硫酸盐

银易溶于热的浓硫酸，生成硫酸银（Ag_2SO_4）。它微溶于热的稀硫酸，不溶于冷的稀硫酸。

$$2Ag + 2H_2SO_4 \overset{\triangle}{\rightleftharpoons} Ag_2SO_4 + 2H_2O + SO_2\uparrow$$

银溶于浓硫酸，还可结晶出酸式硫酸银（$AgHSO_4$），此盐遇水极易分解成 Ag_2SO_4。进入溶液中的银，可用金属置换法或氯化物沉淀法回收。

铑能生成硫酸盐 $Rh_2(SO_4)_3$，并能和一价金属硫酸盐生成矾。

1.5 贵金属重要配合物[2~6]

贵金属能与很多配位体生成配合物，这是贵金属另一个重要的共同的化学特性，某些配合物已应用在贵金属的提取分离与分析中。某些配合物具有独特的用途，可作为商品销售。贵金属的配合物很多，下面仅介绍一些对贵金属的分离与精炼有实际意义或有某些用途的配合物，主要为氯配合物和氰配合物。

生成配合物的热力学趋势以及配合物的稳定性一般用累积生成常数 $\beta_n^{\ominus}$ 来表述：

$$M_水 + nL_水 \rightleftharpoons ML_{n水}$$

$$\beta_n = \frac{[ML_n]}{[M][L]^n}$$

式中，M 为金属阳离子；L 为某种配位体；n 为配位数；［］为各组分的活度。

卤族元素阴离子是良好的电子给予体，因而贵金属的卤配合物普遍存在。按照 Chatt 对金属离子的分类，贵金属离子属于"b"类，它们易与卤族元素中原子序数比较大的元素生成配合物；按照 Pearson 的软硬酸碱理论，贵金属元素属于软酸，易与软碱生成更稳定的配合物，而卤族元素的软碱性随原子量增加而增加，这都说明贵金属卤配合物的稳定性为：$I^- > Br^- > Cl^- > F^-$。实际上也是如此，贵金属的氟配合物稀少，而氯、溴和碘配合物较多。

贵金属-Cl^--H_2O 系电位-pH 图对了解贵金属氯配合物的生成具有重要意

义，对此文献 [2] 已有详细介绍，在此不再繁述。

1.5.1　金配合物

一价金 Au（I）在水溶液中能生成几种稳定的配合物，最主要的是 $[Au(CN)_2]^-$、$[AuCl_2]^-$ 与硫代硫酸盐类配合物。金氰配合物非常稳定。1903 年 G·Bodländer 测出 $[Au(CN)_2]^-$ 的 $lg\beta_2^{\ominus}=38.3$。蒸发含 $[Au(CN)_2]^-$ 的溶液可以游离出金氰酸 $HAu(CN)_2$，或得到结晶状的化合物，如 $KAu(CN)_2$ 等。金（I）与 CNS^- 生成稳定的 $[Au(CNS)_2]^-$，室温下 $lg\beta_2^{\ominus}=23$。

金能生成烷基硫化物 $AuSR_n$，萜烯硫化所得到的类似的金化合物，在有机溶剂中可溶解很多"液体金"，被用来修饰陶瓷与玻璃制品。

金属金溶解在王水或 Au_2Cl_6 溶解在盐酸中均能生成稳定的平面正方形结构的配离子 $[AuCl_4]^-$，18℃时，$lg\beta_4^{\ominus}=21.3$。蒸发 $[AuCl_4]^-$ 的水溶液得到氯金酸的黄色结晶 $[H_3O][AuCl_4]\cdot3H_2O$。当溶液中存在 K^+、Na^+ 时，也能得到其水溶性盐，如 $KAuCl_4$ 与 $NaAuCl_4\cdot2H_2O$。$[H_3O][AuCl_4]\cdot3H_2O$ 在水中发生水解生成 $[AuCl_3OH]^-$。金（III）与 CNS^- 生成配合物 $[Au(CNS)_4]^-$，$lg\beta_4^{\ominus}=42$。金与硫脲生成稳定的配合物 $[AuL_2]^+$，$lg\beta_2^{\ominus}=22.1$，计算出其标准电极电位为 $\varphi_{AuL_2^-/Au}^{\ominus}=0.3740V$，25℃时实测值为 $(0.380\pm0.010)V$。

工业上重要的金配盐为氰化亚金钾 $KAu(CN)_2$ 或氰化亚金钠 $NaAu(CN)_2$，它们是由 AuCN 溶于 KCN 或 NaCN 溶液或将金在有氧化剂存在下溶解于 KCN 或 NaCN 溶液后再浓缩结晶制得。$KAu(CN)_2$、$NaAu(CN)_2$ 广泛应用于电镀工业。

1.5.2　银配合物

难溶化合物 AgCl 能溶解于盐酸中，亦能溶解在高浓度的卤离子溶液中生成配离子。最稳定的一价银（I）的配合物是线形结构，能生成多核配离子：

$$AgX+nAg^+ \Longrightarrow Ag_{n+1}X^{n+}$$

例如，　　　$AgCl+Ag^+ \Longrightarrow [Ag_2Cl]^+$　　　$lg\beta^{\ominus}=6.70$

　　　　　　$AgI+Ag^+ \Longrightarrow [Ag_2I]^+$　　　$lg\beta^{\ominus}=14.15$

单核配合物的累积生成常数列入表 1-9。

表 1-9　Ag^+ 单核配合物的累积生成常数 $lg\beta_i^{\ominus}(t=25℃)$

配位体	$lg\beta_1^{\ominus}$	$lg\beta_2^{\ominus}$	$lg\beta_3^{\ominus}$	$lg\beta_4^{\ominus}$	离子强度
	3.04	5.04		5.30	0
Cl^-	2.60	5.50	6.15	5.30	5
	2.69(0)	4.75(0)	5.40(5)	5.92(5)	
Br^-	4.15	7.11	8.90	9.20	0.2
I^-			13.95	13.75	1.6
	6.58	11.74	13.68		0

注："（　）"内为测定条件下的离子强度，其余同。

　　计算表明，在处于热力学平衡的 Ag-Cl⁻-H₂O 系水溶液中 $[Ag_2Cl]^+$ 很少，可以忽略不计，随 $[Cl^-]$ 变化 Ag-Cl⁻-H₂O 系水溶液中的物种分布见图 1-5。

　　从图 1-5 可以看出，当溶液中 $[Cl^-]>10^{-4}$ 时 AgCl 与 Cl⁻ 作用可生成一系列配合物，但在广泛的 $[Cl^-]$ 范围内没有任何一种物种占绝对优势。

　　在含 CN⁻ 的水溶液中，Ag^+ 可生成若干种稳定的配离子。E. Ferrella 等测得：温度为 25℃，离子强度为 0 时 $[Ag(CN)_n]^{1-n}$ 的 $lg\beta_3^{\ominus}=21.8$，$lg\beta_4^{\ominus}=20.68$；温度为 18℃，离子强度为 0.3 时 $lg\beta_2^{\ominus}=21.10$。

　　银（Ⅰ）与硫脲的配合物受到关注，因为人们试图用无毒的硫脲（NH_2CSNH_2）代替剧毒的氰化物以提取金银。AgL_1，$lg\beta_1^{\ominus}=7.4$；AgL_2，$lg\beta_2^{\ominus}=13.1$；A. T. Пилипенко 等用电位法测得：室温下，离子强度为 0.01 时 $lg\beta_3^{\ominus}=13.14$。

　　Ag^+ 与 NH_3 生成 $[Ag(NH_3)_3]^+$ 与 $[Ag(NH_3)_2]^+$ 配阳离子。银氨配离子累积生成常数之值 $lg\beta_1^{\ominus}$ 与 $lg\beta_2^{\ominus}$ 在离子强度 $I=2$ 时与温度的关系如图 1-6 所示。

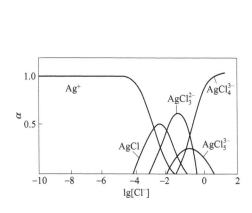

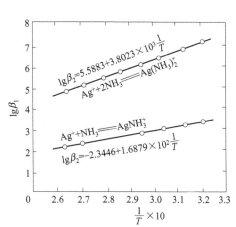

图 1-5　Ag-Cl⁻-H₂O 系水溶液中物种分布图　　　　图 1-6　Ag-NH₃配合物生成常数与温度的关系
（$t=25$℃ pH≤11）

　　在 Ag-NH₃-Cl⁻-H₂O 系的水溶液中还有氯氨配合物 $AgCl_m(NH_3)_n^{1-m}$：

$$\beta_{m,n}=\frac{[AgCl_m(NH_3)_n]}{[Ag^+][Cl^-]^m[NH_3]^n}$$

各种氯氨配合物的生成常数如下：

m	n	$lg\beta_{m,n}^{\ominus}$	介质及离子强度
1	1	6.3	1(NH_4ClO_4)
2	1	6.5	1(NH_4ClO_4)
1	2	7.08	1(NH_4ClO_4)
2	2	9.15	

$$AgCl+2NH_3\Longrightarrow Ag(NH_3)_2Cl \qquad lgK^{\ominus}=4.4$$

$$Ag^+ + 2Cl^- \Longrightarrow [AgCl_2]^- \qquad \lg\beta_2^\ominus = 4.75$$

$$\lg\beta_{2,2}^\ominus = \lg K^\ominus + \lg\beta_2^\ominus = 4.4 + 4.75 = 9.15$$

Ag^+ 还能与 OH^- 生成配离子：

$$Ag^+ + jH_2O \Longrightarrow [Ag(OH)_j]^{1-j} + jH^+$$

$$\lg\beta_1^\ominus = 11.9 \quad \lg\beta_2^\ominus = 23.8 \qquad \beta_j^\ominus = \frac{[Ag(OH)_j][H^+]^j}{[Ag^+]}$$

在工业上，利用银与氰根离子生成 $[Ag(CN)_2]^-$ 的性质，银在氰化过程中被氧化溶解进入溶液，通常与金一起回收。也可将氰化银溶解于氰化钾（氰化钠）溶液或将金属银在存在氧化剂的条件下溶解于氰化钾（氰化钠）溶液，通过浓缩制得氰化银（Ⅰ）酸钾［氰化银（Ⅰ）酸钠］的银配盐，它可作为电镀银的主要原料。

在处理含氯化银的物料（如铜、铅电解阳极泥）时，利用 NH_3 或 SO_3^{2-} 与 Ag^+ 的配位反应，使银溶解进入溶液进行银的提取、精炼的方法已成为一种重要的工业方法。

1.5.3　钯配合物

钯（Ⅱ）与氨、氰化物、亚硝酸根等能生成非常稳定的配合物，与卤素离子也能生成配离子。如将 $PdCl_2$ 溶解到盐酸中或 $[PdCl_6]^{2-}$ 被海绵钯还原时，都能生成淡黄色的 $[PdCl_4]^{2-}$。对于 $[PdCl_n]^{2-n}$ 类配合物，其累积生成常数为 $\lg\beta_1^\ominus = 6.10$，$\lg\beta_2^\ominus = 10.70$，$\lg\beta_3^\ominus = 13.10$，$\lg\beta_4^\ominus = 15.70$。$Pd^{2+}$ 与 CN^- 生成 $[Pd(CN)_4]^{2-}$，$\varphi_{Pd(CN)_4^{2-}/Pd}^\ominus = -0.4V(25℃)$，其 $\lg\beta_4^\ominus = 44$，$\lg\beta_5^\ominus = 47$。对于 $[Pd(NH_3)_n]^{2+}$ 型配离子，其 $\lg\beta_1^\ominus = 9.60$，$\lg\beta_2^\ominus = 18.50$，$\lg\beta_3^\ominus = 26.00$，$\lg\beta_4^\ominus = 32.80$。

将钯溶解在硝酸中生成钯（Ⅳ）的配合物 $Pd(NO_3)_2(OH)_2$。在水溶液中钯（Ⅳ）与卤素生成八面体的配阴离子，但钯（Ⅳ）氟配合物会迅速水解。钯（Ⅳ）氯配合物在冷水中稳定，在热水中将分解生成钯（Ⅱ）配合物与卤素。当金属钯溶解于王水或 $[PdCl_4]^{2-}$ 溶液再用氯气处理就生成红色的 $[PdCl_6]^{2-}$ 配离子，其 $\varphi_{PdCl_6^{2-}/Pd}^\ominus = 0.92V$。这就是说稳定性：$[PdCl_4]^{2-} > [PdCl_6]^{2-}$。在不同 HCl 浓度下钯（Ⅱ）配离子的分布图如图 1-7 所示。

当 $[Cl^-] > 1mol/L$ 时 Pd-HCl-H_2O 系中 $[PdCl_4]^{2-}$ 占绝对优势（$>96\%$），而当 $[Cl^-]$ 在 $0.1 \sim 1mol/L$ 时 $[PdCl_4]^{2-}$ 与 $[PdCl_3]^-$ 共存，$PdCl_2$ 仅在 $[Cl^-] < 0.5mol/L$ 时才能少量存在，当 $[Cl^-] = 0.1mol/L$ 时 $PdCl_2$ 仅占 1.21%。有 KCN 存在时用过硫酸盐氧化 K_2PdCl_4 能生成黄色的盐 $K_2[Pd(CN)_6]$。

在钯的提取、精炼中，利用钯（Ⅱ）与 NH_3、Cl^- 生成的配合物的性质差异来进行。这些配合物有 $(NH_4)_2PdCl_4$、$Pd(NH_3)_4Cl_2$、$Pd(NH_3)_2Cl_2$、

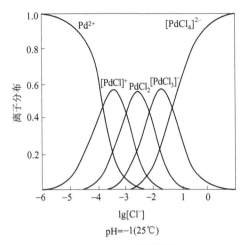
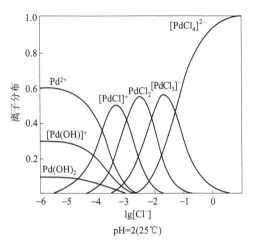

图 1-7　在不同 HCl 浓度下钯（Ⅱ）配离子的分布

$[Pd(NH_3)_4][PdCl_4]$ 等，它们在一定条件下可以相互转化。

在含 $[PdCl_4]^{2-}$ 的溶液中加入过量的氨，发生下列反应：

$$(NH_4)_2PdCl_4 + 4NH_3 \rightleftharpoons Pd(NH_3)_4Cl_2 + 2NH_4Cl$$

$Pd(NH_3)_4Cl_2$ 为无色晶体，溶于水，在含有 $Pd(NH_3)_4Cl_2$ 的溶液中加入含 $[PdCl_4]^{2-}$ 的溶液，则沉淀出红色的 $[Pd(NH_3)_4][PdCl_4]$：

$$Pd(NH_3)_4Cl_2 + (NH_4)_2PdCl_4 \longrightarrow [Pd(NH_3)_4][PdCl_4] \downarrow + 2NH_4Cl$$

实际上，往含 $[PdCl_4]^{2-}$ 溶液中逐渐加入氨水也可生成 $[Pd(NH_3)_4][PdCl_4]$，特别是当加入的氨水不足以使溶液中的钯（Ⅱ）全部生成 $[Pd(NH_3)_4]^{2+}$ 时，总是先沉淀出 $[Pd(NH_3)_4][PdCl_4]$。当加入足量的氨水时，$[Pd(NH_3)_4][PdCl_4]$ 沉淀溶解，生成可溶性的 $Pd(NH_3)_4Cl_2$：

$$[Pd(NH_3)_4][PdCl_4] + 4NH_3 \longrightarrow 2Pd(NH_3)_4Cl_2$$

将盐酸溶液逐渐加入到 $Pd(NH_3)_4Cl_2$ 的溶液中，沉淀出浅黄色的二氯二氨合钯（Ⅱ）：

$$Pd(NH_3)_4Cl_2 + 2HCl \longrightarrow Pd(NH_3)_2Cl_2 \downarrow + 2NH_4Cl$$

二氯二氨合钯（Ⅱ）在水溶液中的溶解度较小，工业上利用此反应来精炼钯。在高温下，二氯二氨合钯（Ⅱ）分解，挥发出氯化氢和氯化铵，得到金属钯：

$$3Pd(NH_3)_2Cl_2 \longrightarrow 3Pd + 2HCl\uparrow + 4NH_4Cl\uparrow + N_2\uparrow$$

在有机相中，钯（Ⅱ）还可与 R_2S 等有机试剂生成 $Pd(R_2S)_2Cl_2$ 等类型的配合物，利用此性质来萃取分离钯。

钯（Ⅳ）在水溶液中不稳定，但也能生成诸如 $[PdCl_6]^{2-}$ 等配离子，$[PdCl_6]^{2-}$ 与 $[PdCl_4]^{2-}$ 构成的半电池反应为：

$$[PdCl_6]^{2-} + 2e \longrightarrow [PdCl_4]^{2-} + 2Cl^-$$

其标准电极电势为 1.29V。因此，$[PdCl_6]^{2-}$ 及其盐在水溶液中十分不稳定，在水溶液或稀盐酸中煮沸时即被还原为水溶性的 $[PdCl_4]^{2-}$ 配离子：

$$[PdCl_6]^{2-} \Longrightarrow PdCl_4^{2-} + Cl_2 \uparrow$$

在低温条件下，$[PdCl_6]^{2-}$ 可以在较短的时间内存在，并可与 NH_4Cl 反应生成 $(NH_4)_2PdCl_6$ 沉淀。在钯的精炼中利用这一性质，将钯以 $(NH_4)_2PdCl_6$ 的形式纯化，得到的 $(NH_4)_2PdCl_6$ 沉淀再经过煅烧生成金属钯：

$$3(NH_4)_2PdCl_6 \Longrightarrow 3Pd + 16HCl\uparrow + 2NH_4Cl\uparrow + 2N_2\uparrow$$

1.5.4   铂配合物

铂（Ⅱ）在含 Cl^- 的水溶液中可生成 $[PtCl_n]^{2-n}$ 配合物，$n = 1 \sim 4$，$\lg\beta_2^{\ominus} = 11.5$，$\lg\beta_3^{\ominus} = 14.5$，$\lg\beta_4^{\ominus} = 16$。在水中 $[PtCl_4]^{2-}$ 的水解是很彻底的，但反应速度缓慢。

$$[PtCl_4]^{2-} + H_2O \Longrightarrow [PtCl_3(H_2O)]^- + Cl^- \quad K^{\ominus} = 1.34 \times 10^{-2} \text{mol/L}$$

$$[PtCl_3(H_2O)]^- + H_2O \Longrightarrow PtCl_2(H_2O)_2 + Cl^- \quad K^{\ominus} = 1.1 \times 10^{-3} \text{mol/L}$$

所以，浓度为 1×10^{-3} mol/L 的 K_2PtCl_4 的溶液在平衡时仅含 5% 的 $[PtCl_4]^{2-}$，同时含 53% 的一水合配合物与 42% 的二水合配合物。铂（Ⅱ）的氨配合物 $[Pt(NH_3)_6]^{2+}$，$\lg\beta_6^{\ominus} = 35.3$。$[Pt(NH_3)_4][PtCl_4]$ 是著名的梅格斯绿色盐。铂（Ⅱ）与 CN^- 生成 $[Pt(CN)_4]^{2-}$ 配阴离子，$\varphi_{Pt(CN)_4^{2-}/Pt}^{\ominus} = 0.09V$（25℃），由此可推算出其 $\lg\beta_4^{\ominus} = 37.15$。

铂（Ⅱ）的配合物中最为重要的是"顺铂"，它是一种低毒广谱的抗癌药物，因而受到特别重视。"顺铂"是顺式-二氯二氨合铂的简称，又名皮隆氏盐，其化学式为 cis-$Pt(NH_3)_2Cl_2$，常简写为 DDP 或 cis-Pt(Ⅱ)，是一种鲜黄色粉末状固体。25℃时它在水中的溶解度为 2.5g/L，但在水溶液中不稳定，会逐步转化为无抗癌活性的反式结构。它易溶于二甲基甲酰胺和二甲基亚砜。

铂（Ⅳ）极易生成多种配合物。目前，已知的铂（Ⅳ）配合物有几千种，其中最广泛最典型的一类配合物是 $[PtAm_6]X_4$ 到 $M_2[PtX_6]$ 及其中间形态的 $[PtAm_nX_{6-n}]X_{n-2}$ 与 $M[PtAmX_5]$，式中，Am 为胺，包括氨、肼、羟氨和乙二胺；X 为酸性基团，包括卤素、硫代氰酸盐、氢氧根和硝基。上述配合物中最重要的是黄色的六氯铂酸根离子 $[PtCl_6]^{2-}$。一般由金属铂溶解在王水中或饱和氯气的盐酸中生成，其 $\lg\beta_1^{\ominus} = 1.45$，$\lg\beta_2^{\ominus} = 3.35$，$\lg\beta_3^{\ominus} = 4.75$，$\lg\beta_4^{\ominus} = 5.46$，$\lg\beta_5^{\ominus} = 5.59$，$\lg\beta_6^{\ominus} = 5.69$。

铂（Ⅱ）和铂（Ⅳ）在水溶液中都可与 Cl^-、NH_3、NO_2^- 等无机配体生成配离子。在铂的提取中，最重要的配合物为 H_2PtCl_6 及其铵盐，铂在王水中溶解生成 H_2PtCl_6：

$$Pt + 8HCl + 2HNO_3 \Longrightarrow H_2PtCl_6 + 2NOCl\uparrow + 4H_2O$$

在氯化物体系中，H_2PtCl_6 也可与 NOCl 反应生成难溶的 $(NO)_2PtCl_6$ 沉淀：

$$H_2PtCl_6 + 2NOCl =\!=\!= (NO)_2PtCl_6 \downarrow + 2HCl$$

$(NO)_2PtCl_6$ 在盐酸溶液中能电离出 $[PtCl_6]^{2-}$。$[PtCl_6]^{2-}$ 在一定条件下会发生水解反应，水解过程中部分 Cl^- 被 OH^- 取代，生成混配型配合物，铂（IV）的水解产物不同于其他铂族金属，铂（IV）的水解产物能溶于水及热的碱性溶液中，这一性质被用于铂与其他铂族金属的分离。含 $PtCl_6{}^{2-}$ 的溶液与 NH_4Cl 作用，生成在水中溶解度低且在氯化铵溶液中几乎不溶解的淡黄色 $(NH_4)_2PtCl_6$ 沉淀：

$$H_2PtCl_6 + 2NH_4Cl =\!=\!= (NH_4)_2PtCl_6 \downarrow + 2HCl$$
$$Na_2PtCl_6 + 2NH_4Cl =\!=\!= (NH_4)_2PtCl_6 \downarrow + 2NaCl$$

铂的这一性质广泛用于铂的分离、提纯，工业上称之为"氯化铵沉淀法"。

$(NH_4)_2PtCl_6$ 为正方晶系结晶，在高温下易分解生成海绵铂：

$$3(NH_4)_2PtCl_6 =\!=\!= 3Pt + 16HCl\uparrow + 2NH_4Cl\uparrow + 2N_2\uparrow$$

在铂的工业提纯中，反复用王水溶解-氯化铵沉淀-煅烧法，最终铂的纯度可达 99.99% 以上。

1.5.5 铑配合物

铑在水溶液中生成配离子的能力很强。铑在水溶液中实际上不存在简单的 Rh^+、Rh^{2+}、Rh^{3+} 与 $[RhO_4]^{2-}$，而是以各种配离子的形态存在。铑特别容易与卤素、氨、亚硝酸根、氰化物、硫酸根以及有机物生成配离子。

在水溶液中铑（III）是稳定的氧化态。低价氧化态的铑一般只是在以羰基、叔膦、链烯烃或 H^- 作为配位体的配合物中出现。

铑（I）能与有机物生成一系列配合物，例如，三（三苯基膦）氯化铑 $RhCl(PPh_3)_3$，这是一种红紫色晶体，广泛地用作均相加氢催化剂，三（三苯基膦）羰基氢化铑 $RhH(CO)(PPh_3)_3$ 是一种黄色晶体，可用作烯烃的醛化催化剂。

铑（III）能生成许多阳离子、中性以及阴离子的八面体配合物，如 $RhCl_6{}^{3-}$、$[RhCl_5(H_2O)]^{2-}$、$[RhCl_n(H_2O)_{6-n}]^{3-n}$（$n=0\sim6$）。铑（III）与 CN^-、NO_2^- 及含氧配位体如草酸、EDTA 等也能生成八面体配合物。水合 Rh_2O_3 溶解在冷的无机酸中生成稳定的黄色水合离子 $[Rh(H_2O)_6]^{3+}$，在浓度低于 0.1mol/L 的酸性溶液中生成 $[Rh(H_2O)_5OH]^{2+}$。在 0℃ 下真空蒸发含水合 Rh_2O_3 的 H_2SO_4 溶液可得到黄色的 $Rh_2(SO_4)_3 \cdot 14H_2O$；在 100℃ 下蒸发则可得到红色的 $Rh_2(SO_4)_3 \cdot 6H_2O$。上述配合物，它们的水溶液与 Ba^{2+} 反应不生成沉淀，说明硫酸根没有单独存在，而是存在于上述配合物之中。

$[Rh(H_2O)_6]^{3+}$ 与稀盐酸共热将生成黄色的 $[RhCl(H_2O)_5]^{2+}$ 与 $[RhCl_2(H_2O)_4]^+$ 配阳离子，且随着酸浓度的增大可生成红色的 $[RhCl_3(H_2O)_3]$、

$[RhCl_4(H_2O)_2]^-$ 和 $[RhCl_5(H_2O)]^{2-}$，最后生成玫瑰红色的六氯合铑配离子 $[RhCl_6]^{3-}$。六氯合铑酸的碱金属盐类通常是在氯气中使金属铑与碱金属氯化物熔化，然后用水浸出熔融物结晶得到的。铑（Ⅲ）还能与 NH_3 反应生成 $[Rh(NH_3)_6]^{3+}$、$[Rh(NH_3)_5X]^{2+}$ 和 $[Rh(NH_3)_4X_2]^+$ 等配离子。对于铑（Ⅳ）的配合物，目前确定只有 $[RhF_6]^{2-}$ 与 $[RhCl_6]^{2-}$。$[RhCl_6]^{2-}$ 在 25℃时的标准生成自由焓为 662.77kJ/mol。在有 CsCl 存在时，用 Cl_2 氧化冰冷的 $[RhCl_6]^{3-}$ 溶液，可制备出暗绿色的化合物 Cs_2RhCl_6，该盐在水中将发生水解：

$$2Cs_2RhCl_6+2H_2O \Longrightarrow 2Cs_2Rh(H_2O)Cl_5+Cl_2\uparrow$$

在不同 HCl 浓度下铑（Ⅲ）配离子的分布见图 1-8、图 1-9。

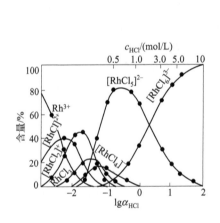

图 1-8　铑配合物的热力学物种分布（25℃）

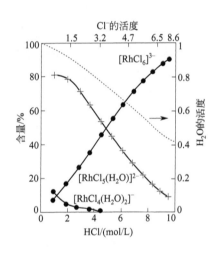

图 1-9　铑配合物的动力学物种分布（25℃）

铑（Ⅲ）在水溶液中易与 NO_2^- 生成稳定的 $[Rh(NO_2)_6]^{3-}$ 配离子，这种配离子极为稳定，在加热煮沸的条件下，在 pH 值为 12~14 的范围内仍能稳定存在。利用这一性质，可用水解法进行铑与贱金属的分离。向含 $Na_3Rh(NO_2)_6$ 的冷溶液中加入 NH_4Cl，可沉淀出白色的固体配合物 $(NH_4)_2NaRh(NO_2)_6$，利用这一性质，可将铑与其他贵金属分离并精制铑。在盐酸中 $[Rh(NO_2)_6]^{3-}$ 会发生分解，部分 NO_2^- 被 Cl^- 所取代，直至最后生成 $[RhCl_6]^{3-}$。

铑（Ⅲ）可与 NH_3 反应生成 $[Rh(NH_3)_6]^{3+}$，但在铑的提取与精炼中最有意义的配合物是 NH_3 和 Cl^-（或 NO_2^-）与铑（Ⅲ）生成的混配型配合物。在含 $[RhCl_6]^{3-}$ 和大量氯化铵的溶液中加入浓氨水（或碳酸铵）并共热，即可生成 $[Rh(NH_3)_5Cl]Cl_2$，这种配合物几乎不溶于盐酸。$[Rh(NH_3)_5Cl]Cl_2$ 与硝酸作用生成 $[Rh(NH_3)_5Cl](NO_3)_2$ 白色结晶，其难溶于热水。工业上利用 $[Rh(NH_3)_5Cl]Cl_2$ 的这些性质实现铑与其他铂族金属的分离的方法称为五氨法。

含 $Na_3Rh(NO_2)_6$ 的溶液，在有氯化铵存在的条件下，与 NH_3 作用，生成

Rh(NH$_3$)$_3$(NO$_2$)$_3$ 白色结晶，其在氯化铵溶液或水中的溶解度较小。
Rh(NH$_3$)$_3$(NO$_2$)$_3$ 与盐酸长时间共热，即可生成 Rh(NH$_3$)$_3$Cl$_3$：

$$2Rh(NH_3)_3(NO_2)_3 + 6HCl = 2Rh(NH_3)_3Cl_3\downarrow + 3H_2O + 3NO\uparrow + 3NO_2\uparrow$$

Rh(NH$_3$)$_3$Cl$_3$ 为不溶于水的鲜黄色沉淀，25℃时在水中的溶解度为 0.5g/L。工业上利用 Rh(NH$_3$)$_3$Cl$_3$ 的这一性质进行铑的精炼的方法称为三氨法。

[Rh(NH$_3$)$_5$Cl]Cl$_2$ 和 Rh(NH$_3$)$_3$Cl$_3$ 在加热的条件下，分解为铑或铑的氧化物。

1.5.6 铱配合物

铱（Ⅲ）能与 CN$^-$、NO$_2^-$ 生成配阴离子；同卤化物容易生成八面体配合物，如淡黄绿色的 [IrCl$_6$]$^{3-}$，测定得：50℃时 [IrCl$_6$]$^{3-}$ 的 lg$\beta_6^\ominus$ = 0.118（离子强度为 2.2 时），6mol/L H$^+$ 时 lg$\beta_6^\ominus$ = 0.96±0.08，4mol/L H$^+$ 时 lg$\beta_6^\ominus$ = 0.42±0.06。铱（Ⅲ）与含氧配位体如草酸、EDTA 等能生成具有八面体结构的配合物。通过水合 [IrCl$_6$]$^{3-}$ 能生成 [Ir(H$_2$O)Cl$_5$]$^{2-}$、[Ir(H$_2$O)$_2$Cl$_4$]$^-$ 和 [Ir(H$_2$O)$_3$Cl$_3$] 等物质。研究表明，在大于 3mol/L HCl 溶液中主要配合物为 [IrCl$_6$]$^{3-}$，在 3mol/L HCl 溶液到中性的 [IrCl$_6$]$^{3-}$ 溶液中 [IrCl$_4$(H$_2$O)$_4$]$^-$ 是主要配合物。

在水溶液中铱（Ⅳ）和铱（Ⅲ）的主要存在形式与盐酸浓度关系如表 1-10 所示。

表 1-10 铱（Ⅳ）和铱（Ⅲ）的主要存在形式与 [Cl$^-$] 及酸度的关系

介 质	Ir(Ⅳ)	Ir(Ⅲ)
>3mol/L HCl	[IrCl$_6$]$^{2-}$	[IrCl$_6$]$^{3-}$
0.1~3mol/L HCl	[IrCl$_6$]$^{2-}$ [Ir(OH)$_2$Cl$_4$]$^{2-}$	[Ir(H$_2$O)Cl$_5$]$^{2-}$ [Ir(H$_2$O)$_2$Cl$_4$]$^-$ [Ir(OH)$_2$Cl$_4$]$^{3-}$
0.1mol/L HCl~中性	[IrCl$_6$]$^{2-}$ [Ir(OH)$_2$Cl$_4$]$^{2-}$	[Ir(H$_2$O)$_2$Cl$_4$]$^-$ [Ir(OH)$_2$Cl$_4$]$^{3-}$
中性~0.1mol/L NaOH	[Ir(OH)$_4$Cl$_2$]$^{2-}$ IrO$_2\cdot n$H$_2$O(沉淀)	[Ir(OH)$_4$Cl$_2$]$^{3-}$ [Ir(OH)$_2$Cl$_4$]$^{3-}$

[IrCl$_6$]$^{2-}$ 的部分水解产物为 [IrCl$_x$(OH)$_y$]$^{2-}$（$x+y=6$）

$$[IrCl_6]^{2-} + OH^- = [Ir(OH)Cl_5]^{2-} + Cl^- \quad K_1^\ominus = 1.2\times10^7$$
$$[Ir(OH)Cl_5]^{2-} + OH^- = [Ir(OH)_2Cl_4]^{2-} + Cl^- \quad K_2^\ominus = 2.8\times10^6$$
$$[Ir(OH)_2Cl_4]^{2-} + OH^- = [Ir(OH)_3Cl_3]^{2-} + Cl^- \quad K_3^\ominus = 1.1\times10^6$$
$$[Ir(OH)_3Cl_3]^{2-} + OH^- = [Ir(OH)_4Cl_2]^{2-} + Cl^- \quad K_2^\ominus = 1.5\times10^6$$

铱（Ⅳ）的配合物中较重要的是 [IrCl$_6$]$^{2-}$ 与 [IrBr$_6$]$^{2-}$ 及其水合物，如 [Ir(H$_2$O)$_3$Cl$_3$]$^+$、[Ir(H$_2$O)Cl$_5$]$^-$ 和 [Ir(H$_2$O)$_2$Cl$_4$] 等。氯化粉末状的铱和碱金属氯化物的混合物或把碱金属氯化物加到悬浮在盐酸里的水合 IrO$_2$ 中可制得六氯合铱（Ⅳ）配合物。其中 Na$_2$IrCl$_6$、(NH$_4$)$_2$IrCl$_6$ 都是黑色晶体。用王水

处理铱的铵盐，可以得到氯铱酸，它溶解在乙醚中和羟基化的溶液中可生成 $(H_3O)_2IrCl_6 \cdot 4H_2O$。$[IrCl_6]^{2-}$-$[IrCl_6]^{3-}$ 的还原电位见表 1-11。

生成多核配合物是铱的另一个重要特征。在浓度为 3～9mol/L HCl 溶液中存在如 $[Ir_nO_x(OH)_y(H_2O)_mCl_z]^{4n-x-y-z}$ 的多核配合物，且 HCl 溶液的浓度达到 11mol/L 时多核配合物将分解。pH>1 的 $[IrCl_6]^{2-}$ 溶液中存在多核配合物 $[Ir_2(OH)_2Cl_8]^{2-}$ 和 $[Ir_2(OH)_3Cl_7]^{2-}$。

表 1-11 $[IrCl_6]^{2-}$-$[IrCl_6]^{3-}$ 的还原电势

$\varphi^{\ominus}$/V	温度/℃	介　　质	测定方法
0.957	20	0.1mol/L HClO$_4$	电位滴定
0.899	25	0.1mol/L NaClO$_4$	电位滴定
0.867	25	外推至无限稀释	电位滴定
0.933	25	1mol/L NaCl	直接测量

在铱的提取与精炼中，铱（Ⅳ）的配合物中较重要的是 $[IrCl_6]^{2-}$ 及部分 Cl^- 被 H_2O 所取代的混配型配合物，如 $[Ir(H_2O)_3Cl_3]^+$、$[Ir(H_2O)Cl_5]^-$、$[Ir(H_2O)Cl_4]_2$ 等。将海绵铱和碱金属氯化物的混合物在高温下用氯气氯化后溶解或用盐酸溶解水合 IrO_2 可制得含 $[IrCl_6]^{2-}$ 的溶液。在浓度大于 0.1mol/L 的 NaOH 溶液中 $[IrCl_6]^{2-}$ 稳定性差，因为 $[IrCl_6]^{2-}$ 将被还原为 $[IrCl_6]^{3-}$：

$$2[IrCl_6]^{2-} + H_2O \Longrightarrow 2[IrCl_6]^{3-} + 0.5O_2\uparrow + 2H^+ \qquad K^{\ominus} = 7\times10^{-8} \quad 25℃$$

上述还原过程在 pH>11 时迅速进行，在中性溶液中也能缓慢地发生。反过来，在强酸性介质中，即使在冷态下 $[IrCl_6]^{3-}$ 也能部分被氧化成 $[IrCl_6]^{2-}$，若加热，将被完全氧化。$[IrCl_6]^{2-}$ 还容易被 KI、硫化铵或草酸还原为 $[IrCl_6]^{3-}$。

$[IrCl_6]^{2-}$ 和 $[IrCl_6]^{3-}$ 的铵盐一个重要的差异是：$(NH_4)_2IrCl_6$ 在氯化铵溶液中是溶解度很小的黑色结晶，而 $(NH_4)_3IrCl_6$ 在氯化铵溶液中可以溶解。在铱的精炼过程中，利用这一性质可将铱与杂质分离，最终得到纯净的 $(NH_4)_2IrCl_6$，将 $(NH_4)_2IrCl_6$ 煅烧制得金属铱粉：

$$3(NH_4)_2IrCl_6 \Longrightarrow 3Ir + 16HCl\uparrow + 2NH_4Cl\uparrow + 2N_2\uparrow$$

铱（Ⅲ）除与 Cl^- 生成配合物外，还可与 NH_3 生成配合物 $[Ir(NH_3)_6]^{3+}$。$Ir(NH_3)_6Cl_3$ 是由氨在 100℃ 下连续作用于 $IrCl_3$ 而制得。此外，铱（Ⅲ）还可与 Cl^-、NH_3 生成一系列的混配型配合物，如 $[Ir(NH_3)_5Cl]Cl_2$、$[Ir(NH_3)_4Cl_2]Cl$、$Ir(NH_3)_3Cl_3$、$[Ir(NH_3)Cl_5]^{2-}$ 等。其中在铱的提取、精炼中有意义的是 $[Ir(NH_3)_5Cl]Cl_2$，它为白色结晶，难溶于水。

1.5.7　锇配合物

水溶液中锇能稳定存在的价态有锇（Ⅳ）和锇（Ⅵ），其中锇（Ⅳ）存在于酸性溶液中，锇（Ⅵ）存在于碱性溶液中。溶液中的锇主要与 Cl^-、NH_3 和

OH^- 生成配合物，与 NO_2^- 生成的配合物在水中很不稳定，没有实用意义。

OsO_4 溶解在碱溶液中生成深红色的 $[OsO_2(OH)_2]^{2-}$：

$$OsO_4 + 2OH^- \Longrightarrow [OsO_4(OH)_2]^{2-}$$

用乙醇或其他试剂还原 $[OsO_4(OH)_2]^{2-}$，将产生粉红色的锇（VI）配离子 $[OsO_2(OH)_4]^{2-}$。

在有 KCl 存在时，用 HCl 还原 OsO_4 生成 $K_2[OsO_2Cl_4]$ 和 $K_4[Os_2OCl_{10}]$，在 HCl 中用乙醇或 Fe^{2+} 作还原剂就生成橙黄色的 $[OsCl_6]^{2-}$，并能分离出具有从橙色到褐色的各种颜色的盐，其颜色取决于阳离子的性质，如砖红色的 $K_2[OsCl_6]$ 与深红色的 $(NH_4)_2[OsCl_6]$。$[OsCl_6]^{2-}$ 可以被还原为 $[OsCl_6]^{3-}$，但 $[OsCl_6]^{3-}$ 不太稳定，在溶液中易水解为水合氧化物。

锇与氮也能生成配合物。OsO_4 在 KOH 溶液中用浓氨处理，溶液由黄棕色变为黄色，并能从溶液中得到橘黄色的 $K(OsO_3N)$ 结晶。$[OsO_3N]^-$ 在碱溶液中是稳定的，但容易被 HCl 或 HBr 还原生成红色的 $[OsNCl_5]^{2-}$ 等物质。

$[OsCl_6]^{2-}$ 是最重要的锇（IV）的配合物，不仅是制备其他锇（IV）配合物的原料，也是制备其他氧化态锇配合物的重要原料。同时，在锇的提取过程中，还可利用 $[OsCl_6]^{2-}$ 的盐类进行锇的纯化。$[OsCl_6]^{2-}$ 的盐类依据所结合的阳离子不同而显不同颜色，如 Cs_2OsCl_6 为橘红色、K_2OsCl_6 和 $(NH_4)_2OsCl_6$ 均为红色、Tl_2OsCl_6 为橄榄绿色、Ag_2OsCl_6 为棕色，但这些盐的水溶液均为黄色。在锇的提取、精炼过程中最有意义的配合物为 $(NH_4)_2OsCl_6$，在氯化铵溶液中它的溶解度很小，利用这一性质可以得到较纯净的 $(NH_4)_2OsCl_6$，经煅烧-氢还原后得到金属锇粉。

OsO_4 用含有乙醇的 10%KOH 溶液吸收，吸收液冷却后滤出沉淀，并用乙醇洗涤，阴干后即得锇酸钾。

OsO_4 用含乙醇的 10%～20%NaOH 溶液吸收，生成 Na_2OsO_4 溶液，放置 24h 后，加入氯化铵，即生成淡黄色的 $[OsO_2(NH_3)_4]Cl_2$ 沉淀，可以利用该配合物进行锇的精制。Na_2OsO_4 的溶液先用硫酸中和至 pH 值为 8～9，再通入 SO_2 气体，即可生成 $(Na_2O)_3OsO_3(SO_2)_4 \cdot 5H_2O$ 配合物，该配合物在水中的溶解度很小，可利用这一性质从溶液中进行锇的富集。

1.5.8　钌配合物

+3、+4、+6、+8 价的钌可在水溶液中生成多种配合物。

在 KCl 存在时用 HCl 还原 RuO_4 生成红色 $K_4[RuOCl_{10}]$。钌（III）在 Cl^- 浓度很高时，可生成 $[RuCl_6]^{3-}$，其中的 Cl^- 可被水分子取代，取代的速度随分子中 Cl^- 的数目的增多而增大。$[RuCl_6]^{3-}$ 在水中不稳定，很快水合为 $[Ru(H_2O)Cl_5]^{2-}$，$[Ru(H_2O)Cl_5]^{2-}$ 可以转变为 $[Ru(H_2O)_6]^{3+}$，但反应速

度很缓慢，反应时间为 1 年左右。

钌氨配合物一般为红色或棕色的，故被称为"钌红"。市售的氯化钌在空气中用氨水处理几天就可得到一种红色溶液，经证明红色物质的结构为金属原子间有氧桥的三核线型结构，即：

$$[(NH_3)_5 \overset{(\text{II})}{Ru}-O-\overset{(\text{IV})}{Ru}(NH_3)_4-O-\overset{(\text{III})}{Ru}(NH_3)_5]^{5+}$$

钌也能与 NO 生成配合物。RuNO 基可以存在于阴离子与阳离子的八面体配合物中，并非常稳定，但能发生各种取代与氧化还原反应。几乎所有配位体都能与 RuNO 生成配合物，其通式为 $RuNOL_5$。常见的有 $[Ru(NO)Cl_5]^{2-}$、$[Ru(NO)(NH_3)_4Cl]^{2+}$。这些配合物中的 NO 也可以是 HNO_3、NO、NO_2 或 NO_2^-。例如，用市售的氯化钌在 HCl 溶液中与 NO 和 NO_2 一起加热，就能生成砖红色的 $RuNOCl_3 \cdot 5H_2O$；若再加入碱溶液，则生成黑棕色的胶状沉淀 $RuNO(OH)_3 \cdot H_2O$。

钌（Ⅳ）与 Cl^- 的配合物 $[RuCl_6]^{2-}$ 在水溶液中发生水解，生成水合配合物，在某些情况下还可生成多核配合物，且因溶液中 Cl^- 和 H^+ 浓度不同而不同。但在钌的提取、精炼中，在较高浓度的盐酸溶液中，并存在氧化剂（如 H_2O_2、Cl_2）的条件下，钌（Ⅳ）主要以 $[RuCl_6]^{2-}$ 的形式存在，加入氯化铵则生成 $(NH_4)_2RuCl_6$ 沉淀。$(NH_4)_2RuCl_6$ 经煅烧热可生成钌的氧化物，经氢还原可制得金属钌粉，而 $(NH_4)_3RuCl_6$ 在氯化铵溶液中的溶解度较大。

1.6 贵金属在酸性氯化物介质中的主要存在形式

贵金属在酸性氯化物介质中的主要存在形式汇总于表 1-12 中。

表 1-12 贵金属在酸性氯化物介质中的主要存在形式

钌	铑	钯	银
Ru(Ⅲ) $[RuCl_6]^{3-}$、$[Ru(H_2O)Cl_5]^{2-}$ $[Ru(H_2O)_2Cl_4]^-$、$Ru(H_2O)_3Cl_3$ Ru(Ⅳ) $[RuCl_6]^{2-}$、$[Ru_2OCl_{10}]^{4-}$ $[Ru_2O(H_2O)_2Cl_8]^{2-}$	Rh(Ⅲ) $[RhCl_6]^{3-}$、$[RhCl_5(H_2O)]^{2-}$ $[RhCl_4(H_2O)_2]^-$	Pd(Ⅱ) $[PdCl_4]^{2-}$ Pd(Ⅳ) $[PdCl_6]^{2-}$	Ag(Ⅰ) AgCl
锇	铱	铂	金
Os(Ⅲ) $[OsCl_6]^{3-}$、$[Os(H_2O)Cl_5]^{2-}$ $[Os(H_2O)_2Cl_4]^-$ Os(Ⅳ) $[OsCl_6]^{2-}$	Ir(Ⅲ) $[IrCl_6]^{3-}$、$[Ir(H_2O)Cl_5]^{2-}$ $[Ir(H_2O)Cl_4]^-$ Ir(Ⅳ) $[IrCl_6]^{2-}$	Pt(Ⅱ) $[PtCl_4]^{2-}$ Pt(Ⅳ) $[PtCl_6]^{2-}$	Au(Ⅲ) $[AuCl_4]^-$

从表 1-12 可知，金、钯、铂可生成稳定的氯配合物，而铑、铱、锇、钌的氯配合物除呈不同价态外，可随酸度、氯离子浓度、温度、放置时间、氧化还原电位的变化发生水合、羟合、水合离子的酸式离解，呈顺、反或多核结构。这些配合物的性质与其分离、精炼工艺有着密切的关系。

重铂族金属（Os、Ir、Pt）比对应的轻铂族金属（Ru、Rh、Pd）的相同价态的化合物或配合物的热力学稳定性强，动力学惰性大。即锇（Ⅳ）>钌（Ⅳ），铱（Ⅳ）>铑（Ⅳ）。例如，OsO_4 比 RuO_4 稳定，$[OsCl_6]^{2-}$ 比 $[RuCl_6]^{2-}$ 稳定，后者易被还原为低价。$[IrCl_6]^{2-}$ 比 $[RhCl_6]^{2-}$ 稳定，前者能稳定存在于酸性溶液中，而后者只有在氧化电势大于 1.8V 的强氧化条件下才能存在，且易被还原为三价。$[IrCl_6]^{3-}$ 比 $[RhCl_6]^{3-}$ 稳定，后者可用电负性金属（如 Zn、Mg、Fe、Al 等）直接从溶液中被还原为金属，前者却较难。$[PtCl_6]^{2-}$ 比 $[PdCl_6]^{2-}$ 稳定，后者在溶液中煮沸即自动还原为 $[PdCl_4]^{2-}$，前者却不能，$[PdCl_4]^{2-}$ 比 $[PtCl_4]^{2-}$ 稳定，它们被还原为金属的速度后者比前者快。此外，在水解及水合反应中铂族金属的惰性也表现为上述规律。

这种氧化态对稳定性的影响是由各元素原子电子层结构决定的。一般具有 d 电子层的元素原子，其化合物或配合物稳定性的顺序是：$d^8 < d^5 < d^4 < d^3 < d^6$。重过渡元素的 d^6 电子层最稳定，因此铑（Ⅲ）、铱（Ⅲ）以 d^6 电子成键的配合物最稳定；而 d^8 电子层最不稳定，以 d^8 电子成键的配合物如钯（Ⅳ）、铂（Ⅱ）的配合物不稳定；d^5 电子层相对不稳定，因此铱（Ⅳ）（d^5）还原为铱（Ⅲ）（d^6）的反应较易进行，且很快，而铂（Ⅳ）（d^6）还原为铂（Ⅱ）（d^8）的反应却进行得很慢。

按照上述规律排列贵金属氯配合物分离的难易次序为：$[AuCl_4]^- > [PdCl_4]^{2-} > ([PtCl_4]^{2-}、[PdCl_6]^{2-}、[PtCl_6]^{2-}、[IrCl_6]^{2-}) > [RhCl_6]^{3-} > [IrCl_6]^{3-}$。此规律与贵金属氯配合物的反应活性顺序相同，该规律是制定贵金属分离工艺所必须遵循的原则，即先分离金，后分离钯、铂、铱，难提取的铑留在最后。

参 考 文 献

[1] 谭庆麟. 铂族金属性质冶金材料应用. 北京：冶金工业出版社，1990.

[2] 黎鼎鑫. 贵金属提取与精炼. 长沙：中南工业大学出版社，2003.

[3] 卢宜源，宾万达，等. 贵金属冶金学. 长沙：中南工业大学出版社，2003.

[4] 孙戩. 金银冶金. 北京：冶金工业出版社，1992.

[5] 黎鼎鑫，张永俐，袁弘鸣. 贵金属材料学. 长沙：中南工业大学出版社，1991.

[6] 杨天足. 贵金属冶金及产品深加工. 长沙：中南大学出版社，2005.

2

贵金属的分离方法

2.1 贵金属物料的溶解

在湿法冶金中，首先要将贵金属精矿或其他物料溶解，即用化学溶剂将其转变为可溶性物质，以便进行随后的分离与精炼。由于贵金属都具有很高的化学稳定性，它们几乎不溶于能腐蚀任何贱金属的介质，而贵金属矿物的抗腐蚀性与其相应金属相当，因此含有贵金属物料的溶解往往成为湿法冶金的难题。在精炼时，要求在溶解的同时，又要避免引入新的杂质的情况下更是如此。

在普通条件下，用单一酸、碱，甚至王水，都难使大多数贵金属溶解。这类难溶物质常用以下几种方法进行溶解。

固态物质溶解于溶液中，可分为两种情况：第一种为简单溶解过程，即物料中的可溶组分溶解于液体的过程，在过程中没有新的物质产生。第二种为化学溶解过程，即固态物质在溶液中发生化学反应生成新的物质后而溶于溶液中。贵金属物料的溶解属于化学溶解过程。

2.1.1 易溶物料的溶解

2.1.1.1 王水溶解法[1]

金不溶于任何单一的酸、碱或盐的水溶液。在有氧化剂存在的情况下，它可溶于 HCl、NaCN（或 KCN）及 $SC(NH_2)_2$ 的溶液中生成配合物，金的最主要溶解溶剂为王水。

$$Au + 4HCl + HNO_3 \Longrightarrow HAuCl_4 + 2H_2O + NO\uparrow$$

生成的 NO 遇空气则变为棕色的 NO_2。

$$2Au + 8HCl + NaClO_3 \Longrightarrow 2HAuCl_4 + 3H_2O + NaCl$$

$$2Au + 3Cl_2 + 2HCl \Longrightarrow 2HAuCl_4$$

$$2Au + 3NaClO + 8HCl \Longrightarrow 2HAuCl_4 + 3NaCl + 3H_2O$$

$$2Au + 4NaCN + 0.5O_2 + H_2O \Longrightarrow 2NaAu(CN)_2 + 2NaOH$$

$$2Au+4SC(NH_2)_2+Fe_2(SO_4)_3 ==== \{Au[SC(NH_2)_2]_2\}_2SO_4+2FeSO_4$$

银可溶于硝酸、浓硫酸溶液，在有氧气存在的条件下，亦能溶于氰化物溶液。银的主要溶解溶剂为硝酸。

$$Ag+2HNO_3 ==== AgNO_3+H_2O+NO_2\uparrow \qquad （浓硝酸）$$
$$3Ag+4HNO_3 ==== 3AgNO_3+2H_2O+NO\uparrow \qquad （稀硝酸）$$
$$2Ag+2H_2SO_4 ==== Ag_2SO_4+2H_2O+SO_2\uparrow \qquad （浓硫酸）$$
$$2Ag+4NaCN+0.5O_2+H_2O ==== 2NaAg(CN)_2+2NaOH$$

铂的溶解反应与金相似，但铂比金难溶解，故主要溶解溶剂为王水。

$$3Pt+18HCl+4HNO_3 ==== 3H_2PtCl_6+8H_2O+4NO\uparrow$$

钯能溶于硝酸及王水中。

$$3Pd+8HNO_3 ==== 3Pd(NO_3)_2+4H_2O+2NO\uparrow \qquad （烯硝酸）$$
$$Pd+4HNO_3 ==== Pd(NO_3)_2+2H_2O+2NO_2\uparrow \qquad （浓硝酸）$$
$$3Pd+12HCl+2HNO_3 ==== 3H_2PdCl_4+4H_2O+2NO\uparrow$$

2.1.1.2 水溶液氯化法[2]

传统的王水溶解的方法除分离不完全的缺点外，还产生大量的 NO、NO_2 等有害气体，污染环境，同时需反复蒸干破坏硝基化合物的烦琐操作。后来发展了 HCl/Cl_2、HCl/H_2O_2、$HCl/NaClO_3$ 等溶解方法，而 HCl/Cl_2 是目前从含贵金属的物料中提取贵金属的常用方法，也叫水溶液氯化法，实质上是加大氯气的供给量，提高溶液的氧化电势使贵金属溶解，其溶解能力和王水相当，主要是依靠氯气的氧化作用和新产生的次氯酸使物料溶解。我国早在 1965 年即开始用此法处理镍阳极泥焙烧浸出贱金属以后的残渣及贵金属精矿，以后又用于从铜阳极泥中提取金、钯、铂。目前国外贵金属精炼厂已普遍采用此法取代王水溶解工艺。浸出介质可用水、氯化钠溶液、稀硫酸、稀盐酸等，一般选用 HCl/Cl_2 体系。贵金属的氯化溶解率主要取决于被氯化物料的预处理过程，一般金、钯、铂的氯化率都比较高，但经焙烧的物料铑、铱、锇、钌的氯化率比较低。此法在国内已得到工业应用，国外已用于废料溶解的工业生产。

（1）易溶物料的氯化溶解

硫化镍电解阳极泥经脱硫焙烧浸出贱金属以后，残渣成分仍很复杂。其中贵金属含量低（Au 1.64%、Pd 0.68%、Pt 1.47%），而贱金属含量仍较高（Ni 8.57%、Fe 20.02%、Cu 19.1%、S 7.37%），另外还含有 19.1%SiO_2。贱金属除铜主要呈硫化物外，镍、铁主要呈 NiO 及 Fe_2O_3。

氯化过程中贵金属按下列反应氯化溶解：

$$Pt+2HCl+2Cl_2 ==== H_2PtCl_6$$
$$Pd+2HCl+2Cl_2 ==== H_2PdCl_6$$
$$2Au+2HCl+3Cl_2 ==== 2HAuCl_4$$
$$2Ag+Cl_2 ==== 2AgCl$$

反应生成的 AgCl 在浓盐酸和碱金属氯化物溶液中由于生成 $[AgCl_3]^{2-}$ 配合离子也部分进入溶液中。

贱金属硫化物及少量元素硫也被氯化：

$$Cu_2S + 4H_2O + 5Cl_2 = CuSO_4 + CuCl_2 + 8HCl$$

$$CuFeS_2 + \frac{17}{2}Cl_2 + 8H_2O = CuSO_4 + FeCl_3 + H_2SO_4 + 14HCl$$

$$Cu_2S + 4FeCl_3 = 2CuCl_2 + 4FeCl_2 + S$$

$$S + 4H_2O + 3Cl_2 = 6HCl + H_2SO_4$$

上述物料在 0.18mol/L H_2SO_4 + 25g/L NaCl、6mol/L HCl、1.5mol/L H_2SO_4 + 1.5mol/L HCl、6mol/L HCl + 25g/L NaCl 4 种介质中的氯化效果都很接近，在 3mol/L HCl 溶液中的氯化速率见图 2-1。

由图 2-1 可知，在 50℃以上氯化过程都能顺利进行。在 96℃时氯化 8h 各金属的氯化效率（%）为：铂 97.7、钯 97.8、金 99.5、铜 98.8、铁 84、镍 86。氯化渣成分含量（%）为：铂 0.092、钯 0.041、金 0.021、铜 0.63、铁 9.20、镍 3.10 等。生产实践表明，副铂族金属的氯化效率仅为 20% 左右，还有相当部分的锇、钌氧化、挥发损失。

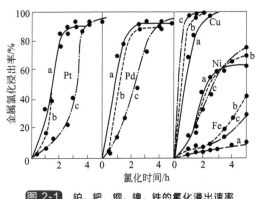

图 2-1 铂、钯、铜、镍、铁的氯化浸出速率

a—50℃；b—80℃；c—96℃

（2）贵金属精矿的氯化溶解

在贵金属相互分离和精炼之前都需将精矿溶解，过去都用王水溶解的方法，但反应过程产生有害的氮氧化物及最后需反复加盐酸赶硝基，操作复杂，用 HCl/Cl_2 溶解的效果与王水一样。

经焙烧的贵金属精矿（成分见表 2-1）用 6mol/L 盐酸浆化按固液比 1:4 配料，加热到 90~100℃ 通 Cl_2 氯化 8h（矿浆不再吸收氯气时可认为反应结束）。副铂族金属的氯化效率较低。新的专利方法是将残渣与过氧化钠混合，于 600~620℃ 焙烧，用水浆化后与氯化液重新合并再次氯化可使 99.5% 以上的铂、钯、金和至少 97% 的副铂族金属进入氯化液，结果详见表 2-1。碱溶处理可使钌转化为可溶性的钌酸盐，也可使铑、铱转变为易溶于酸的高价氧化物或改善它们的表面活性。

表 2-1　贵金属精矿两段氯化的结果

元素	精矿成分/%	一段氯化渣成分/%	一段氯化效率/%	最终氯化液成分/(g/L)	一段氯化效率/%	总氯化效率/%
Pt	28.47	2.44	98.0	25.01	0.2	99.9
Pd	33.43	3.02	98.0	30.97	0.02	99.9
Au	5.55	2.10	90.6	3.97	0.02	99.9
Rh	3.57	9.13	39.2	2.78	1.00	97.2
Ru	2.98	8.91	25.4	2.42	0.56	98.1
Ir	1.36	3.53	43.7	1.21	0.35	97.6
Ag	7.70	30.14	—	0.07	62.3	—

目前中国金川集团公司贵金属实际生产中采用 HCl/Cl_2 溶解贵金属的方法。脱胶液经铜粉置换金、钯、铂后的置换渣经洗涤后，氯化溶解在 200L 搪瓷釜、固液比为 1:5、6mol/L HCl 溶液体系中进行。过程中连续通入 Cl_2 直到贵金属溶解完。残渣极少且呈灰白色，过滤所得氯化液用来分离金、钯、铂。

2.1.2　难溶物料的溶解

某些铂铑合金、铂铱合金或含铑、铱较高的物料是很难用王水、$NaClO_3$＋HCl、$HCl＋Cl_2$、$HCl＋H_2O_2$ 等强氧化剂溶解的，必须采取一些强化措施。

贵金属合金是由两种或两种以上的元素组成。这些元素在合金中可能以共晶状态、固溶体状态或金属化合物状态存在。所谓固溶体即一种或几种组元像溶质一样，均匀地分布在另一组元（溶剂）之中，冷凝之后形成固态合金。所谓金属化合物即几种金属元素（也包括非金属元素）形成的化合物。所谓共晶即组成合金的组元相互机械地混合在一起，共同结晶出来的，但这些组元可以是元素，也可以是固溶体或化合物。因此合金的化学性质与组成它们的元素相比，有了很大的改变。比如说，金可以溶于王水，银可以溶于硝酸，但由 50% 金和 50% 银组成的合金既不溶于王水，也不溶于硝酸。王水或硝酸只能使它发生轻微腐蚀。因此某些贵金属合金的溶解不同于组成它们的组元，需要采取特殊措施才能使其溶解。

2.1.2.1　配银法[1]

金银合金，若金：银❶＞3:1，可用王水溶解，金转变为 $HAuCl_4$ 进入溶液，银转化为 AgCl 沉淀；若金含量少于 3/4，难溶于王水。若银：金＞3:1，此合金可用硝酸溶解，银转变为 $AgNO_3$ 进入溶液，金不溶解，以固体状态存在。如银含量小于 3/4，用硝酸也不能完全溶解。

---

❶　书中若未做特殊说明，则均表示质量比。

对于硝酸与王水都不能溶解的金银合金，可按银：金＞3∶1的原则配入适量银，熔融后慢慢地以细流状浇入不断搅拌的大量水中，使之粉碎成细粒，这一作业过程称之为水淬；或者浇铸成锭，冷凝后压成薄片，再用浓硝酸将银溶解，使之与金分离。

2.1.2.2　过氧化钠熔融法[2]

物料在镍（或铁）坩埚中用过氧化钠（或过氧化钡）、氢氧化钠（或碳酸钠）熔融或烧结，经浸出而转入溶液。此法为经典方法之一，是在强氧化剂存在下，将物料中的贵金属氧化的过程，用于处理铱、钌等，如在600～700℃下：

$$2Ir+6Na_2O_2+2NaOH \Longrightarrow 2Na_2IrO_3+5Na_2O+H_2O+O_2\uparrow$$
$$2Ru+6Na_2O_2+2NaOH \Longrightarrow 2Na_2RuO_4+5Na_2O+H_2O$$

此法操作条件恶劣，浸出产物难于过滤，一般需经多次反复操作才能使贵金属较完全地转入溶液，加之所使用的器皿会引入一定量杂质，给随后的处理带来困难，所以通常在不得已的情况下才使用。

2.1.2.3　硫酸氢钾熔融法[2]

物料用硫酸氢钾或焦硫酸钾在瓷坩埚中加热熔融，再经浸取而转入溶液，用于处理铑等。如向粉末钌中加入4mol/L NaOH溶液，加热煮沸，然后小心地逐次加入焦硫酸钾，蒸干熔融后，钌被氧化成暗红色可溶性的钌酸钾，浸出后转入溶液。

$$Ru+4NaOH+K_2S_2O_8 \Longrightarrow K_2RuO_4+2Na_2SO_3+2H_2O$$

此法浸取率不高，需经多次反复操作，过程冗长，不能达到有效分离。

2.1.2.4　中温氯化法[2]

将物料与4～5倍的氯化钠混合后，于中温下置于石英管内的石英舟中，通入的氯气经硫酸和五氧化二磷洗涤、干燥后，送入加热的石英管中，在600～700℃下氯化8～12h，主要用于含钌、铑、铱物料的氯化溶解。如 Rh∶NaCl＝1∶3，混匀后置于石英舟中，送入管式炉，于500℃通入氯气1h，得黑红色易溶性的氯铑酸钠。

$$2Rh+6NaCl+3Cl_2 \Longrightarrow 2Na_3RhCl_6$$

此法处理小批量物料较为有效，因氯化装置较复杂、通氯气时间长、腐蚀性强、操作环境差、产物收集麻烦，处理大批量物料尚有一定困难。

2.1.2.5　封闭热压溶解法[3]

这是对难溶物料进行溶解较为有效而简便的一种方法。此法是将物料与溶剂同时置于封闭容器中，加热产生高压而使之溶解。常用的3种溶解装置：铂衬套封闭热压装置、玻璃封管及聚四氟乙烯封管，其中最后一装置在容器材料选择上较为合理。将物料装入热压分解容器中，加入 HCl＋HNO₃（3∶1）或 HCl＋H₂O₂（4∶1）或 HCl＋NaClO₃ 在140～300℃下反应7～24h，可溶解 PtIr₁₈、PtIr₃₂、PtIr₂₅、PtRh₂₀、PtRh₃₀、IrRh₁₀ 等极难溶解的物料，20世纪60年代以来，国内外已相继用此法处理了一些矿物、岩石、氧化物及难溶铂族金属及其合金。

此法的特点是：

① 适用于任何强酸、强碱及其混合溶剂，扩大了溶剂的选择范围，从而使可分解或溶解的物料变得更为广泛。

② 可避免污染，不影响下一步操作。

③ 容器材料具有较高的化学稳定性及一定的机械强度，且耐腐蚀、耐高压，从而降低了试剂消耗，提高了溶解速率，装置还可反复使用。但仅适用于小批量物料。

根据物料和溶解装置的性质选定合适的溶解温度，如用聚四氟乙烯封管时温度必须低于 250℃，否则聚四氟乙烯会分解。

2.1.2.6　电化溶解法[4]

此法是在一定的酸性介质中通入交流电使难溶贵金属物料溶解。交流电化溶解的速率与电流密度、物料表面积、电解质溶液浓度和溶液温度有关。即将能导电的金属及合金作为电极置入电解池中用直流电或交流电在 90～100℃下电化溶解，能制得纯净的溶液，不引入其他盐类杂质。直流电化溶解法主要用于钌及其合金的溶解，交流电化溶解法主要用于铂、铑、铱、钯和钌等的溶解。使用的电解质随所欲溶解的物质不同而不同。例如，铂铑、铂铱、铑铱合金在 HCl 介质中，钌在 6mol/L HCl 介质中，铑铱粉在 H_2SO_4 介质中等。

20 世纪 50 年代末以来，前苏联进行了这方面的研究工作，其目的是为了获得分析上便于测定的纯溶液，因处理量较小，在实际工作中其应用有一定的局限性。此法的最大优点是不易引入新的杂质且能直接处理铱、铑等片、粉状物料，虽在设备上还存在一些困难，但还是一个有效而又有发展前途的方法。此法目前在我国已有应用。但此法只能用于金属或合金的溶解，溶解时需一个试样用一个电解池，样品多时电解装置庞大，并且溶解的金属还得通过称量电解前后的电极重量之差来计算。

2.1.2.7　碎化法[5]

对于含铑 30% 以上的铂铑合金，含铱 20% 以上的铂铱合金，欲使其溶解必须先将其碎化。所谓碎化，即向合金中另外加入一种易溶于酸的金属，例如，铝、银、铋、锌或铅等，加入金属的质量为原合金的 3～7 倍（见表 2-2），高温熔融成合金，浇成薄片，再用适当的酸将所加入的金属溶解掉，原来的合金转变为高活性的贵金属粉末，称为碎化。碎化后的粉末，可用 HCl＋Cl_2、HCl＋H_2O_2 或王水溶解。铂可全部溶解，铑或铱可部分溶解或全部溶解。铑和铱本不溶于王水，但由于以下几种因素起作用，使其部分或全部溶解。

① 颗粒非常细微。当颗粒尺寸小到一定程度后，金属的化学性质会有某种程度的变化。

② 铑和铱与加入的金属形成固溶体或化合物时这些固溶体或化合物的化学性质发生了变化，因而可溶解于王水中。

几种常用碎化剂中银的密度最大，铋其次，铝最小；铋的熔点最低，锌其次，铜最高；锌的沸点最低。锡碎化时，铑铱的溶解率低并且锡易水解，后处理麻烦。铋能与铑生成 Bi_4Rh、Bi_2Rh、$BiRh$ 等化合物，而不和铱反应（<1400℃），且酸溶时易水解，难于除尽。铜的熔点较高，活性低，碎化后尚需吹炼将铜氧化为氧化铜或用稀 HNO_3 溶解铜，铜不易除尽，不利于后续工序贵金属的分离。$Mn-Cu_{25}$ 合金已用于含铱废料或残渣的碎化，还原熔炼形成的多相固溶体用稀盐酸溶解后可获得颗粒很细的（100目）铱粉。银或银废料（$Ag>90\%$）常用于含金、钯、铂合金的碎化，所熔炼出的合金轧制成薄片或直接用硝酸或硫酸溶解银后，再用王水等氧化剂溶解金、钯、铂等。由于银亦属于贵金属，价值高，加入的银必须回收。银碎化法对含铑、铱的物料效果较差。锌的沸点低，易挥发，且获得的贵金属粉末粗，一般不单独使用，而使用 $Al-Zn$ 合金复合碎化剂如铝 $10\%\sim90\%$、锌 $10\%\sim90\%$ 或铝 $10\%\sim80\%$、锌 $10\%\sim80\%$、铜 $10\%\sim30\%$ 等，利用该法已处理过 $PtIr_{25}$、$PtRh_{40}$、$IrRh_{40}$、锇铱矿。

表 2-2　碎化剂及其操作条件[9]

碎化剂	密度 /(g/cm³)	熔点 /℃	沸点 /℃	用量（物料的倍数）	碎化温度 /℃	处理时间 /h
Bi	9.8	271	1560	3~4	800~900	2~3
Zn	7.1	419	907	4~5	800~900	1~2
Al	2.7	660	2447	3~5	1100~1200	1~2
Sn	7.3	774	2687	4~6	900~1000	2
Ag	10.5	960	2177	4~5	1100~1200	2~3
Cu	8.9		2582	5~7	1150~1300	2~3
Mn-Cu₂₅				4~5	1200~1300	2~3
Al-Zn				6~8	1000~1200	1.5~3

2.1.2.8　铝热合金化法[6]

这是南非国立冶金研究所（NIM）于20世纪80年代末研究的方法，其过程分为3个步骤：首先，贵金属精矿与金属铝、铁高温熔炼，贵金属转变为金属状态并与铝、铁合金化；其次，用酸溶解铝、铁等贱金属，使贵金属转变为高分散的易溶活性状态；最后，用盐酸-氯气溶解获得高浓度贵金属溶液。针对不同品位及成分的精矿用不同的熔炼方法和操作条件。

① 高品位贵金属精矿的活化溶解　传统工艺的"贵铅"是经硝酸溶解铅、银后产出的，以副铂族金属为主的残渣，成分含量（%）为：Pt 5.5、Pd 3.8、Au 0.8、Rh 9.8、Ru 17.1、Ir 2.9、Os 1.9、Ag 1.4，贵金属含量合计大于 40%，还含有铜、铁、镍和铅，合计约为 35%。该残渣用王水直接溶解或高温

氢还原后用王水溶解等不同方法处理时,贵金属的溶解效率都不高。但经铝熔活化后全部贵金属的溶解率都很高。

该方法的操作过程为:精矿与等质量的铝在>1000℃的惰性气氛中直接熔炼为铝合金,用 4mol/L HCl 溶解贱金属,过滤贱金属溶液后得到的残渣再用王水或盐酸-氯气氧化溶解贵金属。用该方法和其他方法处理贵金属精矿时,贵金属的溶解率比较列入表 2-3。

表 2-3 高品位贵金属精矿用不同预处理方法的溶解率   单位:%

处　理　方　法	Pt	Pd	Au	Ru	Rh	Ir	Os
用王水 90℃ 直接溶解 5h	89.3	76.2	92.9	2.0	8.5	2.5	2.0
用盐酸-氯气 80℃ 直接溶解 5h	86.3	74.5	90.2	2.5	7.6	2.0	2.1
900℃ 氢还原 1h,王水 90℃ 溶解 5h	96.3	97.4	98.5	4.5	14.6	8.3	5.0
铝熔-酸浸贱金属,王水 90℃ 溶解 2h	99.5	99.2	99.6	98	98.5	98.3	97.6
铝熔-酸浸贱金属,盐酸-氯气 80℃ 溶解 1h	99.1	99.8	99.8	97.1	98.9	97.4	98.6

该方法因铝的强还原性和铁的有效捕集作用,能保证铑的有效回收,虽然一次不溶渣中铑、铱、钌的含量也可能高于 1%,但闭路返回铝熔炼活化过程,不会造成分散损失。

② 中等和低品位贵金属精矿的活化溶解　中等品位精矿含贵金属和贱金属各约 30%,如高锍加压浸出产出的粗精矿,用 2mol/L HCl 溶液通入氯气直接加热溶解或高温氢还原后用盐酸-氯气氧化溶解或铝熔活化-酸溶贱金属-盐酸+氯气溶解等 3 种不同方法处理时,贵金属的溶解率列于表 2-4。含贵金属约 15%、氧化亚铁 14%、二氧化硅 16% 及其他贱金属含量也较高的低品位精矿,用上述 3 种不同方法处理时,贵金属的溶解率也列入表 2-4。

表 2-4 不同方法预处理中、低品位精矿的贵金属溶解率

处　理　方　法	中等品位粗精矿的贵金属溶解率/%					低品位精矿的贵金属溶解率/%				
	Pt	Pd	Rh	Ru	Ir	Pt	Pd	Rh	Ru	Ir
2mol/L HCl-Cl₂ 直接溶解	80.8	70.7	32.7	14.6	64.8	63.9	53.7	30.9	16.4	45.2
氢还原后 2mol/L HCl-Cl₂ 直接溶解	98.4	98.3	81.6	52.4	96.9	89.2	94.2	38.1	3.4	16.5
铝熔活化后 2mol/L HCl-Cl₂ 直接溶解	99.6	99.4	87.8	96.9	96.9	99.3	99.4	97.6	95.6	87.3

低品位精矿的铝熔活化过程是:熔炼使氧化亚铁和二氧化硅形成硅酸盐炉渣分离,即将精矿和炭粉、石灰混合制粒,800℃ 还原焙烧,焙砂和铁屑在电炉中 1600℃ 熔炼为铁合金,分离炉渣后的铁合金按铝:贵金属=0.4:1 向熔体中加入铝屑活化产出含贵金属的铝铁合金。由于产出的炉渣量大,其中夹带分散的贵金属含量达 2%~3%。合金中贱金属含量可达 90%,需消耗大量盐酸或硫酸溶解贱金属。过滤贱金属溶液后的贵金属精矿再用盐酸-氯气溶解。为确认该方法回收贵金属的可靠性,单独处理一批精矿的金属平衡情况列于表 2-5。

表 2-5　单独处理一批精矿的金属平衡

物料及成分	Pt	Pd	Rh	Ru	Ir	Os
低品位精矿的成分/%	1.11	6.40	2.99	6.51	0.44	1.43
矿渣中的含量/(g/t)			2434			
贱金属溶液中的含量			微量			
贵金属溶液中的浓度/(g/L)	0.7	5.063	2.019	4.38	0.315	0.850
合金中分析计算的回收率/%			93			
炉渣中分析计算的损失率/%			3			
贵金属溶液分析计算的回收率/%			109.3			

③ 富铑铱钌残渣的活化溶解　传统精炼工艺中的富铑铱钌残渣用不同的方法处理时，铑钌铱 3 种金属的溶解情况列于表 2-6。

表 2-6　不同方法处理富铑铱钌物料的溶解率

处 理 方 法	溶解率/%		
	Rh	Ru	Ir
直接用 6～12mol/L HCl-Cl$_2$溶解 2h	18.5	0	2.0
高温氢还原后 HCl-Cl$_2$溶解 2h	14.6	5.7	6.7
加硫化亚铁铝热熔炼后 HCl-Cl$_2$溶解 2h	93.1	90.8	90.3
加硫化亚铁铝热熔炼后 HCl-Cl$_2$溶解 10h	99.5	99.1	99.3

④ 粗金属铑的活化溶解　粗金属铑直接用王水溶解很困难，90℃王水溶解近半月，溶解率低于 60%。若按铑∶铝∶氧化铁＝1∶2∶0.2 比例混合后置于高温炉中升温至 1000℃熔炼 15min，合金用 6mol/L HCl 溶液溶解铝、铁，过滤后的铑精矿用王水在 90℃溶解 20min，铑的溶解率高于 99%。

总之，铝热合金化法可使所有惰性难溶状态的贵金属都转化为活性易溶状态，该方法可靠且溶解率很高。但该方法处理低品位精矿用加入氧化铁还原为金属铁作捕集剂，因为铁的熔点高，需要特殊的高温熔炼设备，为防止铁被氧化有时还需惰性气体保护气氛，应用条件较为苛刻。

2.1.2.9　镍锍熔炼-铝热活化溶解技术[6]

该技术兼有富集和活化的效果，可使不同品位和状态的含贵金属的物料富集、活化，产出高品位活性贵金属精矿和溶解获得高质量、高浓度的贵金属溶液。

① 低品位贵金属物料的富集活化溶解　低品位贵金属物料的成分含量（%）为：Au 0.113、Pt 0.094、Pd 0.076、Rh＋Ir＋Os＋Ru 0.033、金＋铂族金属 0.316、Cu 4.7、Ni 4.1、Fe 10.2、SiO$_2$ 11.1、CaO 12.5、S 14.1。

低品位贵金属物料富集活化溶解的方法是在物料中加入硼砂、碳酸钠、石英砂等造渣熔剂，在电弧炉中于 1200℃熔炼，物料中的贱金属硫化物熔炼成为捕集了贵金属的锍，在分离炉渣后得到的锍中加入铝反应形成铝的合金，用酸溶解合金中的贱金属，残渣即为活性贵金属精矿，再用盐酸-氯气溶解残渣，所有贵金属溶解率均高于99.8％。

② 中等品位贵金属物料的富集活化溶解 对含金＋铂族金属为7.748％、贱金属为19.1％的贵金属物料，用同样的方法处理，贵金属的溶解率均高于99.9％。溶液中贵金属的浓度为100g/L。

③ 合金废料和精炼残渣的活化溶解 对常规方法无法溶解的Pt-Ir$_{25}$合金废料，用镍锍熔炼→加铝自热活化→盐酸溶解分离贱金属→盐酸-氯气溶解，铂、铱的溶解率均高于99％，产出高浓度铂铱溶液。用此法处理某贵金属二次资源精炼厂长期积累的成分非常复杂的各种贵金属废渣，也取得了令人满意的效果。

④ 锇铱矿的活化溶解 对砂铂矿提铂后残余的锇铱矿（含锇、铱各约30％），用镍锍熔炼后铝热活化或直接铝热熔炼活化，皆可使惰性锇铱矿分解，熔块用硫酸或盐酸溶解贱金属后，贵金属精矿可在硫酸介质中加氧化剂直接蒸馏后用碱液吸收四氧化锇，蒸馏残液补加盐酸后用氯气溶解铂、铱，溶解率高且可获得高浓度铱溶液。

⑤ 金川集团公司精炼厂稀贵生产系统将该法用于"铜渣"、"铜渣"处理后的残渣和现生产过程中的一次、二次蒸残液及地沟回收料（统称贵金属杂料）中贵金属的回收，取得了很好的效果。目前采用该工艺试生产已处理低品位物料20t左右，并产出了纯度为99.99％的贵金属产品。整个工艺过程稳定，取得了很好的效果。炉渣中金、钯、铂含量＜40g/t。从投料到产出贵金属产品，金、钯、铂的回收率分别为90.30％、90.50％、91.47％。

该方法的特点如下所述：

a. 可处理含贵金属品位＜1％、粗金属的各种复杂物料，包括冶炼厂各种品位的贵金属富集物和粗精矿，精炼厂各种难处理废渣，各种贵金属合金和不同的贵金属二次资源。当物料中贵金属品位低，同时含镍或铁的硫化物及硅、钙的氧化物时，可配入适量熔剂直接熔炼，分离炉渣后直接加入铝完成自热还原活化。

b. 处理含贵金属废渣、难溶粗金属铑、铱、锇、铱精矿或贵金属合金（如铂铱合金）废料时，首先配入低熔点镍锍（Ni$_3$S$_2$，熔点约为575℃）或铁锍（FeS，熔点约为1000℃）熔炼，熔炼温度低，无须保护气氛，Ni$_3$S$_2$和FeS对粉状贵金属的浸润好、捕集效率高，对块状合金物料的进入碎化能力强。

c. 铝热还原反应速率快，在800～1000℃熔铝中加入贵金属锍，瞬时自热达白炽高温完成活化反应，获得含贵金属的多元合金。

d. 多元合金用硫酸或盐酸直接溶解贱金属，过滤后即得到高品位活性贵金属精矿。

e. 可用贵金属精炼过程中产生的各种含微量贵金属的酸性废液溶解贱金属，既充分利用了残酸又可使微量贵金属置换回收到精矿中，有利于精炼过程中的溶液、残酸和贵金属闭路平衡。例如，酸度为2mol/L HCl的废液成分含量（g/L）为：Ru 0.006、Rh 0.005、Ir 0.0013、Pd 0.00074，在60℃浸出多元合金6h，过滤后的贱金属废液中贵金属的总浓度＜0.00001g/L，置换回收率＞99.99％。

　　f. 物料中若含锇、钌，在富集熔炼-铝热活化-酸溶贱金属的过程中，可全部有效地捕集回收在活性精矿中，很容易从精矿中用氧化蒸馏方法分离（即在稀盐酸介质中加入双氧水或氯酸钠等氧化剂氧化蒸馏，分别用碱液和盐酸吸收）。蒸馏完后补加浓盐酸并通入氯气加热溶解，获得的贵金属溶液浓度高，是简单的盐酸体系，酸度和金属浓度、贵金属价态和配合物状态易于按要求调整，可方便地衔接溶剂萃取分离工艺。

　　g. 操作过程简单灵活，设备易解决，周期短。

　　但该法也存在一定的缺点，即当用该法处理铂铱合金、铑铱合金、铂-钯-铑三元催化网王水不溶渣、铂-钯-铑三元催化网炉灰或品位过低的贵金属物料（如低于1000g/t）等废料时，镍锍中的铜在盐酸或硫酸溶解贱金属的过程中不会溶解，在溶解贵金属的过程中这部分铜会随之进入贵金属溶液中，给随后的贵金属分离、提纯带来麻烦。

2.1.3　贵金属物料溶解动力学[1]

　　溶解过程是由溶液与固体物质组成的多相反应过程，该过程与气固相的多相反应相似，大致可分为如下几个步骤：①溶剂分子向固体表面的扩散；②溶剂分子被吸附在固体表面上；③溶剂与固体中可溶性组分发生化学作用生成可溶性的化合物；④所生成的可溶性化合物在固体表面解吸；⑤可溶性化合物向溶液中扩散。

　　由于化学反应系在固相表面进行，因而使得固相与液相界面附近的溶剂浓度、反应产物浓度与溶液内部不同。对于溶剂来说固液相界面处，由于反应溶剂不断消耗，该处浓度最低，甚至可能达到零。如果没有新的溶剂扩散进来，反应就不能继续进行；对于反应产物来说，在固液相界面处，浓度不断增加，当达到饱和时，溶解作用将会停止，欲使溶解过程继续进行，就应该使反应产物不断向外扩散。

　　溶解速率主要决定于溶解过程中速率最慢的步骤。上述五个步骤大致可分为扩散过程与化学反应过程两个过程。一般来说扩散过程进行得很慢，因此它就是决定性因素，换句话说它将成为限制步骤。影响溶解速率最主要的因素是：被溶解物质的性质与状态、溶剂浓度、反应产物从饱和层中向外扩散的速率、过程进行的温度、搅拌条件等。

　　关于上述因素与溶解速率的关系可用下式表示：

$$V=DF\frac{c_H-c_P}{\delta}$$

式中　V——在单位时间内发生反应的物质数量，即溶解速率；
　　　　D——扩散系数；

  F——固体物料的表面积；

  δ——固体物料表面饱和溶液层（或称扩散层）的厚度；

  c_H——固体物料表面饱和溶液层中产物的浓度，即饱和浓度；

  c_P——整个溶液中产物的浓度。

  若溶解过程中有气体产物产生，将会使过程变得更加复杂。气体离开固体并从溶液中冒出，可起到扰乱扩散层和搅拌整个溶液的作用，可加速溶解过程；但是如果产生的气体迟迟不能聚结成大气泡自溶液中冒出，而附在固体表面，它会使固体物质的该部分与溶剂隔离，因而会阻碍溶解过程的进行。然而，在多数情况下，气体的产生会加速溶解过程的进行。

  （1）固体物料的性质及其状态

  固体物料的性质对溶解过程有重大的影响。对于纯金属而言，化学性质较活泼，即电极电势较负的金属容易溶解。电势较低的金属如果与电势较高的金属组成合金，一般而言可使其溶解速率变慢；反之，电势较高的金属与电势较低的金属组成合金，可使其变得容易溶解。但是也有相反的情况，如金的电势比银高，金中加入较多银后，反而不易溶于王水。所以说，对于纯金属的化学性质可按其标准电势加以判断，而对于合金来说情况就变得比较复杂，不能简单地根据组成合金的元素的标准电势武断地下结论，需要根据前人的经验或通过试验来了解它们的溶解行为。但是，不管纯金属、合金或者化合物，它们在相应溶剂中的溶解行为主要决定于它们与溶剂之间的化学反应。

  同一金属物料，它的状态对溶解过程也有非常重大的影响。固体物料的表面积与溶剂接触面积越大越容易溶解，从公式中亦可见，溶解速率 V 与表面积 F 成正比。因薄片状、细丝状、粉状及海绵状的固体物料有较大的表面积，因此溶解速率较快。

  （2）固体表面饱和溶液的扩散

  溶解开始时，固体表面很快便形成饱和溶液层或称扩散层。溶解产物（即溶质）能由扩散层中扩散至整个溶液中，使得溶解过程能继续进行。根据溶解速率公式可知，溶解速率 V 与（$c_H - c_P$）和 D 成正比，与 δ 成反比。溶质的饱和浓度和溶质在整个溶液中的浓度之差越大，溶质越易扩散，所以在溶解的开始阶段整个溶液中溶质浓度等于零或者很低时，溶解速率很快，随着整个溶液中溶质浓度的增加，溶解速率变慢，当 $c_P = c_H$，即 $c_H - c_P = 0$ 时，扩散即不能进行，因而溶解将停止。

  扩散系数 D 与溶质微粒的大小、溶剂的性质及温度等性质有关。不同的物质在相同条件下可有不同的扩散系数。扩散系数越大，溶解进行得越快。

  扩散层的厚度 δ 是溶解过程的主要阻力，搅拌可以使扩散层厚度变薄，因而可以加速溶解过程的进行。若溶解反应有气体产物产生时，亦能使扩散层遭到破坏，可以加速反应的进行。

（3）温度对溶解速率的影响

在给定溶液中扩散系数 D 会随着溶液温度的改变而改变。扩散系数 D 与某些因素的关系表示如下式：

$$D = \frac{RT}{N} \times \frac{1}{3\pi\mu d}$$

式中　D——扩散系数，cm^2/s；

　　　　T——热力学温度，K；

　　　　μ——溶剂黏度，$g/(m \cdot s)$；

　　　　d——扩散物质颗粒大小（分子直径），cm；

　　　　R——气体常数 $[8.31J/(K \cdot mol)]$；

　　　　N——阿伏加德罗常数。

从公式可知，扩散系数 D 正比于过程进行的热力学温度。当溶液温度提高时，溶质颗粒的运动速率增大，扩散系数也变大，从而溶解速率提高。

提高温度还能改变溶质的溶解度，在多数情况下提高溶液的饱和浓度 c_H，使 c_H 与 c_P 差值增大，有利于扩散的进行。

升高温度还能促进分子的活化，加速化学反应速率。

温度的变动还影响扩散层厚度 δ 值，升高温度可使 δ 值变小。

升高温度还会使溶液黏度降低，从扩散系数 D 的公式可知，黏度 μ 减小，扩散系数 D 增大。

总之，升高温度有利于溶解过程进行，可以加快溶解速率。但温度的提高受到溶剂的沸点及各种经济因素及环保的限制，并非可以无限提高。从另一方面说，如果溶解过程属于放热反应过程，并有气体产生时，尚需控制温度；否则，溶解反应过快会使溶液外溢，造成贵金属损失。

（4）溶剂浓度的影响

溶剂浓度对于溶解过程的影响极大。提高溶剂浓度不仅会增大化学反应速率，而且能提高溶剂向固体表面扩散的速率。这是因为在紧靠固体表面处，由于化学反应使溶剂不断消耗，该处溶剂浓度变得很低，但由于整个溶液中溶剂的浓度很高，两者差值增大，有利于溶剂向固体表面扩散。提高溶剂浓度可加速溶解过程是很明显的。但是必须考虑到以下几点：①溶剂浓度太高会使溶解反应过程进行过于激烈，易使溶液外溢；②溶剂浓度过高会使不该溶解的物质也发生溶解，不仅浪费试剂，而且会使某些杂质进入溶液的量增加。

（5）液固比的影响

在溶解过程中，溶液的质量与固体物质质量之比称为液固比。若液固比太小，即液体量太少，会使溶液很快接近饱和浓度，不利于溶解过程进行。当使用的试剂为一定量时，若液固比太大，即溶液量太多，会相应使溶剂浓度降低，也不利于溶解过程的进行。液固比的值一般是通过试验来确定的。

2.2 浓硫酸浸煮法分离贱金属[7]

这种技术主要用于贵、贱金属分离，适用于处理较高品位的铂族金属富集物或粗精矿。铂族金属富集物进行浓硫酸浸煮处理，使贱金属及其硫化物和氧化物转化为可溶性的硫酸盐，然后用水稀释浸出分离，铂族金属富集在不溶渣中，得到高品位铂族金属精矿。

通常在低于 200℃ 下用浓硫酸直接处理物料，然后再稀释浸出。在此过程中，浓硫酸使铜、镍、铁贱金属转化为可溶性的硫酸盐。

$$Me + 2H_2SO_4 === MeSO_4 + SO_2\uparrow + 2H_2O$$
$$MeS + 2H_2SO_4 === MeSO_4 + SO_2\uparrow + 2H_2O + S$$
$$MeS + 4H_2SO_4 === MeSO_4 + 4SO_2\uparrow + 4H_2O$$
$$MeO + H_2SO_4 === MeSO_4 + H_2O$$

浸煮完后用水稀释过滤，贱金属以可溶性硫酸盐的形式溶解于溶液中，铂族金属富集于不溶渣中。浸煮过程中铂族金属是否发生溶解损失主要取决于浸煮条件，即浸煮温度与浓硫酸用量。

浸煮温度低于 190℃ 时，贵金属（包括大部分银）都基本留在不溶渣中，锇的氧化挥发损失也很小。中国金川集团公司精炼厂曾用此法处理控制电势选择性氯化所得的残渣。当料：酸（质量比）＝1：1.5，170℃±5℃，浸煮 2h，以 10 倍水稀释过滤，铜、镍的浸出率分别达 91.5%、86%，贵金属在溶液中的损失小于 0.2%。所得不溶渣中铜、镍含量分别由 4.16%、9.75% 下降为 0.53%、2.08%，铂族金属品位由 1.9% 提高至 2.84%。

浸煮温度高于 190℃ 时，铂族金属部分转化为可溶状态。超过 250～260℃ 后，除铂、金基本上不硫酸盐化而全部留在溶渣中外，钯、银、钌、铑、铱均大量转入溶液中，锇氧化挥发严重。温度超过 300℃，硫酸分解，贵金属的可溶性硫酸盐逐渐发生分解，在浸出液中的溶解损失有所降低。但副铂族金属的损失仍然较大，锇绝大部分氧化挥发。表 2-7 是浓硫酸浸煮温度对贵金属溶解损失的影响。

表 2-7 浓硫酸浸煮时贵金属溶解损失与温度的关系

浸煮条件	贵金属溶解损失率/%						
	Pt	Pd	Au	Rh	Ir	Ru	Ag
料：酸＝1：4,256℃,3h	微量	24.2	微量	82.6	80.4	53.8	62.5
料：酸＝1：4,300℃,3h	<0.1	<0.5	0.14	73.5	60.0	80.5	—
料：酸＝1：4,400℃,3h	<0.1	0.16	0.41	52.1	47.0	64.8	—

浸煮时，浓硫酸用量对铂族金属溶解损失的影响也很大，见表 2-8，试验表

明：增大硫酸用量，铂、钯、金浸出率变化不大，损失一般均小于 0.2%，铜、镍、铁则随酸用量增大到几乎全部除去，但铑、铱、锇、钌的浸出率也基本随酸用量的增大而增大。

表 2-8　浓硫酸用量对金属浸出率的影响

酸用量	浸出率/%						
（酸∶料）	Pt	Pd	Au	Rh	Ir	Os	Ru
1	<0.06	<0.18	<0.14	4.0	5.4	2.1	15.3
1.5	<0.05	<0.15	<0.12	28	15.5	5.3	32.7
2	<0.07	<0.2	<0.16	32.6	14.8	11.8	35.8
2.5	<0.05	<0.15	<0.14	13.67	8.1	16.7	28.0
3	<0.05	<0.16	<0.14	<4.8	25.6	22.3	53.8
4	<0.0s	<0.15	<0.14	73.5	60.0	34.0	80.5
10	<0.05	<0.15	<0.28	71	56.3	43.0	68.8

2.3　蒸馏法选择性分离锇、钌[8,9]

贵金属中的锇、钌在火法或湿法的富集提纯过程中容易造成分散损失。尽早地使锇、钌与其他贵金属分离并得到回收是贵金属综合回收的一个重要原则。

分离锇、钌最经济最有效的方法是氧化蒸馏，即用一种强氧化剂使锇、钌氧化为四氧化物挥发，分别用碱液和盐酸吸收。经过富集提取后的富铂族金属物料，如果不含硫或含少量硫，物料的性质又适合于氧化蒸馏时（未经受 300℃以上火法处理）应考虑优先分离回收锇、钌。

2.3.1　锇、钌的化学性质

① 锇的密度仅次于铱，锇粉在常温下亦氧化，500℃会燃烧，锇氧化后形成高蒸气压的稳定的 OsO_4（四氧化锇），对人体有强烈的刺激和毒性。

② 钌粉在常压下亦氧化，且随温度的升高而氧化加剧，钌粉在 1000℃时的氧化速度比 700℃时要大 400 倍。

③ 氯酸盐（如 $NaClO_3$）或亚氯酸钾（$KClO_2$）的中性溶液或酸性溶液可以溶解锇。锇亦能被熔融态的盐侵蚀。

④ 钌不受普通酸侵蚀，但王水、次氯酸盐溶液和浓 NaOH 溶液及过氧化钠溶液能溶解钌。钌亦能被许多熔融的盐侵蚀，例如，KOH 和 $KClO_2$ 的混合物。

⑤ 锇与钌都有高价氧化物，在 OsO_4、RuO_4 中锇、钌为 +8 价，OsO_4 在 120℃汽化，RuO_4 在 65℃汽化。

⑥ 利用锇、钌氧化物的挥发性使其与其他金属分离，这就是蒸馏的依据。

⑦ 锇与硫脲的配合物 $[OsO_6CS(NH_2)_2OH]$ 在 HCl 介质中反应呈深红色，这是检验蒸馏终点的标志。一般用 3mol/L HCl＋10% 硫脲检验，如果有深蓝

色，说明是大量的 RuO_4 在挥发，一般经检验后有微红色（粉红）就可以了。

⑧ $2OsO_4 + 4NaOH == 2Na_2OsO_4 + 2H_2O + O_2\uparrow$

这就是用 $20\% \sim 40\%$ NaOH $+ 0.5\%$ C_2H_5OH 吸收 Os 的原理（生成的 Na_2OsO_4 为紫红色）

⑨ Os 在 HCl 和 ［Cl］的作用下生成氯锇酸进一步与 ［O］反应生成 OsO_4 挥发，反应如下：

$$Os + 2HCl + 4[Cl] == H_2OsCl_6$$

$$H_2OsCl_6 + 2[O] + 2H_2O == 6HCl + OsO_4\uparrow$$

⑩ Ru 在 HCl 和 ［Cl］的作用下生成氯钌酸，进一步与 ［O］反应生成 RuO_4 挥发，反应为：

$$Ru + 2HCl + 4[Cl] == H_2RuCl_6$$

$$H_2RuCl_6 + 2[O] + 2H_2O == 6HCl + RuO_4\uparrow$$

⑪ RuO_4 与 HCl 反应生成红色的氯钌酸，反应为：

$$2RuO_4 + 20HCl == 2H_2RuCl_5 + 8H_2O + 5Cl_2\uparrow$$

这就是用 $(3+7)$HCl $+ 0.5\%C_2H_5OH$ 吸收钌的原理。

⑫ 蒸馏过程中在吸收 OsO_4、RuO_4 的吸收溶液中加入 C_2H_5OH，是因为 C_2H_5OH 有还原性，能抑制氧化达到还原的目的。

⑬ 因为钌、锇易氧化，所以在煅烧时要在氢气流的保护下才能操作或者用高压氢还原设备。

2.3.2　锇、钌的蒸馏方法

（1）从其他铂族金属中分离锇、钌及其相互分离

分离锇、钌最经济有效的方法是氧化蒸馏，即用一种强氧化剂使锇、钌氧化到最高价，生成相应的四氧化物而挥发出来，然后分别用碱液和盐酸吸收，从而使其相互分离。当然，还有其他方法，这些方法是利用其配合物的溶解度和稳定性的差异或其他性质差异来分离，但这些方法均不如蒸馏法用得多。

经过富集提取的富铂族金属物料，满足以下条件之一的，即使锇、钌的品位较低，从技术上说，都能进行锇、钌的蒸馏分离。这些条件是：①物料不含硫或含少量硫；②物料的性质适合于氧化蒸馏，其挥发率能达到满意的程度（冶金过程中含铂族金属物料在提取过程中如未经过 300℃ 以上的火法处理，即可满足这个要求）；③物料中铂族金属的品位还不很高，尚含有一定量的贱金属，而要进一步除去贱金属时，又会造成锇、钌等元素的损失，那么这时就应考虑优先将锇、钌分离回收。此外，决定一种物料是否可以进行蒸馏分离，还应考虑经济因素；物料中锇、钌的品位；在进一步除去贱金属提高铂族金属的品位时，锇、钌及其他贵金属损失的大小；蒸馏过程的处理量及氧化剂的消耗量；蒸馏锇、钌后物料如何处理以及产品锇、钌的供求情况等。

（2）直接往固体物料中加碱液通氯气蒸馏分离锇、钌

此法的实质是氯气通入碱液（NaOH 溶液）后生成的强氧化剂——次氯酸钠使锇、钌氧化呈四氧化物而挥发。蒸馏是在有机械搅拌的搪瓷玻璃反应器中进行。物料用水浆化后放入反应器中，加热至近沸，然后定时加入 20%NaOH 溶液，并不断通入氯气，保持溶液的 pH 值为 6～8，这时锇、钌生成相应的四氧化物一起挥发出来，分别用 NaOH 溶液及 HCl 溶液吸收。蒸馏过程一般延续 6～8h。锇、钌的蒸出吸收率大于 99%，发生的主要反应为：

$$Ru+4Cl_2+8NaOH = RuO_4 \uparrow +8NaCl+4H_2O$$

$$Os+4Cl_2+8NaOH = OsO_4 \uparrow +8NaCl+4H_2O$$

此法的优点是比较经济，操作也比较简便。缺点是贱金属及某些铂族金属离子在碱液中生成氢氧化物沉积在被蒸馏物料的表面，从而降低锇、钌的蒸馏效率。另外，其他贵金属在蒸馏过程中基本不溶解，需经另一过程溶解后才能分离。

（3）用硫酸加溴酸钠从溶液中蒸馏分离锇、钌

此法又可分为两种情况：一种是"水解蒸馏"，即将溶液先中和水解，使锇、钌生成氢氧化物，然后加硫酸和溴酸钠进行蒸馏；另一种是"浓缩蒸馏"，即将含铂族金属的氯配合物溶液蒸发浓缩，再加氧化剂进行蒸馏。前者可保证较高的回收率，效果稳定，但操作过程冗长，水解产物的过滤和洗涤很困难；后者操作过程简单，但蒸馏效果不够稳定。蒸馏过程在玻璃或搪玻璃反应器中进行。"水解蒸馏"时，将水解沉淀用水浆化后放入反应器内，同时加入溴酸钠溶液，升温至 40～45℃后加入物料 1/2 体积的硫酸，再升温至 95～100℃，锇、钌即生成四氧化物挥发出来，然后分别用 NaOH 溶液及 HCl 溶液吸收。"浓缩蒸馏"时，将浓缩后的溶液转入蒸馏器中，加入等体积硫酸，升温至 95～100℃后不断缓慢加入溴酸钠溶液，直至锇、钌蒸馏完毕，然后分别用碱液和酸液吸收。

（4）调整 pH 值加溴酸钠从溶液中直接蒸馏分离钌

此法的优点是不加硫酸，蒸馏后的氯配合物溶液可接着进行其他贵金属元素的分离，但对锇的蒸馏效果很差，仅适用于含钌的溶液。操作方法是在蒸馏前将溶液浓缩赶酸加水稀释，使 pH 值在 0.5～1，然后转入蒸馏器中，加热至近沸，再加入溴酸钠溶液和氢氧化钠溶液，使 pH 值升高，当大量四氧化钌蒸出时停止加入碱液，继续加入溴酸钠直至钌蒸馏完毕，其蒸馏效率几乎达 100%。

（5）过氧化钠熔融后用硫酸、溴酸钠（氯酸钠）蒸馏分离锇、钌

呈固体状态的锇、钌不能直接用上述方法蒸馏分离时采用此法。如分离其他铂族金属后的含锇、钌的不溶残渣，含锇、钌的金属废料，废件等均须采用此法。由于此法成本较高，因此要求物料中锇、钌的含量较高。

操作时，将称量过的物料与 3 倍量的 Na$_2$O$_2$ 混合，装入铁坩埚在电炉中于 700℃下熔融，待完全熔化后取出坩埚，用水浸取冷却的熔块，使锇、钌转入溶液中，浸取得到的浆料即可进行蒸馏分离锇、钌。

氧化蒸馏过程的主要反应如下：

$$NaOH + Cl_2 == NaOCl + HCl$$

$$NaOCl == NaCl + [O]$$

$$3NaBrO_3 + H_2SO_4 == Na_2SO_4 + NaBr + 9[O] + 2HBr$$

$$3NaClO_3 + H_2SO_4 == Na_2SO_4 + NaCl + 9[O] + 2HCl$$

$$2HCl + [O] == 2[Cl] + H_2O$$

$$Me + 2HCl + 4[Cl] == H_2MeCl_6$$

$$H_2OsCl_6 + 2[O] + 2H_2O == 6HCl + OsO_4 \uparrow$$

$$H_2RuCl_6 + 2[O] + 2H_2O == 6HCl + RuO_4 \uparrow$$

（6）用氯酸钠加硫酸蒸馏直接从铂族金属精矿中分离锇、钌

此法蒸馏分离锇、钌的依据是氯酸钠在硫酸作用下产生初生态氧和盐酸，初生态氧又能使盐酸进一步氧化，放出初生态氯，初生态氧和氯都是很强的氧化剂，它们不仅能使铂族金属溶解，而且能将锇、钌氧化成四氧化物而挥发。

蒸馏过程中，试剂的基本化学反应为：

$$NaClO_3 + H_2SO_4 == NaHSO_4 + HClO_3$$

$$3HClO_3 == HClO_4 + 2ClO_2 + H_2O$$

$$2ClO_2 == Cl_2 + 2O_2$$

生成的初生态氧和氯能使铂族金属分别氧化为四氧化物或氯配合物而挥发或进入溶液。铂族金属与初生态氯反应的通式为：

$$Me + 2HCl + 4[Cl] == H_2MeCl_6$$

生成的 H_2OsCl_6 和 H_2RuCl_6 与初生态氧反应生成四氧化物挥发，其反应为：

$$H_2OsCl_6 + 2[O] + 2H_2O == 6HCl + OsO_4 \uparrow$$

$$H_2RuCl_6 + 2[O] + 2H_2O == 6HCl + RuO_4 \uparrow$$

蒸馏时，将铂族金属精矿用 1.5mol/L H_2SO_4 溶液浆化转入反应器中，加热至近沸，缓慢加入氯酸钠溶液，一段时间后，锇、钌氧化物便先后挥发出来，继续加入氯酸钠溶液，直至锇、钌完全挥发，蒸馏过程一般延续 8～12h。蒸馏完毕后，断开吸收系统与蒸馏器的连接导管，将蒸馏器的排气管与排风系统相连，然后向蒸馏器内通入氯气，以使其他铂族金属和金完全溶解，以便进一步分离、提纯这些金属。

要完全挥发应保证溶液有适当的硫酸酸度和足够的氯酸钠。溶液中钌、锇残留率和相应挥发率的测定结果说明（图 2-2）：钌先生成 $[RuCl_6]^{2-}$ 进入溶液，再被初生态氧氧化挥发。而锇则直接氧化为 OsO_4，锇先挥发并基本结束，体系电势迅速增至约 1080mV 时，钌才从溶液中迅速生成 RuO_4 挥发。OsO_4、RuO_4 分别用碱液和酸液吸收，用润湿硫脲的棉球在管道中监测反应进程，当显红色时，表明 OsO_4 挥发；呈蓝色时，表明 RuO_4 挥发；退至无色则蒸馏完毕。一般在蒸馏初期易暴沸，应注意调节氯酸钠溶液的加入速率，残留在不溶渣中的锇、

钌分别为15%及0.7%（蒸残液中尚含2.6%钌）。

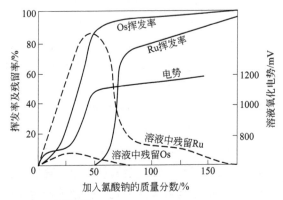

图 2-2　锇、钌的残留率和相应挥发率

在硫酸中加次氯酸钠减压蒸馏的方法曾用于处理含钌5%～40%的废料。

此法的优点是锇、钌的蒸馏效率高，均可达99%；在蒸馏的同时可使其他贵金属转入溶液，可达到既蒸馏分离锇、钌又溶解除银外的所有贵金属的目的。

2.3.3　中国贵金属精矿蒸馏锇、钌的工艺流程

含锇、钌较高的铂族金属精矿（如锇铱矿），为避免锇、钌在提取过程中的氧化挥发损失，应优先将它们分离。我国金川从品位约15%的活性铂族金属精矿中优先氧化蒸馏分离锇、钌，同时使其他的铂族金属溶解，所采用的工艺流程如图 2-3 所示。

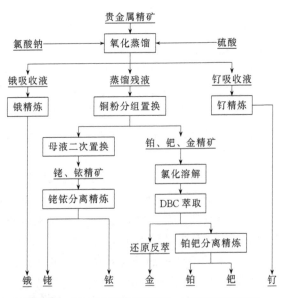

图 2-3　中国贵金属精矿蒸馏锇、钌的原则工艺流程

　　中国金川铂族金属精矿成分含量（％）为：Pt 11.00、Pd 3.44、Au 2.84、Rh 0.42、Ir 0.49、Os 0.39、Ru 0.68、Cu＋Ni 16.8、S 30。精矿在硫酸介质中用氯酸钠作氧化剂优先蒸馏锇钌，氧化过程用铂-甘汞电极测定溶液的氧化-还原电势变化与各金属的氯化规律示于图 2-4，相对于电势变化，各种金属氯化顺序可分为 4 组：在溶液电势 640mV 之前是贱金属及硫化物的氯化溶解；之后是锇、钌迅速氧化挥发，铑也氯化溶解；接着是铂和钯；最后是金。当氯离子浓度较高时，钌可以与氯离子生成多种配合物，影响 RuO_4 的生成，所以采用氯酸钠作氧化剂，当锇钌蒸馏完毕后，可以改用 $HCl＋Cl_2$ 进行其他铂族金属的溶解，所有的贵金属溶解率都很高，铂、钯均为 99.5％，金、铑均为 99％，铱＞96.5％。

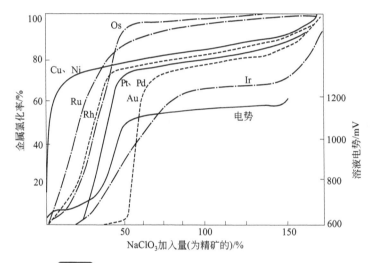

图 2-4 铂族金属精矿用氯酸钠氯化时各金属的氯化规律

（1）技术条件

a. 固：液＝1：5，H_2SO_4 3mol/L，料：$NaClO_3$＝1：（1～1.5）。

b. 温度：98～100℃。

c. 时间：视物料中锇、钌的量而定。

d. $NaClO_3$ 的浓度为 40％，蒸馏完后需干蒸 2h。

e. 锇吸收液：20％～40％$NaOH＋0.5％C_2H_5OH$。

f. 钌吸收液：（3＋7）$HCl＋0.5％C_2H_5OH$。

（2）操作过程

a. 每釜投料 65kg（湿重），加水浆化后体积控制在 300L 左右，加硫酸控制酸度 3mol/L，即每釜加硫酸 25～30L。

b. 加入吸收液：第 1 级 50L 釜为空釜，第 2～5 级 50L 釜内每级加 40L（3＋7）$HCl＋0.5％C_2H_5OH$ 溶液，第 6～9 级 50L 釜内每级加 20％～40％$NaOH＋$

0.5％C_2H_5OH 溶液。

c. 连通蒸馏釜、冷凝器、吸收釜，抽气控制釜内压力为 0.98～1.96kPa。

d. 加热升温，先煮沸 1～2h 驱除物料中残留的有机物，当温度达到 95℃后，缓慢加入事先配好的 40％氯酸钠溶液。

e. 蒸馏过程中控制温度 95℃以上，常用硫脲棉球检验蒸馏过程，蒸馏过程中硫脲棉球显色为无色→微红→浅红→深红→浅红→微红→微蓝→浅蓝→深蓝色→浅蓝→微蓝→无色→蒸馏结束。锇与硫脲形成的化合物〔$OsCS(NH_2)_2OH$〕在 HCl 介质中反应呈深红色，硫脲棉球用 3mol/L HCl＋10％硫脲溶液蘸湿，经验检后呈微红色，说明锇已挥发完，如果呈深蓝色，说明有大量的 RuO_4 在挥发。

f. 锇钌挥发完后，停止加 $NaClO_3$ 溶液，干蒸 2h，温度 95～100℃，目的是让锇、钌充分被碱液与盐酸吸收，期间要保证釜内负压。

g. 干蒸结束后，缓慢加入工业盐酸，目的是破坏过量的氯酸钠，至不再冒黄烟为止，适当补加盐酸控制料液酸度 2～3mol/L，此过程一般加盐酸 120～150L 左右，根据反应情况每小时加入盐酸的量为 30L。

h. 加完盐酸后控制温度 80～85℃，通 Cl_2 使贵金属彻底溶解进入溶液，在通 Cl_2 溶解的同时，前 4 级钌的吸收液通蒸汽按顺序加热煮沸，每级赶锇 0.5h。

i. 通 Cl_2 溶解完毕，加配制好的牛皮胶搅拌 0.5～1h，降温，放料过滤，此过程一般需 14h 左右。

j. 过滤后的脱胶液，量体积，转置换岗位，体积每釜 450L 左右，每 2 釜转置换岗位 1 次，蒸残渣集中存放待回收。一般每 2 釜蒸残渣合并做 1 次氯化，体积 450L 左右，酸度 3mol/L（加工业盐酸 150L 左右），氯化 24h 左右，放料过滤，过滤完的溶液转置换岗位，此渣称为 2 次蒸残渣（即蒸馏回收料），集中存放，待继续回收，积累到 60～70kg 时，再进行 3 次氯化，条件同处理 1 次蒸残渣时一样，放料过滤，溶液转置换岗位，蒸残渣集中存放，待存放到一定量时取样分析，若品位在 1000g/t 以下，将渣转到合金炉，如品位高还需进一步氯化回收。

k. 每次干蒸完，分别从钌、锇吸收釜中放出钌、锇吸收液，分别转入钌、锇精制岗位待处理。

（3）蒸馏过程的化学反应

a. $3NaClO_3 + H_2SO_4 \rule[0.5ex]{1em}{0.4pt} Na_2SO_4 + NaCl + 2HCl + 9[O]$

该反应的主要目的是生成初生态的〔O〕。

b. $2HCl + [O] \rule[0.5ex]{1em}{0.4pt} H_2O + 2[Cl]$

该反应的目的是利用前一反应的〔O〕生成初生态的〔Cl〕来蒸馏 Os、Ru。

c. $Os + 2HCl + 4[Cl] \rule[0.5ex]{1em}{0.4pt} H_2OsCl_6$

$Ru + 2HCl + 4[Cl] \rule[0.5ex]{1em}{0.4pt} H_2RuCl_6$

d. $H_2OsCl_6 + 2[O] + 2H_2O \rule[0.5ex]{1em}{0.4pt} 6HCl + OsO_4 \uparrow$

$$H_2RuCl_6+2[O]+2H_2O \Longrightarrow 6HCl+RuO_4\uparrow$$

e. 用 20%～40%NaOH 溶液吸收 OsO$_4$

$$2OsO_4+4NaOH \Longrightarrow 2Na_2OsO_4+2H_2O+O_2\uparrow$$

f. 用（3+7）HCl 溶液吸收 RuO$_4$

$$2RuO_4+20HCl \Longrightarrow 2H_2RuCl_5+8H_2O+5Cl_2\uparrow$$

$$或 2RuO_4+16HCl \Longrightarrow 2RuCl_3+8H_2O+5Cl_2\uparrow$$

$$RuCl_4+2HCl \Longrightarrow H_2RuCl_6$$

g. $Pt+2HCl+4[Cl] \Longrightarrow H_2PtCl_6$

$Pd+2HCl+4[Cl] \Longrightarrow H_2PdCl_6$

$Au+HCl+3[Cl] \Longrightarrow HAuCl_4$

$Rh+2HCl+4[Cl] \Longrightarrow H_2RuCl_6$

（4）影响蒸馏效率的主要因素

蒸馏温度：保证蒸馏过程温度＞95℃，以保证生成的锇、钌氧化物迅速挥发。

氯化剂浓度和加入量：缓慢加入氯酸钠（6～8L/h）以保证氯酸钠充分发挥氧化效能。

蒸馏时间：由于贵金属精矿活性低，一般情况下需要蒸馏 60～72h。

硫对蒸馏过程的影响：硫对蒸馏过程不利，其一是消耗大量的氯酸钠，造成成本升高，溶液中带入大量的钠盐；其二是不完全氧化产物造成贵金属，特别是金的还原，使溶解效率降低；其三是若有不完全氧化产物存在时，将降低溶液的氧化电势，造成锇、钌的挥发速率减慢。

锇、钌蒸馏后，其他的铂族金属仍在蒸残液中，由于蒸残液的成分复杂，含硫酸钠及镍铜等贱金属杂质，可用铜将铂族金属置换富集。采用分段置换，即第 1 次置换出 99.5% 的金、钯、铂，约 15% 的铑和 5% 的铱，获得含部分铑铱的金铂钯精矿。第 2 次置换出约 94% 的铑，获得含铱的铑精矿，但大部分铱仍留在置换母液中。

优先蒸馏锇钌工艺的缺点是：为了提高锇、钌的回收率，处理的精矿品位较低，蒸残液中贵金属浓度较低；蒸残液系 SO_4^{2-}、Cl^- 混合介质，酸度高达 5mol/L，Na^+ 浓度达 100～200g/L，贱金属浓度高，溶液的成分较难再调整，导致溶液中贵金属的配合物性质不稳定，很难衔接溶剂萃取分离工艺。铜置换造成铑、铱分散，回收率低，多回收了锇钌却损失了铑铱，在经济上不合理。

2.4　蒸残液的预处理[9]

预处理的目的有两个，其一为破坏蒸残液中残留的氧化剂氯酸钠；其二为除去胶体硅酸盐，给下一道工序提供合格的贵金属料液。

缓慢向蒸残液中加入盐酸，残存的氧化剂氯酸钠则按下式分解，从而消除对下一道工序的影响。

$$NaClO_3 + HCl = NaCl + HClO_3$$
$$2HClO_3 = H_2O + Cl_2\uparrow + 5[O]$$
$$2HCl + [O] = H_2O + Cl_2\uparrow$$

在空气搅拌及适当加热条件下，加盐酸直到不再产生黄烟为止，这时表明氯酸钠已完全分解。

此外，因原料铜镍合金含硅，在物料富集分离反应条件下，硅易生成胶体硅酸盐，影响料液的澄清和沉降，使作业过程遭遇严重困难。为此，蒸残液预处理时，盐酸分解氯酸钠后应加入凝聚剂脱硅，以消除胶体硅的有害影响。

破坏胶体的目的主要是解决过滤速率慢的问题，要使过滤速率加快，唯一的办法是使胶粒聚集成较大颗粒而沉淀，这种过程叫凝聚或聚沉。破坏胶体的方法有：

① 加电解质 增加胶体中离子的总浓度使胶体失去稳定性，胶粒之间易于相互碰撞而形成大颗粒聚沉。

② 加热胶体 加热胶体增加胶粒相互碰撞的机会，降低胶粒对离子的吸附作用。

③ 加凝聚剂使胶体聚沉

a. 3号凝聚剂（聚丙烯酰胺）；

b. 动物胶（牛皮胶、骨胶）。

目前实际生产中采用牛皮胶脱硅的办法来提高过滤速率。

2.5 置换法[9,10]

（1）铜粉置换法

用铜粉（最好为活性铜粉，即从溶液中新还原制得的铜粉）从含铂族金属的氯化物溶液中使之还原析出而与贱金属分离，适于处理含贱金属高、贵金属低、酸度较高的溶液。因镍、铁、铅、锌均不被置换析出，能达到贵、贱金属分离的效果。例如，一氯化物溶液的成分含量（g/L）为：铜2.10、镍2.55、铁1.95、铂0.34、钯0.20，酸度为5mol/L，温度80℃，加活性铜粉置换1h，置换后溶液的成分含量（g/L）为：铂0.0002、钯0.0609，铂、钯置换率分别为99.9%、99.5%。

虽然热力学的计算表明，除钌以外的其他贵金属用此法可以很彻底地沉出，但由于贵金属离子在溶液中的状态复杂以及溶液的温度、酸度、各种金属离子浓度、置换剂表面活性程度等因素的影响，铜粉实际对锇和铱的置换效率很低，铂、钯、金也需要在较高酸度下才能取得令人满意的结果，得到几乎不含贱金属的高品位贵金属精矿。

（2）锌、镁粉置换法

用锌、镁粉置换沉淀铂族金属而与贱金属分离是常用的富集分离方法。用活泼金属锌、镁、铝的粉末在酸性溶液中还原析出铂族金属及金的优点是过程迅速，设备简单，回收率高（除锇、钌外）；缺点是还原出来的沉淀物常被沉淀剂污染，表 2-9 是单独用锌粉或同时用锌、镁粉置换的结果。

表 2-9　锌及锌、镁粉置换金属的效率　　　　　　单位：%

置 换 方 式	Pt	Pd	Au	Rh	Ir	Os	Ru
锌粉	>99.0	>99.0	>99.0	98.79	77.3	66.70	96.59
锌、镁粉（样 1）	>99.0	>99.0	>99.0	99.31	97.63	98.98	99.68
锌、镁粉（样 2）	99.98	99.86	99.93	99.15	98.63	99.23	99.14
锌、镁粉（样 3）	99.86	99.86	99.93	99.12	99.58	99.62	99.68

如果溶液中含有铜，置换时也会定量沉淀，可用稀硫酸浸出、硫酸铁溶液浸出或控制电势氯化等方法除去，大量处理铱含量高的溶液时常有 10% 以上的铱不能沉出。

2.5.1　铜粉置换法从脱胶液中置换金、钯、铂[9]

金、钯、铂与铑、铱的分离方法很多，可用置换的方法将其分离，首先采用铜粉置换将金、钯、铂转入置换渣中而铑、铱留到溶液中，过滤将其分离。该方法的缺点是铑、铱的回收率不高，特别是铑的回收率低，原因是置换终点很难掌握。近年来人们又研究了溶剂萃取分离技术，可有效地从溶液中将金、钯、铂分别萃取出来，而铑、铱留到萃铂残液中，再用 P_{204} 净化除去贱金属杂质，最后采用萃取法分离铑、铱。

（1）铜粉的制作及置换原理

① 铜粉的制作　结晶硫酸铜（$CuSO_4 \cdot 5H_2O$）用水溶解，用锌粉置换，然后用水漂洗几次即可。其反应为：

$$CuSO_4 + Zn == ZnSO_4 + Cu$$

② 置换原理

a. 根据金属活动性顺序 ［K、Ca、Na、Mg、Al、Mn、Zn、Cr、Fe、Co、Ni、Sn、Pd、(H)、Se、Bi、Cu、Hg、Ag、Pt、Au］，可知铜的电势值，即金属活动性比贵金属强，也就是说铜的电势值小于贵金属的电势值，铜在氧化还原电势的左边，贵金属在右边，所以能置换贵金属。

b. 置换贵金属的动力学顺序是：Au＞Pd＞Pt＞Rh＞Ir。

c. 不同金属有不同的氧化还原电势，它是水溶液中发生氧化还原反应强弱的重要量度，是判断水溶液中发生氧化还原反应的热力学定量值，在理论和实践上都有重要的意义和应用价值。将金属以离子状态转入溶液，其反应难易利用氧化电势来判断。选择浸出分离贵贱金属就是利用它们氧化电势的不同来达到的。

金属离子以金属状态从溶液中析出，则是应用还原电势（如电解过程金属的提取与精炼）的不同来实现的。控制体系还原电势来达到金属选择性还原析出，其原理与电解一样，电解产物可利用电极电势来判断，也可以根据还原电势的不同来判断。即易被还原的金、钯、铂优先选择析出，而反应速率较慢的铑及难于还原的铱则留在溶液中，由此达到金、钯、铂与铑、铱的分离。

　　d. 电势差值越大，分离效果就越好。但金兹布尔格研究证明，铂族金属氯配离子还原至金属状态与电势关系不一致，而与其稳定常数一致。由于铂和铑的还原反应速率相差不大，要使铂有较高的回收率铑完全不析出是做不到的。人们只有借助于体系电势的测定及化学分析的配合来了解不同电势下各金属置换反应的过程，找出金、钯、铂置换率最高而铑、铱置换率最低的电势范围。以此来确定其反应终点，从而达到提高铑、铱回收率的目的。

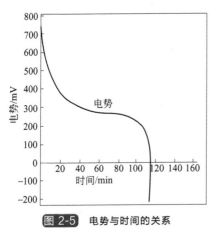

图 2-5　电势与时间的关系

　　（2）置换过程中电势的变化与置换率的关系

　　① 电势变化的规律　有人研究了金川铑、钌蒸残液（成分见表 2-10）铜粉置换过程中电势与时间的关系（见图 2-5），料液酸度 3.3mol/L，温度 60℃，搅拌速率 750r/min。从图 2-5 可知，原始溶液电势为 740mV，当加入铜粉时电势就急剧下降至 400mV 左右，并且缓慢降至 300mV，300mV 后电势下降极为缓慢，曲线出现平稳。当电势降至 200mV 后，只要稍加铜粉，电势就急剧下降，直至出现负值。实验证明，金属离子的浓度不同，其电势变化的规律也有差异。金属离子浓度低时，曲线平台将向后移，最后电势也不是急剧降至负值，而是缓慢下降至负值。

表 2-10　脱胶液成分

金属元素	Pt	Pd	Au	Rh	Ir	Cu	Ni	Fe	Co
成分/(g/L)	9.5	4.80	2.14	0.513	0.529	14.77	4.46	1.99	1.36

　　② 电势变化与置换率的关系

　　a. 高金属离子浓度的置换情况　在实验条件与图 2-5 相同的条件下，得到图 2-6 所示置换率与体系电势的关系。从图 2-6 可知，电势在 450mV 时，有 90% 的金、30% 的钯、14% 的铂被置换。金在 350mV 置换完全，钯在 250mV 置换完全，铂在 150mV 置换完全。当铂置换完全时，有 30% 的铑被置换。随电势的降低，铑、铱置换率也随之增高。即使将体系的电势控制在 200mV，也有 25% 左右的铑被置换，其分离效果较差。

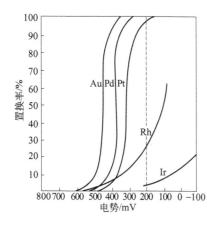

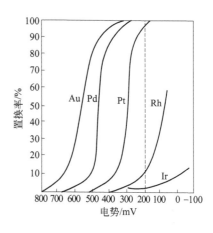

图 2-6　置换率与体系电势的关系　　　　图 2-7　置换率与电势的关系

b. 低金属离子浓度的置换情况　其他实验条件与图 2-5 相同，将试样（表 2-10）稀释 1 倍，得到如图 2-7 所示的置换率与电势的关系。从图 2-7 可知，金、钯、铂与图 2-6 无明显差异，铱的置换率略有降低，但铑的置换率降低较多。200mV 时铑的置换率仅为 8%，150mV 时为 15% 左右，其分离效果大有改进，有利于铑回收率的提高。

③ 铜置换过程中温度、金属离子的浓度、酸度、时间对置换率的影响

a. 铜置换过程中温度的影响　在酸度为 3.3mol/L、时间 2h、电势 150mV±10mV 等条件下，不同温度的实验结果列于表 2-11。从表 2-11 可知，钯在各温度下均能置换完全。铂随温度的升高置换率提高，但温度对其影响不大，40℃时，置换已达到 97.53%。在该实验条件下温度对铑铱的置换率影响较大，从 40～80℃，铑的置换率从 35.67% 增至 62.8%，铱的置换率从 0 增至 13.04%，由此看出单靠降低温度来达到相互分离是不可能的。

表 2-11　温度对置换率的影响

温度/℃	置换率/%			
	Pt	Pd	Rh	Ir
40	97.53	99.94	35.67	0
60	99.87	99.96	49.32	3.02
80	99.98	99.96	62.18	13.04

b. 铜置换过程中金属离子浓度的影响　在酸度为 3.30mol/L、温度 60℃、时间 2h、电势 150mV 等条件下，不同金属离子浓度的实验结果列于表 2-12。由表 2-12 可知，金属离子浓度对铂、铱的置换率影响较小，但对钯、铑的置换率影响较大，由此可知，要使该过程铑有较好分离效果，除考虑电势、温度外，金属离子浓度也是一个不可忽视的因素。由能斯特方程可知，元素的电极电势与离

子浓度直接有关。溶液稀释 1 倍后,铂、钯离子浓度仍然较高,电极电势的降低对其置换速率的影响不大。由于铱的还原很难,所以对铱在该过程中的置换反应影响甚小。而铑的离子浓度本来就低,稀释后其电极电势下降得多,使其置换速率大大减慢,因而有较好的分离效果。低的离子浓度对置换过程是不利的,因而必须综合考虑选择铂、钯置换率最高,而铑、铱置换率最低的最佳溶液体积。

表 2-12 贵金属离子浓度对置换率的影响

编号	项　目	Pt(Ⅳ)	Pd(Ⅱ)	Rh(Ⅲ)	Ir(Ⅳ)
1	离子浓度/(g/L)	14.25	7.20	0.77	0.79
	置换率/%	99.80	99.98	58.41	19.22
2	离子浓度/(g/L)	9.95	4.80	0.53	0.53
	置换率/%	99.96	49.32	14.74	—
3	离子浓度/(g/L)	6.65	3.36	0.36	0.37
	置换率/%	99.94	35.95	11.69	—
4	离子浓度/(g/L)	4.75	2.40	0.26	0.26
	置换率/%	99.96	6.43	0	—

c. 铜置换过程中酸度的影响　将表 2-10 的溶液稀释 1 倍,在温度 60℃、时间 2h、电势 150mV±10mV 等条件下,不同酸度的实验结果列于表 2-13。从表 2-13 可知,当酸度为 2.30mol/L 时,铂、钯都有很好的置换效果,但铑、铱也有部分被置换。从该过程的动力学研究得知,在酸度为 2mol/L 左右时,铂、钯、铑的置换速率都有提高;在酸度为 3.29mol/L 左右时,虽然铑的置换率大有降低,但铂的置换率仅为 78.95%,在该条件下,酸度对钯的置换无影响,可见适宜的酸度应在 2mol/L 以下。当酸度为 1.65mol/L 时,电势控制在 190mV,铂的置换率在 99% 以上,铑的置换率仅为 8.38%,对铑有较好的分离效果。

表 2-13 酸度对置换率的影响

酸度/(mol/L)	置换率/%			
	Pt	Pd	Rh	Ir
1.06	99.66	99.92	18.91	6.99
1.65	99.83	99.99	8.38	7.58
2.09	99.43	99.92	25.93	9.26
2.30	99.70	99.92	19.24	—
3.29	78.95	99.96	6.43	0

注:该组数据是在电势为 190mV 下取得的。

d. 铜置换过程中时间的影响　将表 2-10 的溶液稀释 1 倍,在酸度为 1.65mol/L、温度 60℃、电势 190mV 等条件下,不同置换时间对铂、钯、铑、铱的置换结果见表 2-14。从表 2-14 可知,置换时间对铂、钯、铑的置换率影响甚小,由于铑的置换速率慢,其置换率随时间的增加而升高。为使铂有较高的置换率,置换时间以 1.5~2.0h 为宜。

表 2-14 时间对置换率的影响

时间 /min	置换率/%			
	Pt	Pd	Rh	Ir
30	95.53	99.99	13.8	40.19
60	97.55	99.99	15.01	1.32
120	99.83	99.99	18.38	7.58

④ 铜置换过程的技术条件

a. 温度 55~60℃，不得超过 63℃。

b. 酸度为 1.5~1.9mol/L。

c. 时间 2h，若温度低于 55℃，应适当延长时间。

d. 终点电势为 210~220mV。

e. 稀释倍数 1:(1.3~1.4)。

⑤ 作业过程

a. 蒸发浓缩　脱胶液浓缩到 100~130 L，若脱胶液中含有未破坏的氯酸钠，需加入适量工业盐酸，体积应浓缩到 80~100L。加入工业盐酸时若温度在 90℃左右，必须缓慢加入，以防反应剧烈而冒料。

b. 稀释测酸度　脱胶液稀释到 350L，测定酸度，换算出稀释到 450L 时的酸度，再计算出达到置换时规定酸度需加碱液的体积，加完碱液后稀释到 450L 取样测定酸度。

c. 置换　在酸度及体积都到规定的范围时，插入电极测量电势，电势在 750mV±10mV 为正常，待温度到规定范围时，即可加入铜粉进行置换，铜粉应缓慢加入。加入速率以 1h 左右电势降到 250mV、1.5h 降到 210~220mV 为宜，电势平稳 20~30min 后，即可过滤，同时取出电极泡入氯化钾溶液中以备下次使用。

脱胶液中铂、钯、金经铜粉置换后转入置换渣中，从而与溶液中的铑、铱分离，涉及的化学反应为：

$$2Cu + PtCl_4 = Pt + 2CuCl_2$$
$$2Cu + H_2PtCl_6 = Pt + 2CuCl_2 + 2HCl$$
$$2Cu + PdCl_4 = Pd + 2CuCl_2$$
$$2Cu + H_2PdCl_6 = Pd + 2CuCl_2 + 2HCl$$
$$3Cu + 2AuCl_3 = 2Au + 3CuCl_2$$
$$3Cu + 2HAuCl_4 = 2Au + 3CuCl_2 + 2HCl$$

铜粉置换贵金属的动力学顺序是：Au>Pd>Pt>Rh>Ir，在铜置换过程中，60℃ 左右时 100% 的铂、钯、金及 20% 左右的铑进入置换渣中，80% 的铑及 100% 的铱留在溶液中，溶液中的铜、铁、镍仍留在溶液中，当温度升高到 90℃ 时，100% 的铑进入置换渣中。

2.5.2 锌、镁粉置换法从一次置换液中置换铑、铱[9]

（1）体系电势与 pH 值的关系

电势法是测定溶液 pH 值应用最广且最精确的方法，测出溶液的电势后就可推断出溶液的 pH 值，但所用的指示电极必须对氢离子有选择性。常用的氢离子指示电极有氢电极、醌-氢醌电极及玻璃电极。最常用的参比电极为甘汞电极，这样测得的电势与溶液中 H^+ 活度 a_{H^+} 的关系才符合能斯特方程。

有人采用精密 pH 试纸与铂电极研究了体系电势与溶液 pH 值的对应关系。随着锌、镁粉置换反应的进行，电势逐渐降低，溶液 pH 值缓慢上升。其相互关系及变化规律如图 2-8 所示，但溶液 pH 值用盐酸回调到 0.5～1.0 时（电势一般为 -300mV 左右）无此规律，但当溶液 pH 值上升到 2～3 时，其规律与之相符。

（2）体系电势与金属置换率的关系

温度 90℃，搅拌速率 750r/min 时所得到的金属置换率与电势的关系如图 2-9 所示。从图 2-9 可知，铑比铱容易被置换，用锌粉置换到 pH=2，电势 300～350mV 时，铑的置换率达 98%，铱仅为 75%，溶液中的铱则需还原性更强的镁才能将其置换。当电势为 -500mV±10mV 时，铑置换接近完全，铱为 98%，电势为 -600mV 时，铱的置换率可达 99% 以上，但置换渣比以前重 4 倍，不利于下一步铑、铱的回收。由此得出该过程适合条件是体系电势为 -500mV±10mV。

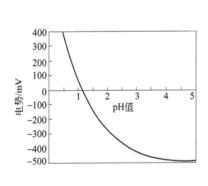

图 2-8　电势与 pH 值的关系

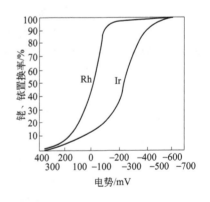

图 2-9　铑、铱置换率与体系电势的关系

（3）锌、镁粉置换铑、铱的技术条件

a. 加锌粉，温度 80～90℃，pH=3，电势 -450～-400mV。

b. 加镁粉，温度 90℃，pH=3，电势 -500mV±10mV。

c. 置换前溶液的酸度控制在 0.5mol/L 左右。

d. 回酸 1 次，最后不回酸以保证终点技术条件。

（4）作业过程

a. 调酸　一次置换液取样，量体积，测定酸度，计算出达到置换时酸度（0.5mol/L）所需加碱液的体积。

b. 升温　加热溶液使温度升到 75～80℃。

c. 置换　待溶液温度到 80℃左右时，加入锌粉进行置换。当电势到 -450～-400mV，pH＝3，温度为 90℃时改加镁粉。此时由于锌、镁粉的扩散问题，电势可达 -580～-500mV。当停止加锌、镁粉时，电势平衡时即恢复到正常值，当平衡电势到 -510～-490mV，回酸一次到 pH＝5，电势为 -500mV$\pm$10mV，平衡 10～20min，若终点 pH 值及电势无变化，即到置换终点，若有变化则补加少量镁粉。

d. 稀释过滤　由于钠盐增加，置换时溶液体积又缩小，为使过滤顺利进行，到终点后，将溶液稀释至 450～580L，并加热到 90℃过滤。

（5）用锌、镁粉置换铑、铱涉及的化学反应

$$H_2RhCl_6 + 2Zn \longrightarrow Rh + 2ZnCl_2 + 2HCl$$
$$H_2IrCl_6 + 2Mg \longrightarrow Ir + 2MgCl_2 + 2HCl$$
$$2HCl + Zn \longrightarrow ZnCl_2 + H_2 \uparrow$$
$$2HCl + Mg \longrightarrow MgCl_2 + H_2 \uparrow$$

2.6　还原法

2.6.1　还原法分离贵、贱金属[2]

（1）水合肼还原法

水合肼（$N_2H_4 \cdot H_2O$）是一种很强的液体还原剂，在不同酸度下，对各种金属的还原能力各不相同。一般对铂族金属还原较易，对贱金属还原较难。

在不同的 pH 值下，水合肼对铂族金属及一些贱金属的还原效率如表 2-15 所示。

表 2-15　不同酸度下水合肼对铂族金属及一些贱金属的还原效率

pH 值	还原效率/%									
	Pt	Pd	Au	Rh	Ir	Os	Ru	Cu	Fe	Ni
2	99.30	99.96	99.98	78.90	48.90	42.00	32.70	34.00	15.80	2.90
3	99.87	99.97	99.98	98.54	84.70	78.80	58.80	61.00	26.00	16.00
6	99.99	99.99	99.98	99.87	99.38	95.00	88.60	99.89	99.85	85.30
6～7	99.99	99.97	99.97	98.90	95.40	98.90	93.70	99.89	99.87	98.21

应当指出，此法仅适用于铑、铱、锇、钌含量极低且不考虑其回收的溶液。因为在 pH 值较低时，这些元素还原不彻底，而提高 pH 值，这些元素的还原效率虽然可以达到令人满意的程度，但不能达到贵、贱金属分离的目的。此外，这

种方法所还原出的金属分散度高，极易吸附其他杂质，不易分离，且试剂价格昂贵，成本高。

（2）甲酸钠还原法

用甲酸钠还原时要求溶液 pH 值控制在 3～4，温度 95～100℃，铂、钯、金的还原沉淀率（%）分别为：99.81、99.57、99.96，而铜、铁、镍几乎不被还原沉淀。

用此法贵、贱金属的分离效果虽然较好，但试剂耗量大，生产成本较高，且铑、铱、锇、钌的还原不彻底。

（3）硼氢化钠还原法

NaBH$_4$是近几年在贵金属冶金中引起人们关注的一种强还原剂，其碱性溶液可从成分复杂的稀溶液中有效地选择性还原沉淀低浓度贵金属，且不引入有害金属杂质。含金、银的氰化液其成分含量（g/m³）为：Au 53、Cu 180、Ag 8、Fe 88、Ni 9，将 4.4mol/L NaBH$_4$＋14mol/L NaOH 的混合溶液在室温下滴加到氰化液中，出现沉淀后向溶液中滴加 H$_2$SO$_4$调整 pH＝3.5～4，过滤得到的沉淀经熔化提纯获得 Au-Ag 合金，回收率达 99%。含金的酸性硫脲浸出液其成分含量（g/m³）为：Au 1940、Zn 960、Ni 276、Cu 72、[H$^+$] 0.5mol/L，先用 NaOH 调整 pH≈0.8，再按 NaBH$_4$：Au≈1.25 摩尔比滴加 12% NaBH$_4$＋40% NaOH 的混合溶液，获得的沉淀物含 Au 98%、Fe 1.7%、Cu 0.2%，Au 的还原沉淀率约为 90%。该方法对含贵金属的废液同样适用。

在氧化条件下使用的含铂族金属废催化剂若用 HCl-Cl$_2$溶解提取，在溶解前先用碱性硼氢化钠的溶液浸泡还原，这样有利于提高铂族金属的溶解效率。

2.6.2　选择性还原法分离金[11]

在含铂族金属的物料中，通常总含有金，而金的标准还原电势比其他铂族金属都高得多。因此，即使有很弱的还原剂存在，它都能从溶液中还原析出，甚至当溶液的酸度降低，容器的器壁不干净或将溶液长时间放置，金都可从溶液中还原析出，给铂族金属的分离提纯带来不便。一般在铂族金属相互分离之前，总是要先分离出金。分离金有多种方法可以采用。下面介绍可供选择应用于生产的几种方法。

（1）亚铁还原

用此法虽然可达到令人满意的分离效果，但是贵金属中引进了铁离子，影响铂族金属的相互分离。如果溶液仅含金、钯、铂时，可以采用此法，因为铁离子的存在不影响铂、钯的分离。且此种还原剂易于得到又比较经济。还原过程反应如下：

$$HAuCl_4 + 3FeSO_4 === Au \downarrow + Fe_2(SO_4)_3 + FeCl_3 + HCl$$
$$HAuCl_4 + 3FeCl_2 === Au \downarrow + 3FeCl_3 + HCl$$

此法的优点是金（Ⅲ）易被还原，而且反应进行彻底，过量的还原剂也较容易处理；缺点是给溶液中带入了大量的铁（Ⅲ），增加了铂、钯提纯的困难。但溶液中有碲存在时用 $FeSO_4$ 还原金常比其他试剂析出的金纯净。

（2）草酸还原

这也是一种分离效果很好的方法，但是被还原的溶液要求控制一定的酸度且成本较高。在氯化物和盐酸介质中进行，溶液的 pH 值应控制在 pH＝1～2 范围内，应加热溶液至 80℃ 左右，其反应如下：

$$2HAuCl_4 + 3H_2C_2O_4 \Longrightarrow 2Au\downarrow + 8HCl + 6CO_2\uparrow$$

可根据上述反应计算草酸的加入量，实际加入量应过量一点，用草酸还原所得的金纯度较高，比用 SO_2 还原时污染的钯和碲少。

从含金、钯、铂的混合液中用 $H_2C_2O_4$ 还原金时，铂、钯不被还原，借此可使金与钯、铂较彻底分离。

原始溶液的 pH 值宜在 2.0～4.5 之间，如果酸度太高 $H_2C_2O_4$ 消耗量较大，金的还原也不彻底。在强酸介质中草酸需过量 100％。酸度太低（呈中性）贱金属可能水解从而污染金的沉淀，影响产品质量。pH＝6 时，$H_2C_2O_4$ 只需过量 30％，金即可全部还原沉淀，温度在 80℃ 左右，机械搅拌，金粉经酸洗、水洗、干燥、铸锭，纯度可达 99.9％。

草酸同样可从有机相如二丁基卡必醇中还原金。用甲酸和甲酸钠可同时还原金、钯、铂，而用抗坏血酸则可分步还原金、钯、铂。

（3）二氧化硫还原

这是一个经济、简便、有效的方法。经此法还原金后的溶液也不影响随后铂族金属的相互分离。在氯化物介质中将 SO_2 气体通入溶液中，直至溶液具有强烈的气味，或者加入 SO_2 的饱和溶液（每 5～10mg 金加 25mL），并于水浴中加热至 80～90℃，反应 1h，使沉淀凝聚。澄清的溶液用更密的滤纸过滤，沉淀用 HCl（1∶100）以倾泻法洗涤，滤纸灰化后于 900℃ 的马弗炉内灼烧，得到金属状态的纯黄色的金粉。假若不纯应用王水溶解赶尽亚硝基配合物再沉淀 1 次，当铂、钯和碲与金共存于溶液时必须再沉淀。还原金的反应如下：

$$2HAuCl_4 + 3SO_2 + 3H_2O \Longrightarrow 2Au\downarrow + 3SO_3\uparrow + 8HCl$$

二氧化硫还原法的缺点是还原后期由于溶液中金离子的浓度降低容易生成细粒金，甚至出现胶状金，造成过滤困难，纯度不够。

另外采用此方法时须注意钯、铂在还原金的过程中价态要发生变化。在金被还原时溶液中 4 价态铂被还原为 2 价。

$$H_2PtCl_6 + SO_2 + H_2O \Longrightarrow H_2PtCl_4 + SO_3\uparrow + 2HCl$$

2 价铂不能被 NH_4Cl 沉淀，可用硝酸或 Cl_2 进行氧化处理，使 2 价铂转变为 4 价铂，此时过量的 SO_2 被氧化除去。但是 Cl_2 氧化 2 价铂时 2 价钯也被氧化为 4 价。反应如下：

$$H_2PdCl_4 + Cl_2 == H_2PdCl_6$$
$$H_2PtCl_4 + Cl_2 == H_2PtCl_6$$

这样一来用 NH_4Cl 沉淀铂时，铂与钯无法分离。因此在加入 NH_4Cl 之前，需将溶液煮沸，使 4 价钯还原为 2 价，反应如下：

$$H_2PdCl_6 == H_2PdCl_4 + Cl_2 \uparrow$$

综上所述，SO_2 还原过程主要控制溶液中金离子的浓度、酸度、温度、二氧化硫的通入量及还原时间，当金离子的浓度在 $10 \sim 90g/L$ 范围时，还原率均大于 99.0%。

亦可应用亚硫酸钠还原金，其原理与 SO_2 还原法相同。

（4）双氧水还原

用此法还原分离金时，需加碱中和生成的酸，同时需用过量的双氧水，过程不易控制，不甚安全，不宜单独用双氧水还原金。其反应式如下：

$$2HAuCl_4 + 6NaOH + 3H_2O_2 == 2Au \downarrow + 6NaCl + 2HCl + 3O_2 \uparrow + 6H_2O$$

（5）亚硝酸钠还原

此法能得到较纯的金沉淀物，但在采用此法时，所有的铂族金属均呈亚硝基配合物稳定地存在溶液中，采用这种方法分离金之后，往往要用盐酸破坏这些亚硝基配合物，使之转变为相应的氯配合物，过程烦琐。当溶液中有铜、铁、锌等贱金属离子存在时，它们在还原过程中水解析出氢氧化物沉淀与还原出来的金相混合。在这种情况下，固液分离所得的滤渣需进一步用酸处理，使贱金属氢氧化物溶解，经洗涤、过滤才能得到较纯的金粉。此外，当溶液中含有钯、铑、钌时不宜采用此法。

2.7　沉淀法

2.7.1　影响沉淀分离的因素[8]

在用化学沉淀法分离精炼贵金属时，有多种因素影响精炼产品的纯度，主要有以下几点。

a. 沉淀前溶液的浓度及杂质含量。

在进行分离精炼工艺时，溶液中主体金属的浓度必须达到一定的量才能维持沉淀的进行，过高往往造成沉淀不完全，过低，又无法维持正常的生产。而杂质含量的高低将直接影响精炼的次数，从而影响直收率的提高。

b. 过滤分离后产品中母液的含量。

c. 精炼的次数。

d. 杂质元素与主金属共沉淀的概率或主金属沉淀时吸附杂质元素的程度。

e. 操作技术和技术条件的选择。

f. 环境的清洁程度以及水质、试剂的纯度等因素。

以上因素的影响可以用下列关系式表示：

$$Q_n = KQ_o(U/U_o)^n$$

式中，Q_n 为精炼 n 次后的产品中杂质含量；Q_o 为精炼前的杂质含量；U_o 为每次沉淀时的溶液体积；U 为产品中母液的含量；n 为精炼次数；K 为大于 1 的与 U、U_o、n 因素有关的系数。

当精炼方法确定以后，在相同的条件下，K 值是一定的，因此产品中杂质含量的多少主要与 Q_o、U_o、U、n 有关。降低精炼前杂质的含量，增大溶液的体积（即在许可范围内降低金属的浓度），降低产品中母液的含量以及增加精炼次数都能降低产品中的杂质含量，有助于产品质量的提高。

2.7.2 沉淀法分离贵、贱金属

能生成金属硫化物是贵金属的共性。其中钯最易生成，在室温下用硫化氢即可沉出；铱最难生成，即使煮沸也很难定量沉淀。其溶解度次序为：$Ir_2S_3 >$ $Rh_2S_3 > PtS_2 > Ru_2S_3 > OsS_2 > PdS$，硫化物生成的难易及溶解度的大小差异，可用于钯的优先沉淀和铱的分离。

常用的硫化剂为硫化氢和硫化钠。试验确定，当溶液起始酸度在 1mol/L HCl 至 pH＝2 范围内，硫化钠均可定量沉淀钯。控制硫化钠的用量可实现钯与铱的分离。当进行再次硫化钠沉淀分离时，硫化钯中吸附约 0.3％铑，铂小于 2％。

硫脲能在硫酸中定量沉淀贵金属，铑在 150～170℃，锇在 180～200℃，铂、钯在 190～200℃析出黑色沉淀，铱在 180～190℃析出棕色沉淀，钌在 120～140℃析出硫化物沉淀。

（1）硫化钠沉淀法[12]

此法分离贵、贱金属的原理是在溶液中用硫化钠使贵、贱金属都生成硫化物沉淀析出，然后用盐酸或控制电势水溶液氯化溶解贱金属硫化物，从而实现贵、贱金属的分离。

研究表明，贵金属离子与硫离子的化合能力存在很大的差异，其化合能力由大到小的顺序是：金（Ⅲ）、钯（Ⅱ）、铜（Ⅱ）、铂（Ⅳ）、铑（Ⅲ）、铱（Ⅲ）。所以 Na_2S 与 $HAuCl_4$、H_2PdCl_4 反应最迅速，H_2PtCl_6 次之，铑、铱则难于生成硫化物沉淀。

在分析化学中将硫化钠列为阳离子沉淀剂，但由于铂族金属和金的配合特性，使硫化钠与其氯配合物的反应机理十分复杂。反应结果随温度、硫化物的用量及其加入方式的不同而有较大的变化。在室温下，硫化钠能直接从金（Ⅲ）、钯（Ⅱ）的氯配合物溶液中沉淀出相应的硫化物，反应非常迅速，但与铂（Ⅳ）、铑（Ⅲ）、铱（Ⅳ）反应时，只发生配位基交换，反应速率缓慢。在沸腾温度下，若硫化物加入速度快，用量过多，一般均能生成相应的硫代盐，其反应式如下：

$$Na[AuCl_4]+3Na_2S = Na_3[AuS_3]+4NaCl$$

$$Na_2[PtCl_6]+3Na_2S = Na_2[PtS_3]+6NaCl$$

$$Na_2[PdCl_4]+2Na_2S = Na_2[PdS_2]+4NaCl$$

$$Na_3[RhCl_6]+3Na_2S = Na_3[RhS_3]+6NaCl$$

$$Na_3[IrCl_6]+3Na_2S = Na_3[IrS_3]+6NaCl$$

发生这些反应，使贵金属沉淀不完全，特别是铂（Ⅳ）、铑（Ⅲ）、铱（Ⅲ）更难定量沉淀。

国外有学者首先提出了一种用过量的硫化钠或硫化铵作用于贵金属氯配合物溶液，获得贵金属的硫代盐，然后向其中加入乙酸盐缓冲溶液，使硫代盐完全分解析出贵金属硫化物沉淀的方法。但由于硫化物过量太多，硫代盐分解产生大量元素硫，同时要消耗大量的乙酸，此法仅在分析上有实用价值，很难在工业生产中得到应用。众所周知，稀酸能使某些贱金属的硫化物溶解并释放出 H_2S：

$$ZnS+2H^+ = Zn^{2+}+H_2S\uparrow$$

研究表明，ZnS、CoS、NiS 及 FeS 能完全溶解于酸中，Fe_2S_3 微溶于酸中，PdS、CuS、As_2S_3、SbS_3、CdS 等硫化物几乎不溶于稀盐酸和硫酸。因此用硫化钠沉淀后，如果贱金属硫化物只有 ZnS、CoS、NiS、FeS，则只用盐酸浸出即可得到贵金属精矿。如果硫化物中还含有难溶于稀酸的其他贱金属硫化物，则需采用强化措施，即往稀酸中加入氧化剂如 Fe^{3+}、氧气或氯气等来达到使之溶解的目的。

① 作业过程　先将蒸残液或脱胶液煮沸浓缩，破坏残留的 $NaClO_3$，然后加水稀释，用 20% 的 NaOH 调溶液 pH=1.0～1.5，用 0.25mol/L 的硫化钠调 pH=7～9，煮沸 1h，保温 2h，然后滴加 6mol/L HCl 酸化使溶液 pH=0.5，继续煮沸 1.5h，则溶液中迅速生成贵金属硫化物，冷却过滤。

贵金属硫化物用 6mol/L HCl 通空气浸出贱金属硫化物，冷却过滤，滤渣为贵金属硫化物，洗涤后的贵金属硫化物用 $HCl-H_2O_2$ 溶解过滤元素硫后用硫化物选择沉淀金、钯。

控制 Na_2S 的加入量为理论量的 170%～175% 时，可以定量沉淀金和钯。有 20%～30% 的铂与金、钯共沉淀，其余的铂与全部铑、铱仍为可溶性盐残存于溶液中。金、钯和部分铂的硫化物沉淀反应如下：

$$2HAuCl_4 + 3Na_2S \rightleftharpoons Au_2S_3 \downarrow + 6NaCl + 2HCl$$

$$H_2PdCl_4 + Na_2S \rightleftharpoons PdS \downarrow + 2NaCl + 2HCl$$

$$H_2PtCl_6 + 2Na_2S \rightleftharpoons PtS_2 \downarrow + 4NaCl + 2HCl$$

过程中可能发生如下反应，生成气体：

$$Na_2S + 2HCl \rightleftharpoons H_2S \uparrow + 2NaCl$$

② 硫化钠沉淀法的优点　该法的优点是可以处理介质复杂的溶液；贵金属回收率高，贵、贱金属分离效果好，在贵、贱金属分离过程中金、钯、铂、铑、铱的回收率几乎为 100%；所得贵金属精矿可用盐酸加双氧水使之完全溶解，避免了使用王水溶解后赶硝酸的冗长过程等。例如，一种贵、贱金属比为 $1:3$ 的复杂介质溶液，经此法处理后得到了贵、贱金属比为 $15:1$ 的贵金属氯配合物溶液，为贵金属的分离提纯创造了便利的条件。该方法在我国金川贵金属精炼中曾经进行过工业实验，但由于过滤困难等原因未在工业上得到应用。

（2）硫脲沉淀法

此法适用于从含贵、贱金属的溶液中分离贵金属，原理是基于贵金属的氯配合物均能与硫脲生成摩尔比为 $1:(1\sim 6)$ 的多种配合物，例如：$[Pt_4SC(NH_2)_2]Cl_2$、$[Pt_2SC(NH_2)_2]Cl_2$、$[Pd_4SC(NH_2)_2]Cl_2$、$[Pd_2SC(NH_2)_2]Cl_2$、$[Rh_3SC(NH_2)_2]Cl_3$、$[Rh_4SC(NH_2)_2Cl]Cl_2$、$[Ir_3SC(NH_2)_2]Cl_3$、$[Ir_6SC(NH_2)_2]Cl_3$、$[Os_6SC(NH_2)_2]Cl_3$、$[Au_2SC(NH_2)_2]Cl$。

这些配合物在浓硫酸介质中加热分解而生成相应的硫化物沉淀，贱金属则不发生类似的反应继续保留在溶液中，以此达到贵、贱金属有效的分离。

通常认为，硫脲的加入量应为贵金属的 20 倍，经过多次实践证明 3～4 倍即可得到满意的结果，如表 2-16 所示。

操作时将硫脲加入待处理的溶液中，一般其用量为溶液中贵金属总量的 3～4 倍，然后加入一定量硫酸，加热至 190～210℃（最好能加热到 230℃），在此温度范围内保持 0.5～1h，冷却后于 10 倍体积的水中稀释，过滤洗涤后得到贵金属硫化物。

此法贵、贱金属分离效果好，特别适用于各种复杂介质。用此法铱的回收比较彻底，不足的是劳动条件差。

表 2-16　不同硫脲量对金属的沉淀效率

沉淀效率/%　成分 硫脲倍数	Pt	Pd	Au	Rh	Ir	Os	Ru	Cu	Fe	Ni
1.50	99.99	99.48	99.35	96.50	96.80	42.00	48.00	0	0	0
2.33	99.94	99.80	99.93	99.68	99.92	98.98	—	26.10	0	0
3.00	99.99	99.89	99.98	99.78	99.64	98.08	99.81	—	—	0
4.00	99.96	99.95	99.88	98.50	99.94	98.99	99.10	26.52	0	0
6.00	99.99	99.93	99.76	99.61	99.98	92.72	98.52	32.0	0	0

2.7.3 选择性沉淀法分离金、钯

贵金属精矿经蒸馏分离锇、钌，氯化造液后其余贵金属几乎全部汇集于蒸残液中，蒸残液的组成如表2-17所示。

蒸残液中除贵金属外，铜、镍、铁含量较高，应先进行预处理，除去部分杂质进一步富集贵金属。然后用硫化钠选择沉淀的方法将金、钯分离提取出来，余液再用来分离提取铂、铑、铱，选择性沉淀金、钯、铂的工艺流程如图2-10所示。

表 2-17 蒸残液中贵金属与贱金属的成分

编号	成 分/(g/L)							
	Pt	Pd	Au	Rh	Ir	Ni	Cu	Fe
1	5.352	2.386	1.240	0.776	0.265	4.162	2.200	2.100
2	5.950	2.455	1.700	0.280	0.378	4.200	1.800	3.886
3	6.880	2.830	1.890	0.345	0.446	5.027	2.122	4.100
4	6.200	3.080	1.880	0.330	0.440	4.122	1.700	3.092
5	8.450	3.750	2.320	0.650	0.330	5.265	2.110	3.860

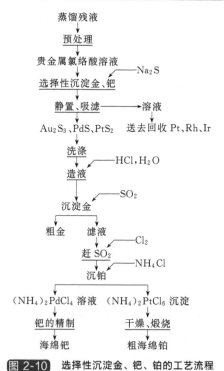

图 2-10 选择性沉淀金、钯、铂的工艺流程

2.7.4 选择性沉淀钯

钯与铂族金属的分离方法很多，主要有黄药沉淀法、丁二酮肟沉淀法、氯化

铵沉淀法、高锰酸钾沉淀法等。

2.7.4.1 黄药沉淀法[13]

（1）原理

① 黄药（学名黄原酸盐）的通式为 ROCSSMe，Me 为 K、Na，R 为 $C_2 \sim C_4$ 的烷基。它不但是选矿过程中广泛应用的捕集剂，而且对贵金属生产来说也是一种廉价的试剂。它对金（Ⅲ）、钯（Ⅱ）有很强的亲和力，甚至可以从大量银中提取少量钯。它作为一种有机沉淀剂，可使金、钯、铂同时沉淀，达到贵、贱金属分离的目的，也可分步沉淀使钯、铂分离。黄药从氯化物溶液中沉淀贵、贱金属的规律如图 2-11 所示。

黄药不过量时铜不沉淀，黄药过量时少量镍、铂沉淀，黄药大大过量的条件下铁、铑、铱也不沉淀。因此该方法对含钯废液的回收有特效。

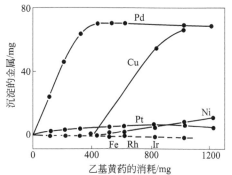

图 2-11 黄药从氯化物溶液中沉淀贵、贱金属的规律

该方法已用于从硝酸银电解液中沉淀微量钯、铂，生成黄原酸盐，具有方法简单、试剂便宜等优点。如成分含量（g/L）为：Pt 约 0.1、Pd 约 0.4、Ag 约 100、HNO_3 约 10、Cu 约 30 的溶液，加入比理论量过量 10% 的丁基黄药，溶液 pH=0.5～1，加温至 80～85℃强烈搅拌 1h，铂、钯的沉淀率约为 99%，银的共沉淀率低于 3%。铂、钯的沉淀产物易溶于王水。

有人针对铂族金属混合溶液曾研究了选择性沉淀分离方法，如成分含量（g/L）为：Pt 约 13、Pd 约 44.4、Rh 约 0.8、Ir 约 0.2、Ru 约 0.88 及少量贱金属的溶液，首先用乙基黄药室温下选择性沉淀钯，少量铂共沉淀，但铑和铱不沉淀；过滤后的溶液中加入乙基黄药与巯基苯并噻唑混合试剂室温下沉淀铂，沉淀物不含钯、铑和铱；过滤后的溶液再用巯基苯并噻唑或对苯基硫醇在加热条件下沉淀铑、铱和钌；最后的贱金属溶液不含钯、铂和钌，仅含微量铑和铱。

② 其原理是二价钯与黄药能生成溶度积很小的黄原酸钯沉淀，其溶度积常数为 3.0×10^{-43}，黄药沉淀分离钯时溶液中的金也生成沉淀。$Au(C_2H_5OCSS)_3$ 的溶度积常数也很小，为 6.0×10^{-30}，虽然铂、铑、铱离子也能与乙基黄药生成相应的乙基黄原酸盐，但由于其溶度积常数大而不沉淀。由于金亦能被黄药沉淀，所以在用黄药沉淀分钯之前，应先用其他方法分离金。

③ 在盐酸介质中铂呈 $[PtCl_6]^{2-}$，钯呈 $[PdCl_4]^{2-}$ 配阴离子存在，黄药既是沉淀剂又是还原剂，它与 $[PtCl_6]^{2-}$ 的反应分两步进行。

第 1 步将 4 价铂还原为 2 价铂：

$$[PtCl_6]^{2-}+2ROCSS^- \Longrightarrow [PtCl_4]^{2-}+(ROCSS)_2+2Cl^-$$

第 2 步 $[PtCl_4]^{2-}$ 与黄药反应生成黄原酸沉淀：

$$[PtCl_4]^{2-}+2ROCSS^- \Longrightarrow Pt(ROCSS)_2\downarrow+4Cl^-$$

而 $[PdCl_4]^{2-}$ 与黄药的反应只有 1 步：

$$[PdCl_4]^{2-}+2ROCSS^- \Longrightarrow Pd(ROCSS)_2\downarrow+4Cl^-$$

基于以上差别如果选用碳氢链较短、还原能力较弱的乙基黄药，控制黄药用量和反应条件（室温下进行反应），只有钯（Ⅱ）被完全沉淀，铂（Ⅳ）被还原为铂（Ⅱ）。若欲将铂、钯同时沉淀，则需选用碳氢链较长、还原能力较强的高级黄药并在加热条件下进行，沉淀经加热分解便可获得粗金属。

④ 用黄药沉淀钯需在 $pH=6.5\sim7.5$ 的弱酸性介质中进行，酸度太高黄药离解为相应的黄药酸，黄药酸奇臭并能分解为 CS_2，严重污染环境。

$$ROCSSH \Longrightarrow ROCSS^-+H^+$$

$$ROCSSH \Longrightarrow CS_2+ROH$$

在碱性介质中黄药将变为复杂的硫代酸盐、硫化物和二硫化物，在中性介质中，2 价钯虽然也能被黄药完全沉淀，但很多贱金属盐类将发生水解污染钯的沉淀。

⑤ 总之，在酸性介质中用乙基黄药沉淀钯时，在大量贱金属及铑、铱、钌存在的情况下，于室温下按理论量的 $1.1\sim1.3$ 倍加入黄药。经一次沉淀就可获得粗的金属钯。若事先用其他还原剂将 4 价铂还原为 2 价铂，1 次沉淀可获得铂、钯的混合粗金属。

（2）操作

首先用氢氧化钠溶液调整原液的 $pH=0.5\sim1.5$。然后按要求的用量加入乙基黄药并充分搅拌，反应 $30\sim60min$，过滤即可得到钯（金）的沉淀。钯的沉淀率可达 99.9%，金的沉淀率大于 99%，铑、铱、铜、铁、镍的沉淀率小于 1%，铂的沉淀率波动在 2%～12%。此法的优点是操作简便，过程迅速，成本低廉，钯（金）的分离彻底；缺点是铂亦产生部分沉淀。

2.7.4.2 丁二酮肟沉淀法

用丁二酮肟能有效沉淀溶液中的钯。将丁二酮肟用 2%NaOH 溶液溶解，再稀释制成含丁二酮肟为 10% 的溶液，此溶液叫钯试剂。

调整料液的 $pH=2$，常温下一边搅拌一边缓慢地加入钯试剂，则产生如下反应，生成稳定的 $Pd(C_4H_7O_2N_2)_2$ 亮黄色沉淀：

$$2C_4H_8O_2N_2+Pd^{2+} \Longrightarrow Pd(C_4H_7O_2N_2)_2\downarrow+2H^+$$

按照 1.2g 丁二酮肟/1g Pd 的比例，钯试剂一直加到溶液不再生成亮黄色沉淀为止。如果溶液 pH<2，加入钯试剂会产生白色沉淀，如果溶液 pH 值自动迅速提高到 8，亮黄色沉淀发生重溶，所以要经常监测 pH 值，用盐酸调整 $pH=4\sim5$，并使之稳定。料液停止加入钯试剂后，静置 $3\sim4h$，再加热溶液至 70℃，

溶液中亮黄色沉淀即可迅速凝聚沉入槽底。

若溶液中有金（Ⅲ）离子，它也会被丁二酮肟还原成金属状态。硝酸对钯试剂有破坏作用，要在加钯试剂前赶尽硝酸或于 85℃ 条件下滴加甲酸以消除硝酸的危害。

2.7.4.3　氯化铵沉淀法

从氯化铵沉铂母液中沉淀钯时，应将溶液浓缩至钯含量为 40g/L。料液中钯以氯亚钯酸的形式存在，若向料液通入氯气，亚钯离子被氧化为具有钯（Ⅳ）的氯钯酸铵黄色沉淀：

$$(NH_4)_2PdCl_4 + Cl_2 = (NH_4)_2PdCl_6 \downarrow$$

料液中若残存有铑、铱离子，在氯气作用下，它们也以高价态铵盐与钯共沉淀，这将引起产品钯纯度降低，因此采用本工艺时，要求预先除去料液中的铑、铱。

将氯钯酸铵黄色沉淀过滤后，用常温的氯化铵溶液洗涤数次，再将 $(NH_4)_2PdCl_6$ 转入钯精炼工段。

近年来，在钯炭废催化剂回收、废旧钯首饰回收、含钯电子废料回收等方面，应用王水溶液物料后，不用赶硝，直接用氯化铵沉淀钯，涉及的反应如下：

$$3Pd + 18HCl + 4HNO_3 = 3H_2PdCl_6 + 8H_2O + 4NO \uparrow$$
$$H_2PdCl_6 + 2NH_4Cl = (NH_4)_2PdCl_6 \downarrow + 2HCl$$

王水介质中，部分铂会形成亚硝基配合物，铂的沉淀率约为 85%，即铂沉淀不完全。6 种铂族元素中，王水介质中只有钯、铱氧化为高价时不会生成亚硝基配合物，可采用 NH_4Cl 将其沉淀为 $(NH_4)_2PdCl_6$ 和 $(NH_4)_2IrCl_6$。Ir(Ⅲ) 氧化为 Ir(Ⅳ) 的氧化还原电势为 0.96V，而 Pd(Ⅱ) 氧化为 Pd（Ⅳ）的氧化还原电势为 1.29V。仅从氧化还原电势看，钯比铱更难氧化为 4 价，但生产实践证明，控制条件下，溶液中的钯基本全部被氧化为 4 价，而铱最多只有 98.5% 被氧化为 4 价，因此王水介质中铱的沉淀率约为 98%，而钯的沉淀率接近 100%，所以钯的回收率很高。王水氧化沉淀法只适合于含钯、铱的溶液，不适用于几种铂族金属的混合物。

操作方法：待王水溶解反应结束时，不过滤，直接沉钯。加适量的水冷却，使溶液中的残酸降低至合适的浓度，有利于钯完全沉淀。按 $NH_4Cl:Pd=2:1$ 的比例，边搅拌边加入固体 NH_4Cl，冷却至常温，吸上清液，真空过滤；$(NH_4)_2PdCl_6$ 沉淀和渣用离心机过滤。

该方法的优点：氯化铵沉钯能使钯和贱金属杂质（铁、镍、铜、铝等）有效分离，使 99.5% 贱金属进入沉钯母液中，在钯的精炼后续工段氨水溶解 $(NH_4)_2PdCl_6$ 红棕色滤饼时，贱金属水解产物 $Me(OH)_2$ 少，而且贱金属水解产物滤饼中吸附、夹带的钯量少，可大大提高钯的回收率，并且过滤速率快，能缩短生产周期 2～3d，沉钯母液中钯含量小于 0.0005g/L，钯基本不分散，贵、贱金属分离效果好，大幅度缩短了生产周期，降低了生产成本，提高了生产效率[80]。

2.7.4.4　高锰酸钾沉淀法

近年来，在浙江、深圳等地一些贵金属回收公司，应用高锰酸钾沉淀钯，涉及的反应为：

$$5H_2PdCl_4 + 2KMnO_4 + 6HCl + 8KCl =\!=\!= 5K_2PdCl_6 \downarrow + 2MnCl_2 + 8H_2O$$

从上述反应可以看出，利用高锰酸钾在酸性条件下的强氧化性可以将 Pd（Ⅱ）氧化为 Pd（Ⅳ），但高锰酸钾中的钾离子不足以使钯沉淀完全，还需要补充适当的氯化钾；若物料中只有钯，应用该法是可以的，但若含有其他铂族金属，$KMnO_4$ 的还原产物 $MnCl_2$ 会对后续其他铂族金属的分离产生不利影响；同时高锰酸钾价格高、属易制毒药品，受到国家的严格管控，不仅导致生产成本高，而且使用受到限制，同时废水中的 Mn^{2+} 若不经处理直接排放，会引起严重的环境污染。与此相比，若用 $KClO_3$ 代替 $KMnO_4$，不仅用量少，还可以克服 $KMnO_4$ 存在的上述所有问题，涉及的反应为：

$$3H_2PdCl_4 + KClO_3 + 5KCl =\!=\!= 3K_2PdCl_6 \downarrow + 3H_2O$$

比较上述两个反应可知，在理论上，氧化 1mol H_2PdCl_4 需要 0.4mol $KMnO_4$，但仅需要 0.33 mol $KClO_3$，$KClO_3$ 价格低、来源广、还原产物对废水无影响。

2.7.5　选择性沉淀铂

2.7.5.1　氯化铵沉淀法

此法是铂生产中的传统方法。钯和铱在溶液煮沸或加入弱的还原剂（如抗坏血酸、食糖等）时，保持低价态不被氯化铵沉淀而留在溶液中，达到分离的目的。操作时将溶液煮沸，然后直接加入固体氯化铵并不断搅拌，这时生成蛋黄色的氯铂酸铵 $[(NH_4)_2PtCl_6]$ 沉淀。直至加氯化铵不产生沉淀时作业停止。经冷却并过滤，得到的氯铂酸铵沉淀用 10%NH_4Cl 溶液洗涤。

沉铂原液中主要含铂、钯（少量铑、铱）和贱金属，当铂含量占绝对优势时，一般采用氯化铵沉淀法，氯化铵与铂族金属生成 $(NH_4)_2MeCl_6$ 类型的盐，其中 $(NH_4)_2PtCl_6$ 的溶解度最小，呈淡黄色或柠檬黄色的结晶沉出，反应如下：

$$H_2PtCl_6 + 2NH_4Cl =\!=\!= (NH_4)_2PtCl_6 \downarrow + 2HCl$$

而同类型的铱、锇盐的溶解度比铂盐大 6～7 倍，同类型钯、钌的溶解度比铂盐大 300～600 倍，所以在洗涤过程中可以借溶解度的差别使铂与其他金属分离。

由于该法是经典古老的方法，一般适应于铂含量占绝对优势，铂离子浓度较高（最好在 50～100g/L）的溶液，若铂离子浓度太低或铂、钯接近，甚至钯比铂高，则分离效果不好，铂沉淀不完全且容易被污染。

料液在加入氯化铵以前，应适当进行氧化，以保证铂以铂（Ⅳ）的形式存在；控制 pH=1，并加热至 80℃，于缓慢搅拌下加入固体氯化铵，直到过量的少许氯化铵不再使溶液生成黄色沉淀时，停止搅拌，并将料液急剧冷却至常温，静置澄清后过滤，滤饼用浓度为 10% 的氯化铵溶液常温洗涤 2～3 次，洗涤时液固比在 1～2 之间，使沉淀中钯含量小于 1%，这时铂的沉淀率可达 98%～99%，洗液与滤液合并，送去提钯，沉淀则用来制取铂。

中国金川硫化镍电解阳极泥的处理中分离铂的结果是：用氯化铵沉淀铂时，一般有 1%～3% 的铂残留在母液中，当铂的浓度为 50g/L 时，直收率为 97%～99%，而铂的浓度为 10～20g/L 时，直收率为 91%～92%，当贱金属含量较高时，也将严重污染铂的沉淀。

生产实践表明，如果金属的价态控制不当易产生共沉淀。由共沉淀和吸附带入铂铵盐中的杂质主要靠氯化铵水溶液洗涤除去，洗涤次数越多杂质除得越彻底。但大量洗涤液将使铂铵盐溶解，造成分散损失，且洗涤液中的铂又混入钯中，要在钯的氨配合过程中除去，使铂、钯再次分散，而钯铵盐沉淀中的杂质是不能完全洗涤除去的。

2.7.5.2　氯化钾沉淀法

氯化钾沉淀铂的反应与氯化铵完全相同：

$$H_2PtCl_6 + 2NH_4Cl \Longrightarrow (NH_4)_2PtCl_6 \downarrow + 2HCl$$

$$H_2PtCl_6 + 2KCl \Longrightarrow K_2PtCl_6 \downarrow + 2HCl$$

氯铂酸铵为柠檬黄色八面体结晶，极难溶于水，难溶于 NH_4Cl 水溶液，在 17.7% NH_4Cl 溶液中的溶解度为 0.003%，在 100g 水中的溶解度为 0.67g（15.5℃）、0.77g（25℃）、1.25g（100℃），不溶于乙醇、醚和其他有机溶剂，在煅烧时生成海绵铂。

氯铂酸钾为黄色八面体结晶，难溶于水，在 100g 水中的溶解度为 0.90g（10℃）、1.12g（20℃）、2.16g（50℃）、3.79g（80℃），不溶于乙醇、醚，灼烧时分解为金属铂，可被水合肼、亚硫酸钠、二氧化硫、草酸钾等还原剂还原为氯亚铂酸钾而溶解，可用于铂的精炼：

$$K_2PtCl_6 + 2NH_2NH_2 \cdot HCl \Longrightarrow K_2PtCl_4 + 4HCl + 2N_2 \uparrow + 3H_2 \uparrow$$

$$K_2PtCl_6 + SO_2 + 2H_2O \Longrightarrow K_2PtCl_4 + 2HCl + H_2SO_4$$

$$K_2PtCl_6 + K_2C_2O_4 \Longrightarrow K_2PtCl_4 + 2KCl + 2CO_2 \uparrow$$

比较氯铂酸铵和氯铂酸钾在水中的溶解度可以看出，后者稍大于前者，同时氯化钾的价格是氯化铵的 4～5 倍，生产成本较高，但其优点是氯化钾沉铂母液可用水解法继续进行铂与铑、铱等铂族金属的分离，而氯化铵沉铂母液不行。

2.7.5.3　四甲基氯化铵沉淀法

近几年来，美国 MRT 公司报道了用四甲基氯化铵 $(CH_3)_4NCl$ 沉淀分离铂族金属，其原理是[81]：氯化铵中的 4 个氢被 4 个甲基取代之后反应活性比氯化铵高，溶液中的 $Pt(II)$、$Pd(II)$ 不会与 $(CH_3)_4NCl$ 反应，而 $Pt(IV)$、$Pd(IV)$ 很容易与 $(CH_3)_4NCl$ 反应生成 $[(CH_3)_4N]_2PtCl_6$ 和 $[(CH_3)_4N]_2PdCl_6$ 沉淀。$Pt(IV)$ 比 $Pt(II)$ 稳定，所以 $Pt(IV)$ 与 $(CH_3)_4NCl$ 反应生成的 $[(CH_3)_4N]_2PtCl_6$ 不会被反溶；而 $Pd(II)$ 比 $Pd(IV)$ 稳定，$Pd(IV)$ 与 $(CH_3)_4NCl$ 所生成

的 $[(CH_3)_4N]_2PdCl_6$ 极不稳定，其在较高温度下被 $(CH_3)_4NCl$ 溶解生成更稳定的 $[(CH_3)_4N]_4PdCl_6$，而 H_3RhCl_6 只能与过量的 $(CH_3)_4NCl$ 生成沉淀。同时由于较高的反应活性，铂沉淀反应速率较快，沉铂较完全；$(CH_3)_4NCl$ 与ⅠA、ⅡA 及所有过渡金属氯化物均不会生成相应的沉淀，可有效除去这些贱金属杂质，利用这一特性可将铂与钯、贱金属实现有效的分离，涉及的反应为：

$$H_2PtCl_6+2(CH_3)_4NCl === [(CH_3)_4N]_2PtCl_6+2HCl$$

$$H_2PdCl_6+2(CH_3)_4NCl === [(CH_3)_4N]_2PdCl_6+2HCl$$

$$[(CH_3)_4N]_2PdCl_6+2(CH_3)_4NCl === [(CH_3)_4N]_4PdCl_6+Cl_2\uparrow$$

沉淀后可用水洗涤除去 Cu、Ni、Te、Se、As、Fe、S、Zn、Cr、Ce、Pb 等杂质。

具体操作步骤如下：

铂的沉淀：将含铂、钯的浸出液倒入 20L 的旋转蒸发仪内，然后依次加入 1800g 四甲基氯化铵、100g 氯化钠和 800mL 6mol/L HCl 溶液，控制温度 125℃，反应时间 3h，铂生成沉淀，钯留在溶液中。

$[(CH_3)_4N]_2PtCl_6$ 的洗涤：洗液是用四甲基氯化铵、6mol/L HCl 和 50% NaOH 溶液配制而成的，其质量配比为，$(CH_3)_4NCl$：HCl：NaOH＝6：15：1。铂沉淀后，钯形成可溶的钯铵盐留在溶液中，过滤后用洗液反复制浆洗涤铂盐 2～4 次。清洗后的滤液并入钯铵盐溶液中，沉淀母液中的铂含量为 0.0035%，远远小于氯化铵沉铂母液。

$[(CH_3)_4N]_2PtCl_6$ 的纯化：将洗涤后的 $[(CH_3)_4N]_2PtCl_6$ 用盐酸完全溶解，保持溶液中较高的铂离子浓度（最好在 50g/L 以上），热过滤后向滤液中加入 $(CH_3)_4NCl$，自然冷却，铂就会以 $[(CH_3)_4N]_2PtCl_6$ 的形式重新沉淀出来。铂铵盐沉淀用 6mol/L HCl 溶液在 109℃溶解，微量的钯铵盐会在高温下溶解变为 2 价钯盐，沉铂时包裹的贱金属也转化到溶液中，然后加入 $(CH_3)_4NCl$ 沉铂。由于是自然冷却沉淀，可有效去除溶液中的钯和包裹的贱金属，从而得到较高纯度的铂铵盐，煅烧后得到纯度大于 99.95% 的海绵铂，铂的直收率大于 99.8%。涉及的反应为：

$$[(CH_3)_4N]_2PtCl_6 === Pt\downarrow+2(CH_3)_4NCl+2Cl_2\uparrow$$

钯的分离：在铂、钯分离后，溶液中剩余的为 $[(CH_3)_4N]_2PdCl_4$、极微量的铂及贱金属，在 109℃向 $[(CH_3)_4N]_4PdCl_6$ 溶液中通入氯气可使其氧化生成 $[(CH_3)_4N]_2PdCl_6$ 沉淀，其反应如下：

$$[(CH_3)_4N]_4PdCl_6+Cl_2 === [(CH_3)_4N]_2PdCl_6\downarrow+2(CH_3)_4NCl$$

向过滤后得到的 $[(CH_3)_4N]_2PdCl_6$ 中加入氨水，控制 pH＝8～9，温度 80℃，$[(CH_3)_4N]_2PdCl_6$ 就会溶于氨水，而铂在氨水中生成沉淀，使钯与微量的铂分离。

$$[(CH_3)_4N]_2PdCl_6 + 4NH_3 \cdot H_2O = Pd(NH_3)_4Cl_2 + 2(CH_3)_4NCl + Cl_2\uparrow + 4H_2O$$

2.7.6 选择性沉淀铑

近几年来，美国 IBC 公司报道了用二乙烯三胺、三乙烯四胺、多乙烯多胺选择性沉淀铑。三乙烯四胺溶液的配制方法[82]：向洗净的烧杯中加入 400mL 去离子水，然后缓慢加入 1000mL 盐酸，边加边用玻璃棒搅拌；取 350mL 三乙烯四胺，用滴管慢慢地将三乙烯四胺滴入烧杯中，边滴加边搅拌，确保温度不超过 50℃；三乙烯四胺滴加完毕后，用去离子水清洗玻璃棒，洗涤液并入配好的三乙烯四胺溶液中，冷却，然后装于瓶中备用。

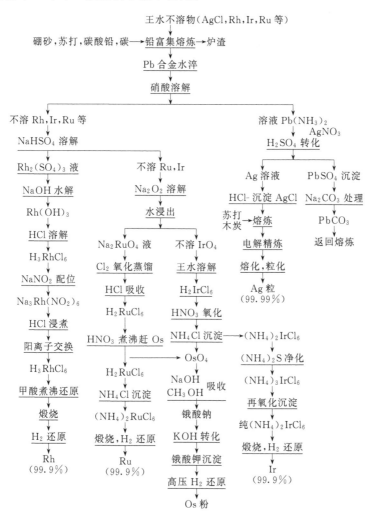

图 2-12 Acton 精炼厂的传统精炼工艺（铑、铱、锇、钌部分）

含铑的溶液 1500mL，其成分含量（g/L）为：Rh 31.11、Pt 0.58、Pd 0.93、

Cu 0.65、Fe0.32、Pb 0.29、Al 1.82。向含铑的溶液中加入 5L 水稀释，调整铑的离子浓度为 7.2g/L；将调整完浓度的含铑溶液加 HCl 溶液调 pH 值为 1.0；将调好 pH 值的铑溶液加热至 105℃，然后边搅拌边缓慢加入配好的三乙烯四胺溶液 200mL；将沉淀完全的溶液冷却后过滤、洗涤，滤饼为较高纯度的铑盐；将铑盐放入石英舟内，在马弗炉内于 750℃煅烧 2h；将煅烧后的固体放入氢还原炉中，在 750℃通氢还原得到 46.01 g 纯度大于 99.9% 的铑粉。铑的回收率为 98.60%[82]。

该方法的优点：适应物料的范围广，可处理任何含铑的溶液；铑的直收率＞98%，铑粉纯度＞99.9%；工艺流程短，操作简单、实用，生产成本低，易于实现工业化。

2.7.7　贵金属传统沉淀分离工艺[14]

Acton 精炼厂的传统精炼工艺、改进后的传统精炼工艺、俄罗斯贵金属分离工艺流程分别示于图 2-12～图 2-14。

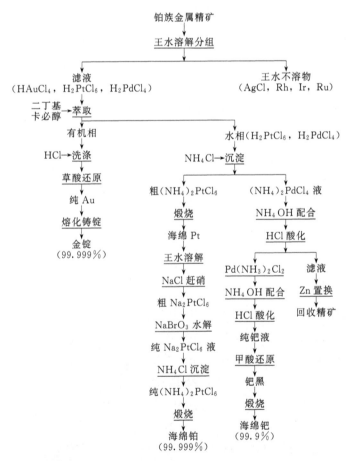

图 2-13　Acton 精炼厂改进后的传统精炼工艺（金、钯、铂部分）

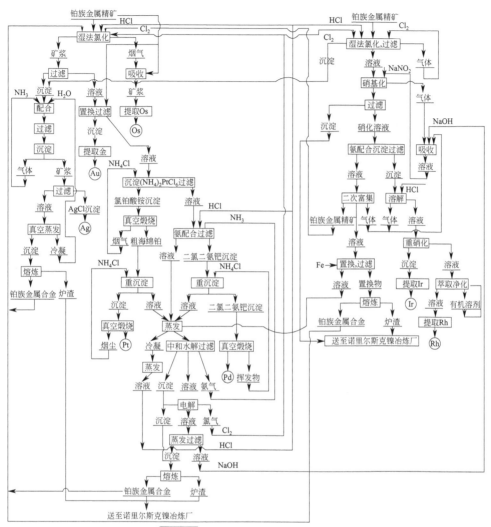

图 2-14 俄罗斯贵金属分离工艺流程

2.8 水解法

2.8.1 氧化水解法分离铂

这是分离铂的有效方法之一，铂族金属的氯配合物溶液在一定的 pH 值下能生成相应的水合氧化物沉淀，从而达到相互分离的目的。经选择沉淀金、钯后，部分铂虽与金、钯共沉淀，但其余大部分铂仍与铑、铱一起进入溶液。此溶液要先进行铂与铑、铱的分离。用水解法分离铂、铑合金料也有效，但废铂、铑须先行造液后才能作为水解分离的料液。

关于铂的水解原理及其操作过程、方法请参阅第 6 章铂的精炼工艺。

2.8.2　亚硝酸钠配合水解沉淀法[2]

铂族金属的氯配酸溶液用亚硝酸钠处理可转化为稳定的可溶的亚硝酸配合物，这一性质被用来进行贵、贱金属分离。由于除镍和钴以外的贱金属在用亚硝酸钠处理时都不生成亚硝酸配合物，借助于控制溶液的碱度，使许多贱金属呈氢氧化物沉淀析出而实现贵、贱金属分离。铂、铑、铱的亚硝酸配合物在中等碱度的溶液中是十分稳定的，即使 pH＝10，煮沸此溶液仍不会分解，钯的亚硝酸配合物在 pH＜8 时沸腾条件下也是稳定的，但在 pH＞10 时很快分解为含水氧化物沉淀，锇与钌的亚硝酸配合物的稳定性比钯更差。镍和钴的亚硝酸配合物在pH＝8～10 的碱性溶液中完全分解生成氢氧化物沉淀。其他贱金属则在 pH＜8时已先后水解沉淀。在用此法分离贵、贱金属时，金能直接还原为金属，它可在溶解贱金属氢氧化物沉淀后过滤而得到。此法不适宜用来处理含有锇、钌的溶液，因为部分锇在亚硝酸配合物分解时呈四氧化物挥发损失，而钌在盐酸破坏其亚硝酸配合物时不能转变为相应的氯配酸盐，而是转化为 $Na_2Ru(NO)Cl_5$。

2.9　氨水配位法分离钯

此法也是精炼钯的方法，但在用作分离时要求溶液中铂含量不能太高，否则使铂分离回收过程复杂化；另外，此法对铑、铱的回收亦不理想，但在实际生产中曾用此法分离钯铱合金废料及钯银金镍合金废料，取得了良好的效果。

分离时往氯化物溶液中加入氨水，使 pH＝8～9，这时钯保留在溶液中，而某些铂族金属及贱金属都转化为氢氧化物沉淀。过滤出的沉淀充分洗涤，洗液与滤液合并，加入盐酸酸化至 pH＝1.0～1.5 时淡黄色二氯二氨配亚钯析出，经煅烧、氢还原得到产品，或往溶液中加入甲酸或水合肼直接还原出海绵钯。

2.10　无水二氯化钯结晶法分离钯[2]

此法可从铂族金属溶液中分离钯。在无氧化剂存在的条件下钯在氯配酸溶液中以 H_2PdCl_4 的形式存在，在浓缩蒸干时 H_2PdCl_4 按下式分解：

$$H_2PdCl_4 = PdCl_2 + 2HCl$$

分解生成的二氯化钯结晶不溶于冷浓硝酸，而其他铂族金属在相应条件下则溶解。因此利用二氯化钯的这一性质，可以实现钯与其他铂族金属的分离。

分离时将含钯的氯配酸溶液，小心地浓缩并蒸发至干，然后按蒸干后的体积加十倍量的浓硝酸煮沸，使除钯以外的其他铂族金属氯配合物充分溶解，待硝酸分解的黄烟退后，使之冷却，用玻砂漏斗过滤，浓硝酸洗涤结晶二氯化钯至洗液为硝酸本色，洗液与滤液合并。为使钯分离得更彻底，可将此溶液再浓缩结晶或将分出的二氯化钯溶解后重新进行结晶。

此法分离钯的效果较好，钯的分离效率可达 99.5% 以上。其缺点是生产周期较长，操作条件较差，分离钯后的溶液需经处理转变为氯配合物后才能进行下一步操作。

2.11　萃取法

2.11.1　溶剂萃取分离贵金属概况[15]

溶剂萃取通常又叫液-液萃取，是一种从溶液中分离、富集、提取有用物质的有效方法，它利用溶质在两种不相混溶的液相之间的不同分配来达到分离和富集的目的。

溶剂萃取最初只用在分析化学上，它对痕量物质的分析特别有效，可以简化一些冗长的化学处理过程，大大提高分析方法的灵敏度和选择性。

金属溶剂萃取始于 19 世纪，1842 年，佩利戈特（Peligot）发现用乙醚可以从硝酸溶液中萃取硝酸铀酰 $[UO_2(NO_3)_2]$，但在以后近百年的实验研究中溶剂萃取只在分析化学领域中得到应用。现在溶剂萃取已发展为湿法冶金中金属离子及无机盐分离、富集、提纯的重要工艺之一，尤其在有色金属（铜、镍、钴）、稀有金属、稀土金属等的提取冶炼中已有广泛应用。

溶剂萃取在某些贵金属分析方面已成功应用几十年。为了克服沉淀分离精炼工艺的缺点，人们在寻求新方法，贵金属氯配合物化学性质的特殊性为开发溶剂萃取分离贵金属的技术创造了很好的条件。

由于 $[AuCl_4]^-$ 在各种贵金属氯配离子中最易被有机溶剂萃取，所以它是第一个以工业规模萃取的贵金属元素。它具有相当高的可萃性，可被很多萃取剂萃取而与其他铂族金属分离。例如：乙酸乙酯、乙醚、异丙酮、异戊醇、乙酸乙戊酯、甲基丁基酮、磷酸三丁酯、二丁基卡必醇等。虽然它们对金都有很高的选择性，但由于除二丁基卡必醇及甲基异丁基酮外，其他萃取剂都存在易挥发，在水相中溶解度大，价格昂贵及气味不佳等缺点，故未能得到工业应用，仅应用在分析上。

用于从铂族金属溶液中选择性萃取钯的萃取剂主要有含硫萃取剂，例如：二正己基硫醚（DOS）、二正己基硫醚（日本商品牌号 SF1-6）、二异戊基硫醚（我国代号 S_{201}）、二异辛基硫醚、亚砜、石油亚砜等。另外，肟类萃取剂对钯也有很好的选择性，用于萃取钯的主要是羟基肟，如 Lix-63、Lix-70 和 N_{530}。我国用二异戊基硫醚萃取分离钯的研究取得了很好的结果并应用于工业生产。

可以萃取铂的萃取剂主要为磷类、胺类、硫类等。磷类萃取剂主要有：磷酸三丁酯（TBP）、三辛基氧膦（TOPO）、三烷基氧膦（TRPO）等。国际镍公司（Inco）阿克通（Acton）精炼厂已将 TBP 萃取分离铂、应用于生产。胺类萃取剂主要有：三正辛胺（TOA）、7301、N_{235}、Alamine 336、TAB-194、季铵盐

N_{263}、7402、7407、Aliquat 336、氨基羧酸衍生物 Amberlite LA-2、胺醇 TAB-182 等。英国 Royston 的 Mathey-Rusterburg 精炼厂已将 TOA 萃取分离铂应用于生产，南非 Lonrho 精炼厂已将氨基羧酸共萃取分离钯、铂应用于生产。昆明贵金属研究所和金川集团公司精炼厂合作对 N_{235} 萃取分离铂进行了大量的研究，先后完成了实验室小型实验、实验室放大实验、半工业试验、工业试验，目前已经在金川集团公司精炼厂稀贵金属生产线建成投产。硫类萃取剂有：石油亚砜（PSO）、二正辛基亚砜（DOSO）、二异辛基亚砜（DIOSO）等。华南理工大学和金川集团股份公司贵金属冶炼厂合作对 PSO 萃取分离铂及共萃分离钯、铂进行了大量的研究，先后进行了实验室小型实验、实验室放大实验、半工业试验。螯合萃取剂有 8-羟基喹啉 TN 1911、TN 2336 等。其他可以萃取铂的萃取剂还有：异丙双酮、三苄基丙基磷酸、二安替比林丙基甲烷、甲基吡唑、四辛基氯化铵等。

铑、铱和其他贵金属、贱金属元素的分离及铑、铱的相互分离是铂族金属提取冶金中的难题之一。铑和铱的化学性质相似，我们对单纯氯化物溶液中的配合物物种及性质已研究得较多，铑和铱除呈不同价态的氯配合物外，并随酸度及氯离子浓度变化发生水合或羟合，及呈顺、反或多核结构，很难使其保持稳定的价态和物种。在组成复杂的溶液中要确定其价态、配合物状态及其定量关系则更困难。近 10 年来的研究仍建立在氯化物介质体系的基础上，萃取、离子交换选择性吸附等方法发展较快，主要是利用以下性质差异：① 铑（Ⅲ）、铱（Ⅲ）氯配合物性质相似，以配阴离子的共性与贱金属阳离子和其他铂族金属配阴离子分离。例如，应用 732 阳离子交换树脂使贱金属与铑、铱分离。② 铱（Ⅲ）极易转化为铱（Ⅳ），铑价态稳定，利用其氯配阴离子性质的差别使铑、铱相互分离。例如，应用 TBP、TRPO 萃取铱（Ⅳ）进行铑、铱分离。③ 铑（Ⅲ）在适宜条件下易转化为水合阳离子 $[Rh(H_2O)_6]^{3+}$，可与铱配阴离子分离。例如，应用 P_{538} 萃取 $[Rh(H_2O)_6]^{3+}$ 进行铑、铱分离。

目前世界上最著名的三大贵金属精炼厂国际镍公司（INCO）的 Acton 精炼厂，英国 Royston 的 Matthey-Rustenburg（MRR）精炼厂及南非的 Lonrho 精炼厂都已使用溶剂萃取进行贵金属生产。它能处理包括矿山的一次资源及各种二次资源提取的各种成分的贵金属精矿和贵金属溶液。与传统的沉淀分离工艺相比它具有许多明显的特点。如简化了工艺，缩短了生产周期，提高了金属直收率和生产操作的安全性，减少了贵金属在生产过程中的积压和返回处理的各种中间产品的数量，降低了能耗和加工成本，对各种物料的适用性和灵活性也比较大。

我国从 20 世纪 80 年代初开始了 DBC 萃取金的研究并应用于生产，之后又进行了 S_{201} 萃取分离钯、N_{235} 萃取分离铂及 PSO 萃取分离铂、钯的研究并于 1993 年进行了半工业试验，形成了从脱胶液中用 DBC 萃金-S_{201} 萃钯-N_{235} 萃铂-P_{204} 萃取分离贱金属-TRPO 萃取分离铑、铱的全萃取分离工艺。

虽然各国在工业运用这一技术方面已取得了很大进展，但毕竟在工业应用的研究开发方面仅有十多年的历史，从某种意义上说还处于研究开发的开始阶段。随着人们对萃取分离认识的不断深化，学术讨论和交流十分活跃，从 1971 年开始，每隔 3 年便召开一次国际萃取会议，新的萃取剂、萃取方法、萃取设备不断出现。可以相信随着选择性更高的萃取剂和萃取体系的开发，经萃取直接分离出较高纯度的金属或只需简单精炼即可产出商品金属等方面会有不断发展，会出现更完善、合理的工艺流程并普遍推广应用。

2.11.2 贵金属萃取分离工艺[16~23]

Mathey-Rusterburg 精炼厂（MRR）贵金属萃取分离工艺、阿克通（Acton）精炼厂贵金属萃取分离工艺、郎候（Lonrho）精炼厂贵金属萃取分离工艺、中国贵金属全萃取分离工艺、日本报道的贵金属萃取分离工艺，分别示于图 2-15～图 2-19。

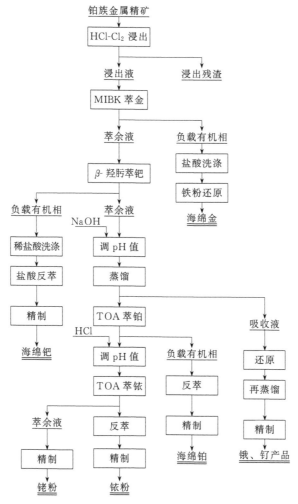

图 2-15 Mathey-Rusterburg 精炼厂（MRR）贵金属萃取分离原则工艺流程

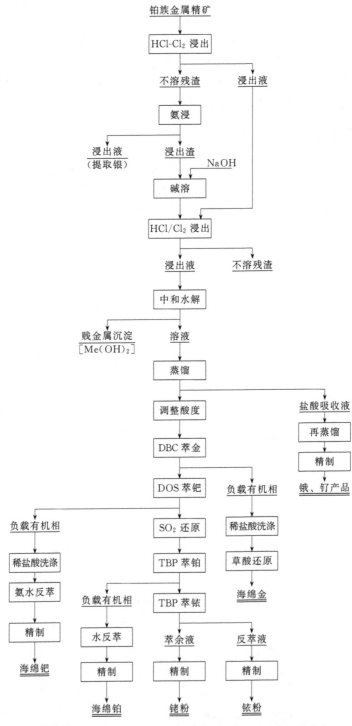

图 2-16　阿克通（Acton）精炼厂贵金属萃取分离原则工艺流程

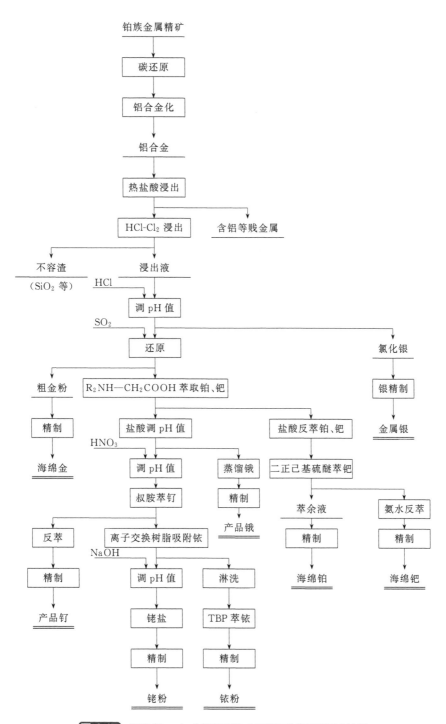

图 2-17 郎候（Lonrho）精炼厂贵金属萃取分离原则工艺流程

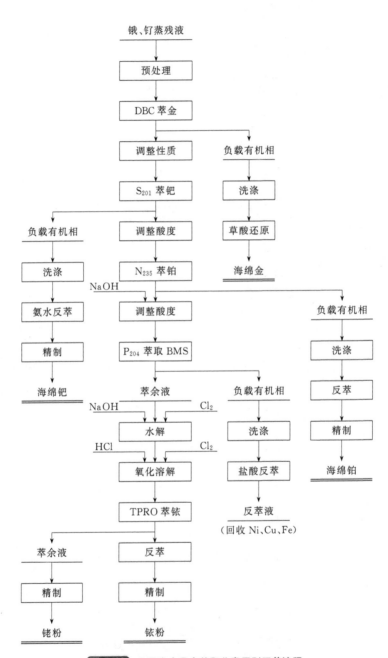

图 2-18 中国贵金属全萃取分离原则工艺流程

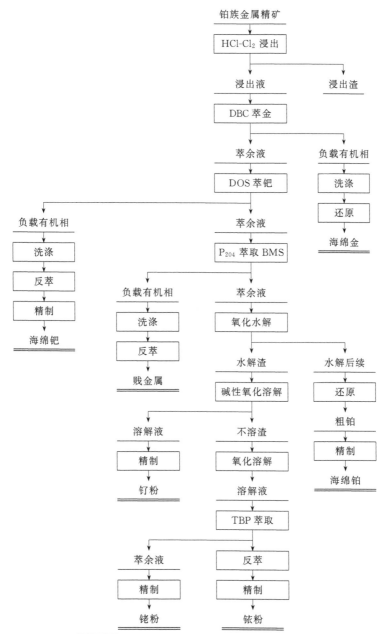

图 2-19 日本报道的贵金属萃取分离原则工艺流程

2.12 离子交换法

2.12.1 离子交换法分离贱金属精炼贵金属[24]

在氯化物介质中贵金属通常以氯配阴离子形式存在，而铁、铜、镍等以阳离子形式存在，要除去这些微量杂质，通常选用磺酸型阳离子交换树脂。该树脂出厂时为 Na^+ 型，先用去离子水浸泡使树脂溶胀，并分拣出木屑等机械杂质，再用 6mol/L HCl 溶液浸泡洗至无铁离子（用 NH_4SCN 检验），并使其转化为 H^+ 型，最后用离子水洗至 pH=1～1.5 备用。H^+ 型 732 阳离子交换树脂的母体为苯乙烯、二乙烯苯共聚物（R），其交换容量为 4～5mmol/g 干树脂，交换时按如下反应交换铜、镍、铁、钴等贱金属：

$$2(RSO_3H^+)+Me^{2+} =\!=\!= (RSO_3)_2Me+2H^+ \quad (Me^{2+} 为 Fe^{2+}、Cu^{2+}、Ni^{2+}、Pb^{2+}、Co^{2+} 等)$$

当料液 pH=1.5 时，贵金属以氯配阴氯离子形式存在，其他贵金属杂质也以氯配阴离子形式存在。将料液引入磺酸基强酸性阳离子交换树脂的交换柱后，贱金属铜、锌、镍、钴、铁、铅等以呈阳离子状态的氯化物形式存在，被阳离子树脂所吸附。而贵金属仍留在溶液中。

当 pH=2～3 时，料液中的金、银、铑能较完全地被阳离子树脂吸附，钯、铱也能有效地被吸附。因此交换过程中要严格控制 pH 值，如 pH 值太小，当 pH=0.8 时，部分贱金属阳离子将转为配阴离子而不能被树脂吸附。酸性太强，会使已被树脂吸附的贱金属阳离子重溶进入溶液。且溶液中氯离子浓度增大，也将影响树脂的交换容量。在阳离子树脂交换前，要将贵金属氧化成高价，以防止部分低价贵金属被阳离子树脂吸附而减少贵金属的直收率。交换之前先用水漂去树脂的悬浮杂物，再用 6mol/L HCl 溶液浸泡 3d（新树脂由钠型转变成氢型）并保持酸量不低于 3mol/L，然后将树脂洗至中性，再用 6mol/L HCl 溶液浸泡 2d，直至用 KCNS 检查溶液无铁离子为止。一般使用的树脂柱高 1m，交换的线速率为 10～15mm/min，若贱金属不合格可于 pH=1～1.5 下反复交换几次，直至贵金属溶液中贱金属含量达到要求为止。当阳离子交换树脂交换容量接近饱和时，可用 4%～6% HCl 溶液反洗使上述反应向反方向进行而使树脂再生。当杂质含量较低时，可适当提高交换速率。

由于离子交换法对铁、铜、镍等贱金属杂质的交换容量低，此法只适用于贵金属溶液中微量杂质的分离。目前已广泛应用于高纯铂、铑的制备，化学工业用铂钯铑三元废催化网及铂铑二元废催化网的分离提纯等。

2.12.2　离子交换树脂提取分离贵金属[25]

国外主要使用了强碱性阴离子交换树脂 Amberlite IRA-400、Amberlite IRA 93、异硫脲树脂等。

2.12.2.1　强碱性树脂从氯化物溶液中提取分离贵金属

表 2-18 列出了铂族金属在不同浓度的盐酸与强碱性树脂 Amberlite IRA-400 之间的分配系数。可见，铂（Ⅳ）与铱（Ⅳ）在所试验的盐酸浓度范围内（0.1～12.0mol/L）都能很好地被吸附，而钯（Ⅱ）仅在较低酸度下被吸附，而钌、铑等吸附很差。利用这些特性，可以对某些铂族金

属进行提取分离。例如，欲分离铂、钯可在较低酸度下共同吸附后，用 9～12mol/L HCl 溶液选择性解吸钯，然后再用 2.4mol/L HClO₄ 溶液解吸铂，使铂、钯得以分离。与其类似，可进行铑、钯分离。对于含铱和钯的氯化物溶液，可用羟氨溶液将铱还原为三价，吸附后用 2mol/L HCl 溶液解吸铱（Ⅲ），再用浓盐酸溶液解吸钯。被树脂吸附的铑、铱和钯可用羟氨将铱还原为三价，用 2mol/L HCl 溶液解吸铱（Ⅲ）和铑，用 9mol/L HCl 溶液解吸钯；铱（Ⅲ）、铑混合解吸液可用硫酸铈将铱（Ⅲ）氧化为铱（Ⅳ），再吸附铱（Ⅳ）而分离出铑。

表 2-18 铂族金属在 Amberlite IRA-400 上的分配系数

HCl 浓度/(mol/L)	Rh	Ru	Ir(Ⅲ)	Ir(Ⅳ)	Pd(Ⅱ)	Pt(Ⅳ)
0.1	15	180	1050	186000	45000	44000
0.5	12	88	850	59000	15000	27000
1.0	10	40	60	32000	4300	20000
4.0	0	12	2	6000	80	2100
8.0	0	4	0	3200	75	780
12.0	0	0	0	960	35	400

Lonrho（Lonmin）应用阴离子交换树脂分离铑、铱的工艺流程如图 2-20 所示。

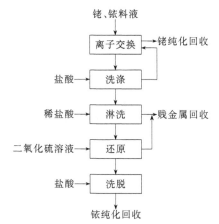

图 2-20 Lonrho（Lonmin）分离铑、铱的工艺流程图

2.12.2.2 弱碱性树脂提取分离贵金属

ЭДЭ-10П 弱碱性阴离子树脂能从 HCl 浓度范围相当大的溶液中吸附所有的铂族金属。前苏联对用该树脂从阳极泥溶液中吸附提取铂族金属已进行了半工业规模试验。在镍、钴冶炼厂，有一种含钯、铂、铑、铱、钌及金、银为 12.5～90mg/L，硫酸为 10～60g/L，镍、铜、铁等总浓度为 10g/L 以上的溶液，ЭДЭ-10П 树脂对贵金属的吸附率达 85%～98%，具体吸附率与溶液组成有关。可用

固定床离子交换柱进行吸附。当铂族金属容量达 100g/kg 时，采用灼烧树脂的办法回收铂族金属。

另外，采用上述树脂还可以从阳极泥的硫酸浸出液中吸附铼和硒。该浸出液组成含量（g/L）为：Se 8.0、Os 0.015、Ni 75、Cu 5.0、Fe 18.0、H_2SO_4 24。ЭДЭ-10П 树脂可吸附 98% 以上的铼和大部分硒。用 100g/L Na_2CO_3 溶液解吸硒后的载铼树脂再返回吸附，如此循环，直至铼在树脂上的容量积累到 50~70g/kg 后，将树脂灼烧回收铼。因为该树脂对铂族金属配合物的吸附能力太强，所以不易解吸或解吸费用昂贵。

2.12.2.3　Monivex 树脂提取分离贵金属

Monivex 树脂为硫脲型树脂，属弱碱性树脂，利用它在酸性溶液中的质子化反应生成阳离子，从而具有阴离子交换能力。

利用盐酸中的硫脲中性分子与铂族金属的配位能力强，使铂族金属转为正电荷的硫脲配合物，从而有效地解吸，其反应式如下：

$$\left[\text{P}-CH_2-S-C\begin{matrix}NH_2\\NH_2\end{matrix}\right]_x \cdot [MCl_x(OH)_y]+CS(NH_2)_2+zHCl \longrightarrow$$

$$z\left[\text{P}-CH_2-S-C\begin{matrix}NH_2\\NH_2\end{matrix}\oplus\cdot Cl^-\right]+\text{铂族金属硫脲配合物阳离子}+\text{相应量的}Cl^-+H_2O$$

中间试验采用 3 柱构成的连续逆流离子交换系统，处理了由冰铜浸渣制取的含有铂族金属及贱金属的盐酸浸出液以及其他一些含有铂族金属的溶液。工艺过程如下：吸附原液中含 2 HCl、于 20℃下吸附贵金属，料液中所含的贱金属随吸附尾液流出；饱和树脂洗涤后用 5% $CS(NH_2)_2$-0.5mol/L HCl 混合液于 80℃解吸贵金属；贫树脂用 0.5mol/L HCl 溶液再生后返回吸附。吸附及饱和树脂洗涤在柱 1 中进行时，解吸和贫树脂再生分别于另两个柱中进行。吸附和解吸贵金属的主要试验结果列于表 2-19 及表 2-20。

表 2-19　中间试验中 Monivex 树脂吸附试验的平均结果

试验	A				B				
	Pt	Pd	第2组 PGM[①]	Ag	Pt	Pd	第2组 PGM[①]	Ag
料液含量/(mg/kg)	8480	3810	657	69	8334	3750	665	67
料液含量/(mg/kg)	1.6	0.1	20.5	0.07	0.52	0.16	4.93	0.50
回收率/%	99.91	99.99	84.37	99.42	99.42	99.99	97.64	97.72

① 第2组 PGM：Rh、Ir、Os、Ru。

表 2-20　中间试验中 Monivex 树脂解吸的分析结果

项目	Pt	Pd	第2组 PGM	PGM 总计
饱和树脂/(mg/kg)	71800	36500	4693	112093
解吸后贫树脂/(mg/kg)	196	150	283	629
解吸率/%	99.7	99.6	94.0	99.4

试验表明，对第 2 组 PGM 而言，吸附速率较慢，其回收率取决于树脂的吸附饱和时间，在试验 B 中，因吸附时间长，故回收率明显提高，达 97.6%，总的铂族金属的解吸率达 99.4%。这说明吸附和解吸效率均是很高的。另外，对试验 B 的硫脲-盐酸解吸液，用硫化物沉淀，所得沉淀物光谱分析表明，其中主要的贱金属含量（10^{-6}）为：Cu 80、Fe 36、Ni 13，说明该树脂对贱金属的净化能力很强。净化了的贵金属硫脲-盐酸解吸液经适宜的转化处理及蒸馏，分别回收氧化锇和氧化钌；随后，水溶液用叔胺液-液萃取将铂、钯及金萃入有机相，而铑、铱及少量钌留于水相，再分别进一步分离（见图 2-21）。

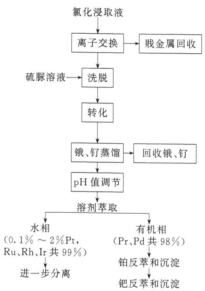

图 2-21 异硫脲吸附贵金属的工艺流程

2.12.2.4 螯合树脂提取分离贵金属[26~28]

螯合哌啶树脂 R_{410} 从废电子元件、合金等二次资源中回收金、银，对金的交换容量为 500mg/g，吸附率达 99.5%，淋洗率达 99.5%，总回收率达 99%，产品纯度达 99.9%。

螯合哌啶树脂 R_{410} 从废催化剂中回收钯，吸附率达 99.5%，淋洗率达 99.5%，直收率达 96%，总回收率达 99.95%，产品纯度达 99.95%。

螯合哌啶树脂 R_{410} 从废催化剂中回收铂（含铂 0.35%），500~600℃ 焙烧，浸出溶解贵金属，含铂 0.15g/L，在 1.5mol/L 酸度下用螯合哌啶树脂 R_{410} 吸附，稀盐酸洗涤，稀高氯酸解吸，吸附率为 99.5%，淋洗率为 99.5%，直收率为 96%，铂的穿透容量为 90mg 铂/g，钯的穿透容量为 30mg 钯/g。

螯合哌啶树脂 R_{410} 从废催化剂中回收铂、铼，铂的吸附率为 99.5%，淋洗率为 99.5%，直收率为 96%；铼的吸附率为 98%，淋洗率为 99%，直收率为 85％。

螯合哌啶树脂 R_{410} 从汽车废催化剂中回收铂、钯、铑，共吸附铂和钯，铑不被吸附，稀高氯酸同时解吸铂和钯，氯化铵沉淀铂，氨水配合钯，铜置换铑。铂、钯、铑的回收率分别为 97％、96％、90％。该树脂的售价为 200000～250000 元/t。

大孔多胺类树脂 D_{990} 从废催化剂中回收铂、铼，铂的吸附容量为 102mg/g，铼的吸附容量为 162mg/g，在低酸度下吸附铂、铼，用较高酸度的盐酸解吸铼，再用稀高氯酸解吸铂，铂铼的分离系数为 110。

哌啶树脂 P_{950} 吸附钯，硫脲解吸钯。哌啶树脂 P_{951} 吸附铂，稀高氯酸解吸铂。

2.12.2.5　萃淋树脂吸附提取及分离贵金属

我国有些单位研究了用不同方法制备的含有 N_{235} 萃取剂的四种萃淋树脂（分别为 ER-A_1、ER-A_2、CL-Ⅰ和CL-Ⅱ），从低浓度的铂溶液和铂精炼过程产生的母液中回收铂。试验表明它们均能从盐酸介质中有效地吸附铂，而且溶液中含 NaCl 达 10～60g/L 对吸附铂无影响，负载的萃淋树脂可用少量 2％NaOH 溶液有效地解吸，解吸率达 98％以上。

用萃淋树脂 Cl-TRPO（即三烷基氧膦萃淋树脂）代替 TRPO 萃取铂，从含过量氯离子的盐酸介质中吸附分离铑、铱，分离效果优于有机溶剂萃取法，而且不存在有机相的夹带问题，曾进行过扩大试验，但存在萃取剂易流失等问题。

2.13　固相萃取技术

2.13.1　概述[29]

固相萃取（SPE）是一种基于色谱分离的样品的前处理方法。固相萃取包括固相（具有一定官能团的固体吸附剂）和液相（样品及溶剂）。液体样品在正压、负压或重力的作用下通过装有固体吸附剂的固相萃取装置（固相萃取柱、固相萃取膜、固相萃取吸嘴、固相萃取芯片等）。固体吸附剂具有不同的官能团，能将特定的化合物吸附并保留在 SPE 柱上。根据固相萃取的目的，我们可以将固相萃取划分为两种模式：一种是经典的固相萃取模式，SPE 柱主要用于吸附目标化合物，称之为目标化合物吸附模式固相萃取（targets adsorption mode SPE）；而另一种则是杂质吸附模式固相萃取（impurities adsorption mode SPE），即 SPE 柱主要用于吸附样品中的杂质。

在目标化合物吸附模式中，当样品通过 SPE 柱时，吸附剂的官能团与目标化合物发生作用，将目标化合物保留在柱子上，而通过 SPE 柱的样品基质则被排弃。为了降低分析中杂质对目标化合物的干扰，在对目标化合物洗脱之前，常常要用一定的溶剂对 SPE 柱进行洗涤。在尽可能不损失目标化合物的前提下，最大限度地除去这些干扰物。最后，用具有一定洗脱强度的溶剂将目标化合物从 SPE 柱洗脱出来，供下一步分析。这种模式通常包括五个步骤：①固相萃取柱的预处理（活化固相萃取柱）；②样品过柱（添加样品并使其通过固相萃取柱）；③洗涤（除去杂质）；④干燥（除去水分）；⑤洗脱（洗脱目标化合物）。

作为一项样品前处理方法，固相萃取已经在环境保护分析、食品分析、司法鉴定、药物分析、生命科学等领域得到了广泛的应用，特别是在农药残留物、兽药残留物、毒品、兴奋剂、药物以及环境中的有毒有害物质的分析中，已经成为许多国家及行业的标准分析方法，可以相信，随着人们对固相萃取技术的深入理解，以及对新型固相萃取材料的开发，其应用领域还会不断地扩大。

近几年来，有人试图将固相萃取技术应用于贵金属的分离，其实在 20 世纪 80 年代至 20 世纪末，科研人员对与固相萃取技术相似的萃淋树脂（浸渍树脂）或 Levetrel 树脂分离贵金属进行了大量的研究，发表了大量综述性及研究性论文。萃淋树脂（浸渍树脂）是将萃取剂浸渍在多孔性惰性骨架上制成的一种树脂。很多种萃取剂，如胺类（N_{235}、TOA、Alamine 336）、膦类（TBP、P_{204}、TOPO）等皆可浸渍在多孔性惰性骨架上。Levetrel 树脂是将萃取剂与苯乙烯、二苯乙烯、致孔剂混合后通过高压聚合合成的树脂。萃淋树脂（浸渍树脂）或 Levetrel 树脂使用时兼有溶剂萃取和离子交换两种功能，具有提取能力强、选择性好、溶剂损失少、无需液-液两相分离、避免了乳化或产生第 3 相、设备简单、操作方便，特别是能像反萃一样，用类似的试剂能有效淋洗解吸，适用于从大体积、低浓度溶液中提取和富集贵金属。然而在实际使用时发现，萃淋树脂（浸渍树脂）上的萃取剂易脱落流失，经过几次循环使用之后，性能下降；Levetrel 树脂吸附容量小、合成困难、价格高，难以推广。正因为如此，进入 21 世纪以后，有关应用萃淋树脂（浸渍树脂）或 Levetrel 树脂分离贵金属的文献报道日渐减少，由于这一研究领域已经超出本书的范畴，在此不再冗述，仅对近几年来文献报道的应用固相萃取技术分离贵金属进行简要的介绍。笔者认为，固相萃取技术难以克服萃淋树脂（浸渍树脂）或 Levetrel 树脂的缺点，它仅具有理论研究价值而不具有实际应用价值。

2.13.2　固相萃取技术分离金[30～32]

专利 CN 101255499A 报道了一种从碱性氰化液中固相萃取金的方法，其步骤为：①固相萃取金。固相萃取剂装柱，固相萃取剂为表面键合有疏水性烷基链的硅胶或聚合物，烷基可以是 C_2、C_4、C_8、C_{16} 及 C_{18} 的烷基中的一种，使用粒度为 $20～80\mu m$ 的粒状固相萃取剂装柱，柱高为柱直径的 x 倍，$x>1$；固相萃取剂活化，选用适量 pH＝10～11、浓度为 0.01015mol/L 的十六烷基三甲基溴化铵（CTMAB）溶液在室温下通过固相萃取剂柱活化处理；氰化金溶液的预处

理，按 CTMAB：Au 的摩尔比为 1.5：1 的比例将两种溶液混合均匀后，放置
5min，待萃液 pH 值为 9.5～12；固相萃取，将预处理过的待萃氰化金溶液以＜
25mL/min 流速通过固相萃取柱，使固相萃取剂萃取 $Au(CN)_2^-$ 与 CTMAB 形成
的缔合物。根据金浓度调整流速，金浓度愈低，允许过柱流速愈大，对于金浓度
为 2mg/L 的氰化液，1g 固相萃取剂可以萃取约 35L 溶液，固相萃取剂的饱和吸
附量为 70mg Au/g，Au 的萃取率为 98%～100%。②水洗涤分离杂质金属。由
于 Cu、Ni、Fe、Zn 等金属离子会同时不同程度地被机械夹带吸萃，采用适量的
pH=10～11 的溶液洗涤固相萃取柱，使机械夹带的这些杂质金属离子与金分
离。③有机溶剂洗脱金。用乙醇作洗脱剂以 2mL/min 的流速通过固相萃取柱，
解吸柱上吸萃的金，18mL 乙醇可以解吸 1g 固相萃取剂中吸萃的全部金，金富
集倍数可达 76～1916 倍。④蒸馏回收有机溶剂。用蒸馏法或减压蒸馏法，在
78.39℃下蒸馏回收乙醇。⑤蒸馏残余物回收金。用焚烧法、王水溶解赶硝后还
原法、加适量水搅拌下电沉积法、加盐酸或硫酸破坏 CN⁻ 后还原法等常规方法
之一回收金。该方法提供了一种用固相萃取剂从金浓度很低的氰化液中富集和提
取金的技术。该技术克服了从氰化金溶液液-液萃取金的问题，具有不需要使用
大量有机溶剂、不会出现乳化、富集倍数高、操作简单易于自动化，环境污染小
等特点。

【实例 2-1】 C_{18} 键合硅胶 0.5g，氰化液料液金浓度 2mg/L，体积 11.5L，
pH 值 10.5。按十六烷基三甲基溴化铵（CTMAB）：Au（摩尔比）=1.5：1 加
入 CTMAB 溶液到料液中，C_{18} 烷基键合硅胶固相萃取剂装柱，浓度为
0.01015mol/L 的 CTMAB 溶液室温下过柱活化处理固相萃取柱，预处理过的待
萃溶液以 15mL/min 流速过柱萃取，金萃取率为 100%；用 pH 值为 10.5 的溶
液洗涤固相萃取柱分离铁；6mL 乙醇过柱解吸金，金富集倍数为 1916 倍；蒸馏
回收乙醇；灼烧法回收金，得金 22.8mg。

【实例 2-2】 C_{18} 键合硅胶 10g，氰化液料液金浓度 4μg/mL，银浓度 4.6μg/
mL，体积 9.2L，pH 值为 10.5。按十六烷基三甲基溴化铵（CTMAB）：Au
（摩尔比）=1.5：1 加入 CTMAB 溶液到料液中预处理料液，C_{18} 烷基键合硅胶
固相萃取剂装柱，浓度为 0.01015mol/L 的 CTMAB 溶液室温下过柱活化处理固
相萃取柱，预处理过的待萃溶液以 15mL/min 流速过柱萃取，金萃取率为
98.7%；10mL 乙醇过柱解吸金，金富集倍数为 920 倍；蒸馏回收乙醇；蒸残渣
加硝酸破坏 CN⁻ 并分离 Ag 后回收金，得金 35.8mg。反相键合硅胶的空隙率较
低，CTMAB 阳离子与 $Au(CN)_2^-$ 形成的离子缔合物很容易造成空隙的阻塞，使
流速下降，同时，反相键合硅胶价格昂贵，提金成本高。

CN 101603123A 报道了用大孔树脂从碱性氰化液中固相萃取金的方法，其
步骤为：①待萃水相是含氰化亚金配合物的碱性溶液，溶液 pH 值为 9.0～
12.0，金浓度为 1～50mg/L。②固相萃取前，向含氰化亚金配合物的碱性溶液

中加入表面活性剂，表面活性剂与 Au 摩尔比为 0.5：1～6：1，表面活性剂选十六烷基三甲基溴化铵（CTMAB）、苄基十四烷基甲基氯化铵（TDMBA）或溴化十六烷基吡啶（CPB）中的一种。③固相萃取剂的制备。将弱极性或非极性大孔吸附树脂与萃取剂共同振荡 1～24h，经过滤和干燥后得到提金用的固相萃取剂，其中，浸渍用萃取剂选磷酸酯类、亚砜类或醇类中的一种或两种混合物，磷酸酯类的分子式为 $R^1R^2R^3P=O$，R 为 $C_4～C_{10}$ 的直链或支链烷基，亚砜类分子式为 $R^1R^2S=O$，R 为 $C_4～C_{10}$ 的直链或支链烷基；弱极性或非极性大孔吸附树脂选聚苯乙烯基或丙烯酸酯基高分子微球，例如，南开牌 D_{3520}、南开牌 D_{4020}、南开牌 AB-8 或 Amberlite® XAD-x（x 范围为 1～7）中的一种，粒径范围为 0.3～1.25μm。④固相萃取条件。室温下将步骤②中加有表面活性剂的待萃溶液以 1～30mL/min 流速通过装有大孔树脂的固相萃取柱，使浸渍了萃取剂的大孔吸附树脂固相萃取 $Au(CN)_2^-$ 与表面活性剂形成的缔合物，固相萃取剂形成的饱和吸附容量为 50.0～100.0mg Au/g 树脂。

当水相中不加入表面活性剂苄基十四烷基甲基氯化铵（TDMBA）时，Amberlite® XAD-7 大孔吸附树脂对 Au 的萃取率很低，金氰化溶液过柱体积为 800mL 时，金的萃取率已经下降到 2%。相反，随着水相中 TDMBA 量的增加，树脂对金的萃取率显著提高，当 Au：TDMBA 摩尔比值为 1：1.5 时，即使金氰化溶液过柱体积达到 2000mL，金的萃取率仍然大于 99.5%，可见表面活性剂起到了关键的作用。实验证明：2g 浸渍有萃取剂的大孔吸附树脂可固相萃取金浓度为 25mg/L 的氰化液 5000mL，Au 的萃取率大于 99%，再增大待萃取溶液的过柱体积，固相萃取效率有所下降。降低氰化液金浓度，在保证 Au 大于 99% 的高萃取率的前提下，允许过柱的氰化液体积增大，固相萃取剂的饱和吸附容量为 50.0～100.0mg Au/g 树脂。

【实例 2-3】 将浸渍了二异辛基亚砜萃取剂的南开牌 D_{4020} 大孔吸附树脂 2g，装填于直径为 1cm 的玻璃柱中，柱高 8cm。碱性氰化液中金浓度为 25mg/L，pH 值 10.3，将十六烷基三甲基溴化铵（CTMAB）加入碱性氰化液中，CTMAB：Au(摩尔比)=1.5：1。将上述待萃取溶液以 3mL/min 流速过柱固相萃取，过柱溶液体积为 4500mL，其萃取率大于 99%，对载金树脂进行洗脱，用电解法从洗脱液中回收金，得金 110.21mg。

【实例 2-4】 将浸渍了三烷基氧膦（TRPO）的南开牌 D_{3520} 大孔吸附树脂 2g，装填于直径为 1cm 的玻璃柱中，柱高 8cm。碱性氰化液中金浓度为 25mg/L，pH 值 10.3，将苄基十四烷基甲基氯化铵（TDMBA）加入到碱性氰化液中，TDMBA：Au(摩尔比)=1.5：1。将上述待萃取溶液以 3mL/min 流速过柱固相萃取，过柱体积为 5000mL，金的萃取率大于 99.26%，对载金树脂进行洗脱，用电解法从洗脱液中回收金，得金 123.04mg。

【实例 2-5】 将浸渍了三烷基氧膦（TRPO）大孔吸附树脂 2g，装填于直径为1cm的玻璃柱中，柱高8cm。某矿山碱性氰化液组成为：Au 18.175mg/L、Cu 48.75mg/L、Zn 2.75mg/L、Fe 0.87mg/L、Ni 0.64mg/L，溶液pH值为10.5。将苄基十四烷基甲基氯化铵（TDMBA）加入碱性氰化液中，TDMBA：Au(摩尔比)＝4∶1。将上述待萃取溶液以3mL/min流速过柱固相萃取，过柱溶液体积为3000mL，金的萃取率大于99％，而对其他金属离子的萃取率均小于35％，尤其对Cu的萃取率小于10％，具有一定的选择性。对载金树脂进行洗脱，用电解法从洗脱液中回收金，并对金进行精炼，得金52.0mg。

为了找到性能更优良的新材料，CN 101538656A对常用反相材料进行了筛选，发现多孔石墨化炭黑比烷基键合相硅胶或多孔聚合物填料具有更强的保留能力，可在任何酸度和特殊温度下使用，材料使用范围和耐用性远远高于其他反向材料。而且进一步研究发现，表面活性剂（如双十六烷基二甲基氯化铵等）能在多孔石墨化炭黑上稳定附着，用水相介质（硝酸）洗脱不能被洗下。用附载有表面活性剂的多孔石墨化炭黑不仅能选择性地从碱性氰化液中富集金，并且萃取容量高、金回收率高、洗脱容易实现，具有工业应用价值。一种从碱性氰化液中萃取金的方法，包括以下步骤：①固相萃取柱。称取100g多孔石墨化炭黑（粒度为30～60μm。）置于500mL干燥的烧杯中，在不断搅拌下加入50mL 100g/L的表面活性剂（双十六烷基二甲基氯化铵、十八烷基三甲基氯化铵、十八烷基二甲基苄基氯化铵或十八烷基氯化吡啶）丙酮溶液，在搅拌下水浴蒸干，得到附载有表面活性剂的石墨化炭黑；在固相萃取柱中装入附载有表面活性剂的石墨化炭黑并压实；萃取柱用pH＝9.4～13的稀氢氧化钠洗涤后备用。②固相萃取。将实际矿山料液或配制浓度为2～24mg/L的KAu(CN)$_2$溶液，调节其pH值在9.4～13之间，以10～100mL/min的流速通过固相萃取柱，萃取富集，富集完后再以5～50mL/min的流速用10～500mL 2％～10％硝酸洗脱液反向洗脱，收集洗脱液。③回收金。用电沉积法回收洗脱液中的金。该方法的优点：可操作的pH值范围非常宽，金的一次萃取率超过96.5％，富集倍数超过250倍，材料对金的萃取容量大于29mg/g；所制得的固相萃取材料（附载表面活性剂的石墨化炭黑）在使用超过100次后仍然能保持良好的柱效，洗脱时不拖尾，萃取容量和回收率与初使用时能保持一致；固相萃取过程更容易实现操作自动化，工业可行性大大强于溶剂萃取；克服了液-液萃取提金需使用大量有机溶剂、易乳化、相分离慢的缺点，有机溶剂消耗非常小，对环境的污染小。

【实例2-6】从碱性氰化液中萃取金。称取100g粒度30μm的多孔石墨化炭黑置于500mL干燥的烧杯中，在不断搅拌下加入50mL 100g/L的双十六烷基二甲基氯化铵丙酮溶液，在搅拌下65℃水浴蒸干，得到附载有双十六烷基二甲基的石墨化炭黑。固相萃取柱规格20mm×25mm，装填料8.2g。在装填管的一端装上筛板，装入附载有双十六烷基二甲基的石墨化炭黑并压实，然后在另一端装上筛板，拧紧柱帽。萃取柱用pH＝9.4的稀氢氧化钠液洗涤。固相萃取：配制 KAu(CN)$_2$ 溶液，浓度为 2mg/L，调节其 pH＝9.4，以 10mL/min 的流速通过固相萃取柱富集，富集完后再以 5mL/min 的流速用 200 mL 的洗脱液反方向洗脱。100 mL 萃取洗脱液中加入 20mL 的 0.5mol/L 的硫酸钾溶液。箱式电积槽：100mm×60mm×60mm，总容积 360 mL，有效容积 330 mL。一块阴极板的有效几何面积 60mm×60mm。阴极材料为碳纤维，阳极材料均为镀铂的钛网，直流电源 JH-2D 恒电位仪。阴极极板数为 1，异极中心距为 10mm。电积液温度为室温。总电积时间为 8 h。在电积过程中不断摇动电积槽使电积液回流以消除浓度差，电沉积完后残液回收乙醇。待电积液中金的浓度为 1.2 mg/mL，电积残液中金的浓度为 0.05μg/mL，金的回收率超过 99％，所得金的纯度≥95％。按 0.7 元/(kW·h) 的电价计，电解每克金的电耗费用为 0.17 元。

【实例 2-7】 从实际矿山料液中萃取金，表面活性剂为十八烷基氯化吡啶。实际矿山料液采自大理弥渡金矿，料液中的金含量为 12.8mg/L，银含量为 7.2mg/L，镍含量为 2.8mg/L，铜含量为 1.6mg/L，锌含量为 28.4mg/L，铁含量为 2.4mg/L，钴含量为 0.84mg/L。矿山料液分别采用（φ8mm×10mm，装填料 0.6g），（φ12mm×15mm，装填料 1.9g），（φ16mm×20mm，装填料 4.5g），（φ20mm×25mm，装填料 8.6g），（φ40mm×50mm，装填料 65g）的萃取柱进行萃取。分别测定萃取容量，结果见表 2-21。从表 2-21 可看出，对实际矿山料液，萃取柱对金的萃取量随萃取柱的扩大而扩大；但和单一 KAu(CN)$_2$ 溶液萃取相比，实际矿山料液萃取中金的萃取容量显著降低，每个规格萃取柱的萃取容量都下降了 2 倍以上，说明实际矿山料液中共存离子对金的萃取产生了影响。对萃取柱上的富集物进行了洗脱，合并洗脱液并测定了金泥的组成。金泥中各元素的含量分别为：金 14.8％、银 4.27％、锌 5.22％、镍 0.52％、铜 0.68％、铁 0.14％、钴 0.28％，说明几种共存元素均随金一起被萃取，但萃取柱对金仍然保持较高的萃取容量。

表 2-21 不同规格萃取柱对实际料液中金的萃取

萃取柱规格(直径×柱长)/mm	8×10	12×15	16×20	20×25	40×50
装填料量/g	0.6	1.9	4.5	8.6	65
实际萃取量/mg	9.24	26.2	59.4	117.0	825.5
萃取容量/mg	15.4	13.8	13.2	13.6	12.7

（1）介质的 pH 值

介质的 pH 值是影响固相萃取的重要参数，它可能会影响金氰配阴离子和双十六烷基二甲基铵阳离子的有效浓度，进而影响生成离子缔合物的稳定性和缔合物在萃取柱上的吸附。由于金氰配阴离子在 pH＞9.4 的条件下才能稳定存在，生成的离子缔合物也在 pH＞9.4 的条件下才稳定。因此实验的 pH 值范围设定在 9.4～13 之间，结果表明在 pH 值为 9.4～13 范围内，金的萃取率均在 95％以上，而且 pH 值改变对金的萃取率无明显影响，说明可操作 pH 范围非常宽。

（2）萃取容量的测定

萃取容量是衡量方法实际应用价值的重要参数，萃取容量越高，每次操作富集的金越多，工作效率越高。为了测定萃取柱的萃取容量，取 Au（Ⅰ）浓度为 10mg/L 的氰化亚金钾溶液，以 50mL/min 的流速过柱，收集萃残液浓缩后测定金的量，当过柱溶液体积超过 30L 时金的回收率开始明显下降，说明萃取柱对金的吸附已达到饱和。由此可推断萃取柱对金的最大萃取容量约为 28mg/g。

（3）洗脱剂的选择和用量

在固相萃取中，由于被萃取成分优先在柱的顶部富集，造成顶部的浓度大于下部的浓度，富集完后颠倒萃取柱反方向洗脱可有效缩短洗脱路径，减少需要洗脱液的体积，因此本实验中选择富集完后颠倒萃取柱反方向洗脱。试验测定了用硫脲、硝酸、EDTA、硫代硫酸钠对金的洗脱效果，结果表明以 2%～10% 的硝酸为洗脱剂效果最好，所需洗脱剂的体积和萃取柱上富集的金成正比，每 10 mL 的洗脱液可洗脱 72.6 mg 萃取柱上富集的金。

（4）不同金浓度时的萃取回收率

参照实际矿山料液中金的浓度，实验测定了不同浓度金的萃取回收率，用 pH=10.5 的稀氢氧化钠溶液配制金浓度（mg/L）为：2、8、16、24 的氰化亚金钾溶液，以 50mL/min 的流速通过萃取柱，直至萃取柱接近饱和（金的总量为 230 mg），测定其萃取回收率，结果见表 2-22。从表 2-22 可看出，浓度为 2～24mg/L 范围内，金的浓度对萃取回收率无明显影响，而且金的回收率均在 95% 以上，回收率很高；金的浓度越低，达到萃取柱饱和所需通过溶液的体积越大，富集倍数越高（由于洗脱液的体积均固定在 30mL）；所以固相萃取对低浓度的金的萃取富集优势更明显。

表 2-22   不同金浓度时的萃取回收率

金浓度/(mg/L)	2	8	16	24
被萃取液体积/L	10	29	14	9.5
金富集量/mg	218	204	215	211
洗脱液体积/mL	30	30	30	30
富集倍数	>300	>300	>300	>300
萃取回收率/%	94.6	95.2	98.3	96.4

（5）材料使用寿命

固相萃取柱富集金后用硝酸洗脱，固相萃取柱上负载的表面活性剂不流失，柱洗脱干净后用稀氢氧化钠溶液平衡，可再次用于金的萃取，固相萃取材料可重复使用。实验表明，该固相萃取材料在所述实验条件下使用超过 100 次后仍然能保持良好的柱效（洗脱时不拖尾，萃取容量和回收率与初使用时能保持一致）。

2.13.3   固相萃取技术分离钯[33]

专利 CN 101020964A 报道了一种固相萃取钯的方法，其步骤为：①料液过柱固相萃取钯。用一种键合了钯萃取剂的高分子微球聚合物为固相萃取固定相，从含 Pt、Pd、Rh、Ir 铂族金属及 Cu、Fe、Ni、Zn 贱金属的盐酸中萃取钯，钯萃取剂可以从分子式为 R—S—R′ 的二烃基硫醚、分子式为 RR′S＝O 的二烃基亚砜中任选一种，其中 R 是 C_4～C_{16} 的直链、支链的烷基、苯基或苄基，R′ 是与 R 相同的 C_4～C_{16} 的直链、支链的烷基、苯基、苄基或含氮硫元素的杂环；高分子复合微球聚合物支持体可以是下述聚合物之一，例如：N,N-亚甲基二丙烯酰胺与乙烯基咪唑、2,6-丙烯酰胺吡啶与二丙烯酰胺-2-甲基-1-丙磺酸或三甲基丙烯酸季戊四醇酯与 4-苯乙烯基-亚氮二乙酸、二甲基丙烯酸乙二醇酯与丙烯酸等等。通过聚合反应将萃取剂键合于高分子聚合物内部而形成固相萃取固定相。其微球粒径为 150～$830\mu m$，盐酸介质含铂族金属及贱金属的料液，其 HCl 浓度范围为 0.01～$2.0mol/L$，最佳范围为 0.1～$0.5mol/L$。Pd 的浓度范围为 $0.00x$～$xx g/L$，最佳范围为 x～$20g/L$。Pt 的浓度可等于 Pd 的浓度或高于最佳 Pd 浓度 $x g/L$ 的数倍。所含的 Rh、Ir 应为 3 价的氯配阴离子。贱金属 Cu、Fe、Ni、Zn 等的浓度不受限制，可等于铂族金属总浓度或大于铂族金属浓度数倍。钯吸萃率 $\geqslant 99.5\%$，每 1000mg 固相萃取固定相的萃取容量可这 80～$130mg$ 钯。②淋洗除去杂质元素，用浓度范围为 0.05～$0.5mol/L$ 稀盐酸溶液淋洗载钯固定相，除去机械吸留的少量铂、铑、铱及贱金属铜、铁、镍、锌，达到钯与其他铂族金属及贱金属的比较彻底地分离，淋洗液视情况可以与流出液合并。③洗脱回收钯。用一种能与钯配合的试剂，如从浓度为每升几克到几十克的硫脲溶液或浓度为 1～5 的 $NH_3\cdot H_2O$ 溶液中任意选择一种通过固相萃取柱洗脱钯，钯洗脱率为 99%，洗脱钯后的固相萃取柱用浓度为 $0.1mol/L$ 稀盐酸过柱使固相萃取剂再生待下一次使用。④从洗脱液精制钯。硫脲洗脱液中加盐酸与氧化剂，加热浓缩使钯的硫脲配合物转化为氯配合物；对于氨水洗脱液，可直接浓缩后用盐酸酸化沉出 $Pd(NH_3)Cl_2$，金属钯的进一步提纯精炼可使用传统的经典方法。该方法分离效果好，所需时间短，操作简便，成本低；固相萃取柱可反复使用 40 次以上；适用范围广，可用于多种资源中贵金属的分离提取。

【实例 2-8】 模拟从铂族金属精矿获得的料液成分，以含钯 $3.752g/L$、铂 $5.0199g/mL$、铑 $0.562g/L$、铱 $0.125g/L$、铜 $1.254g/L$、铁 $1.221g/mL$、锌 $1.192g/mL$、镍 $0.832g/L$ 的合成样进行试验。用键合了正十六烷基硫醚的三甲基丙烯酸季戊四醇酯与 4-苯乙烯基-亚氮二乙酸聚合物作固定相，粒径为 $550\mu m$；固相萃取柱规格为 $\phi 15mm\times 400mm$，进样体积为 $32.00mL$；介质盐酸浓度为 $0.1mol/L$，料液流速 $3mL/min$；淋洗液为 $0.1mol/L$ 盐酸 $20mL$，流速 $3.0mL/min$；洗脱液为 2% 的硫脲溶液 $50mL$，流速 $3mL/min$；固相萃取柱用 $0.1mol/L$ 盐酸 $40mL$ 再生。钯的回收率为 99.81%。

【实例 2-9】 贵金属催化剂 I 中钯的分离。从处理失效汽车催化剂获得铂族金属富集物，用王水溶解并赶硝后获得盐酸介质的贵金属富液，用成分为钯

1.336g/L、铂 6.467g/L、铑 1.618g/L、铜 2.908g/L、铁 15.58mg/L、锌 45.98mg/L、镍 11.86mg/L 的样品进行试验。用键合了甲基苯基硫醚的二甲基丙烯酸乙二醇酯与丙烯酸聚合物作固定相，粒径为 $250\mu m$，固相萃取柱为 $\phi10mm\times350mm$，料液体积为 20.00mL；盐酸浓度为 0.1mol/L，过柱流速 2mL/min；淋洗液为 0.1mol/L 盐酸 20mL，流速 2.5mL/min；洗脱液为 2% 的硫脲溶液 40mL，流速 2mL/min，固相萃取柱用 0.1mol/L 盐酸 20mL 再生。整个分离过程在 1h 内完成，钯的回收率为 99.69%。

【实例 2-10】 贵金属催化剂Ⅱ中钯的分离。由贵金属催化剂Ⅱ获得的料液组分浓度为：钯 0.8908g/L、铂 4.3g/L、铑 1.078g/L、铜 1.871g/L、铁 10.389mg/L、锌 30.65mg/L、镍 7.90mg/L。用键合了异戊基苯并噻唑硫醚的二甲基丙烯酸乙二醇酯与三氟甲基丙烯酸的聚合物作固定相，粒径为 $270\mu m$，固相萃取柱为 $\phi10mm\times350mm$，料液体积为 15.00mL；介质盐酸浓度为 0.1mol/L，料液流速 2mL/min；淋洗液为 0.1mol/L 盐酸 30mL，流速 2.5mL/min；洗脱液为 2% 的硫脲溶液 30mL，流速 2mL/min，固相萃取柱用 0.1mol/L 盐酸 20mL 再生。整个分离过程在 1h 内完成，钯的回收率为 99.61%。

【实例 2-11】 贵金属催化剂Ⅲ中钯的分离。由贵金属催化剂Ⅲ获得的料液组分浓度为：钯 1.824g/L、铂 12.57g/L、铑 3.235g/L、铜 5.658g/L、铁 31.8mg/L、锌 93mg/L、镍 23.8mg/L。用键合了二苯基硫醚的三甲基丙烯酸季戊四醇酯与 4-乙烯基吡啶聚合物作固定相，粒径为 $212\mu m$，固相萃取柱为 $\phi10mm\times350mm$；进样体积为 10.00mL，介质盐酸总浓度为 0.1mol/L，进样流速 2mL/min；淋洗液为 0.1mol/L 盐酸 20 mL，流速 2.5mL/min；洗脱液为 2% 的硫脲溶液 40mL，流速 2mL/min。固相萃取柱用 0.1mol/L 盐酸 20 mL 再生。结果表明，贵金属与贱金属分离效果好，整个分离流程在 1h 内完成，钯的回收率为 99.73%。

2-乙基己基辛基硫醚树脂及二苄基硫醚树脂固相萃取钯[34,35]实际上是含硫醚的萃淋树脂对钯的吸附，在此不再冗述。

2.14　分子识别技术

2.14.1　分子识别技术（MRT）的基本原理

1967 年 Charles Pedersen 合成了冠醚，1969 年 Jean-Marie Lehn 合成了第 1 个穴醚，1973 年 Donald Cram 合成出球醚并用它来检验预组织的重要性，1978 年 Jean-Marie Lehn 提出"超分子化学"的概念，定义为"分子组装体的化学和分子间键的化学"，1987 年 3 人共同获得 Nobel 化学奖，表彰他们在超分子化学方面的贡献[36]。

20 世纪 70～80 年代后期 Ronald L. Bruening、Izatt、R. M. 等人合成了 1,4-二硫代-19-冠-6（T219C6）、1,4,4,10-四硫代-18-冠-6（T418C6）等冠醚、大环芳烃[37]，并将其键合到硅胶表面上[38]，在研究了这些新化合物的物理性质、热力学性质，测定了这些环状配体与许多金属离子配合物相互作用的常数之后[39]，才认识到可用于选择性回收有价金属，因为这些分子能够选择性键合一个或一组金属离子，例如，能够合成一个对金具有强亲和力而对常见贱金属无亲和力的分子，同时树脂对该金属的亲和力可以控制，以便树脂上的负载金属能用配合剂溶液如氨水、硫脲、氯化物、溴化物等淋洗回收[40]。

将所希望的环状配体键合到载体上去所必须遵循的原则[41]：

a. 设计配体分子使配体亲和力（如电荷吸引力）、配位几何关系（如配位化学作用）、主-客体大小适合（例如，最佳空间作用或最小的立体障碍），使配体能够选择性地与一个或一组客体分子成键

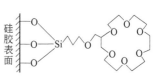

图 2-22 SuperLig® 材料结构

（例如，选择性地识别某一个或一组金属配合物），即建立锁与钥匙的关系。

b. 分子识别配体与固体材料结合后仍保持未键合时配体的性质（例如，选择性和成键性），即保持原分子识别能力不变。

c. 键合作用大小适中，负载金属能被适宜的洗脱剂淋洗下来。

d. 分子识别配体在使用过程中损失小，这样才具有商业应用价值。

对于不同的金属配合物离子选择不同的配体键合到载体表面上去，制备了一系列 SuperLig® 材料，其结构如图 2-22 所示。

与传统火法冶金、湿法冶金、沉淀、离子交换、溶剂萃取等分离方法识别目标分子或离子通常仅依据单一因素，例如，熔融温度、溶解度、电荷及半径等，不同，MRT 识别目标分子或离子依据离子半径、配位化学特征、几何结构等多种因素，其中冠醚环腔尺寸与目标分子或离子大小匹配在配体选择性识别过程中占主导地位，因而其选择性极高。沙啉修饰在硅胶上的结构如图 2-23 所示。$[PdCl_4]^{2-}$ 和 $H_{10}[30]$冠-N_{10}^{10+} 的超配合物（Super Complex）的结构如图 2-24 所示。$[Fe(CN)_6]^{4-}$ 与大环多胺的次层配位结构如图 2-25 所示[36]。

2.14.2 在贵金属矿产资源中的应用

自从 1989 年在美国 Arizon 召开的贵金属回收与精炼会议和 1990 年在美国 California 召开的第 14 届贵金属年会上 Craig Wright 博士和 Ronald L. Bruening 博士先后公开发表了有关利用分子识别技术分离精炼贵金属的论文以来[41,42]，有关 MRT 分离纯化贵金属的新工艺引起了人们的普遍关注，经过二十几年来的开发研究，该技术已趋成熟，在最近几年的 IPMI 年会上不断有关于 MRT 分离

贵金属的论文发表，如今 MRT 分离贵金属的工艺在贵金属工业中已众所周知，大量的 MRT 商业应用系统正在全球运行，其应用和装置正在持续扩大，先后在美国、南非、日本等国家和台湾地区得到了广泛的应用。

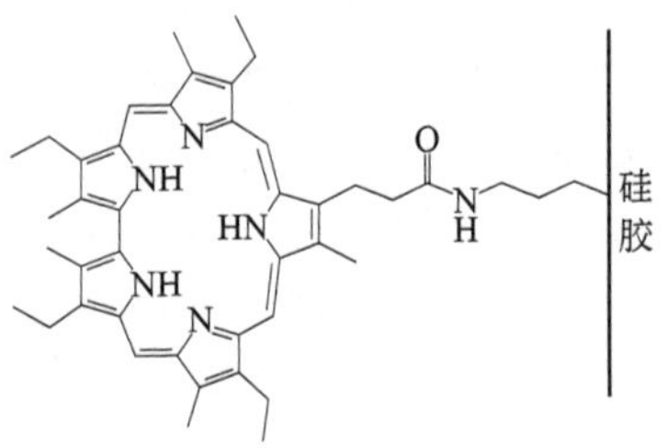

图 2-23   沙啉修饰在硅胶上

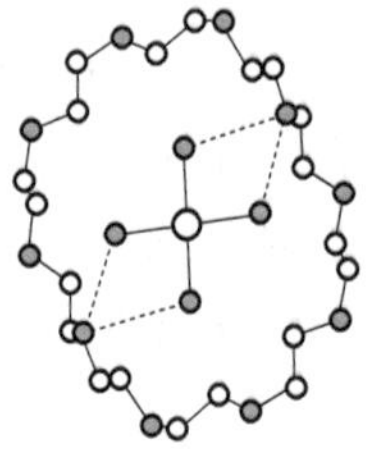

图 2-24 $[PdCl_4]^{2-}$ 和 $H_{10}[30]$冠-N_{10}^{10+} 的超配合物

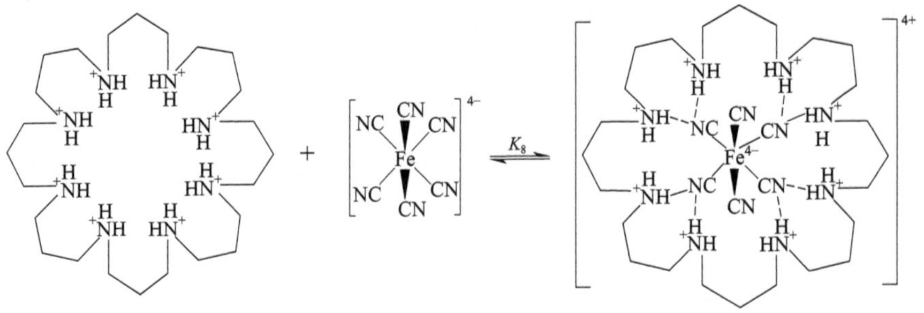

图 2-25 $[Fe(CN)_6]^{4-}$ 与大环多胺的次层配位

2.14.2.1   从氰化液中分离纯化金

SuperLig®127 对氰化物介质中金的选择性比贱金属高，SuperLig®127 键合的是 $[Au(CN)_2]^-$，洗脱产品是 $NaAu(CN)_2$ 或 $KAu(CN)_2$，一个很好的例子是：SuperLig®127 从氰化金钾电镀液中分离纯化金，MRT 工艺既简单，又高效。氰化液中金的浓度为 20~900mg/L，钾的浓度大约 12g/L，经 MRT 工艺处理之后金的浓度降为 0.05mg/L，应用 0.5~1.0mol/L KCl 洗涤，90℃的去离子水洗脱金。亦可以应用 5mol/L KCl 洗涤，56~75℃的去离子水洗脱，NaCl 预洗脱与 KCl 预洗脱相比，其优点是用去离子水洗脱时温度低，洗脱液中金的浓度较高。在所有的实例中吸附尾液中金的浓度降为 0.05mg/L，而贱金属在纯化后的金洗脱液中均在检测下限，金的纯度达到 99.99%，图 2-26 给出了典型的工艺流程[43~45]。

2.14.2.2   从银电解液中回收钯

测定了 SuperLig®2 与各种金属离子的稳定常数 lgK，分别为：Pd(Ⅱ) 32.0、Au(Ⅲ) 45.0、Ag(Ⅰ)11.5、Hg(Ⅱ)16.8、Cu(Ⅱ)1.8。

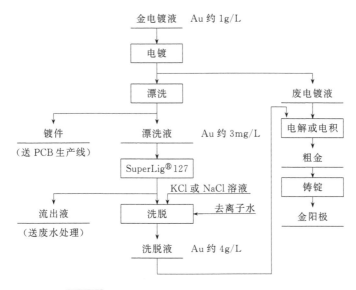

图 2-26 MRT 从废电镀液和浸渍液中分离纯化金

胶片灰和铜电解阳极泥熔融物用硝酸溶解得到的银电解液组成（g/L）为：Ag 400、Pd 0.2、Pb 5、Cu 20～40、Fe＜1、Ni＜1。在直径 10cm，高 25cm 的交换柱上以 500～1100mL/min 的流速用 SuperLig®2 从该溶液中吸附分离钯，吸附时柱由绿色变为蓝色，用 0.5mol/L HCl 洗涤，再用 60℃ 0.1mol/L HNO₃-1.5mol/L Tu 淋洗得到亮橙色的钯硫脲配合物，柱恢复为淡绿色。亦可用氨水洗脱钯和银。两柱串联、氨水洗脱得到的产品组成（%）为：Pd 92.2、Pt 1.2、Rh 0.13、Au 0.6、Ag 5.2、Fe 0.32、Cu 0.13、Ni 0.20。用该法已回收了 150oz（1oz＝28.35g）的钯（1989 年），2 个月即收回投资，SuperLig®2 循环使用 200 次未发现异常。美国 Cascade 精炼厂贵金属精炼流程见图 2-27[41,42]。

2.14.2.3 SuperLig®2 从王水废液中回收钯

王水废液组成（g/L）为：Ag 0.15、Pd 0.18、Pb 0.02、Cu 10、Fe 15、Ni 5。用 SuperLig®2 从该溶液中吸附分离钯，0.5mol/L HCl 溶液洗涤铁，然后用氨水洗脱钯。

2.14.2.4 南非 Harmony 贵金属精炼流程

南非 Bateman 公司的下属 MRT 公司与美国 IBC 公司合作，在 Harmony 矿利用分子识别技术分离精炼贵金属，替代了现有的规模庞大的生产系统，精炼流程如图 2-28 所示[46]。

2.14.2.5 南非 Impala Springs 精炼厂贵金属精炼流程

（1）料液成分及其预处理

英帕拉铂业公司典型的原液组成（g/L）为：金＜0.001、铂 50～60、钯 30～40、铑 8～10、钌 10～15、铱 4～5、铁 8～12、铜 2～4、镍 4～7。

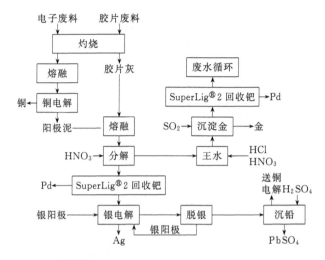

图 2-27 美国 Cascade 精炼厂贵金属精炼流程

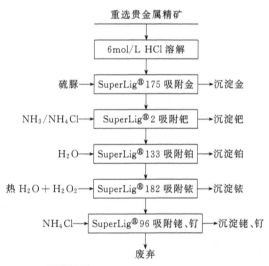

图 2-28 Harmony 贵金属精炼流程

调整料液的总酸度在 15%～24% 之间，在英帕拉铂业公司典型的酸度为 20%，应用 $NaClO_3$ 氧化或用 NH_4HSO_3 还原调节溶液氧化还原电势为 690～ 710mV，使钯以钯（Ⅱ）状态存在，相对较窄的氧化还原电势和高酸度有利于铂以铂（Ⅳ）状态存在，并能减少铱（Ⅳ）的形成，铱（Ⅳ）为氧化剂会对 Su-perLig® 2 产生破坏作用。

（2）SuperLig® 2 的预处理

在钯的每套回收闭路中（包括 2 个柱）每柱装 80L SuperLig® 2，先将新的 Su-perLig® 2 装入调节槽中，通过泵循环使水流过 SuperLig® 2，其作用是使 SuperLig® 2 润湿并除去粒子之间的空气，然后将 SuperLig® 2 泵入柱中并用水循环洗涤，用 2 个床体积（160L）的 10%HCl 溶液流过 2 个柱，SuperLig® 2 即可使用了。

工艺流程如图 2-29 所示，分离柱如图 2-30 和图 2-31 所示[47,48]。

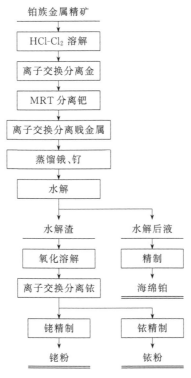

铂族金属精矿

↓

HCl-Cl₂ 溶解

↓

离子交换分离金

↓

MRT 分离钯

↓

离子交换分离贱金属

↓

蒸馏锇、钌

↓

水解

↓ ↓

水解渣 ｜ 水解后液

氧化溶解 ｜ 精制

离子交换分离铱 ｜ 海绵铂

铑精制 ｜ 铱精制

铑粉 ｜ 铱粉

图 2-29 Impala Springs 贵金属精炼厂的贵金属分离工艺流程

图 2-30 Impala 铂业公司 Springs
贵金属精炼厂 MRT 分离柱

图 2-31 Impala 铂业公司 Springs
贵金属精炼厂 MRT 分离钯的工艺

（3）MRT 分离钯

将通过实验室实验所测定的 SuperLig®2 对钯的负载容量输入 PLC 控制系统，该系统即可计算出需要循环的料液量，要有足够的料液分别通过 2 个柱子，使第 1 个柱子饱和，第 2 个柱子达到负载量的 30%。足够量的负载钯可以使第 1 个柱子中的其他元素被钯所替代，料液从第 1 个柱子顶部泵入，从其底部流出后再泵入第 2 个柱子的顶部，料液的流速为 10L/min。然后用 3 个床体积（240L）的 10%HCl 溶液流过 2 个柱挤压出其中残留的料液和其他金属，较低的酸度有利于降低总的酸耗。也可以使用 20%HCl 溶液，但效果并不见得好。SuperLig® 2 对钯的高的动力学和选择性使得在第 2 个柱子的顶部出现暗色色带而其底部仍为透明色。钯的吸附率大于 99.5%，钯铂比达到 200∶1。10%HCl 洗液与料液合并，送入下一个回收闭路中。

第 1 个柱子上的钯应用一种铵盐溶液洗脱，但在洗脱前为了防止柱子上的盐酸与铵盐溶液反应，用 200 L 的去离子水洗涤。部分负载的第 2 个柱子中的盐酸不用洗涤。水的流速为 14L/min，洗涤水送到酸再生工厂。

应用 250 L NH_4HSO_3 溶液以 12L/min 的流速洗脱第 1 个柱子上的钯。曾经使用氨缓冲液洗脱钯，但发现若提高 SuperLig® 2 对钯的负载容量会生成钯盐沉淀，这是由于当洗脱液流过柱子时，氨的浓度下降生成了 $Pd(NH_3)_2Cl_2$，而 NH_4HSO_3 与钯生成稳定的配合物不易生成沉淀。

洗脱钯之后用 200 L 的去离子水以 16L/min 的流速洗涤除去柱子上残留的铵盐溶液，用 150 L 10%HCl 溶液以相同的流速洗脱后柱子即可循环使用。

在第 2 次循环中，未负载饱和的第 2 个柱子作为第 1 个柱子，泵入足够的料液使新的第 1 个柱子吸附饱和，使新的第 2 个柱子负载量接近 30%。

1 个柱子完成 1 次吸附、洗脱就完成了 MRT 分离钯的 1 个循环，完成 1 个循环后 SuperLig® 2 对钯的负载容量会稍有降低，该降低值会输入 PLC 以便计算出每次所需要料液的准确体积，结果发现 SuperLig® 2 对钯的负载容量每一次的降低值均为一恒定值。

（4）钯洗脱液的处理

钯 NH_4HSO_3 洗脱液不能沉淀为铵盐或金属，含有 15kg 钯的洗脱液加入 150L 浓盐酸酸化，在搅拌下鼓入空气氧化 8h，反应为放热反应，需用冷却水冷却至 30℃以下，氧化后过滤除去沉淀的杂质，调节总酸度小于 1%，然后加入氨水调整至 pH=9~10，在搅拌下加入 50 L H_2O_2 氧化，加热溶液至 80℃并维持 30min 使加入氨水时所生成的钯盐溶解。将溶液冷却至低于 30℃，加入 30L H_2O_2 使铂等杂质氧化，3h 后，加入浓盐酸调整 pH=0.5~1，钯生成 $Pd(NH_3)_2Cl_2$ 而铂（Ⅳ）留在溶液中，过滤、洗涤、煅烧、还原得到海绵钯。

1992 年英帕拉与 IBC 高技术公司合作研究 MRT、离子交换、溶剂萃取分离贵金属，进行了不同工艺的实验室规模实验，1994 年确定进行 MRT、离子交换工艺的工业实验，所建立的工业实验工厂运行了 3 年，提出了一个工艺并为设计新的精炼厂提供了依据。工业实验结束后，实验工厂的生产量已达到英帕拉贵金属产量的 25%，在进行工业实验工厂的同时，平行进行了 MRT 产品的优化和扩大生产规模。1997 年英帕拉决定建设规模较大的铂族金属精炼厂，1998 年旧的精炼厂停产。由于新工艺简单，能显著降低金属在流程、管道、设备中的存量，新工艺的优点在运行的第 1 年内就显现了，钯的定量回收使产量增加、金属循环降低。由于没有钯进入下一个工序，在水解步骤中能够获得较纯的铂，使铂的产量增加，铂在流程、管道、设备中的存量显著降低。

经过多年运行之后为了适应产量的扩大，英帕拉铂业公司已扩大了钯的生产规模，运行参数仍然是稳定，如今英帕拉铂业公司已运行 11 套 MRT 分离钯的装置，每一套含有 SuperLig® 2 的装置均完成了不同数量的循环，体现了两个优点：第一，每个柱子中的 SuperLig® 2 在不同时间内更换以免引起工艺的波动；第二，钯的总交换容量维持在 20g/L 左右。最近英帕拉铂业公司用 160 L 的交换柱代替了 80 L 的交换柱，交换柱的容量扩大了 1 倍，在大柱中高径比接近 1∶1。已经观察到使用大体积的柱子及与之相配套的大流量不影响分离效率，这样英帕拉铂业公司就可以继续扩大钯的产量以便与其未来的生产计划相匹配。由于定量分离钯对后续工序及其重要，MRT 分离钯工艺是精炼厂成功的关键。

2.14.3 在贵金属二次资源中的应用

2.14.3.1 从铜阳极泥中回收精炼铂族金属

物料的大致成分为 Pd 20g/L、Pt 1g/L 和 Rh＜0.1g/L，氧化还原电位（ORP）维持在 550～720mV。系统的设计能力为年产钯 80000oz、铂 5000oz 及铑 500oz。分离工艺条件如表 2-23 所示[49,50]。

表 2-23 从铜阳极泥中分离铂族金属

分离步骤	分离钯	分离铂	分离铑
分离材料	SuperLig® 2,6 柱	SuperLig® 17,2 柱	SuperLig® 96,4 柱
进入料液	Pd、Pt、Rh 溶液	Pt、Rh 溶液	Rh 溶液
洗涤 1	3mol/L HCl	0.1mol/L HCl	6mol/L HCl
洗涤 2	H_2O	H_2O	H_2O
洗脱	2mol/L $NH_3 \cdot H_2O$＋1mol/L HCl	0.5mol/L Tu＋0.1mol/L HCl	5mol/L NaCl
洗脱产品	$Pd(NH_3)_2Cl_2$	$Pt(Tu)_4Cl_2$	$Rh(OH)_3$
产品纯度/%	99.98	99.98	99.97
洗涤 3	H_2O	H_2O	H_2O
洗涤 4	3mol/L HCl	0.1mol/L HCl	6mol/L HCl

2.14.3.2 从 Pt/Cr/Co 合金废料中选择性分离纯化铂

基于在 IBC 完成的成功实验工作，1 个包含 3 个柱系统的商业规模的分离、精炼铂的体系已在台湾某精炼厂建成，该体系由 35kg SuperLig® 133 安装在 3 个柱子中组成，设计生产能力为年生产铂 1000kg。

料液是以 HCl-H_2O_2 或 HCl 溶解 Pt/Cr/Co 合金废料得到的，在 Cl^- 介质中铂通常生成 $[PtCl_6]^{2-}$，SuperLig® 133 对 $[PtCl_6]^{2-}$ 配阴离子的选择性比其他铂族金属配阴离子高，溶液中其他阴离子和阳离子浓度也较高。在室温下用水洗脱，应用 5mol/L NaCl＋0.1mol/L HCl 和或 1mol/L NaCl＋0.1mol/L HCl

洗涤。

合金废料中的铂溶解率达到 100%，SuperLig® 133 对铂的单级回收率为 99.9%（不包括留在尾柱上的铂），总回收率为 99.99%。已经证明，SuperLig® 133 对铂的选择性比溶液中其他离子高得多，用 NH_4Cl 从洗脱液中沉淀铂为 $(NH_4)_2PtCl_6$，沉铂母液中含有极少的铂，铂盐应用传统的还原工艺转化为海绵铂，铂的纯度达到 99.99%，铂用于制造薄膜，工艺流程如图 2-32 所示[51]。

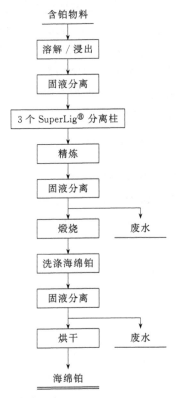

图 2-32 MRT 精炼铂原则工艺流程

完整的 MRT 分离纯化铂的商业体系由下列各步组成：

负载——SuperLig® 133 吸附料液中的 $[PtCl_6]^{2-}$ 配阴离子。

预洗脱（洗涤）——用 5mol/L NaCl＋0.1mol/L HCl 和/或 1mol/L NaCl＋0.1mol/L HCl 洗涤，部分洗液循环使用。

洗脱——SuperLig® 133 吸附柱上的铂在室温下用水洗脱得到纯度较高的铂氯化物溶液，部分洗脱液循环使用。

后洗脱（再生）——柱子用 5mol/L NaCl＋0.1mol/L HCl 和/或 1mol/L NaCl＋0.1mol/L HCl 洗涤，部分再生液循环使用。

2006 年我国台湾某精炼厂安装了较大规模商业 MRT 铂系统，该系统自安装后已成功运行并达到了预期目标，图 2-33 给出了我国台湾某精炼厂的较大规模商业 MRT 铂系统照片，该系统由 3 个柱组成。

2.14.3.3 从失效催化剂中分离纯化铑

已经证明应用 MRT 分离铑的工艺系统要庞大一些，例如，日本 TKK 正在应用 MRT 回收铑，TKK 精炼厂的铑回收系统位于东京附近，已运行 10 多年[52,53]，用于回收含铂、铑、贱金属失效催化剂中的铂、铑。MRT 分离铑的 SuperLig® 190 工艺系统由 5 个柱子组成，前 4 个柱子用于铑的分离，第 5 个用于洗脱（见图 2-34）。

图 2-33 我国台湾某精炼厂的较大规模商业 MRT 铂系统

图 2-34 日本 TKK 精炼厂铑的 MRT 系统

铑在盐酸中以 3 价状态存在，SuperLig® 190 能够键合 $[RhCl_6]^{3-}$ 或 $[RhCl(H_2O)_5]^{2-}$，为了使至少 98% 的铑以 $[RhCl_6]^{3-}$ 或 $[RhCl(H_2O)_5]^{2-}$ 形式存在，溶液中的 Cl^- 浓度至少超过 5mol/L，溶液的电势小于等于 720mV（Ag/AgCl 电极），相当于溶液中无游离的 Cl_2，以免对 SiO_2 载体造成破坏，在此条件下 SuperLig® 190 可以循环使用 1000 次以上。SuperLig® 190 对铑的选择性远远高于溶液中的其他配阴离子，这是由于 SuperLig® 190 是通过氯配阴离子配位的，SuperLig® 190 对其他配阴离子的选择性也很高，单级分离铑能够获得足够高的纯度。

TKK 精炼厂的典型料液成分为含约 17g/L Rh、6mol/L HCl，含有其他贵金属和贱金属，在该浓度下铑的单级回收率为 98%，有时铑的回收率更高。吸附铑之后应用 6mol/L HCl 溶液洗去柱子上残留的料液，保证料液中的钯、铂从柱子中洗去，然后用蒸馏水洗涤，用 5mol/L NaCl 洗脱铑，该洗脱液的优点是可以避免铂沉淀、降低费用、还原铑之后可以循环使用。如果需要也可以使用钾盐或铵盐作为洗脱液。循环使用 5mol/L NaCl 洗脱液可以增加铑的浓度，洗脱后应用蒸馏水和 6mol/L HCl 溶液洗涤柱子，再生后的柱子即可重复使用。洗脱液中的铑还原为铑黑，铑的纯度高于 99.95%。TKK 从应用 MRT 分离铑中获得了与 Impala 相似的好处，其主要优点是从料液进入 MRT 分离系统到获得高纯度的铑盐及纯铑所需要的处理时间大大缩短。

我国台湾另外一个公司主要从事从半导体和电子废料中回收贵金属,目前已经成功运用 MRT 回收纯化钯和铑。

2.14.3.4　从废料中分离纯化钌

我国台湾某精炼厂已经建成 SuperLig®187 分离纯化钌的中间工厂系统,并成功运行了几个月,该系统由 4 个柱子组成,从含有铝、铁、钠及其他贱金属的 6mol/L HCl 溶液中分离钌,每个柱子中装 1.5～2.0kg SuperLig®187,钌以 $[RuCl_5(H_2O)]^{2-}$ 或 $[RuCl_6]^{2-}$ 配阴离子形式键合到 SuperLig®187 上,低的电势 (300～400mV,Ag/AgCl 电极) 及氯离子浓度超过 6mol/L 保证钌以钌(Ⅲ)状态存在,并使存在较少的钌-氯离子,洗脱液为室温下的 5mol/L NH_4Cl,也可以应用其他洗脱液,如盐酸。洗脱液经氧化、沉淀钌为 $(NH_4)_2RuCl_6$,钌的纯度达到 99.98%～99.99%,应用火法工艺将钌盐还原为海绵钌,图 2-35 为工艺流程[51]。

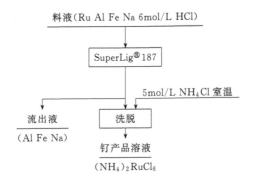

图 2-35　MRT 精炼钌工艺

完整的 MRT 分离纯化钌的商业体系由下列各步组成:

负载——SuperLig®187 吸附 6mol/L HCl 料液中的 $[RuCl_5(H_2O)]^{2-}$ 或 $[RuCl_6]^{2-}$ 配阴离子。

预洗脱 (洗涤)——用 6mol/L NaCl＋0.1mol/L HCl 洗涤,部分洗液循环使用。

洗脱——SuperLig®187 吸附柱上的钌在室温下用 NH_4Cl 溶液洗脱得到纯度较高的 $(NH_4)_2RuCl_6$ 溶液,部分洗脱液循环使用。

后洗脱 (再生)——柱子用 0.1mol/L HCl＋6mol/L NaCl 洗涤,部分再生液循环使用。

分离纯化钌的商业 MRT 系统:基于钌的中间工厂实验的成功,台湾某精炼厂正在建设两套商业规模的 MRT 分离纯化钌系统,每套由 3 个柱子组成,这些系统预计今年晚些时候投入运行。

表 2-24 对 MRT 与传统蒸馏工艺的优缺点做了对比。

表 2-24 MRT 与传统蒸馏工艺优缺点对比

参数	蒸馏	MRT
主要投资设备	吸收器、洗涤器、玻璃容器、防爆设备、高真空容器、罐、仪表、PLC、防腐蚀	柱子、罐、阀、仪表、PLC
健康及安全问题	RuO_4 有毒、爆炸，$NaBrO_3$，CCl_4，产生 Cl_2、Br_2 气体	无
过程控制问题	氧化电势极其重要，大量的贱金属需要预先除去	无
钌纯度	高	高
钌回收率	>95%	>99%
过程步骤	1~2，劳动力较大	
生产周期	几周	几天
投资费用指数	5~10	1
运行费用指数	3~5	1

应用 MRT 工艺分离纯化贵金属已趋于成熟，具有一定工业规模的生产线已分别在南非、日本等国家和我国台湾地区建成投产。

2.14.4 在电解液净化等领域中的应用

2.14.4.1 从铜电解液中除铋

LS 日光铜业公司基本的工艺循环步骤为[54~56]：将电解液加入 MRT 柱中吸附；用水或 2mol/L H_2SO_4 溶液洗涤，用 9mol/L H_2SO_4 溶液洗脱铋（60℃），以水或 2mol/L H_2SO_4 溶液再生。根据加入物料中的铋含量，可以调节实际的周期。料液中铋含量越高，柱装填得越快，周期越短。铋加入含量大约为 $300×10^{-6}$ 时，总的周期为 8~9h。每天的操作周期也取决于电解液中的铋含量。铋加入的含量为 $300×10^{-6}$ 时，工厂每天大约操作 1.8 个周期。

柱体大约装填了 1400kg MRT SuperLig® 83 树脂，料液为来自电解车间的电解排放液。在铋柱进出口定期测量铋的含量。根据电解液中铋含量的不同，加入 MRT 工艺的电解液量也不同。SuperLig® 83 树脂具有比较高的选择性及较高的脱铋能力。每个周期的脱铋量大约为 42 kg，脱铋量不受物料流量（20~40m³/h）影响。

铋的吸附曲线、洗脱曲线如图 2-36、图 2-37 所示，锑的吸附曲线、洗脱曲线如图 2-38、图 2-39 所示。

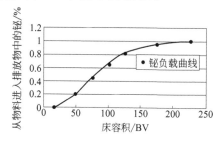

图 2-36 SuperLig® 83 铋的吸附曲线

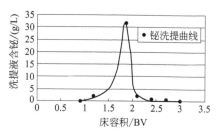

图 2-37 SuperLig® 83 铋的洗脱曲线

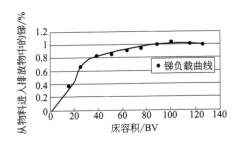

图 2-38　SuperLig® 92 锑的吸附曲线

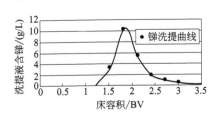

图 2-39　SuperLig® 92 锑的洗脱曲线

主要设备包括装填有 SuperLig® 83 的柱体；几个缓冲槽、收集槽和产品槽；电解液的微过滤器及收集硫酸铋滤饼产品的压滤机。

硫酸氢铋在热硫酸（60℃）中具有较高的溶解度是产品高效回收的关键。在铋洗脱过程中，硫酸氢铋溶液过度饱和。随着洗脱液产品溶液的冷却，铋很容易作为高纯硫酸氢铋沉淀。用压滤机从冷却洗脱液产品溶液中回收沉淀铋产出硫酸氢铋饼，无铋洗脱液用于下个洗脱周期。高纯铋产品目前在行业内进行销售。

该工艺的主要优点包括：SuperLig® 83 树脂对铋有非常高的选择性及较高的吸附能力；负载阶段没有铜的吸收或损失；由于快速反应动力学，铋的负载可以获得非常高的电解液流量；洗脱液中铋产品的浓度非常高，且易于沉淀，形成可以通过过滤方法收集的高纯硫酸氢铋；硫酸氢铋有显著的市场价值，对降低操作成本有相当大的作用。

2.14.4.2　从铜电解液中除锑

无铋电解液送至 SuperLig® 92 脱锑柱脱锑，然后电解液返回电解液回路。完成柱体装填和洗脱步骤后用水洗涤柱体。洗脱使用 3mol/L NaCl＋0.5mol/L HCl 溶液[55,56]，洗脱液排往锑沉淀槽。洗涤液作为补充水返回电解车间，由于后洗涤液可能含有氯化物，在处理前用 NaOH 溶液中和，NaOH 溶液在较低 pH 值时加入含锑洗提液中，以中和溶液并形成锑的氢氧化物沉淀。固体沉淀在压滤机中回收。一部分澄清的滤液返回沉淀槽，剩余的溶液则循环至洗脱液槽，加入 HCl 后重新酸化。

2.14.4.3　从钴电解液中除镉、铁

SuperLig® 177 分离柱、D_2EHPA 萃取剂和 S950 吸附剂从含 60g/L 钴电解液中去除 6mg/L 杂质 Cd^{2+}。结果表明[57]，SuperLig® 177 分离柱对 Cd^{2+} 有较高的选择性，其洗脱液中 Cd^{2+} 被富集了 480 倍，不但有利于后续回收，而且克服了后两种方法需预处理、选择性较差以及易引起 Co 损失等缺陷。SuperLig® 48 分离柱可去除 Co 电解液中的杂质 Fe^{3+}。该工艺先将经氧化并酸化的 Co 电解液通过 SuperLig® 48 分离柱，再以 37% HCl 溶液洗脱并回收吸附在分离柱上的 Fe^{3+}，但使用该方法后的洗涤液不可以循环利用，需进一步改进。

2.14.4.4 从锌电解液中除镍、钴

SuperLig®167 分离柱可有效去除 Zn 电解液中的杂质 Ni^{2+}，经 2000 次以上循环使用，去除效率仅下降 25%，平衡吸附量达到 $15\sim20g/kg$。SuperLig®138 分离柱从含 $120\sim170g/L$ 的 Zn 电解液中去除杂质 Co。结果表明[57]，SuperLig®138 分离柱对 Co^{3+} 的亲和力远超过其他 2 价金属离子，因此在应用该工艺的过程中，需向 Zn 电解液中加入一定量的 Fe^{3+}，并不断通入 O_2，确保杂质 Co 以 Co^{3+} 的状态存在，经过处理后的 Zn 电解液中杂质 Co 的质量浓度可低于 $0.1mg/L$。该工艺的优势在于克服了传统沉淀法使用对环境有潜在危害的As_2O_3 催化剂的缺陷，但在洗脱阶段需用到对环境有害的 SO_2。因此，如何最小化使用 SO_2 仍是今后的研究重点。

2.14.4.5 从铜精炼电解液中脱除氯化物

智利国家铜公司的楚基卡马塔厂铜电解液中 Cl 平均浓度为 22.1×10^{-6}，装填循环 4h 之后，尾柱出口处溶液中 Cl 的平均浓度低于 2.0×10^{-6}。可以得出这样的结论：对于所示的料液浓度，3h 是装填循环的最佳时间。物料平衡表明，超过 3 h 的装填周期时，Cl 的脱除效率大约为 95%。SuperLig® 的平均负载能力大约为 $0.060mol/L$，表明了 SuperLig® 将电解液中 Cl 控制在低含量时的效率。氯化物浓度非常高的电解液第 142 次循环的结果也非常好，工艺流程如图 2-40 所示[58]。

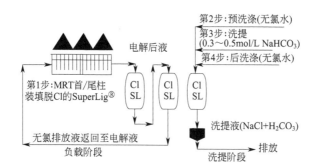

图 2-40 从铜精炼电解液中脱除氯化物工艺流程

2.14.4.6 从矿山酸性排水（AMD）中回收铜

酸性排水液的 pH 值范围为 $3\sim5.5$，设计的料量大约为 19000L/min。系统包括并联的 MRT 多柱操作。工厂的总设计能力为年产 100 万吨阴极铜，料液中铜的浓度为 $(100\sim400)\times10^{-6}$，排放液中铜的平均浓度低于 5×10^{-6}。大约为 28BV（床体积，bed volume）时或者达到 180000L 的处理量完成全部负载。用稀硫酸（$0.5mol/L\ H_2SO_4$）进行每个柱体的洗脱，可以产生铜含量为 $3\sim5g/L$ 的负载电解液。然后采用电积方法从电解液中产出高纯阴极铜，电积过程中产生的硫酸返回至贫电解液洗脱槽，洗脱在不到 2BV 时完成。使用氢氧化钙中和污

水脱铜，然后排放。工艺流程如图 2-41 所示[58]。

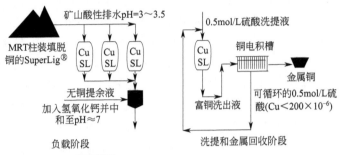

图 2-41　从矿山酸性排水中脱铜工艺流程

2.14.4.7　从硒还原液中除铋

肯尼科特铜业公司应用 SuperLig® 83 含有对 Bi^{3+} 阳离子选择性非常高的专有螯合分子，铋螯合分子与直径为 $0.25 \sim 0.5mm$ 的硅珠共价结合，SuperLig® 83 的初始总配位体有效容量最低为 $0.2mol/kg$。SuperLig® 83 捕获 Bi^{3+} 后，在 $62 \sim 68℃$ 时用 $9mol/L$ 硫酸洗脱。铋在热酸中有非常高的溶解度。饱和溶液直接导入产品槽中，然后冷却至室温，进行铋的沉淀。铋饼的化学成分为 $Bi(HSO_4)_3$。

SuperLig® 240 含有对 $[BiCl_x]^{n-}$ 阴离子特别是 $[BiCl_6]^{3-}$ 阴离子选择性非常高的专有螯合分子。在这种情况下，螯合分子与直径大约为 $0.5mm$ 的多丙烯酸酯珠粒结合。SuperLig® 240 捕获铋氯阴离子后，用 $1mol/L$ 硫酸洗脱，最终的产品溶液为含铋 $8 \sim 9g/L$ 的盐酸。该溶液用氢氧化钠溶液中和，随后进行铋的沉淀，沉淀的铋产品以 $BiOCl/Bi(OH)_3$ 混合饼的形式收集。

SuperLig® 83 能够在酸性硫酸盐和一些含氯化物的溶液中起作用，而 SuperLig® 240 只能在酸性氯化物溶液中起作用。工艺流程如图 2-42、图 2-43 所示[54~56]。

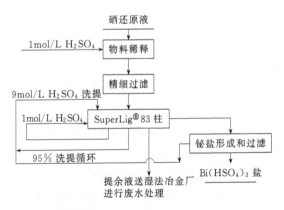

图 2-42　SuperLig® 83 除铋工艺流程

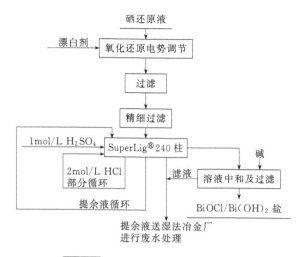

图 2-43 SuperLig® 240 除铋工艺流程

SuperLig® 240 和 SuperLig® 83 试验规模的柱体系统表明：铋回收率较高（低铋吸附余液中 Bi 的浓度小于 1g/L）；铋固体产品中铋纯度较高（SuperLig® 240，铋金属纯度为 97% ~ 99%；SuperLig® 83，铋金属纯度为 99.9% ~ 99.99%）。在试验期间，没有检测出 SuperLig® 铋结合能力的损失。

SuperLig® 83 的优点为：即使当物料氧化还原电势值较低时，物料也不需要进行氧化还原电位调节；减少化学药品的消耗，不需要 HCl 和 NaOH 或者其他碱和氧化剂，只需要少量的硫酸；铋固体产品过滤产生的吸附余液大部分循环，减少了废液量；铋洗提液中较高的铋浓度，使洗提液量更少，进一步减少了该过程消耗的化学药品量；由于销售回收的硫酸氢铋获得的潜在经济收益可以减少操作成本，因此提供了有吸引力的投资回报。

SuperLig® 240 的优点为：物料无需稀释，尽管对于低氧化还原电势的情况来说，可能必须进行氧化还原电位的调节，如同试验中用漂白剂物料进行的调节；与输入的新鲜料液相比，由于无需进行物料稀释以及容量高出 6 倍（与 SuperLig® 83 相比），使得输出的低铋吸附余液的稀释度小得多（SuperLig® 240 总的稀释系数为 1.7，SuperLig® 83 总的稀释系数为 6）；与 SuperLig® 83 相比，SuperLig® 240 的铋容量更高，对初始的 SuperLig® 需求更低；操作的温度更低，温度要求的灵活性更大，这就导致了工艺操作的灵活性更大；因为操作温度要求及在树脂柱上沉淀吸附余液中铋的机会减小；工艺的洗涤、洗脱阶段最大的酸强度更低；实际上，产品流中的铋完全进入铋固体产品中；由于销售回收的铋盐，获得的潜在经济收益可以减少操作成本。

2.14.4.8 从浓硫酸中除汞

浓硫酸在室温和 600~900 mV（vs Ag/AgCl）的氧化还原电势下（用 SO_2 和 H_2O_2 调节），以每小时 30 倍固定床体积的流量依次流过一组除汞塔，硫酸中

的汞被捕获于塔内装填的 SuperLig 材料上。在上述氧化还原电势下，汞离子呈
＋2 价氧化态，从而可最有效地予以去除，而 SuperLig 材料也不会因配位体的
氧化而失效。通常除汞塔以滑道的形式安装，各塔首尾相连，串联运行。酸从首
塔流入，依次流经各塔，由尾塔流出。首塔达到汞饱和后即退出运行，第 2 个塔
接替成为首塔。装有新鲜 SuperLig 材料的塔总是作为最后一个精脱塔。这种操
作方式可使 SuperLig 材料的除汞能力发挥到极致。SuperLig 材料可一次性使用，
也可多次重复使用。一次性使用往往用于汞的精脱。在这种情况下，饱和 Su-
perLig 材料的处置只需满足环保要求即可。如多次重复使用，可采用酸性硫脲
对 SuperLig 材料进行洗提再生，汞则以 HgS 的形式加以回收。多塔串联的工业
试验已在欧洲的几个主要的金属冶炼厂进行，无论是一次性流程还是多次循环流
程均已获得成功。

2.14.5　在核燃料后处理中的应用

SuperLig® 644 分离柱对 ^{137}Cs 离子的吸附选择性。结果表明[59]，SuperLig®
644 能够有效地去除并回收核燃料废水中的 ^{137}Cs 离子，经其处理的废水中 ^{137}Cs
离子的质量浓度可低于 $0.001\mu g/mL$，回收纯度达到 99％以上。应用 SuperLig®
620 分离柱分离核燃料废水中的 Sr 与 Ra 离子。研究表明，SuperLig® 620 对 Sr
离子有较高的选择性，可去除废水中 85％以上的 Sr。SuperLig® 639 分离柱能够
有效地去除核燃料废水中的 TcO_4^-，去除率高达 95％以上，但是对于处在低氧
化态的 Tc，SuperLig® 639 分离柱的选择性较差，而 SuperLig® 644 分离柱的去
除效果更佳。SuperLig® 171 分离柱可用于治理核燃料废水中的 $[U(SO_4)_4^{2-}]$，经
MRT 系统处理的废水中残留的铀可低于 $0.005\mu g/mL$。

2.14.6　国内相关研究概况

2.14.6.1　分子识别材料的合成

冠醚、大环芳烃的合成，早已引起了国内众多高等院校、科研单位科研工作
者的重视，人们先后对离子识别型杯芳烃、带支链的氮、硫代杯-4-芳烃、硫代
杯-6-芳烃、硫代杯-8-芳烃、含硫杂杯芳的大环冠醚和非环多醚等均进行了大量
的研究，并研究了它们对各种金属离子的识别性能[60~67]，特别是近年来浙江大
学对大孔硅基-杯 [4]-冠-6、异丙氧基杯 [4]-冠-6 等超分子识别材料吸附 Cs$^+$
等核燃料后处理技术方面进行了大量的研究工作，取得了一系列科研成
果[68~75]，缩小了与国际研究水平的差距。

2.14.6.2　分子识别材料的结构表征

人们对用于 PGMS 的分子识别材料 SuperLig® 2、SuperLig® 95 及
SuperLig® 190 进行了初步分析，得到了许多有价值的信息。下面我们还将继续
进行固体质谱、固体核磁、共振光谱等诸多表征分析。

① 用于识别分离钯的 SuperLig®2　白色颗粒，粒度分布为 d_{10} 316.530μm、d_{50} 446.966μm、d_{90} 629.222μm；比 表 面 积（BET）232.180m^2/g，孔 容（TPV）0.7895mL/g，孔径（APS）68.0086Å；元素分析含量（%）：C 11.22；H 1.622、N 1.073、O 27.51；XRF 分析含量（%）：SiO$_2$ 93.14、S 2.456、Na$_2$O 0.48、Fe$_2$O$_3$ 0.116、Al$_2$O$_3$ 0.11、CuO 0.018。IR 主要吸收峰（cm^{-1}）：3426（s）、1629（w）、1482（w）、1102（s）、803（s）、692（w）、471（s）。其 SEM 分析图谱如图 2-44 所示。

② 用于识别分离铂的 SuperLig®95　白色略带黄色颗粒，粒度分布为 d_{10} 316.353μm、d_{50} 433.171μm、d_{90} 591.104μm、比表面积（BET）137.428m^2/g，孔容（TPV）0.4859mL/g，孔径（APS）70.7176Å；元素分析含量（%）：C 14.61、H 3.245、N 1.709、O 22.28；XRF 分析含量（%）：SiO$_2$ 68.8.14、S 14.118、Cl 5.41、Al$_2$O$_3$ 2.6、I 0.63、MgO 0.38、PbO 0.325、NiO 0.26、TiO$_2$ 0.17、Fe$_2$O$_3$ 0.15、CuO 0.049、ZrO$_2$ 0.032。IR 主要吸收峰（cm^{-1}）：3426（s）、1631（w）、1101（s）、799（s）、471（s）。其 SEM 分析图谱如图 2-45 所示。

图 2-44　SuperLig® 2
SEM 图谱

图 2-45　SuperLig® 95
SEM 图谱

图 2-46　SuperLig® 190
SEM 图谱

③ 用于识别分离铑的 SuperLig®190　白色略带黄色颗粒，粒度分布为 d_{10} 175.689μm、d_{50} 249.563μm、d_{90} 353.752μm、比表面积（BET）213.868m^2/g，孔容（TPV）0.8825mL/g，孔径（APS）82.5287Å；元素分析含量（%）：C 7.529、H 1.708、N 2.518、O 41.08；XRF 分析含量（%），SiO$_2$ 99.38、Al$_2$O$_3$ 0.26、S 0.04、CaO 0.087、Na$_2$O 0.084、TiO$_2$ 0.04、MgO 0.022、Fe$_2$O$_3$ 0.0116、ZrO$_2$ 0.011、CuO 0.0058。IR 主要吸收峰（cm^{-1}）：3425（s）、2949（w）、1634（w）、1456（w）、1102（s）、803（s）、471（s）。其 SEM 分析图谱如图 2-46 所示。

2.14.6.3　从汽车失效催化剂中分离铂族金属

近几年来，在笔者的建议下，昆明贵研催化剂有限责任公司（SPMC）和美国 IBC 公司在应用 MRT 技术从失效汽车催化剂浸出液中分离铂族金属方面进行了实质性的合作，IBC 公司已经完成了实验室实验、工业生产规模的设计。原则工艺流程如图 2-47 所示，所用分子识别材料的性能如表 2-25 所示。实验结果证明，应用 MRT 技术从失效汽车催化剂浸出液中分离铂族金属具有流程短、分离效率高、可以直接获得纯度很高的铂族金属淋洗液、产品纯度高、铂族金属收率高等优点。美国 IBC 公司已经向昆明贵研催化剂有限责任公司提供了分离钯、铂、铑的材料，目前昆明贵研催化剂有限责任公司正在验证美国 IBC 公司的实验结果。

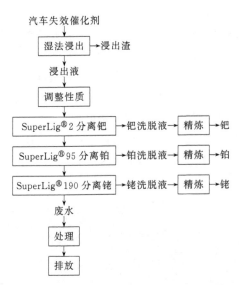

图 2-47 MRT 从汽车失效催化剂中分离铂族金属工艺流程

表 2-25 SPMC 应用 MRT 从汽车失效催化剂中回收铂族金属（PG-Ms）

铂族金属	年产量/kg	MRT材料名称	MRT材料用量/kg	分离柱规格及数量/mm	MRT材料单价/($/kg)	MRT材料投资/$	MRT材料更换周期/a	生产成本/($/oz)	回收率/%	饱和容量/[g(PGMs/kg]]
钯	230	SuperLig®2	35.12	φ300×600 2柱	976.00	34277.12	2.1	5.45	99	31.926
铂	150	SuperLig®95	145.5	φ450×900 3柱	1,295.00	188422.50	3.8	13.16	99	7.8~9.75
铑	50	SuperLig®190	146.1	φ400×800 4柱	1,328.00	194020.80	5.4	34.53	94-95	619.518

原始料液：Pd 0.1427g/L、Pt 0.094g/L、Rh 0.03g/L，每年 250d，每天 15h。钯原液日处理量 6.25m³，铂原液日处理量 6.50m³，铑原液日处理量 7.115m³；钯每天处理 2.3 批，铂每天处理 1.86 批，铑每天处理 3.51 批。

洗脱剂：Pd-氨水；Pt-硫脲（65℃，由于原液中铁的缘故）；Rh-氯化钾。

对于含铁低的物料，用 SuperLig®133 吸附铂，水即可在常温下洗脱。

目前，贵研（易门）资源公司引进了铑的分子识别系统、金川集团股份公司即将引进建立年产 500kg 铂族金属的分子识别系统。

　　总之，经过近 20 年的持续发展，MRT 分离稀贵金属的技术日趋成熟[76~78]，我国由于铂族金属资源及其匮乏，应用 MRT 实现其高效分离就引起了人们极大的兴趣[59,79]，MRT 分离贵金属的次序：①Au-Pd-Rh-Pt；②Au-Pd-Pt-Rh；③Au-Rh-Pd-Pt；④Au-Pd-Pt-Ir-Rh；⑤Ir-Rh。MRT 分离贵金属的优点：贵金属单级分离效率为 99%；产品纯度为 99.95%～99.99%；贵金属循环快-总的处理时间缩短；贵金属回收率增加-过程损失减少；贵金属生产费用降低-过程中所应用的化学试剂减少；步骤减少；维持费用降低；生产周期缩短-降低了金属投资费用，使金属易销售；有利于过程控制；可以处理稀或高浓度的料液；生产的金属盐可以直接销售或还原为市场所需要的金属；快速及半连续工艺；可以处理任意大小体积的溶液；负载及洗脱的流速均很高；部分溶液可以循环使用；简单、紧凑的设备需要的空间很小；贵金属安全风险降低-分离体系较小；SuperLig® 产品可以多次循环使用、寿命长。目前，应用于分离稀贵金属的分子识别材料总结于表 2-26 中。

表 2-26　应用于稀贵金属分离提纯的分子识别材料

分离材料	吸附条件	洗涤条件	洗脱条件	再生条件	回收率/%	产品纯度/%
SuperLig®127	氰化物介质	5mol/L KCl	56～75℃,H_2O	NaCl、KCl	99.8	99.99
SuperLig®175	氰化物介质					
SuperLig®2	银电解液	0.5mol/L HCl	60℃,0.1mol/L HNO_3＋1.5mol/L Tu	0.5mol/L HCl		
SuperLig®2 2柱	无 Au(Ⅲ),6mol/L HCl,电势 690～710mV	①2.7mol/L HCl ②H_2O	①1mol/L NH_3H_2O＋1mol/L NH_4Cl ②1mol/L $(NH_4)_2SO_3$	①H_2O ②2.7mol/L HCl	99.9	99.95～99.99
SuperLig®95 3柱	[Fe(Ⅲ)]＞[$PtCl_6$]²⁻,无 Au(Ⅲ)、Se、Pd(Ⅱ)	①6mol/L HCl ②0.1mol/L HCl	0.5mol/L Tu＋0.1mol/L HCl,65℃	6mol/L HCl	99	99.99
SuperLig®133 3柱	[Fe(Ⅲ)]＜[$PtCl_6$]²⁻,6mol/L HCl	①5mol/LNaCl＋0.1mol/L HCl（铁低）②1mol/LNaCl＋0.1mol/L HCl（铁高）	室温,H_2O	无	99.9	99.99
SuperLig®190 4柱	6mol/L HCl,720mV,煮沸30～60min 或80℃,4h	① 6mol/L HCl ② H_2O	①5mol/L NaCl ②5mol/L KCl	①H_2O ②6mol/L HCl		99.95
SuperLig®187 3柱	6mol/L HCl,电势300～400mV	①6mol/L HCl ②0.1mol/L HCl	5mol/L NH_4Cl	①0.1mol/L HCl ②6mol/L HCl		99.98～99.99

续表

分离材料	吸附条件	洗涤条件	洗脱条件	再生条件	回收率/%	产品纯度/%
SuperLig® 182	6mol/L HCl,Ir(IV)		热 H₂O+H₂O₂	6mol/L HCl		
SuperLig® 188	酸性或碱性介质					
SuperLig® 240	酸性氯化物溶液		1mol/L H₂SO₄			97~99
SuperLig® 83	酸性硫酸盐溶液	H₂O、2mol/L H₂SO₄	62~68℃,9mol/L H₂SO₄	H₂O、2mol/L H₂SO₄		99.9~99.99
SuperLig® 92	酸性硫酸盐溶液	H₂O	3mol/L NaCl,0.5mol/L HCl			
SuperLig® 177	酸性硫酸盐溶液					
SuperLig® 48	酸性硫酸盐溶液		37% HCl			
SuperLig® 167	酸性硫酸盐溶液					
SuperLig® 138	酸性硫酸盐溶液					
SuperLig® 644	硝酸介质					
SuperLig® 620	硝酸介质					
SuperLig® 639	硝酸介质					
SuperLig® 171	硝酸介质					

应该指出的是，分子印迹技术（molecular lmprinting technique，MIT）、固相萃取技术（solid phase extraction，SPE）在分离机理、分离性能、选择性等诸多方面均不同于分子识别技术（molecular recognition technology，MRT），不能将其混为一谈。

参 考 文 献

[1] 陈达平 . 贵金属回收工艺学 . 北京：中国金融出版社，1991：156-164.

[2] 谭庆麟，阙震寰 . 铂族金属性质冶金材料应用 . 北京：冶金工业出版，1990：193-196，264-315.

[3] 吴瑞林 . 盐酸-过氧化氢封管分解法在贵金属及其合金与金属锆分析中的应用 . 分析试验室，1985，4（12）：20.

[4] 吴瑞林 . 电化溶解法在贵金属分析中的应用 . 贵金属，1986，7（1）：50.

[5] 余建民 . 关于铑铱的分离 . 贵金属，1993，14（2）：59.

[6] 刘时杰 . 铂族金属矿冶学 . 北京：冶金工业出版社，2001：290-300.

[7] 陈家镛，杨守志，柯家骏 . 湿法冶金手册 . 北京：冶金工业出版社，2005：1351-1376.

[8] 黎鼎鑫，王永录 . 贵金属提取与精炼 . 长沙：中南大学出版社，2003：569-603.

[9] 王贵平，张令平，等，贵金属精炼工 . 金昌：金川集团有限公司精炼厂，2000：17-22.

[10] 王永录，刘正华 . 金银及铂族金属再生回收 . 长沙：中南大学出版社，2005：445-450.

[11] 杨天足 . 贵金属冶金及产品深加工 . 长沙：中南大学出版社，2005：394-401.

[12] 陈景.铂族金属化学冶金理论与实践.昆明:云南科技出版社,1995:75-105.

[13] 陈达平.贵金属回收工艺学.北京:中国金融出版社,1991:429-433.

[14] 卢宜源,宾万达,等.贵金属冶金学.长沙:中南工业大学出版社,2003:299-302.

[15] 余建民.贵金属萃取化学.第2版.北京:化学工业出版社,2010:397-426.

[16] Edwards R I Refining of the Platinum-group metals. J Metals, 1976, 28 (8): 4-9.

[17] John E Barnes. Solvent Extraction Technology in the Acton Refinery. Chemistry and Industry, 1982, 3: 151-155.

[18] Flett D S. Solvent Extraction in Precious Metals Refining. Samping, Assaying and Refining of Precious Metals, IPMI, London, 1982, 10: 13-16.

[19] Demopoulos G P. Solvent Extraction in Precious Metals Refining. J. Metals. 1986, 38 (6): 13-17.

[20] Demopoulos G P. The Refining of Platinium Group Metals. CIM Bulletin. 1989: 82, 923, 165-171.

[21] Harris G B. A Review of Precious Metals Refining, 17 th IPMI, USA, 1993: 6, 12-16.

[22] Sudhir C. Dhara. The Application of Ion Exchangers in the Precious Metals Technology, 17 th IPMI, USA, 1993: 6, 12-16.

[23] 浅野聪,平郡伸一,真锅善昭,等.CN 1609241A. 2005-4-27.

[24] 余建民,贺小塘,李奇伟,等.贵金属富集与精炼工艺中铜的分离方法.贵金属,2001,22 (4): 60.

[25] 马荣骏.离子交换在湿法冶金中的应用.北京:冶金工业出版社.1991:196-276.

[26] 张方宇,李庸华,张邦安,等.从废催化剂中回收铂族金属的方法.CN 1123843A. 1996-6-5.

[27] 张方宇,王海翔,姜东,等.从废重整催化剂中回收铂、铼、铝等金属的方法.CN 13427779A. 2002-4-3.

[28] 张方宇,曲志平,黄燕飞,等.从汽车尾气废催化剂中回收铂、钯、铑的方法.CN 1385545A. 2002-12-18.

[29] 陈小华,江群杰.固相萃取技术与应用.北京:科学工业出版社,2009.

[30] 胡秋芬,杨项军,韦群燕.从碱性氰化液中固相萃取金的方法.CN 101255499A. 2008-9-3.

[31] 杨项军,陈景,韦群燕.用大孔树脂从碱性氰化液中固相萃取金的方法.CN 101603123A, 2009-12-16.

[32] 胡秋芬,徐炜然,范鹏.一种从碱性氰化液中萃取金的方法.CN 101538656A, 2009-9-23.

[33] 黄章杰,陈景,韦群燕.固相萃取钯的方法.CN 101020964A. 2007-8-22.

[34] 黄章杰,谢明进,陈景.2-乙基己基辛基硫醚树脂固相萃取钯的研究.无机化学学报,2009,25 (9): 1519-1525.

[35] 黄锋,黄章杰.二苄基硫醚树脂对钯的固相萃取吸附性能研究.分析实验室,2010,29 (1): 119-122.

[36] 罗勤慧.大环化学——主-客体化合物和超分子.北京:科学出版社,2009.

[37] Bradshaw J S, Kradowlak K E, Izatt R M, et al Chem, 1990, 27: 347-349

[38] Bradshaw J S, Bruening R L, Kradowlak K E, et al Chem Commun, 1988: 812-814.

[39] Bruening M L, Mitchel D M, Bradshaw J S, et al. Chem, 1991, 63: 21-24.

[40] Bruening R L, Tarbet B J. Anal Chem, 1991, 63: 1014-1017.

[41] Craig Wright, Ronald L Bruening. The new superlig™ resins: report on the first commercial precious metals refinery application, Precious metals recovery and refining, proceedings of a seminar of IPMI, Scottsdale, Arizon, 1989.

[42] Ronald L Bruening, Steven R Izatt, Griffin L David. Separation of Rh and/or Ir from concentrated precious and base metal matrices using superlig™ 1, Precious metals 1990, proceedings of the 14 th

IPMI conforence and exhibition，San Diego，California.

［43］ Bruening R L，Dale J B，Izatt N E，Young W. The application of molecular recognition technology（MRT）for the recovery gold and cyanide at primary mining operation，Hidden wealth，Johannesburg，South African Institute of mining and metallurgy，1996：143-149.

［44］ Bruening R L，Dale J B，et al. Selective extraction and recovery of gold，copper，and other base metals from mine leach cyanide solutions using molecular recognition technology（MRT），2004.

［45］ Ezawa N，Izatt S R，et al，Extraction and recovery of precious metals from plating solutions using molecular recognition technology. Trans IMF，2000：238-242.

［46］ Harmany Bateman. Micro PGM refinery for Harmony mines，2004.

［47］ Izatt S R，Bruening R L，Dale J B. Precious Metals Refining Using Molecular Recognition Technology（MRT），27th IPMI，2003，14-17th June Dorado，Puerto Rico.

［48］ Black WH，Izatt S R，Dale J B，et al. The Application of Molecular Recognition Technology（MRT）in the Palladium Refining Process at Impala and Other Selected Commercial Application. 30th IPMI，10～13th June 2006，Las Vegas，Vevada，USA.

［49］ Izatt R S，Bruening R L，et al. Commercial separation in the copper industry using molecular recognition technology（MRT），COM 2003，Vancouver，British Columbia，Canada，2003.

［50］ 余建民. 贵金属萃取化学. 第 2 版. 北京：化学工业出版社，2010：426-436.

［51］ Izatt S R，John Dale，Bruening R L. The Application of Molecular Recognition Technology（MRT）to Refining of Platinum and Ruthenium，31th IPMI，9-12th June 2007，Miami，Florida.

［52］ Ichiishi S，Izatt S R，Bruening R L，et al. A Commercial MRT Process for Recovery and Purification of Rhodium from a Refinery Feed Stream Containing Platinum Group Metals（PGMs）and Base Metal Contaminants，24th IPMI，2000，Willianmsburg，Virginia.

［53］ Steven R Izatt，Neil E Izatt，Ronald L Bruening，et al. A Commercial Molecular Recognition Technology（MRT）process for the recovery and purification of rhodium from a complex refinery feed stream. International Precious Metals Institute 33rd Annual Meeting，Orlando，Florida，U. S. A. 13-16 June，2009.

［54］ 李卫民译. LS 日光铜业公司精炼厂 MRT 工业脱铋车间. 中国有色冶金，2008（1）：1-5.

［55］ 谭春梅译. 分子识别技术（MRT）在铜精炼中的应用-从铜电解液中除铋. 中国有色冶金，2012，（5）：1-7.

［56］ 李卫民译. 分子识别技术在铋的脱除和回收中的新应用. 中国有色冶金，2008（2）：1-5，10.

［57］ Izatt R S，Bruening，et al. Separation，Extraction and refining of cobalt and nickel from base metal feed streams using molecular recognition technology（MRT），Alta 2003，Nickel/cobalt-9，Conference，Perth，West Australia，2003.

［58］ 李卫民译. 分子识别技术在铜工业应用中的最新进展. 中国有色冶金，2007（4）：1-6.

［59］ 李耀威，杨明珠，王芝元. 分子识别技术在金属分离回收中的应用研究进展. 安全与环境学报，2013，13（3）：93-95.

［60］ 刘冬青. 离子识别型杯芳烃的合成及性能研究 ［D］. 天津：天津大学，2006.

［61］ 赵冰. 杂环修饰的杯 ［4］ 芳烃衍生物的合成及离子萃取性能的研究 ［D］. 天津：天津大学，2007.

［62］ 胡玲. 基于硫杂杯芳的大环冠醚和非环多醚受体的合成及性质研究 ［D］. 济南：山东师范大学，2009.

［63］ 王艳华. 带支链的氮、硫杂杯 ［4］ 芳烃衍生物的合成与性能 ［D］. 福州：福建师范大学，2010.

［64］ 李亮. 杯芳烃的结构修饰及其在离子识别中的应用 ［D］. 扬州大学，2010.

[65] 李春斌，岳玉莲，刘宝全，等．硫代杯-8-芳烃衍生物的合成及其对金属离子的选择性识别研究．有机化学，2011，30（6）：819-823.

[66] 李春斌，岳玉莲，王剑锋，等．硫代杯-6-芳烃衍生物从汽车尾气净化催化剂残渣中选择性识别贵金属离子的研究．化学学报，2011，69（22）：2751-2754.

[67] 李春斌，岳玉莲，刘宝全，等．硫代杯[8]芳烃二乙基乙酰胺及其合成方法和用途．CN 102140089 B. 2013-5-12.

[68] 肖成梁．硅基超分子识别材料制备、表征及其吸附发热元素铯和锶的基础特性研究[D]，浙江大学，2011.

[69] 张安运．一种降低硅基冠醚吸附剂溶解度的方法．CN 101075583A. 2007-11-21.

[70] 张安运．一种同时分离发热元素 Cs 和 Sr 的吸附剂及其制备方法和应用．CN 101058065A. 2007-10-24.

[71] 张安运．一种从高放废物分离元素 Pd 的方法．CN 101690853B. 2011-10-19.

[72] 张安运，肖成梁，柴之芳．硅基超分子识别材料在乏燃料后处理中的研究进展．化学进展，2011，23（7）：1355-1365.

[73] 张安运．一种从高放废物萃取分离元素钯的方法．CN 102629494A. 2012-8-8.

[74] 张安运．一种从高放废物分离元素钯和次锕系元素的方法．CN 102614683A. 2012-8-1.

[75] 张安运，张文文，戴荧．一种分离发热元素 Cs 的吸附剂及其制备方法和应用．CN 102935355A. 2013-2-20.

[76] Steven R Izatt，John B Dale，Ronald L Bruening. Examples of Novel Commercial Precious Metal Separations and Recovery Using Molecular Recognition Technology（MRT）. Symposium on Precious Metals Processing：Advances in Primary and Secondary Operations，Sponsored by SME，TMS and IPMI，Tucson，Arizona，U. S. A. 3-6 October 2007.

[77] Steven R Izatt，David M Mansur，Toni Hughes，et al. Sustainable recovery of precious and minor metals from low-grade resources. International Precious Metals Institute 34th Annual Meeting. Tucson，Arizona. 2010.

[78] Steven R Izatt，Jeff Tange，Ronald L Bruening，et al. Sustainable recycling of precious metals. International Precious Metals Institute 36th Annual Conference. Las Vegas，NV，2012.

[79] 贺小塘，韩守礼，吴喜龙，等．分子识别技术在铂族金属分离提纯中的应用．贵金属，2010，31（1）：53-56，59.

[80] 贺小塘，吴喜龙，韩守礼，等．从 Pd/C 废料中回收钯及制备试剂 $PdCl_2$ 的新工艺．贵金属，2012，33（4）：9-13.

[81] 吴喜龙，赵雨，贺小塘，等．四甲基氯化铵沉淀法分离提纯铂和钯．有色金属（冶炼部分），2014（1）：50-52.

[82] 吴喜龙，龙赵雨，贺小塘，等．一种分离提纯铑的方法．CN 103343239A. 2013-10-9.

3

金的精炼工艺

3.1 概述

金精炼的经典方法为火法氧化精炼法、氯化精炼法和电解精炼法。随着科学技术的发展及金回收原料的多样化，化学精炼法与萃取精炼法也先后应用于生产。传统的火法氧化精炼金适用于砂金、汞膏、氰化金泥、粗金或回收的粗金的精炼，成本较低，设备相对简单，但劳动强度大、环境差、生产效率低、原材料耗量大、产品纯度不高，近代已很少采用。电解精炼法产品纯度高、成本低、设备简单、操作安全清洁、无有害气体，并可附带回收铂族金属，但生产周期长、直收率低、积压资金。氯化精炼法流程短、速度快，但产品纯度不高，往往需进一步电解精炼。化学精炼法生产周期短、直收率高，适于小规模零星生产，不受原料多少的限制。萃取精炼法的特点是可处理低品位物料，操作条件好、直收率高，规模可大可小。

对各种金精炼工艺直接进行技术比较是困难的，因为工艺选择应考虑的因素很多，各种因素又因地、因时而异，但一般考虑以下几个方面[1]：

① 原料　组成、形状或形式、可变性。这是最重要的因素，如果原料的特性是不变的，在较宽的金、银含量范围内几种工艺均可考虑。如果要求工艺适用性强，通常是将氯化法和电解法联合使用，因此大多数大、中型精炼厂仍继续使用这两种方法或其中的一种。

② 生产费用　劳动力、消耗品、设备折旧及各种运营费用。

③ 投资费用　厂房、设备及其他固定资产投资。

④ 环境因素　工艺对环境影响程度，所需废气吸收净化、废液处理、副产品处理的投资及运营费用。

⑤ 批次完整性　质量控制、存量控制。主要考虑对各批产品质量稳定性、生产过程中物料积存数量及积压资金多少的影响。

⑥ 其他因素　现有设备、公司特性（如公司业务范围及与其他部门的相关性）。

根据主要因素，将初步对比结果列于表 3-1。

表 3-1　金精炼工艺简要比较

工艺名称	原料成分	物理形式	滞留时间/d	产品纯度	物料积存	适用规模	环境问题
火法氧化精炼法	金>20%，对银无限制	不限制	1~2	不高	较少	中、小型	环境污染，需大的气体净化设备
氯化精炼法	金>20%，对银无限制	不限制	1~2	不高	较少	大、中型	氯气污染，需大的气体净化设备
电解精炼法	金>85%	熔铸阳极	>3~4	高	多	大、中型	使用最少量溶液，对环境影响不大
化学精炼法	银<15%，分散颗粒	表面积大	2~3	高	较少	不限	气体净化，使用一次溶液
萃取精炼法	银<15%，分散颗粒	表面积大	2~4	高	较少	不限	气体净化，使用一次溶液，有机污染

3.2　金的火法精炼

金具有很高的化学稳定性，同时具有很强的抗氧化能力。在高温下，金不能被氧化，而且也不易被氯气氯化，其他贱金属在高温下既可被氧气氧化，又可被氯气氯化，因此，火法精炼金通常采用氧化精炼法和氯化精炼法。应用火法精炼工艺处理冶炼厂的氰化金泥、粗金或回收的粗金时，精金含量通常可达到 95% 以上，若控制好生产条件，还能够生产出 99.6% 的精金。目前在国内许多中小矿山普遍采用氧化精炼法来精炼出 98% 的合质金，而某些大型冶炼厂则采用氯化法来生产 99.9% 的纯金。

3.2.1　火法氧化精炼法[2,3]

3.2.1.1　火法氧化精炼金的基本原理

火法氧化法精炼金是将含金原料与熔剂（氧化剂和造渣剂）混合，然后置于火法炼金炉中，在 1200~1350℃ 的温度下加入氧化剂进行熔炼，得到纯度较高的金银合金。氧化除去杂质的顺序为锌、铁、锡、砷、锑、铅、铜。其中铜最难氧化，因此氧化杂质铜时，必须使用强氧化剂，如硝酸钠或硝酸钾等，方可使铜氧化。银不被空气或氧化剂所氧化，如果金中含有银，则须用其他精炼法处理，方能除去金中的银。

3.2.1.2　火法氧化精炼金的常用熔剂

火法氧化炼金法常用熔剂有两类：一类是氧化熔剂，另一类是造渣熔剂。常用的氧化熔剂有硝石、二氧化锰，其作用是使炉料中的贱金属（铜、铅、锌、铁等）氧化生成氧化物以便造渣。常用的造渣熔剂有硼砂、石英、碳酸钠等，其作用是与贱金属的氧化物反应生成炉渣。杂质在炼金炉中参与的氧化反应，一般视氧化剂的不同，主要有以下两类：

第1类，主要以空气或氧气为原料，配以其他可燃剂，调节空气或氧气和可燃剂的比例，采用小型的顶吹回转炉或是反射炉进行氧化反应，生产的金纯度可以达到95%以上。

$$2Me+O_2 === 2MeO$$

第2类，主要以硝石为氧化剂，在坩埚炉或转炉内熔化金泥后并加入二氧化硅等造渣剂参与的氧化和造渣反应。通常精炼后金的纯度能达到98%，产生的渣中含有2%～3%的金。由于炉渣密度只有2～3g/cm³，比金银的密度低得多，因此冶炼过程中的炉渣将会浮在熔融金的表面上层被排除。

$$3Me+2NaNO_3 === 3MeO+Na_2O+2NO\uparrow（氧化反应）$$

$$m MeO+n SiO_2 === m MeO·n SiO_2（造渣反应）$$

3.2.1.3　氧化炼金法的设备及其生产工艺

（1）坩埚炉炼金

坩埚炉炼金多用于小型矿山，适用于砂金、汞膏和含金钢棉的熔炼，也可用于熔炼氰化金泥。坩埚炉炼金是在坩埚炉中进行的，过程如下：

① 升温烘烤　缓慢升高炉温，烘烤坩埚。

② 加入炉料　继续加热，升高炉温至800℃时，从炉中取出坩埚，并小心地往坩埚中加入已搅拌好的炉料，并在炉料上部覆盖少量硼砂；当坩埚内的炉料熔化后，停油停风，加入用纸包好的部分炉料，继续加热。

③ 熔炼　加足炉料，并加入熔炼金属量4%～6%的硝石，然后进入全面熔炼阶段。通常一个20号坩埚一次可以熔炼10～15kg金泥，熔化需要1.5h，熔化完毕后，停油停风，用专用钳将坩埚从炉中取出，并迅速将熔体倒入蹲罐（一种倒圆锥形铸铁罐）内分层冷却，冷凝后倒出，用小锤打击将渣与金银合金分离。

④ 铸锭　熔炼完毕后，将所有的金块集中进行铸锭。

（2）转炉（顶吹回转炉）炼金

转炉多见于中型以上矿山，适用于氰化金泥的氧化熔炼。转炉和常规的燃烧煤气炉或坩埚炉相比，其优点是金的回收率高，工艺过程中积压的金量较少，作业时间短，生产成本低。转炉炼金是在转炉内进行的，过程如下：

① 升温　先用木柴加热12～18h，使炉温升至800℃左右，接着用油或煤气加热4～8h，使炉温达到1200℃左右。

② 投料　停火停风，把炉口侧向一边，小心地一次性加入配好的炉料。加料要快，加完料后在炉料表面上撒一层硼砂。

③ 熔化　加料后使炉温在最短的时间内升至最高，让炉料迅速熔化。

④ 倒渣　当熔体不在翻腾后0.5h即可倒渣。倒渣分两次，第1次渣占总渣量的80%，第2次要慢，以免将金的熔体倒出。

⑤ 铸锭　清渣后，将金液倒入铸模内，铸成金锭。

⑥ 停炉　停油停风，并用耐火材料或黄泥封住燃烧口和炉口，以降低炉温，保护炉衬。

（3）可控硅中频感应炼金炉炼金

可控硅中频感应炼金炉在国内最早是由吉林省冶金研究所生产的专用电炉，由 KGPS 型 1500Hz 可控硅中频电源装置及 GWLJ 型中频感应炼金炉两部分组成。目前国内中频感应炉技术发展迅速，中频感应炉种类繁多。可控硅中频感应炼金炉炼金多见于有色冶炼厂，主要用于金泥、合质金和成品金的熔铸。

可控硅中频感应炼金炉炼金过程如下：

① 预热炉体　熔炼前，开通电源，将炉体预热 5~10min，并开启炉体循环冷却水泵。

② 预热坩埚　缓慢升高炉温，烘烤坩埚 5~10min。

③ 投料　将配好的炉料加入烘好的坩埚中，并在炉料上部覆盖少量硼砂，当坩埚内的炉料熔化后，停止供电，再加入部分炉料，继续加热。炉料可分多次加入，直至加满坩埚为止。

④ 熔化　加料后，提高中频感应炉的阳极电流和槽路电压，使炉料尽快熔化。

⑤ 精炼　炉料熔化后，用导管将空气或工业氧气通入熔融金属液体中或加入适量硝石，保温熔炼 10~15min，并加入适量硼砂，贱金属与氧气或硝石充分发生氧化反应，氧化为金属氧化物，金属氧化物与加入的熔剂进行造渣，炉渣浮在熔融金表面。

⑥ 倒渣　当熔体不在翻腾后 0.5h 即可倒渣。倒渣时采用人工抱钳将坩埚抬起，抱钳用电动葫芦控制，人工掌握坩埚倾角，将渣倒出。倒渣分两次，第一次渣占总渣量的 80%；第二次要慢，以免将金的熔体倒出。

⑦ 铸锭　清渣后，将金液倒入铸模内，铸成金锭。

⑧ 停炉　熔炼结束后，停止给炉体供电，但需要给炉体降温，因此，待循环水温降至 30℃后，停止循环水的供应。

另外在转炉的基础上由南非公司进行改进后生产的卡尔多炉，较转炉而言，其生产效率高，生产成本低，而且具有更快的精炼速率和较低的金损失。由于工艺流程的其余部分均同于常规的转炉工艺，在此不对其工艺作进一步的说明和分绍。

3.2.2　氯化精炼法[4,5]

3.2.2.1　氯化法精炼金的基本原理

氯化精炼法是澳大利亚淘金者、英国人 F. B. Miller 于 1867 年提出的，1872 年在澳大利亚悉尼造币厂首次用于生产，后来先后在南非兰德精炼厂和美国南达科他州得到应用。由于氯化精炼法具有流程短、速率快、对原料适应性强等优点，目前在产金大国南非、俄罗斯及加拿大等仍在使用。我国四川长城金银精炼厂（原成都印钞公司）1994 年从澳大利亚引进该项技术应用于合质金的精炼。

氯化法的原理是基于各种元素氧化还原电势的差异，贱金属和银比金更容易被氯气所氯化，生成氯化物而与金分离。其实质是用氯气吹炼熔融的粗金，贱金属与银发生氯化反应生成氯化物，而金由于电势最高，其生成氯化物的自由焓变量为正值，难以生成氯化物。主要金属的氯化反应及其热力学自由焓变化，生成氯化物的熔点、沸点列于表 3-2。从表 3-2 可见，生成氯化物的顺序首先是贱金属，其次是银，最后是金。

表 3-2　主要金属的氯化反应及氯化物性质

氯化物生成反应	自由焓变量 $\Delta G^{\ominus}_{1423}$/kJ	氯化物熔点/℃	氯化物沸点/℃
$Zn+Cl_2 \rightleftharpoons ZnCl_2$	−280	315	732
$Fe+Cl_2 \rightleftharpoons FeCl_2$	−210	677	1012
$Pb+Cl_2 \rightleftharpoons PbCl_2$	−200	498	954
$Cu+Cl_2 \rightleftharpoons CuCl_2$	−160	430	1690
$\frac{2}{3}Fe+Cl_2 \rightleftharpoons \frac{2}{3}FeCl_3$	−150	304	319
$2Ag+Cl_2 \rightleftharpoons 2AgCl$	−140	455	1550
$\frac{2}{3}Au+Cl_2 \rightleftharpoons \frac{2}{3}AuCl_3$	正值	—	—

氯化过程在感应电炉石墨坩埚内进行，经过熔炼的粗金锭装入 500kg 容量的坩埚中，再加入一定量的硼砂、石英砂及氯化钠混合熔剂。熔剂的作用是在熔化后的金属表面形成一薄渣层，减少金属的挥发，防止坩埚壁受侵蚀。金属熔化后，将预热过的陶瓷氯气喷管（或石英管、碳素管）经坩埚盖插入熔体中，通入氯气。为使氯气很好地分散，管端壁分布有小孔。氯化在 1150～1200℃进行，氯化精炼时杂质反应的动力学曲线如图 3-1 所示。

可见在氯化过程的实际条件下，杂质转化为氯化物的顺序大体上与热力学计算的顺序相同：铁、锌、铅等最先反应，生成的氯化铁与氯化锌因沸点低转化为气相，氯化铅部分挥发，部分浮在金属表面。只有在大部分铁、锌、铅被氯化后，铜和银才开始与氯气反应，$CuCl_2$ 与 $AgCl$ 的沸点高于氯化过

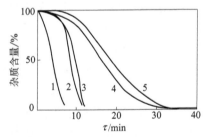

图 3-1　氯化精炼时杂质反应的动力学曲线

1—Fe；2—Zn；3—Pb；4—Cu；5—Ag

粗金原料含量（%）：Ag 9.0、Cu 1.4、Pb 0.35、Fe 0.18、Zn 0.06

程的温度，在金的表面形成熔化的氯化物层。待浮渣与氯化物聚集到一定量时定期清除，并重新加入熔剂继续氯化，如此反复几次。根据氯气管上出现黄色金层和

熔体上出现红烟，可判断氯化过程的终点，并取样分析，合格后用骨粉吸净液面上的浮渣，浇铸成金锭或阳极板送电解进一步精炼。氯化过程时间的长短主要取决于杂质含量的多少。如处理 20kg 含 90％的粗金，作业时间为 1h，而处理 12 kg 含 60％的粗金，则需 2.5h。

氯化物夹带有一定量的金粒，回收的方法是在坩埚炉内分批加入苏打进行还原熔炼：

$$4AgCl+2Na_2CO_3 == 4Ag\downarrow +4NaCl+2CO_2\uparrow +O_2\uparrow$$

氯化物中的 AgCl 约有 20％被还原为金属银，并将氯化物中夹带的金粒大部分捕集沉入坩埚底部，经分离得到的金银合金返回氯化精炼，因此，可保证较高的金回收率。

脱金后的氯化物为提银的原料，其中含 AgCl 约 70％，其余为铜、铅、钠的氯化物。将其水淬为细小颗粒，用氯酸钠加氯化钠的盐酸溶液进行浸出，除去铜、铅等杂质。得到的 AgCl 经锌粉或铁屑置换成银粉，洗净、烘干后铸成阳极板生产电解银粉。

氯化精炼时由于氯化物挥发，金银的损失不可避免，在回收的烟尘中含 1％～2％的金、20％左右的银，可在银系统加以回收。

3.2.2.2 氯化法精炼金的生产过程

氯化精炼要在合金熔融状态下进行，需要有较高的温度，实践中采用的温度为 1250℃。所用的加热设备一般为中频加热电炉或碳化硅棒电炉。使用内部为矾土、外衬为黏土和石墨制成的圆柱形坩埚，这种坩埚能够承受高温。采用中频电炉进行冶炼。炉子上部装有排风烟罩，烟尘从烟罩排出，经布袋除尘器收集，其装置见图 3-2。

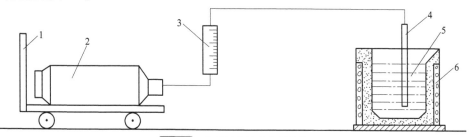

图 3-2 氯化法精炼金的装置图

1—台秤；2—氯气瓶；3—流量计；4—陶瓷管；5—合质金熔融体；6—中频炉

熔化前，向坩埚内装入合金，并加入硼砂、二氧化硅和食盐组成的熔剂。加入的熔剂量为合金量的 6％，其目的是吸收杂质和抑制贵金属的挥发。

当粗金全部熔化时，将陶瓷管插入熔体中，使其下端靠近坩埚底部，将管夹住定位，然后将橡胶软管接于陶瓷管上端，通入的氯气经过软橡胶管、陶瓷管直至熔体下部。为了使气体在熔融金属中均匀分配，在陶瓷管靠近底部钻有分布均匀的小孔。

　　氯气通入后，首先氯化的是铁，在操作温度下，以氯化物形态挥发，接着是锌和铅氯化，也以氯化物形态挥发。这期间，熔体产生激烈的搅动和沸腾，主要是氯化铁、氯化锌和氯化铅生成的气体冲出熔体，造成沸腾。为了避免熔体外溅，应减慢通入氯气的速率，只有当铁、锌、铅三种元素几乎全被除去后，铜和银才开始生成氯化物。后者生成的氯化物，以液体状态浮于熔体上部，进入浮渣。这时，液体金属不再发生搅动，即可适当增大氯气通入的速率。当熔融的粗金和氯化物充满坩埚时，将上部浮渣舀出，倒进另一坩埚，以提取铜、银和微量金。氯化物浮渣舀出以后，再重新加入熔剂，继续氯化，继续舀出，反复3～4次。当发现熔融金上部有红色的氯化金烟雾时，应立即减少氯气的通入量。精炼末期，除上部有红色的氯化金烟雾外，还发生激烈的湍流搅动，这时应用专门的取样坩埚穿过浮渣从熔融的金属中取出试样，送化验室分析化验。当测试金中含银量<0.35％时，认为金锭已经达到充分精炼，应停止通入氯气，否则，还需继续通入氯气精炼。

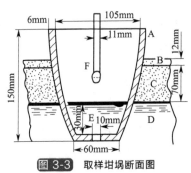

图 3-3　取样坩埚断面图
A—耐火黏土坩埚；B—熔渣；C—氯化物；
D—金水；E—清除熔渣后取样用金水；
F—黏土塞

　　取样采用专用小型耐火耐酸坩埚（图3-3），坩埚底部钻有10mm的小孔，并用带操作把的黏土塞塞住。取样时，先将坩埚插入熔体，并用黏土塞堵住底部，当坩埚底部插至熔融金表面以下30mm时，将黏土塞上提，熔融金属即进入取样坩埚中，然后，又将黏土塞下放堵住底部的孔，再将坩埚提到外部，放出液体黄金，供化验分析。若分析合格，即停止通入氯气，撤掉管子，并舀出剩余的氯化物覆盖层。为了清除表面层氯化物，加入骨灰使氯化物集中，用勺撇去表面渣沫，液体金进行铸锭。其品位达到99.6％，可作为货币及首饰金用，若要求更高的纯度，则要求进行电解或用其他精炼方法提纯。

　　Denver矿山工程公司所采用的氯化精炼技术是将金锭放在一个固气相高温氯气反应器中在微负压条件下与氯气接触，当在特殊的工艺条件下操作时，氯气与银、锌、汞等合质金反应生成氯化物，而金以元素形式留下。在氯化约6h后，从反应器中除去剩余金物质，用盐酸洗涤，以分离氯化铜，随后用氨水洗涤，以分离氯化银，再用硝酸洗涤，以除去残余金属银。这时的金类似一块硬质海绵，金的纯度为99.9％～99.999％，然后熔铸成金锭。用电积法从洗液中分离出金属铜和银。目前，已有两家精炼厂使用该工艺。

3.2.2.3　氯化法精炼金的优缺点

　　氯化精炼法可处理经选矿的砂金、汞齐蒸发后的粗金、氰化厂的合质金，含金银总量应在80%以上。铜铅阳极泥经火法熔炼得到的金银合金，含金银总量一般大于97%，均可送氯化精炼。

氯化精炼工艺的优点如下：

a. 投资和生产成本低，生产效率高，处理速度快，工作时间短。在等量物料的情况下，采用硝酸分银法精炼需72h，而采用氯化法仅需16h，时间缩短了56h，工作效率提高了77.78%。

b. 操作相对简单，生产成本低。硝酸分银法金泥兑银熔炼后水淬，要经过四次硝酸除杂、四次过滤洗涤、两次浓硫酸处理，工序烦琐。而氯化法工艺简单，程序较少，劳动强度小，相比之下，其生产处理成本较低。

c. 回收率高，损耗<0.1%。

d. 高温氯化精炼工艺对含金的成分适应范围较宽。

e. 系统内几乎没有金的积压。

氯化精炼工艺的缺点如下：

a. 高温氯化法对于成分复杂的金泥，氯气的用量、时间、温度和通气速率等条件难以准确把握，冶炼产品质量难以稳定指标。氯化过程会有少量金挥发造成金的损失。对含金低的物料。应用该法很不经济。

b. 产品纯度不高，虽可用于造币，但不能满足现代高技术的要求，尚需进一步电解精炼。

c. 如原料中含有铂族元素，不便回收。

d. 采用氯化法精炼，通入的氯气有部分过剩，通过烟罩排入大气，造成环境污染。但可以将排出的烟气经NaOH溶液吸收净化后外排，减小对环境的污染。

因此需根据实际情况权衡利弊，决定是否采用该方法。

3.2.3　温和氯化法

该法与Miller金精炼法有些相似，操作时先将首饰废料和粗金制成金属带，垂直悬挂在密闭的加热反应器内，在300～700℃的氯气流中进行氯化处理，使金属带中的合金元素被氯化除去。金属带的厚度一般为1.25～6mm，反应时间视粗金中金含量的多少而定，经氯化后，金残渣用盐酸、氨水和硝酸洗涤，用该法可得到纯度为99.95%～99.99%的金，但合金中铂不能够被除去。该法可处理金含量在30%～80%的粗金合金。

3.3　金的电解精炼[4~6]

目前，电解精炼法仍是金精炼的主要方法，并往往是大中型企业的首选方案。用于电解的原料一般含金在90%以上。如火法氯化法得到的品位大于99%

的粗金，铜、铅阳极泥经银电解处理所得的 2 次黑金粉、金矿经金银分离所得的
粗金粉以及其他废料经处理后所得的粗金等。将粗金配以硝石、硼砂熔铸成阳
极，经电解得到纯金。

目前，国内普遍采用电解提纯，将粗金铸成阳极板，利用电流的作用使金在
阳极上溶解，在阴极上选择析出而达到提纯的目的。国内采用此方法的厂家有成
都长城精炼厂、内蒙古乾坤精炼厂、沈阳冶炼厂综合回收车间等。该方法国内外
已相当成熟，但该方法存在如下缺点：一是电解金品位要达到国家 1 号金，阳极
金品位一般达到 99.5％以上，也就是说该方法适于处理品位在 99.5％以上的粗
金，对于品位小于 99.5％的粗金必须预处理达到 99.5％以后才能进行电解；二
是该方法流程中积压黄金较多。

3.3.1　金电解精炼原理

金电解精炼，以粗金作阳极，以纯金片作阴极，以金的氯化配合物水溶液和
游离盐酸作电解液。电解过程可近似地用下列电化系统表示：

$$阴极 \qquad 电解液 \qquad 阳极$$
$$Au(纯)｜HAuCl_4＋HCl＋H_2O｜Au(粗)$$

氯金酸是强酸，完全电离：

$$HAuCl_4 == H^＋＋[AuCl_4]^-$$

$[AuCl_4]^-$ 部分电离为 Au^{3+}：

$$[AuCl_4]^- == Au^{3+}＋4Cl^-$$

但其电离常数很小，$K^{\ominus}=[Au^{3+}][Cl^-]^4/[AuCl_4^-]=5×10^{-22}$，因此，可
粗略认为金在电解液中以 $[AuCl_4]^-$ 状态存在。

在水溶液中 $[AuCl_4]^-$ 发生水解：

$$[AuCl_4]^-＋H_2O == [AuCl_3(OH)]^-＋H^＋＋Cl^-$$

然而，在酸性溶液中实际上不会发生水解。因此，可以认为电解液中金以配
阴离子 $[AuCl_4]^-$ 形式存在。

3.3.1.1　阴极反应

阴极发生金还原，其主要反应是：

$$[AuCl_4]^-＋3e == Au＋4Cl^-$$

该反应的标准电势为＋0.99V，因此，与这一反应竞争的氢还原反应实际上
被排除。

由于电解液中还有 $[AuCl_2]^-$，故在阴极还有一价金的还原反应：

$$[AuCl_2]^-＋e == Au＋2Cl^-$$

该反应的标准电势为 1.04 V，与 3 价金很接近，有同时放电的可能。但增
大电流密度就可减少 1 价金离子的生成。

3. 3. 1. 2　阳极反应

阳极金溶解转入溶液：

$$Au+4Cl^- \Longrightarrow [AuCl_4]^-+3e \qquad \varphi^\ominus = +1.0V$$

氯和氧的标准电势比金的电势高得多：

$$2Cl^- \Longrightarrow Cl_2(g)+2e \qquad \varphi^\ominus = 1.36V$$

$$2H_2O \Longrightarrow 4H^++O_2(g)+4e \qquad \varphi^\ominus = +1.23V$$

所以在正常电解条件下，在阳极不可能析出氯和氧。但是，金典型的最重要的阳极行为是它的钝化倾向。当金转化为钝化状态时，阳极停止溶解。阳极的电势向正电势方向移动，直到可析出氯气的数值。由于 O_2 在金上的超电压高于 Cl_2，故先析出 Cl_2。钝化现象极为不利，在阳极不是发生金的有效溶解过程，而是发生氯离子氧化的有害过程，使电解液中金贫化，并毒化车间空气。

图 3-4 为金的阳极溶解极化曲线图。由数据可见，金转为钝化状态取决于电解液的温度和盐酸的浓度，特别是盐酸的浓度。例如，如果在 0.1 mol/L HAuCl₄ 溶液中不含游离盐酸，在温度为 20℃ 的条件下，电流密度很低（图 3-4，曲线 6），金开始钝化，而在同样溶液中，含 1mol/L HCl，甚至在电流密度为 1500A/m² 时（图 3-4，曲线 1），金仍然活性很强。因而，为避免阳极钝化和析出氯气，电解液必须有足够高的酸度和温度。在这种情况下，使用的阳极电流密度越大，电解液中的盐酸的浓度应该越高，温度也应该越高。提高盐酸的浓度和温度，不但可消除金的钝化，而且可提高电解液的电导率，因此可减少电能消耗。

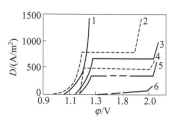

图 3-4　不同 HCl 浓度和温度下 0.1mol/L HAuCl₄溶液中金的阳极溶解极化曲线

1—1mol/L HCl，20℃；2—0.1mol/L HCl，80℃；3—0.25mol/L HCl，20℃；

4—0.1mol/L HCl，50℃；5—0.1mol/L HCl，20℃；6—不加 HCl，20℃

电解金的另一个重要特性是阳极溶解时金不仅以阴离子 [AuCl₄]⁻ 的形式转入溶液，而且也以阴离子 [AuCl₂]⁻ 的形式转入溶液：

$$Au+2Cl^- \Longrightarrow [AuCl_2]^-+e \qquad \varphi^\ominus = +1.11V$$

由于 1 价金的电化当量比 3 价金大，按 3 价金计算的阴极电流效率会出现超过 100% 的现象。阴离子 [AuCl₄]⁻ 和 [AuCl₂]⁻ 之间的平衡关系为：

$$3[AuCl_2]^- \Longrightarrow AuCl_4^- +2Au+2Cl^-$$

但这一歧化反应的平衡常数相当小，实际上阳极生成的 [AuCl₂]⁻ 的浓度超过了平衡值，上述不成比例的反应平衡式向右移动，同时，部分金呈细粉状沉入阳极泥中。从阳极泥中回收金需要增加工序，因此，应尽力防止金粉生成。实践证明，进入阳极泥的金量随着电流密度的增高而减少。

3.3.2　金电解时杂质的行为

金电解精炼的阳极板是一种含有多元素的合金。随着阳极金的溶解，阳极中杂质的行为也各不相同。金电解精炼过程中，阳极上凡是比金更负电性的杂质都电化溶解而进入电解液，只有铂族金属中的铑、钌、锇、铱等不溶而进入阳极泥中。进入电解液中的杂质，有些因浓度不高，一般也不易在阴极上析出；有些（如 $PbCl_2$）在电解液中的溶解度低而沉淀到阳极泥中；铜离子的浓度一般较高，有可能在阴极析出，影响金的质量，因此，阳极中的铜宜控制在不超过 2%；铂、钯进入电解液后，积累到一定程度，就应处理加以回收。金电解精炼的电解液中杂质的最高允许含量见表 3-3。

阳极中最有害的成分是银。在阳极中的银成为氯化银壳黏附在阳极或是脱落进入阳极泥中，氯化银一般可视为不溶于电解液的化合物，但是电解液中的含酸量较高时，氯化银也会部分溶于溶液中，当溶液稀释后，氯化银又自然析出。氯化银在盐酸中的溶解度与温度的关系列于表 3-4。当阳极中含银不大于 1% 时，生成的氯化银颗粒非常细微，这种氯化银不易沉淀而悬浮在电解液中，对阴极质量较为有害。当阳极中含银在 3%～4% 时，此时生成的氯化银比较容易脱落进入阳极泥中。当阳极中含银大于 10% 以上时，所生成的氯化银将附着在阳极板上，使阳极金产生钝化，妨碍阳极金的继续溶解，并使阳极析出氯气，同时导致电解液中金的贫化，生产速度减慢，这种情况必须采用机械或手工的方法将阳极上的氯化银壳除掉。

表 3-3　金电解精炼的电解液中杂质的最高允许含量

杂质	Cu	Pb	Pt	Pd	Fe
最高允许含量/(g/L)	90	15	60	5	5

表 3-4　氯化银在盐酸中的溶解度

盐酸浓度/%	氯化银溶解度/%			
	20℃	40℃	60℃	80℃
6.32	0.00246	0.00561	0.0115	0.0224
9.19	0.00632	0.0126	0.0239	0.0433
16.84	0.0396	0.0634	0.1001	0.1512

为了解决银的危害，金电解精炼时，往电解槽中输入直流电的同时输入交流电，形成非对称性的脉动电流。脉动电流的变化如图 3-5 所示。一般要求交流电的 $I_交$ 应比直流电的 $I_直$ 大，其比值为 1.1～1.5，这样得到的脉动电流 $I_脉$，随着时间的变化，时而具有正值，时而具有负值。当其达到峰值时，阳极上瞬时电流密度突增，此时，阳极上有大量气体析出，AgCl 薄膜即被气泡所冲击，变疏松

而脱落；当电流为负值时，电极的极性也发生瞬时的变化，阳极变为阴极，则 AgCl 的生成将受到抑制。使用脉动电流，不仅可以克服 AgCl 的危害，还可提高电流密度，从而减少金粉的形成，还可以提高电解液的温度。脉动电流的电流和电压，可用下列公式计算：

$$I_{脉} = (I_{直}^2 + I_{交}^2)^{1/2} \qquad E_{脉} = (E_{直}^2 + E_{交}^2)^{1/2}$$

较新的方法介绍如下：

① 使用非对称交流电源，该电源为交流电正半周导通，负半周小部分导通并可调，适用于含银较高的阳极。

② 使用周期自动换相金电解装置（中国专利 ZL 93229729.3），应用矩形方波电流，先正向导通数秒至数十秒，再反向导通数秒来消除

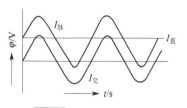

图 3-5 脉动电流变化图

钝化。此装置投资少，操作控制方便，较适用于原料含银较低的中小型黄金矿山及首饰加工厂。

电流的周期反向（或称换向）电解技术是 1949 年首先用于电镀生产的，它使镀件获得了光洁的高质量镀层。它是在正常供电条件下，每隔一定时间（50～150s）将正极供入的电流自动切换至负极，经 2～4s 再自动切换至正极，如此来回换向，一台供电设备每年需频繁换向数十万次乃至数百万次。因而，此项技术直至大功率可控硅整流器和无触点快速换向开关问世后才于 1969 年先后在日本、赞比亚、美国和南非几家大型铜厂的电解中获得应用。我国的周期反向电解技术试验始于 1971 年。1973 年在原沈阳冶炼厂进行了电流强度 6400～7400A（电流密度 178～230A/m²）、正向供电 140～150s、反向供电 3～4.2s 的铅电解扩大试验。试验结果：电流效率为 92.76%～93.37%，电铅产品表面光洁、质量良好。

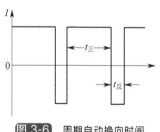

图 3-6 周期自动换向时间和电流波形示意图

周期反向电解的电流效率虽取决于正极供入电流，负极换向瞬间供入电流属"无用功"，但它可将阴极上生长的尖形粒子反溶除去，防止极间短路，并产出质量良好的电解产品。且通过电流的频繁换向和来回振荡可防止浓差极化，并使阳极表面厚硬的阳极泥层疏松脱落，防止阳极钝化。为此，东北大学黄金学院于 20 世纪 90 年代开展了周期反向技术用于金电解的试验。结果证明它可替代交直流重叠供电的沃尔维尔法，不需重叠交流电流。供入直流电流的波形变化如图 3-6 所示，设备及其连接示于图 3-7。图中周期换向整流器可在正向 3～150s，负向 1～40s 间自由调整。电解槽为聚丙烯硬塑料槽。电解液由蛇形玻璃管经泵送入的热水间接加热。由感温器测定电解液温度，并通过控温仪自动

控制热水供应泵的关停和启动,以此来达到电解要求的温度。

由于本工艺历时尚短,其工艺和设备尚需不断开发使之更趋完善。

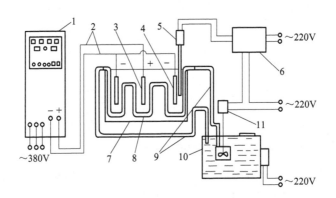

图 3-7　周期自动换向金电解装置

1—周期自动换向整流器;2—导电母线;3—阳极;
4—阴极;5—感温器;6—自动温度控制仪;7—电解槽;
8—加热玻璃管;9—胶管;10—电热自动恒温水浴;11—泵

我国目前黄金精炼采用的设备主要有 GDA 系列、GDF 系列、GDJ 系列、GDS 系列和 KGDS 系列的可控硅整流器装置。其中,K 表示硅可控成套;G 表示硅成套;D 表示电解或电镀用;F 表示元件风冷;S 表示元件水冷;J 表示元件油浸冷却;A 表示元件自然冷却。部分国产电解用硅整流器和可控硅整流器列于表 3-5。

表 3-5　部分国产电解用硅整流器和可控硅整流器

型号	相数	输入电压/V	输出电压/V	输出直流电流/A
GDA-300/0-24	3	380	0～24	300
GDA-500/0-16	3	380	0～16	500
GDF-500/0-12	3	380	0～12	500
GDF-1000/0-18	3	380	0～18	1000
GDF-3000/0-18	3	380	0～18	3000
GDJ-2000/0-12	3	380	0～12	2000
GDS-500/0-12	3	380	0～12	500
GDS-1000/0-12	3	380	0～12	1000
KGDS-1000/0-12	3	380	0～12	1000
KGDS-2000/0-12	3	380	0～12	2000
KGDS-3000/0-12	3	380	0～12	3000

金电解精炼操作条件实例示于表 3-6。

表 3-6 金电解精炼操作条件实例

项目	厂别				
	1	2	3	4	5
Au/%	90	>88	≥90	≥90	96～98
阳极成分 Ag/%				<5	<2
电解液温度/℃	30～50	30～70	40～50	35～50	50～70
电解液成分　　Au³⁺	250～300	250～350	250～300	250～300	250～350
/(g/L)　　HCl	250～300	150～200	250～300	200～250	200～300
阴极电流密度/(A/m²)	200～250	500～700	190～230	250～280	450～500
同极中心距/mm	80～90	120	70～80	90	90
直流:交流(电流比)	1:2	1:(1.5～2)	1:1.5	1:1	无交流
电解液密度/(g/cm³)	1.4	1.36～1.4			
槽电压/V	0.2～0.3	0.3～0.4	0.2～0.3		0.4～0.6

3.3.3　金电解精炼实践

3.3.3.1　电解液的制备

制备金电解液的最好方法是电解法，俗称电解造液。另外，还可使用王水溶解法。

① 隔膜电解造液法　这种方法是在与金电解相同的槽中，采用与金电解基本相同的技术条件进行的，其最大不同点是纯金阴极很小且装于未上釉的耐酸素瓷隔膜坩埚中（图 3-8）。

此法广泛应用于工业生产中。使用 25%～30% 的盐酸液，在电流密度为 1000～1500A/m² 和槽电压不大于 3～4V 条件下，可制备出含金 380～450g/L 的浓溶液。

某厂电解造液是在电解槽中加入稀盐酸（化学纯盐酸或蒸馏盐酸），槽中装入粗金阳极板，在素瓷隔膜坩埚中装入 105mm×43mm×1.5mm（厚）的纯金阴极板。素瓷坩埚内径为 115mm×55mm×250mm（深），壁厚 5～10mm。坩埚内的阴极液为 1:1 的稀盐酸。电解槽内 HCl:H₂O=2:1，阴极液面比电解槽阳极液面高 5～10mm，以防止阳极液渗入阴极区。

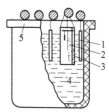

图 3-8 隔膜电解装置
1—阳极；2—阴极；
3—隔膜；4—电解液；
5—电解槽

电解造液的条件通常是电流密度 2200～2300A/m²，槽电压 2.5～4.5V，重叠交流电为直流电的 2.2～2.5 倍，交流电压 5～7V，液温 40～60℃，同极中心距 100～120mm。当接通电流时，阴极上开始放出氢气，而阳极则开始溶解，造液 44～48h，即获得密度为 1.38～1.42g/m³、含金 300～400g/L（延长周期最高可达 450g/L）、含盐酸 250～300g/L 的溶液，经过滤除去阳极泥后，贮存在耐酸瓷缸中备用。作业终止后，取出坩埚，阴极液集中进行置换处理，以回收可能穿透坩埚进入阴极液中的金。

鉴于金价昂贵，为提高金的直收率，使金不致积压于生产过程中，某些厂曾使用含金 95～120g/L、盐酸 120～150g/L 的电解液。

② 均质阴离子交换膜造液法 隔膜电解法造液，除了采用素瓷隔膜坩埚外，还可采用阴离子交换膜。阴膜 M886A 的主要化学成分是带有氨基功能基团的高分子电解质（R$^+$Cl$^-$），由于阴膜的高分子氨基固定基团（即 R$^+$）对电解液中的正电荷金离子有相斥作用，可以阻止金离子向阴极区迁移，使阳极区的造液效率提高。用 M886A 过氯乙烯弱酸性均质阴离子膜粘贴在硬聚氯乙烯框架上，黏合剂由聚氨酯胶水和过氯乙烯粉溶化于环己酮饱和溶液中制成的。阴离子膜与素瓷隔膜坩埚性能比较见表 3-7。

表 3-7 阴离子膜与素瓷隔膜坩埚性能比较

项目	M886A 阴离子交换膜	素瓷隔膜坩埚
槽电压/V	1.6～2.0	1.8～2.2
槽温/℃	65～68	68～70
使用寿命/d	4～6	2
阴极室析出金粉	很少量，易回收	多量，不易回收
金的回收	膜基本不粘金，可全部回收	坩埚壁渗金，回收困难
操作条件	槽温低、酸蒸气量小、操作条件较好	酸蒸气量较大、操作条件较差

试验得出如下结论。

a. 使用阴膜消除了在使用素瓷隔膜坩埚时在阴极产生金泥的缺陷。阴膜具有选择性，它阻止了金离子在电解过程中进入阴极，因此，在阴极上很少有金泥析出。素瓷隔膜坩埚的孔隙虽小，渗透差，阻力也大，但还不能完全阻止金离子渗透到阴极区产生金泥。金泥清除困难。相反，阴膜无此缺陷，故可提高成品产出率。

b. 素瓷隔膜坩埚由于它本身壁厚，在孔隙中渗进了金粉，回收有困难。而阴膜则无此缺陷。即使阴膜黏附少量的金粉，也可焚化回收，而素瓷隔膜坩埚则无此优点。因此，使用阴膜减少了黄金损耗。

c. 素瓷隔膜坩埚的电阻比阴膜大。使用阴膜的槽电压比使用素陶罐低（槽电压降低 10% 以上），液温相应也低，减少电能的损耗。

d. 使用阴膜的盐酸蒸气量小，环境污染少，操作条件好。

③ 王水溶解造液法 将还原的金粉加王水溶解而制得电解液。一份金粉加入一份王水，经溶解后过滤除去杂质。为了除去溶液中的硝酸通常在金粉全部溶解后，继续加热赶硝酸以使其分解成二氧化氮而被除去。在前苏联，过去多使用王水造液，南非和日本现今仍多采用之。此法的优点是速度快，但溶液中的硝酸根不可能完全被排除。用此溶液进行电解，由于硝酸根离子的存在，会使电解过程中出现阴极金反溶解的不利现象。

一般常用氯化物电解液，亦有的用王水电解液。如乌兹别克斯坦的穆龙陶金矿因含银和杂质较高，多年的生产实践说明：采用王水电解法（工作电解液含 Au 180～200g/L、HCl 110～140g/L，NO$_3^-$ 95～110g/L），可以处理低品位的杂质含量较高的阳极金属。该矿的粗金中的杂质是在炉料熔炼时除去的，银留在阳极金属中，电解时进入阳极泥再用分离熔炼法回收。当阳极组分含量（％）为：Au 70～90、Ag<12、Cu<20 时，阴极金纯度为 99.99％，但槽电压较高（2.2V）、电流效率较低（换算成 Au^{3+}，约比氯化物电解法低 10％），同样条件下比氯化物电解法的生产能力低 8％～10％，滞留的金达 20％～25％。

无论是素瓷隔膜坩埚造液还是隔膜造液，更换后的带金的素瓷隔膜坩埚或阳离子隔膜的再处理回收，都会导致部分黄金的积压和损耗。近几年新开发了一种带有冷凝回流装置的密闭玻璃反应釜，在该反应釜中采用化学溶解法进行造液。为加快造液的速率，采用了新的药剂和操作方法，大大减少了赶硝时间。这种新的造液工艺和设备，取消了电解造液的回收处理含金隔膜或素瓷隔膜坩埚工序，并有效缩短了造液的周期。造液周期由原来的 48h 缩短到现在的 6～8h。

3.3.3.2 阴极片的制作

阴极片制作可采用电解（电积）法和轧制法。

① 电解法 金始极片，可用电解法制取，俗称电解造片。造片在与电解金相似的或同一电解槽中进行。电解液使用上述制备的氯化金电解液，槽内装入粗金阳极板和纯银阴极板（种板）。

电解造片通常在较低的电流密度和温度下进行，采用的技术条件见表 3-8。

表 3-8 电解造片的电解操作条件

项目	操作条件
电流密度/(A/m²)	210～250
槽电压(直流)/V	0.35～0.4
槽电压(交流)/V	5～7
直流：交流(电流强度)	1：3
电解液温度/℃	35～50
同极中心距/mm	80～100

先将种板擦拭干净，并经烘热至 30～40℃后打上一层极薄而均匀的石蜡。种板边缘 2～3mm 处一般要经过粘蜡处理或用其他材料进行粘边或夹边，以利于始极片的剥离。

通电后，阳极不断溶解，并于阴极种板上析出纯金。经 4～5h，即能在种板两面析出厚 0.1～0.15mm、质量约为 0.1kg 的金片。种板出槽后再加入已备好的另一批种板继续造片。取出的种板用水洗净表面年黏附的电解液（洗涤水集中于废液贮槽中）。洗净的种板晾干后剥下始极片，始极片先于稀氨水中浸煮 3～4h，后用水洗净，再于稀硝酸中用蒸汽（或外加热）浸煮 4h 左右，取出用水洗净并烘（或晾）干，然后剪切成规定尺寸的始极片和耳片，经钉耳、拍平，供金电解用。

② 轧制法 将造好的金电解液（一般可采用王水法造液）用草酸（亚硫酸钠或硫酸亚铁）还原出金粉，金粉烘干后熔铸成片状金条，金的纯度一般为99.95％～99.99％。再将金锭用对辊轧机压制为 0.1～0.2mm 厚的金箔。为达到该厚度，轧制时可将金片折叠在一起，并不断退火，待达到生产要求的厚度

时，采用人工将金箔分离。分离后的金箔按照生产要求的尺寸裁剪为大小合适的阴极片，在金片上部穿上金挂耳后供金电解提纯使用。

近几年来，人们普遍使用永久钛作阴极板，与传统的纯金压片作阴极相比采用钛合金板做阴极减少了纯金阴极这部分黄金的周转积压和纯金阴极制作过程中的损耗。为了顺利地从钛板上剥离阴极产品，在借鉴国外技术的基础上，采用一种特殊的导电涂层覆盖在钛阴极板上，这使操作过程大为简化。参见本书3.11.1电解法。

3.3.3.3 粗金阳极板的熔铸

电解前先将金原料熔铸成粗金阳极板。当原料为合质金或其他含银高的原料时，应在熔铸前先用电解法或其他方法分离银。

粗金阳极板一般在石墨坩埚内于柴油地炉中熔铸而成。地炉和坩埚容量的大小视生产量规模而定，一般常用60～100号坩埚。如用100号坩埚，则每锅熔炼粗金75～100kg。为提高阳极板的纯度，需往原料中加入少量硼砂和硝石，在1200～1300℃温度下熔化造渣1～2h。原料熔化后，还可根据造渣情况加入少量硝石等氧化剂进行造渣。在造渣过程中由于强烈的氧化和碱性炉渣的侵蚀，坩埚液面的部位常会受到严重侵蚀，甚至被烧穿。为此，可视坩埚情况加入适量洁净干燥的碎玻璃，用以中和碱渣来保护坩埚，并吸附液面的浮渣。熔炼造渣完成后，用铁质工具清除液面浮渣，取出坩埚，浇铸于经预热的模内。浇铸时不要把阳极模子夹得太紧，以免阳极板在冷凝时断裂。由于金阳极板小，冷凝速度快，因此除要烤热模子外，浇铸的速度亦要快。阳极板的规格各厂不一，在某些工厂为160mm×90mm×10mm，每块重3～3.5kg，含金在90%以上。待阳极板冷凝后，撬开模子，趁热将板置于5%左右的稀盐酸中浸泡20～30min，除去表面杂质，洗净晾干送金电解精炼。

3.3.3.4 电解槽

金电解精炼用的电解槽可用耐酸陶瓷方槽，也可用10～20mm厚的塑料板焊成的方槽。为了防止电解液漏损，电解槽外再加保护套槽。槽子构造及尺寸如图3-9所示。金电解精炼槽技术性能实例见表3-9。

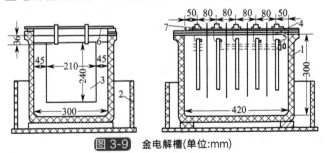

图 3-9 金电解槽(单位:mm)

1—耐酸陶瓷槽；2—塑料保护槽；3—阴极；4—阳极吊钩；

5—粗金阳极；6—阴极导电棒；7—阳极导电棒

表 3-9 金电解精炼槽技术性能实例

项目	厂别				
	1	2	3	4	5
直流电流强度/A	80	80～120	50～60	18～20	40～50
交流电流强度/A	180～200	120～240	75～90	18～20	
阴极电流密度/(A/m²)	200～250	500～700	190～230	250～280	450～500
阳极尺寸/mm	100×150×10	165×100×10	128×68×2	100×78×10	130×100×10
阴极尺寸/mm	190×120	210×180×0.2	128×68		140×100
种板尺寸/mm	260×250×1.5				
每槽阳极片数/片	4排,每排2块	3	4排,每排3块	3	3
每排阴极片数/片	5排,每排2块	4	5排,每排3块	4	4
同极中心距/mm	80～90	120	80	90	90
电解槽尺寸/mm	310×310×340	380×280×360		280×130×220	450×170×300
电解槽数/个	2	6		2	2
电解槽材质	硬聚氯乙烯	硬聚氯乙烯		硬聚氯乙烯	硬聚氯乙烯

3.3.3.5 电解操作

在电解槽中，先注入配好的电解液，然后把套好布袋的阳极垂直挂入槽中，再依次相间挂入阴极片。槽内的两极是并联的，而槽与槽之间是串联的。电极挂好后再调整电解液，使液面略低于阳极挂钩。送电后要检查电路是否畅通，有无短路、断路现象，测量槽电压是否正常。待阴极析出金到一定厚度后，可取出另换新阴极片。阳极溶解到残缺时不能再用，应取出更换新阳极。阳极袋中的阳极泥，要精心加以收集。

3.3.3.6 金电解精炼的技术经济指标

金电解精炼的电解液一般含 Au 250～350g/L、HCl 200～300g/L；在高电流密度作业时，含金宜高些；电解液中含铂不宜超过 50～60g/L，含钯不宜超过 5g/L。电解液的温度一般为 50℃，如采用高电流密度可高达 70℃，电解液不必加热，靠电解的电流作用即可达到上述温度。

电流密度应尽量高些，一般为 700A/m²，国外有的厂高达 1300～1700 A/m²。如采用高电流密度，宜提高阳极品位、电解液中金和盐酸的浓度。电流效率主要指直流电的电流效率，因电金的析出是靠直流电的作用。一般工厂的阴极电流效率可达 95%。槽电压与阴极品位、电解液成分和温度、极间距、电流密度等有关，一般为 0.3～0.4V。电能消耗也是指直流电的单耗，即每生产 1 kg 电金所消耗的直流电量。

在电解精炼工艺中，制约高电流密度的主要障碍是浓差极化严重，导致阴极板表面的电解液中金离子严重贫化，金在阴极板析出的物理状态恶化，电解液中的杂质离子被夹杂或还原混入产品中，从而影响产品质量。另外，高电流密度还会导致阳极钝化。减少浓差极化的措施主要是加强电解液中的离子扩散运动，国内某公司在借鉴国内外先进经验的基础上，经过不断探索完善，开发了一套结构简便、运行平稳的强化离子扩散装置，从而使高电流密度的使用得以实现。这种强化离子扩散装置有效地减少了电解液中的浓差极化现象，使阴极析出的黄金产品质量得到了更稳定的提高，并简化了控制条件。新设备投入运行以来，黄金产品质量始终保持在99.995％以上，超过了上海黄金交易所1号金所要求的质量标准。该装置也使得低浓度金电解液得以采用，金浓度由原来的240～300g/L降到100g/L左右。另外该装置还有助于清理阳极板表面黏附的阳极泥，不再需要交直叠加电流，只用单纯直流电源即可，简化了生产操作和电源结构，阳极的残极率也有所降低，由此降低了流程中金的积压。通过技术开发和生产实践，在保证产品质量的前提下，电流密度由原来的300A/m² 左右提高到1000A/m² 以上，精炼周期由原来的80～100h缩短到24h之内。

表3-10列出了中国某些工厂金电解精炼的主要技术经济指标，表3-11列出了日本某些铜冶炼厂的金电解精炼技术经济指标。

表 3-10   中国某些工厂金电解精炼技术经济指标实例

名称	厂别		
	1	2	3
电流效率/％	95		＞98
精炼槽电压/V	0.2～0.3	0.3～0.4	0.4～0.6
造液槽电压/V	2.5～4.5	2.5～4.5	2.8～3.5
直流电耗①/(kW·h/kg)	2.14		
残极率/％	20		15～20
阳极泥率/％	20～25		10
盐酸消耗②/(kg/kg)	4		
阴极金品位/％	≥99.96	＞99.95	＞99.99
金锭品位/％	＞99.99	＞99.99	＞99.99
金锭重量/(kg/块)	10.89～13.30	11～13	12～13
电解回收率/％	99		
金锭浇铸回收率/％	99.93	99.73	＞99
金锭浇铸合格率/％	100	100	100
金精炼回收率③/％	98.5	91.35	
金冶炼回收率④/％	98	82	98.2

① 包括造液所消耗的直流电。

② 浓度为31％的盐酸。

③ 金银合金至金锭的回收率。

④ 阳极泥至金锭的回收率。

表 3-11   日本某些铜冶炼厂的金电解精炼技术经济指标

项目	工厂名					
	小坂	日立	日光	竹原	新居浜	佐贺关
金阳极板总重/kg	116	615	67	565	545	406
单块阳极板重/kg	2.9	4.3	2.9	4.0	7.7	8.0
产出电解金量/kg	67	471	50	486	428	392
残极率/％	16.8	15,6	13.8	6.5	27.3	7.0

续表

项　目		工厂名					
		小坂	日立	日光	竹原	新居浜	佐贺关
电解液	组分:金/(g/L)	113.0	60	90	90	100	110
	盐酸/(g/L)	134	50	155	90	100	70
	温度/℃	75	65	60	60	60	58
	每槽循环量/(mL/min)	600	1000	1500	150	1000	300
	循环方式	空气升液器	空气升液器	空气升液器	空气升液器	循环泵	泵
	加热方法	水浴	交流直接	电流	电热器	直接加热	交流直接
	造液方法	王水法	王水法	王水法	王水法	隔膜电解	隔膜电解
回路直流电流/A		70	90	60	100	+200	136
回路交流电流/A		112	150	120	350	−5	192
单槽直流电压/V		0.3	0.5	1.7	0.2	可控硅法	0.6
单槽交流电压/V		1.2		5.3	0.5	1.2	
电流密度	母线/(A/mm²)	0.3	0.51	0.60	0.80	0.64	0.89
	阳极/(A/m²)	636	500	325	247	922	711
	阴极/(A/m²)	636	409	450	221	625	640
交直流比(交/直)		1.6	1.7	1.7	3.5		1.4
同极中心距/mm		80	50	60	40	50	70
电流效率/%		74.1	96.6	97.5	96.0	96.5	98.0
1kg金锭直流电耗/kW·h		1.0	2.7	5.9	4,1	4.7	2.0

3.3.3.7　产品及其处理

（1）电金

阴极金（电金）取出后用水洗涤，去掉表面的电解液、洗涤，洗涤水不能弃去。电金在坩埚炉中于1200～1300℃下熔融，熔化后金液表面宜用适量火硝覆盖，浇铸温度为1150～1200℃，铸模预热到120～150℃，熏上一层烟灰。金锭脱模后用稀盐酸煮沸3～4h，氨水浸泡3～4h，纯水洗涤后用洁净纱布蘸酒精擦拭表面，使之光亮。金锭品位一般大于99.95%，1994年金产品国家标准（GB 4134—1994，已作废）见表3-12。我国国家质量监督检验检疫总局于2015年9月11日发布了金锭最新国家标准——GB/T 4134—2015，从2016年4月1日起实施，参见本书表10-1。

表3-12　金产品国家标准（GB 4134—1994）

产品名称	代号	Au 含量/% 不少于	杂质含量/%　不大于						
			Ag	Cu	Fe	Pb	Bi	Sb	总和
1 号金	Au-1	99.99	0.005	0.002	0.002	0.001	0.002	0.001	0.01
2 号金	Au-2	99.95	0.020	0.015	0.003	0.003	0.002	0.002	0.05
3 号金	Au-3	99.9	—	—	—	—	—	—	0.1

注：1号、2号金的含量是以100%减去表列杂质总和而得，3号金的杂质含量不规定上限，但必须参加减量。

可用多次电解的方法制备高纯金，如用含金量＞99.9%的阳极，在 $HAuCl_4$

＋HCl 电解质中用钽片作阴极，经 2 次电解、硝酸煮洗，获得 Au＞99.999％的高纯金。

（2）残极

电解一定时间后，阳极溶解到残缺不全，称为残极，残极取出后，要精心洗刷，收集其表面的阳极泥，然后送去与 2 次黑金粉一起熔铸成新的阳极。

（3）阳极泥和电解废液的处理

金电解阳极泥产率一般为 20％～25％，含 90％AgCl、1％～10％金，通常将其返回再铸金银合金阳极板供银电解。由于氯化银的熔点低（452℃），熔炼时容易挥发损失，为此某厂将金电解阳极泥于地炉中熔化后用倾析法分离金，氯化银渣加入碳酸钠和碳进行还原熔炼，铸成粗银阳极送银电解，金返回铸金阳极。

当金阳极泥中含有锇、铱时，应先筛分阳极泥，选出锇和铱后，再回收金、银。

更换电解槽中的金电解液应先将废液抽出，并将阳极泥清出，然后洗净电解槽加入新液。废液和洗液全部过滤，获得的阳极泥洗净烘干。废液和洗液一般先用二氧化硫或亚铁还原其中的金，再加锌块置换铂族金属至溶液澄清为止。经过滤，滤液弃去。滤渣含铂族金属较高，用 1∶1 的稀盐酸浸洗除去铁、锌后，送精制铂族金属。

当电解废液含铂、钯很高时，也可先用氯化亚铁还原其中的金，再分离铂、钯等。处理这种金电解废液也可先加入氯化铵使铂呈氯铂酸铵沉淀后，再用氨水中和溶液至 pH＝8～10，使贱金属水解除去，再加盐酸酸化至 pH＝1，钯即生成二氯二氨配亚钯沉淀。余液用铁或锌置换回收残余贵金属后弃去。

金电解过程中，如电解液中含铂、钯过高，有可能与金一道析出时，也可采用上述方法净化电解液。除去铂、钯后，溶液返回电解使用。

某厂在进行含金 49.85g/L、钯 4.74g/L、铂 0.68g/L 的金电解废液试验时，分别使用硫酸亚铁、二氧化硫和草酸还原金，金、钯和铂的沉淀率见表 3-13。

表 3-13　金、钯和铂的沉淀率

还原剂	沉淀率/%		
	金	钯	铂
硫酸亚铁	99.13	95.99	100.00
二氧化硫	99.93	51.39	95.60
草酸	96.01	97.05	92.53

从表 3-13 中可以看出，硫酸亚铁还原金的还原率高，铂、钯的损失少；草酸最低；二氧化硫还原金的还原率虽最高，但钯的损失过大，可能是生成不溶性的钯配盐之故。还原金后的溶液尚含有少量金，再加入锌块置换，贵金属的回收率（％）分别为：Au 99.77、Pd 98.93、Pt 约 100。当把溶液酸度提高到 0.2mol/L 时，用锌还原效果会更好。如将草酸还原金的滤液不加锌置换改用甲

酸还原，先将溶液 pH 值调至 6，再加入甲酸，贵金属的回收率（％）分别为：Au 99.70、Pd 99.97、Pt 96.09。

又据某公司十多年使用锌置换法处理各种贵金属氯化液和精炼过程废液的经验证明：锌置换法是一种具有过程迅速、置换彻底、操作简便以及不需特殊设备的简便易行的可靠方法。经鼓风搅拌，最终加锌粉置换后的残液中金、铂、钯 < 0.0005g/L，达到了生产废弃的标准。金、铂、钯的置换回收率在 99％～99.9％ 之间，效果是令人满意的。为了获得更好的效果，还可以采取下列措施：

a. 可适当增加置换液的酸度，并鼓风搅拌，以免贵金属精矿中含锌粉过高。如锌粉过高，可于 3mol/L 盐酸液中加热至 80～90℃ 搅拌除锌。

b. 溶液含铜等贱金属过高时，改用铜置换。用锌或铜置换所得的贵金属精矿，均使用 60g/L 的硫酸高铁溶液浸出除铜。

c. 含有硝酸和亚硝酸介质的溶液，锌置换法不能彻底回收其中的贵金属，应避免使用。

前苏联曾使用电解法处理金电解废液。该法是在金电解造液时，将电解废液注入阴极隔膜内，在阳极区溶解阳极的同时，废电解液中的金则于阴极上析出。析出的阴极金供铸阳极用。

3.4　电解精炼金闭路循环新工艺——J 工艺[6]

金精炼技术有很长的历史，电解法和王水法是著名的方法。电解法的一大优点是在相对投资小的条件下，容易获得 99.95％～99.99％ 的金；缺点是大量黄金必须以电解液和电极形式储存，工艺生产速率比王水法慢，在大规模生产中，电解槽存金占用大量资金。

在王水法中，用王水溶解金（粗金），用化学试剂部分还原溶液中所含的金，以得到纯度为 99.99％ 的金。要求：a. 必须知道溶液中可溶金的总量；b. 适当调整还原条件的酸度；c. 进行部分还原（一般为理论值的 80％～90％）。王水法的主要优点是不需要像电解液和电极那样储存金，投入至产出的时间非常短；缺点是产生一氧化氮和氯化氢废气及大量的强酸性废水，为保证满意的环境条件，必须有废气洗涤器和废水处理设备。

在金精炼工艺中通常使用强酸（王水、盐酸等等）和有毒的化学药品（氰化物等），这些都会影响生态环境。J 工艺是在这样的背景下发展起来的，该工艺的特点是环境满意，工艺速率快。J 工艺是一种金精炼新工艺，其工艺要点概述如下：a. 再生返回系统溶液以便在隔膜电解槽里生产化学试剂（I_2，KOH）；b. 用碘和碘化物溶液溶解粗金；c. 去掉不溶解的杂质；d. 用强碱（KOH）选择还原金；e. 从溶液中分离金粉；f. 用电沉积法除去可溶杂质（铂、银、钯等）；g. 系统溶液返回。

J工艺的优点是：a. 不产生废气和废水；b. J工艺只用电能操作，不加化学药剂；c. 工艺生产速率比电解法快约 3～5 倍；d. 从纯度为 99.5％的粗金中可获得纯度高于 99.99％的金。

3.4.1　J工艺的流程

日本所发明的碘金精炼工艺，可快速获得 99.99％的纯金，J工艺的流程如图 3-10 所示。

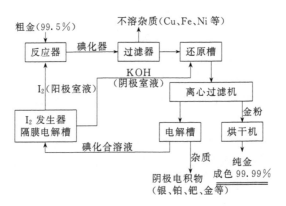

图 3-10　J工艺的流程图

在 I$_2$ 发生器中用电解法从系统溶液中生产化学试剂（I$_2$，KOH）。在反应槽里，用碘和碘化物溶液把粗金溶解为碘化金。用过滤器除去不溶杂质，在还原槽内，用从 I$_2$ 发生器产生的强碱（KOH）选择性的还原碘化金，以纯金粉形式沉淀。用离心过滤器从溶液中分离金粉，并用烘干机烘干。溶液（滤液）在电解槽里电解，可溶杂质（铂、银、钯等）在阴极上沉积，无杂质溶液以系统溶液形式返回。

3.4.2　J工艺的构成

（1）系统溶液

系统溶液包含碘化钾（KI），碘酸钾（KIO$_3$）和氢氧化钾（KOH）。KI 用于制造使金溶成碘酸钾的碘。金从 KIO$_3$ 溶液中被还原。在 I$_2$ 发生器里电解碘酸钾溶液以便在阴极把碘酸钾分解为碘化钾。氢氧化钾用于将系统溶液的 pH 值调节到 12～14，在此 pH 值范围内还原碘化金。

（2）碘发生器

用隔膜电解技术设计 I$_2$ 发生器，I$_2$ 发生器一般用于苏打工业。I$_2$ 发生器用隔膜将阳极室和阴极室分开，每室的溶液不能混合，阴极和阳极都是镀铂钛板，隔膜是一种阳离子交换膜。在阳极，碘由系统溶液的碘化钾中制取，碘酸钾不进一步氧化。在阴极，系统溶液的碘酸钾被还原为碘化钾和氢氧根，不产生氢气，因为碘酸钾氧化还原电势比产生氢气的电势低，如果产生氢气，J 工艺的物料平衡就被破坏，不可能存在封闭的化学系统。

阳极室溶液中剩余的钾离子，由于电势梯度通过阳离子交换膜转移到阴极室。在阴极室内制备 KOH 溶液。这些反应式表示如下：

阳极室 $\quad 3KI === \frac{3}{2}I_2 + 3K^+ + 3e$

阴极室 $\quad \frac{1}{2}KIO_3 + \frac{3}{2}H_2O + 3e === \frac{1}{2}KI + 3OH^-$

$\qquad\qquad 3K^+ + 3OH^- === 3KOH$

（3）反应器

反应器是一个装有 300 kg 粗金粒的柱，把从单质碘反应器来的碘和碘化物溶液装入，通过反应器的底部到达顶部。粗金溶解速率取决于碘供应量，此反应表示如下。

$$Au + \frac{3}{2}I_2 + KI === KAuI_4$$

（4）过滤器

过滤器从碘化金溶液中除去不溶杂质，含金溶液调整到微碱性，贱金属（铁、镍、铜等）将变为不溶的氢氧化物或碘化物。在这个作业中，除去大部分贱金属。

（5）还原槽

在还原槽中，碘化金溶液被 I_2 发生器阴极室溶液中的碱选择性地还原，获得高纯金粉。在这个作业中，溶液由强碱组成，与系统溶液的碱度相同。还原反应式如下：

$$KAuI_4 + 3KOH === Au + \frac{7}{2}KI + \frac{1}{2}KIO_3 + \frac{3}{2}H_2O$$

还原槽安装在工厂的最高位置，槽的底部连接一个离心过滤机。

（6）离心过滤机

从反应槽底部将金泥排到离心过滤机中，金粉和溶液分离，金粉用蒸馏水彻底清洗，并转入干燥机上。蒸馏液作清洗水返回再用，滤液返回到系统溶液里。

（7）干燥机

干燥机是自旋转式干燥机，湿金粉约在 5 min 内完全干燥。

（8）电解槽

这是溶液净化系统。离心过滤机的滤液含有可溶杂质（铂、银、钯等）和未还原的碘化金。以致杂质（铂、钯、银等）和未还原的金在电解槽阴极上沉积，并从溶液中分离。在这个作业后，溶液可再用，并作为系统溶液返回。

3.4.3 J 工艺的物料平衡

J 工艺的各种反应如下所示。

碘发生器和碱溶液（I_2 发生器）

阳极室 $3KI \Longrightarrow \frac{3}{2}I_2 + 3K^+ + 3e$

阴极室 $\frac{1}{2}KIO_3 + \frac{3}{2}H_2O + 3e \Longrightarrow \frac{1}{2}KI + 3OH^-$

$3K + 3OH^- \Longrightarrow 3KOH$

粗金溶解（反应器）

$$Au + \frac{3}{2}I_2 + KI \Longrightarrow KAuI_4$$

碘酸钾金反应（反应容器）

$$KAuI_4 + 3KOH \Longrightarrow Au + \frac{7}{2}KI + \frac{1}{2}KIO_3 + \frac{3}{2}H_2O$$

上述所有反应式的左边之和为：

$$3KI + \frac{1}{2}KIO_3 + \frac{3}{2}H_2O + 3e + 3K + 3OH^- + Au + \frac{3}{2}I_2 + KI + KAuI_4 + 3KOH$$

所有反应式的右边之和为：

$$\frac{3}{2}I_2 + 3K^+ + 3e + \frac{1}{2}KI + 3OH^- + 3KOH + KAuI_4 + Au + \frac{7}{2}KI + \frac{1}{2}KIO_3 + \frac{3}{2}H_2O$$

反应式左边之和正好等于右边之和，所以，J 工艺化学反应能组成一个极好的封闭系统，J 工艺控制只需用电力，不需再增加化学试剂。

3.4.4　J 工艺金的质量

J 工艺可从 99.5％粗金中获得 99.995％金或纯度更高的金。粗金和纯金的分析结果见表 3-14。

表 3-14　J 工艺投入粗金与产出纯金的分析结果　　　　单位：%

项目		金	Ag	Cu	Pt	Pd	Fe	Ni	Pb
1	投入	99.59	4000×10^{-4}	38×10^{-4}	10×10^{-4}	$<5 \times 10^{-4}$	12×10^{-4}	—	<1
	产出	99.998	5×10^{-4}	1×10^{-4}	$<5 \times 10^{-4}$	$<5 \times 10^{-4}$	$<1 \times 10^{-4}$	—	—
2	投入	99.93	380×10^{-4}	50×10^{-4}	43×10^{-4}	110×10^{-4}	87×10^{-4}	—	4
	产出	99.997	6×10^{-4}	1×10^{-4}	$<5 \times 10^{-4}$	$<5 \times 10^{-4}$	$<1 \times 10^{-4}$	$<1 \times 10^{-4}$	$<1 \times 10^{-4}$
3	投入	99.98	110×10^{-4}	12×10^{-4}	15×10^{-4}	28×10^{-4}	8×10^{-4}	—	—
	产出	99.999	$<1 \times 10^{-4}$	$<1 \times 10^{-4}$	$<5 \times 10^{-4}$	$<5 \times 10^{-4}$	$<1 \times 10^{-4}$	—	$<1 \times 10^{-4}$

已经确定 J 工艺可以提供环境污染问题的极好解决办法。工业规模的工厂能在短短的 3h 之内以 50kg/h 的速率使 99.5％粗金提纯为 99.995％纯金。

金碘化精炼工艺的优点是：

① 不产生废气和废水；

② 工艺只用电能操作；

③ 工艺速率比电解法快 3～5 倍；

④ 可获得品位高于 99.99％的金。

3.5 金的化学精炼

金的化学精炼由预处理除杂、溶解造液、金的还原等步骤构成。粗金及氰化金泥的预处理方法有硫酸除杂法、盐酸除杂法、硝酸除杂法、控电氯化除杂法、混合铵盐除杂法等；金的溶解造液方法主要有王水溶解法、氯酸钠-盐酸溶解法、硝酸（或盐酸）-氯化钠-高锰酸钾溶解法、水溶液氯化法等。一般采用粉化技术将粗金制成粉末，然后用王水或氯气溶解，国外主要有瑞典 Boliden 公司，国内主要有河南中原黄金冶炼厂、山东招金金银精炼有限公司等。该种方法可处理各种品位的粗金，但由于国内粉化设备达不到要求的细度，设备只能依靠进口，设备进口大约需要人民币 300 万元，投资较大；另外生产运行成本较高。金的还原方法主要有草酸还原法、SO_2 还原法、Na_2SO_3 还原法、$NaHSO_3$ 还原法、$Na_2S_2O_5$ 还原法、硫酸亚铁还原法、H_2O_2 还原法、水合肼还原法、盐酸肼还原法、电势控制法、自动催化还原精炼法、氯氨净化法、Boliden 金精炼工艺、萃取法等。

3.5.1 粗金及氰化金泥的预处理方法[27]

粗金及氰化金泥中含有大量的锌、铜、铁、铅等杂质。这些杂质的存在严重影响从金泥中提纯和冶炼金、银，现行的方法除火法外，大都采用湿法去除氰化金泥中的杂质。

3.5.1.1 硫酸除杂法

该法是基于采用稀硫酸（10％～15％）对粗金及氰化金泥进行浸出，使粗金及金泥中可溶于稀硫酸的成分溶解而达到除杂的目的。金泥中含有大量的锌，锌与稀硫酸作用后迅速生成硫酸锌并放出氢气。

$$Zn + H_2SO_4 = ZnSO_4 + H_2 \uparrow$$

稀硫酸单独不与铜发生作用，但若有空气供给，则由于空气中的氧气参与作用而使铜杂质稍微溶解。为此在用稀硫酸除铜时，应鼓入大量空气。

$$2Cu + 2H_2SO_4 + O_2 = 2CuSO_4 + 2H_2O$$

对于含铜量高的粗金及金泥，应先用硫酸除锌，再用硫酸进行浸出，浸出时应加入一些氧化剂如硝酸铵、二氧化锰或氯化铁等，使铜被氧化成 CuO，再溶于硫酸，形成硫酸铜。该法可使粗金及氰化金泥中的铜含量降至 1％～4％。此时也有少量贵金属被溶解，可采用金属铁还原进行回收。

热浓硫酸易与铜产生反应，生成硫酸铜并放出二氧化硫气体。对于含铜量高的氰化金泥可用热浓硫酸进行处理。反应如下：

$$Cu + H_2SO_4 = CuO + H_2O + SO_2 \uparrow$$
$$CuO + H_2SO_4 = CuSO_4 + H_2O$$
$$或 Cu + 2H_2SO_4 = CuSO_4 + SO_2 \uparrow + 2H_2O$$

稀硫酸易与铁作用，生成硫酸亚铁并放出氢气，但浓硫酸不与铁作用。反应如下：

$$Fe + H_2SO_4 == FeSO_4 + H_2 \uparrow$$

在用稀硫酸处理粗金及氰化金泥时，粗金及金泥中少量的银被溶解，生成硫酸银并放出二氧化硫气体：$2Ag + 2H_2SO_4 == Ag_2SO_4 + SO_2 \uparrow + 2H_2O$

如果粗金及氰化金泥中含有砷，它也易被稀硫酸溶解，释放出砷化氢气体。为此在操作时，采用的酸浸槽要密封，并设有通风系统。

在利用稀硫酸处理粗金及氰化金泥时，加入过氧化氢和硫酸铁，可加速铜的浸出。过氧化氢的加入量主要由粗金及金泥的含铜量决定。在通常情况下，过氧化氢的加入量为含铜量的 1～20 倍（按物质的量计）。过氧化氢分解铜化合物的速率随温度的升高而加快，如矿浆温度为 60～90℃，矿浆浓度为 100～150g/L，硫酸浓度为 100～200g/L，在空气搅拌下浸出 30min，脱铜率达 95% 以上。在该条件下少量银也被浸出，可在过氧化氢脱铜后，往矿浆中加入 NaCl，使银生成 AgCl 沉淀进入渣中。

采用硫酸铁氧化剂浸铜，其反应式如下：

$$Cu + Fe_2(SO_4)_3 == CuSO_4 + 2FeSO_4$$

采用硫酸处理粗金及氰化金泥的操作方法：将粗金及金泥称重并测水分后加入到 $\phi1000mm \times 1000mm$ 不锈钢搅拌槽（或耐酸容器）中，用自来水调至 30% 的浓度，使装入的矿浆的体积不要超过槽体积的 1/2，充分搅匀后，往槽中缓缓加入浓硫酸，开始时反应很快，放出大量气体。当反应剧烈时，可加入冷水缓冲，控制温度在 80℃ 左右，保证料液 pH 值为 2～3，在此过程中要匀速搅拌，处理时间约为 3h，此后将槽中水加速搅匀，静置 4h，此时溶液 pH 值为 4～5。

酸处理过程中不仅会放出大量氢气，而且酸也会同粗金及金泥中的氰化物和硫化物反应，生成氢氰酸和硫化氢有毒气体。为此，在用硫酸处理时应注意通风，将抽出的气体用碱溶液洗涤，排风口应远离火源，以免引起氢气爆炸。

对酸处理后的矿浆进行过滤，滤渣用热水洗涤，至洗液呈中性，滤渣留用，滤液经处理后弃去。

采用硫酸处理粗金及金泥，其用量约为 1.5kg/kg 粗金及金泥，处理后粗金及金泥含锌量小于 5%，而粗金及金泥中的铅形成 PbSO_4 留在滤渣中，无法除去。

含锌的粗金及氰化金泥采用硫酸处理后，其金、银、锌的含量变化很大。其试验结果见表 3-15。

表 3-15　氰化金泥硫酸处理试验结果

金泥中的成分	金	银	锌
硫酸处理前/%	19.3	1.83	48.17
硫酸处理后/%	52.0	5.48	4.37

硫酸浸煮法适用于含金量不大于 33%、含铜量小于 10%、含铅量不大于 0.25% 的金银合质金的精炼。在高温下用浓硫酸进行浸煮，使合金中的银和铜等贱金属生成硫酸盐而被除去，以达到提纯金的目的。此法浓硫酸的消耗量很大，为合质金质量的 3～5 倍。

浸煮时，先将合质金熔化并水淬成粒状或铸（或压制）成薄片，置于铸铁锅中，分多次加入浓硫酸，在 160～180℃ 下搅拌浸出 4～6h 或更长时间。浸煮过程中，银及铜等杂质便转化为硫酸盐。浸煮完成后，冷却，倾入衬铅槽中，加热水 2～3 倍稀释后过滤。滤渣并用热水洗净除去硫酸盐。再加入新的浓硫酸进行加热浸出，反复浸出洗涤 3～4 次，最后产出的金粉经洗净烘干，金的品位可达 95% 以上，干燥后加熔剂熔炼，产出的金成色可达 99.6%～99.8%，浸出的硫酸盐溶液和洗液用铜置换银后（如合金中有钯，被溶解的钯也和银一起被还原），再用铁置换铜，余液经蒸发浓缩除去杂质后回收粗硫酸。

3.5.1.2 盐酸除杂法

盐酸除杂法又称为氯化除杂法，该法是基于采用 30%～50% HCl 溶液对粗金及氰化金泥进行处理，此时粗金及金泥中的锌、铅、铁、氧化钙及其他酸溶性杂质都可溶解。经过滤、洗涤后即可将粗金及金泥中的杂质除去。

采用盐酸进行除杂，产生如下化学反应：

$$Zn + 2HCl = ZnCl_2 + H_2 \uparrow$$
$$Fe + 2HCl = FeCl_2 + H_2 \uparrow$$
$$0～90℃ \quad Pb + 2HCl = PbCl_2 + H_2 \uparrow$$

粗金及氰化金泥中的锌和铁与盐酸反应迅速，在室温条件下即可反应完全，95% 以上的 Zn、Fe 被溶解而转入溶液，而铅与盐酸反应较慢，且氯化铅微溶于水，在 20℃ 每 100mL 水溶解 960mg $PbCl_2$，温度越高，其溶解度越大；在 25℃ 时每 100mL 水可溶解 1079mg $PbCl_2$；100℃ 时每 100mL 水可溶解 3208mg $PbCl_2$，所以在用 HCl 溶液粗除杂时，应保持溶液的温度在 80～90℃。当浸取溶液冷却时，氯化铅则重新形成针状晶体而析出，为此在过滤时温度应保持在 80～90℃，并用 80～90℃ 的热水进行洗涤。

白色氯化铅易溶于过量的盐酸和氯化钠溶液。为此在盐酸除杂时应加入一定量的氯化钠，可增强盐酸除铅的效果。其反应如下：

$$PbCl_2 + HCl(过量) = HPbCl_3$$
$$PbCl_2 + NaCl = NaPbCl_3$$

铜不与盐酸作用，但当有空气存在时，空气中的氧气参与反应，则少量铜溶解生成氯化铜，其反应如下：

$$2Cu + 4HCl + O_2 = 2CuCl_2 + 2H_2O$$

该反应过程可用下式表示：

$$Cu + O = 2CuO$$

$$CuO+2HCl \Longrightarrow CuCl_2+H_2O$$

对于铜含量较高的粗金及氰化金泥，在盐酸除杂时，可加入少量氧化剂如氯酸钾，使铜先被氧化成 CuO，再与 HCl 作用，生成可溶性的 $CuCl_2$ 而被溶解，大大提高除铜的效率。

操作时可将盐酸置于反应罐中，加入水调至 HCl 浓度为 50%，再分别按 5%、2% 的比例加入 NaCl 和 $KClO_3$，搅拌溶解后，再按液固比为 4∶1 的量缓慢地加入粗金或金泥，在保持浸取温度在 70～80℃ 条件下搅拌浸取 4h，浸取结束后进行过滤，滤渣采用在 70～80℃ 热水洗涤，直至无 Pb^{2+} 存在。在此条件下处理金泥，浸渣中锌、铅的含量分别为 0.32% 和 0.65%，锌、铅的脱除率分别为 97.46% 和 96.92%，金基本上无损失，银的损失率仅为 0.11%。

3.5.1.3　硝酸除杂法

硝酸除杂法是基于硝酸能够与粗金及金泥中的铜、铅、锌、铁、银等金属反应，生成可溶性盐，而金不与硝酸反应的原理从而将杂质与金进行分离。其反应如下：

$$3Cu+8HNO_3 \Longrightarrow 3Cu(NO_3)_2+2NO\uparrow+4H_2O$$
$$3Pb+8HNO_3 \Longrightarrow 3Pb(NO_3)_2+2NO\uparrow+4H_2O$$
$$3Zn+8HNO_3 \Longrightarrow 3Zn(NO_3)_2+2NO\uparrow+4H_2O$$
$$3Fe+8HNO_3 \Longrightarrow 3Fe(NO_3)_2+2NO\uparrow+4H_2O$$
$$Ag+2HNO_3 \Longrightarrow AgNO_3+NO_2\uparrow+H_2O$$

粗金及金泥中的硫化物和有机物也可被硝酸氧化。

$$S+2HNO_3 \Longrightarrow H_2SO_4+2NO\uparrow$$
$$3C+4HNO_3 \Longrightarrow 3CO_2\uparrow+2H_2O+4NO\uparrow$$

工艺条件：硝酸浓度为 30%，液固比为 4∶1，浸出温度为 90℃，浸出时间为 3h。

操作方法：按照工艺条件在反应釜中配制浓度为 30% 的 HNO_3 溶液，加热至 90℃，按照液固比 4∶1 用铲子缓慢地加入粗金或金泥，每次量不宜太多，否则会因反应激烈而溅出，在 90℃ 恒温条件下，搅拌浸出 3h，共浸出 3 次。为充分利用硝酸，将第 3 次浸出液返回高位，作为第 2 次的浸出液；第 2 次的浸出液作为第 1 次的浸出液，返回使用。为保持硝酸浓度，可适当增加硝酸的用量。

浸出液不应含有 Cl^-，通常采用以下三种方法制备。①蒸馏水：采用高温锅炉制备。②采用电渗析制备的水，再经离子交换制备成高纯水。③在自来水中，加入适量的 $AgNO_3$，与水中的 Cl^- 形成 AgCl，以除去 Cl^-。

亦可用硝酸溶解分离粗金中的银，硝酸溶解的速率快，溶液含银饱和浓度高，一般在自然条件下进行（不需加热或在后期加热以加速溶解），故被广泛采用，通常采用 1∶1 的稀硝酸溶解银。为最大限度地除去银，硝酸分银前应预先将合金水淬成粒状或压制成薄片状，并要求合质金中含金量不大于 33%，以加速银的溶解和提高金的成色。

　　硝酸分银作业，可在带搅拌的不锈钢或耐酸搪瓷反应釜中进行。加入水淬合金后，先用少量水润湿，再分次加入硝酸，加入硝酸后，反应很剧烈，放出大量棕色的二氧化氮气体，加入硝酸不宜过快，以免反应过于剧烈而冒槽。在一般情况下，当逐步加完硝酸，反应逐渐缓慢后，抽出硝酸银溶液，加入一份新硝酸溶解。反复2～3次，残渣经洗涤烘干后，再加入硝石于坩埚中进行熔炼造渣，便可获得纯度99.5%以上的金锭。

　　硝酸银溶液可用食盐处理得到氯化银沉淀，再用锌和硫酸还原银，加熔剂熔化即可得纯度达99.8%左右的纯银锭。也可用铜置换回收银，如合金中含有铂、钯，在溶解过程中进入溶液，在用铜置换时，铂、钯与银一起被还原。

3.5.1.4　控电氯化除杂法

　　控电氯化除杂法是利用氯化物对金属元素的溶解能力，在氧化剂（空气、氯酸钠、氯气等）存在下，控制一定的电位，选择性地使贱金属元素转化为离子进入溶液而除去，而金在此条件下不溶解留在残渣中，达到从金泥中除杂的目的。

　　我国在1984年用控电氯化除杂法处理金泥获得成功，其预处理条件为：金泥不经酸溶解，直接在4mol/L HCl介质中通入氯气控制溶液电位为460mV，在90℃及固液比为1∶10的条件下浸取7h，Cu、Pb、Zn的浸出率均在99%以上。含Cu、Pb、Zn的氯化液冷却至室温，结晶出近90%的$PbCl_2$，母液用铁置换出铜粉、水解法析出$Zn(OH)_2$弃去。金、银的损失率分别为0.1%和0.3%，控电氯化渣率为30%～32%。

3.5.1.5　混合铵盐除杂法

　　混合铵盐除杂法的原理是根据铵盐在加热时分解出无水的无机酸，这些无机酸具有一定的活性，对矿样中的某些金属元素有较高的分解能力，使其生成相应的可溶性盐，当用水溶解时进入溶液，而金留在残渣中，以此达到去除贱金属杂质的目的。

　　采用的铵盐为硫酸铵和硝酸铵，在加热条件下发生以下分解反应：

$$(NH_4)_2SO_4 = H_2SO_4 + 2NH_3\uparrow$$

$$NH_4NO_3 = HNO_3 + NH_3\uparrow$$

产生的H_2SO_4、HNO_3与金泥中的Cu、Pb、Zn等金属元素反应生成相应的盐。

　　例如，用硝酸铵与金泥中的铜反应，其反应如下：

$$3Cu + 12NH_4NO_3 = 3Cu(NH_3)_4(NO_3)_2 + 4H_2O + 4HNO_3 + 2NO\uparrow$$

3.5.1.6　对几种除杂方法的评价

　　硫酸除杂法：处理成本低，对容器的腐蚀性小，对环境的污染小，该法可除去氰化金泥中的 Zn、Fe 和部分 Cu，但不能除去 Pb，因未引入 Cl⁻，可在硫酸除杂后，采用硝酸法除去 Ag、Cu、Pb。

盐酸除杂法：因盐酸挥发性大，对环境的污染大，对设备的腐蚀性大，该法对水要求不严格，可除去金泥中的 Zn、Pb、Fe 和部分 Cu。经盐酸除杂后，可直接采用氯化法进行浸金，适用于含铅量高而含铜量少的金泥进行除杂。

硝酸除杂法：该法具有硫酸除杂法和盐酸除杂法的优点，一次性可除去 Zn、Pb、Cu 和 Ag，适用于高含量 Pb、Ag、Cu 的金泥的前处理。与硫酸除杂法和盐酸除杂法相比，它存在如下缺点：①所用硝酸市场价格高，用量大，与上述两法相比，处理成本高；②采用的水应为不含 Cl⁻ 的纯净水，为此在生产中应增加制备高纯水的设备；③在除杂过程中产生大量的 NO₂ 棕色有害气体，对环境污染严重；④对设备腐蚀性强，通常采用钛材，因而设备投资大。

控电氯化除杂法：与前 3 种方法相比，操作简单，处理成本低，对设备腐蚀小，处杂过程中技术条件易于控制，生产技术指标稳定，除杂效果好。金、银损失率低，生产中易于实施，是一个较理想的除杂方法。

混合铵盐除杂法：具有分解能力强、操作简单快速等优点，适用于处理小批量金泥，但对杂质组分含量较高的金泥，要适当控制反应速率，以避免分解时反应过快造成金泥的溅失。

3.5.2　金的溶解造液方法[27]

3.5.2.1　电解造液法

把原料粗金铸造成金阳极板，电化溶解，使金转化为金溶液，控制溶液含金量或控制氧化还原电势用还原剂将金溶液还原为国家规定的 1 号金粉。工艺流程如图 3-11 所示[11]。

电化溶解是用粗金作阳极板，用纯金或钛板作阴极，用稀盐酸作电解液进行电解，电解槽为陶瓷或塑料槽，阴极用素烧陶瓷坩埚作隔膜。电解槽中电解液稀盐酸为 HCl：H₂O＝(1.5～3.1)：1，坩埚中电解液稀盐酸为 HCl：H₂O＝(1～2)：(1～2)。坩埚内液面高于电解槽液面5～10mm。电解设备图如图 3-12 所示，电解槽大小为 210mm×270mm×200mm，采用的阳极为熔铸制备的阳极板，设有一个支撑架与阳极板绝缘，安有 3 个环以便悬挂阳极板。阳极板外部罩有布袋，以便收集在电解过程中产生的阳极泥，电解时同时悬挂 2～3 块阳极板。阴极为钛棒，设有支撑架将钛棒夹住，并将钛棒插在盛有 HCl：H₂O＝1：1 溶液的陶瓷坩埚中。陶瓷坩埚放在塑料槽中的电解液中。电解液为 HCl：H₂O＝2：1 溶液，体积约 400mL。

电解条件：直流电电压 12V，电流为 30A，电解时间 10～12h，整流器将220V 整流，可将大批量电解槽并联。

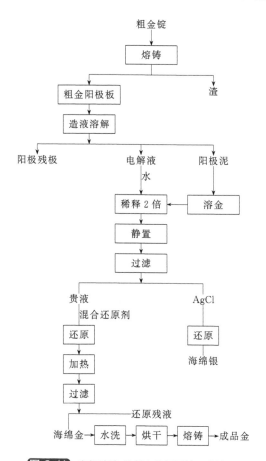

图 3-11 电解造液-控制电位还原法工艺流程

图 3-12 电解设备示意图

1—塑料电解槽；2—金阳极板；3—阴极；
4—陶瓷坩埚；5—支撑架；6—直流电线

通入脉动电流，阳极粗金溶解，金以 Au^{3+} 进入阳极电解液（即电解槽中的电解液）中，由于受到坩埚隔膜的阻碍，Au^{3+} 不能进入阴极电解液（即素烧坩埚中的电解液）中，而 H^+、Cl^- 可以自由通过。这样阴极上无金析出而只放出氢气，Au^{3+} 便在阳极液中集聚起来，最后可制得含金 $100 \sim 400 g/L$ 的溶液。该溶液经过过滤使金溶液净化，在反应釜中控制溶液温度，用氢氧化钠调整溶液的 pH 值，使 pH＝1～5，再用还原剂还原。还原剂为草酸、亚硫酸钠、焦亚硫酸钠、乙酸、二氧化硫或亚铁盐等，用量为化学计量比的 1～2 倍。还原过程中通过取样测定溶液中金离子的浓度或测定溶液的氧化还原电位选择性地还原金，根据金溶液中杂质含量高低，控制金的还原率，一般控制在 70％～99％之间。停止还原反应后，在过滤器中过滤还原出来的金粉，用水仔细洗涤，得到国家规定的 1 号金粉。还原过程中，反应温度为 40～90℃，由沉淀槽或反应釜外的蒸汽夹套加热。原料为含金 85％～99.5％的粗金。

【实例 3-1】　含金 90％的粗金铸成阳极板，用纯金作阴极，用稀盐酸作电解液进行电解，电解槽为陶瓷槽，阴极用素烧陶瓷坩埚作隔膜。电解槽中电解液稀盐酸为 $HCl：H_2O＝2：1$，坩埚中电解液稀盐酸为 $HCl：H_2O＝1：1$。坩埚内液面高于电解槽液面 8mm。控制脉动电流使金电化溶解，金溶液浓度达到 250g/L，过滤后，在反应釜中控制溶液温度，用氢氧化钠调整溶液的 pH 值，使 pH＝0，用还原剂还原，还原剂是化学计量比 1.2 倍的草酸，反应温度为 60℃，由沉淀槽加热。反应结束，过滤洗涤，得到金粉。取样用火试金法化验金含量达到 99.95％以上，然后用 ICP 化验分析国家规定的 6 项杂质元素在国家规定的 1 号金要求范围内。

【实例 3-2】　含金 99％的粗金铸成阳极板，用钛板作阴极，用稀盐酸作电解液进行电解，电解槽为陶瓷槽，阴极用素烧陶瓷坩埚作隔膜。电解槽中电解液稀盐酸为 $HCl：H_2O＝1.8：1$，坩埚中电解液稀盐酸为 $HCl：H_2O＝1.2：1$。坩埚内液面高于电解槽液面 10mm。控制脉动电流使金电化溶解，金溶液浓度达到 300g/L，过滤后，在反应釜中控制溶液温度，用氢氧化钠调整溶液的 pH 值，使 pH＝1，用还原剂还原，还原剂是化学计量比 1.1 倍的亚硫酸钠，反应温度为 50℃，由反应釜外的蒸汽夹套加热。反应结束，过滤洗涤，得到金粉。取样用火试金法化验金含量达到 99.95％以上，然后用 ICP 化验分析国家规定的 6 项杂质元素全在国家规定的 1 号金要求范围内。

【实例 3-3】　含金 85％的粗金铸成阳极板，用纯金作阴极，用稀盐酸作电解液进行电解，电解槽为塑料槽，阴极用素烧陶瓷坩埚作隔膜。电解槽中电解液稀盐酸为 $HCl：H_2O＝2.5：1$，坩埚中电解液稀盐酸为 $HCl：H_2O＝1：1.2$。坩埚内液面高于电解槽液面 6mm。控制脉动电流使金电化溶解，金溶液浓度达到 200g/L，过滤后，在反应釜中控制溶液温度，用氢氧化钠调整溶液的 pH 值，使 pH＝3，用还原剂还原，还原剂是化学计量比 1.3 倍的乙酸，反应温度为 55℃。反应结束，过滤洗涤，得到金粉。取样用火试金法化验金含量达到 99.95％以上，然后用 ICP 化验分析国家规定的 6 项杂质元素全在国家规定的 1 号金要求范围内。

该方法的优点：a. 与电解提纯相比，粗金品位范围放宽，对原料的适应性大大增强，流程积压大大减少；b. 与粉化提纯相比，减少了工艺过程，由原来的粗金粉化、化学溶解合并为电化学溶解一步；c. 设备国产化，大大节省了投资；d. 生产成本比粉化提纯大大降低。

3.5.2.2 王水溶解法

王水溶解法是目前国内金精炼工艺中常用的造液方法，该方法适用于含银量低于 8% 的粗金。所谓王水是由 3 体积的盐酸和 1 体积的硝酸组成的混合物。王水的溶解能力很强，它可以溶解盐酸和硝酸单独存在时所不能溶解的几乎所有物质，是金、铂及金矿物最好的溶剂，其反应如下：

$$Au + HNO_3 + 4HCl = HAuCl_4 + 2H_2O + NO\uparrow$$
$$3Pt + 4HNO_3 + 18HCl = 3H_2PtCl_6 + 8H_2O + 4NO\uparrow$$

王水之所以具有强氧化作用是由于硝酸氧化盐酸而生成游离氯和氯化亚硝酰：

$$HNO_3 + 3HCl = 2H_2O + NOCl + 2Cl$$
$$2Cl = Cl_2$$

氯化亚硝酰随即分解为氯气和一氧化氮：

$$2NOCl = 2NO + 2Cl$$
$$2Cl = Cl_2$$

产生的新生态的氯气具有极强的氧化能力，比单独用盐酸和硝酸具有更强的氧化能力，使金属形成单一氯化物或氯配离子而进入溶液，氯离子的配合作用加速矿样的分解速率。

王水分金是将不纯粗金水淬成粒状或轧制成薄片，置于耐烧玻璃容器或耐热瓷缸中进行的，按每份金分数次加入 3～4 份王水，在自热或后期加热下进行溶解。配制王水应在耐热玻璃或耐热瓷缸中进行，在工业操作中通常在耐腐蚀的钛反应釜中进行。配制时先加入盐酸，在搅拌条件下再加入硝酸，该反应为放热反应，反应激烈，易于溅跳，应注意安全。

用王水溶液浸金时，应按照 $HCl：HNO_3：H_2O = 3：5：1$ 的比例在钛反应釜中配制成稀王水溶液，按固液比为 1：4 将预处理后的含金渣用铁铲缓慢地转入反应釜中，加热使浸出液的温度为 80～90℃，在搅拌条件下浸出 2h。浸出结束后，经固液分离，残渣按上述条件再浸取 1 次。固液分离后，浸渣用热水洗涤干净。银以的 AgCl 形式存在于浸渣中，产出的 AgCl 可用铁屑或锌粉置换回收银，对制得的含金贵液进行还原。

对于中小规模（每批一般可达到 3～4kg）的精炼厂趋向于采用王水法，因为这是一种比较简单的技术，能产出纯度高于 99.9% 的金。但由于在王水溶解粗金时，银形成的 AgCl 沉淀将可能包裹金而阻碍其完全溶解，故原料含银量需限制最高为 10%。因此，硝酸溶银和分金法（原理同于试金分析中的分金法）成为有吸引力的中小规模精炼技术。先在精炼物料中加入适量的铜或银后进行熔化，以使精炼物料中的含金量稀释到 25% 左右，并制粒（理想的粒度为 2.3mm）以产生很大的表面积，硝酸溶解除去银、贱金属和形成合金的一些钯，留下纯金颗粒。金纯度可达 99.9%，也可进行第 3 次分离操作将金纯度提高到 99.99%。硝酸溶解液加 NaOH 中和后用金属铜片置换回收银、钯。已有成套装置出售，如意大利 Pirotechnia Aure 8 型就是一套现代化的紧凑型精炼装置，处理能力为 3～4kg 颗粒（含 Au 25%），闭路循环操作，在 6h 的操作周期内无任何气体排放物，设备尺寸为 2.05m×1.1m×0.76m。它特别适用于处理包括白金在内的低 K 金合金，以及那些处理量较小（每天 2～3kg）的主要是 14K 金或更低 K 金原料的厂商和精炼厂。

王水溶解结束后，溶液经赶硝后才能进行金的还原，目前主要有 6 种赶硝方法。

（1）盐酸赶硝

这是目前应用最多的方法，该方法是将溶液浓缩至小体积后，待溶液稍微冷却后加入少量盐酸继续加热浓缩使硝酸分解，至溶液体积缩小后再次加少量盐酸赶硝，一般要进行 2～3 次，至完全无黄烟后，待溶液稍微冷却后加水稀释使贵金属完全溶解，冷却后过滤。盐酸赶硝发生的反应为：

$$2HNO_3 + 6HCl == 4H_2O + 3Cl_2 \uparrow + 2NO \uparrow$$

（2）乙醇赶硝

乙醇与水的比例为 1:1，用量为王水体积的 4%～8%，发生的反应为：

$$4HNO_3 + C_2H_5OH == 5H_2O + 4NO \uparrow + 2CO_2 \uparrow$$

（3）甲醛赶硝

于 70～80℃ 条件下滴加甲醛溶液，直至不再产生棕黄色气体（约 30min），发生的反应为：

$$4HNO_3 + 3HCOH == 5H_2O + 4NO \uparrow + 3CO_2 \uparrow$$

（4）甲酸赶硝

于 85℃ 条件下滴加甲酸可以除去硝酸的危害，发生的反应为：

$$2HNO_3 + 3HCOOH == 4H_2O + 2NO \uparrow + 3CO_2 \uparrow$$

$$2HNO_3 + HCOOH == 2H_2O + 2NO_2 \uparrow + CO_2 \uparrow$$

（5）双氧水赶硝

H_2O_2 与 HCl 的比例为 1:1，用量为王水体积的 10%～30%，发生的反应为：

$$2HNO_3 + 3H_2O_2 == 4H_2O + 2NO \uparrow + 3O_2 \uparrow$$

（6）尿素赶硝

每次加入 1g 尿素，直到不再出现气泡为至，发生的反应为：

$$5NH_2CONH_2 + 6HNO_3 == 13H_2O + 8N_2 \uparrow + 5CO_2 \uparrow$$

比较 6 种赶硝方法的反应，可以看出 6 种化学试剂的理论用量（以物质的量计）：盐酸最大，乙醇最小。由于甲醛毒性大，很少使用；乙醇用量最少，但价格较高；双氧水用量居中，但反应剧烈，不易操作；盐酸价格便宜，工业上应用最多，但后续需要加水赶酸，操作较麻烦；因此现在工业上的选择价格相对较便宜、终点易判断的尿素赶硝。

王水溶解法酸耗大、放出大量有害气体、劳动条件差、操作麻烦，工业上多已不采用。

3.5.2.3 氯酸钠-盐酸溶解法

氯酸钠（$NaClO_3$）是一种白色或微黄色晶体，相对分子质量为 106.44，相对密度为 2.49，熔点为 248～261℃，味咸而凉，易溶于水，微溶于醇。在 300℃以上易分解放出氧气。氯酸钠是强氧化剂，与磷硫及有机物混合受撞击时，易发生燃烧和爆炸。在空气中易吸湿。

次氯酸钠受热容易分解：

$$3NaClO \longrightarrow 2NaCl + NaClO_3$$

氯酸钠与盐酸作用放出氯气，因而盐酸和氯酸钠的混合液可以代替王水，其反应如下：

$$NaClO_3 + 6HCl =\!\!= NaCl + 3H_2O + 3Cl_2 \uparrow$$

盐酸和氯酸钠的混合液可作为金的溶剂，其反应如下：

$$2Au + 2NaClO_3 + 8HCl =\!\!= 2NaAuCl_4 + Cl_2 \uparrow + O_2 \uparrow + 4H_2O$$

根据氯酸钠浸金的原理，氯酸钠浸取法是基于在盐酸介质中，在氯化钠存在下，利用氯酸钠分解产生的氯气，将 Au 由 Au(0) 氧化成 Au^{3+}，使之生成可溶性的氯金酸配离子，从而达到溶金的目的。

在氯酸钠浸金时，金泥中的铜也被氯化，生成 $CuCl_2$ 化合物而进入溶液，而银则生成氯化银白色沉淀留在残渣中。

氯酸钠浸金的条件为：$NaClO_3$ 用量为金泥量的 8.5%，NaCl 用量为金泥量的 10%，盐酸的浓度为 1mol/L，浸出温度为 80～90℃，液固比为 4:1，浸出时间为 3～5h。

操作时首先在反应釜中配制好 10% HCl 浸出液，然后将预处理过的金泥缓慢地加入反应釜中，再加入 $NaClO_3$ 和 NaCl，封闭反应釜进行加热，搅拌浸出。在该条件下，金的浸出率为 96.4%。

在硫酸介质中，在氯化钠的存在下，采用氯酸钠也可浸出金泥中的金。操作时可将预处理过的金泥加入已制备好的硫酸溶液中，然后加入一定量的 $NaClO_3$ 和 NaCl，在封闭条件下进行加热，搅拌浸出。其反应如下：

$$2Au + 3Cl_2 + 2H^+ + 2Cl^- =\!\!= 2HAuCl_4$$

式中，Cl_2 为氯酸钠分解产生的活性氯，氯离子由加入的 NaCl 提供。金泥中的铜以 $CuSO_4$ 进入溶液，也有部分生成 $CuCl_2$ 被浸出。而银则以 AgCl 白色沉淀留在残渣中。

在硫酸介质中，采用氯酸钠浸金的条件：$NaClO_3$用量为金泥量的$15\%\sim20\%$，$NaCl$用量为金泥量的10%，硫酸的浓度为$250g/L$，浸出温度为$90℃$，浸出时间为$4\sim6h$，液固比为$4:1$。在此条件进行浸出，金的浸出率达95%以上，残渣中的成分为：$Au\ 80g/t$、$Cu\ 0.23\%$、$Ag\ 7.5\%$。

3.5.2.4　硝酸（或盐酸）-氯化钠-高锰酸钾溶解法

该法是基于在硝酸（或盐酸）介质中，在氯化钠存在下，利用强氧化剂高锰酸钾将溶液中的Cl^-氧化成新生态的氯，以达到溶金的目的。

在该体系中硝酸除提供质子外，还起到氧化剂的作用。一方面可将金泥中的S、C氧化成SO_2、CO_2，使金暴露；另一方面还可将溶液中的Cl^-氧化，使之产生新生态的氯。

氯化钠的主要作用是为溶解金、银提供足够的氯离子。一部分氯离子被高锰酸钾氧化生成新生态的氯，另一部分则与金、银生成配阴离子$[AuCl_4]^-$和$[AgCl_2]^-$。

高锰酸钾是一种强氧化剂，在酸性介质中它能够将Cl^-氧化成新生态的氯，新生态的氯可氧化Au、Ag，使其以$[AuCl_4]^-$、$[AgCl_2]^-$配阴离子进入溶液。

硝酸-氯化钠-高锰酸钾浸金的化学反应如下：

$$2KMnO_4+16H^++16Cl^- =\!=\!= 2KCl+5Cl_2\uparrow+8H_2O+2MnCl_2$$
$$Au+Ag+5Cl^- =\!=\!= [AuCl_4]^-+AgCl\downarrow$$
$$AgCl+Cl^- =\!=\!= [AgCl_2]^-$$

浸取条件：硝酸浓度为30%，高锰酸钾加入量为金泥量的1%，氯化钠加入量为金泥量的10%，浸出的液固比为$4:1$，浸出温度为$60\sim70℃$，浸出时间为$4\sim6h$。在该条件下进行搅拌浸出，金的浸出率可达98%以上。

硝酸-氯化钠-高锰酸钾浸取体系比王水具有更强的溶金能力，在室温下浸出$8\sim10h$，其金、银的浸取率可达98%以上。

在盐酸介质中与硝酸介质中浸金的原理相同，但浸金能力不如后者。如升高浸金温度（$90℃$）和浸取时间，仍可满足浸金工艺的要求。

3.5.2.5　水溶液氯化法

氯气在常压下是一种有刺激性的气体，有毒，具有窒息的气味，吸入人体引起中毒，具有强烈刺激臭味和腐蚀性。在一定压力下可制备成液氯。液氯是黄绿色液体，沸点为$-34.6℃$，熔点为$-100.98℃$，通常储备在钢瓶中。

水溶液氯化法相对比较简单、经济、适应性强、设备易解决、劳动条件较好，工业上多已开始采用。该法是基于氯气的水溶液的强氧化性，在盐酸介质中浸取金，其反应如下。

氯气溶于水形成盐酸和次氯酸：

$$Cl_2+H_2O =\!=\!= HCl+HClO$$

次氯酸是一种弱酸，在水溶液中离解：

$$HClO \Longleftrightarrow H^+ + ClO^-$$

Cl_2 和 HClO 都是强氧化剂，其氧化电势用下式表示：

$$Cl_2(液相) + 2e \Longleftrightarrow 2Cl^- \quad E^\ominus = 1.358V$$

$$2HClO + 2H^+ + 2e \Longleftrightarrow Cl_2 + 2H_2O \quad E^\ominus = 1.64V$$

在 50℃ 以上时，氯气溶解生成强氧化剂 ClO_3^-，其反应如下：

$$3Cl_2 + 3H_2O \Longleftrightarrow 5Cl^- + ClO_3^- + 6H^+$$

ClO_3^- 具有强氧化性，其氧化电势用下式表示：

$$2ClO_3^- + 12H^+ + 10e \Longleftrightarrow Cl_2 + 6H_2O \quad E^\ominus = 1.47V$$

金溶于氯化物的水溶液生成 Au(Ⅰ) 和 Au(Ⅲ) 的氯化配合物，其氧化电势用下式表示：

$$AuCl_2^- + e \Longleftrightarrow Au + 2Cl^- \quad E^\ominus = 1.113V$$

$$AuCl_4^- + 3e \Longleftrightarrow Au + 4Cl^- \quad E^\ominus = 0.994V$$

从上式可见 Au(Ⅲ) 的配合物比 Au(Ⅰ) 的配合物更稳定。

研究表明，金溶于氯化物的水溶液分 2 步进行。第 1 步是在金表面形成中间 Au(Ⅰ) 的氯化物。

$$2Au + 4Cl^- \Longleftrightarrow 2AuCl_2^- + 2e$$

第 2 步是将形成的中间产物 $AuCl_2^-$ 进一步氧化成 Au(Ⅲ)，生成 $AuCl_4^-$ 进入溶液。

$$AuCl_2^- + 2Cl^- \Longleftrightarrow AuCl_4^- + 2e$$

氯气-氯化钠浸金法可用以下反应式表示：

$$2Au + 3Cl_2 + 2NaCl \Longleftrightarrow 2NaAuCl_4$$

银的标准电极电势是：$Ag^+ + e \Longleftrightarrow Ag$，$E^\ominus = 0.799V$，被氯气氧化生成 AgCl 沉淀，所以水溶液溶解金的过程也是金、银分离的过程。

(1) 影响氯化过程的因素。

① 溶液的酸度　提高溶液的酸度有利于金的氯化。一般控制在 $1 \sim 3mol/L$ HCl，对于难浸金泥可增加为 $20\% \sim 30\%$ HCl，加入适量的 H_2SO_4 可抑制 Pb、Fe、Ni 的溶解。加入适量硝酸能够加快金的氯化速率，为操作方便，可加入一定量的 NH_4NO_3。溶液中 NaCl 的存在可提高金的氯化速率，但 NaCl 的加入会明显增加 AgCl 的溶解。故若有金银分离目的，则不宜加入 NaCl，同时 NaCl 会降低氯气的溶解度使氯化速率减慢。

② 氯化温度　氯化过程是放热反应，开始 $1 \sim 2h$ 即可使溶液温度升到 $50 \sim 60℃$，故开始通氯气时的温度不宜过高，以 $50 \sim 60℃$ 为宜。适当提高氯化过程的温度会加快氯化反应，但随着温度的提高氯气的溶解度会下降。实践证明，氯化过程控制在 $80℃$ 左右为宜。

③ 液固比　一般以 $l:s = (4 \sim 5):1$ 为宜，溶液量太少会影响氯化效率，太多则使设备容量增大，且能耗增大。

④ 氯化时间　氯化时间的长短主要取决于反应速率的快慢，故除与上述诸因素有关外，加强搅拌、改善通氯方法，使气、固、液三相充分混合改善扩散条件，则可大大加快氯化速度、缩短氯化时间。一般在 4～6h 之内反应基本完成。

水溶液氯化操作视处理量的大小可在搪瓷釜内进行，也可在三口烧瓶中进行。除设备密闭外，反应尾气需以 10%～20%NaOH 溶液吸收处理，以免有害气体溢出，防止中毒和污染环境。

水溶液氯化也可用氯酸钠代替氯气，其反应如下。

$$2Au + 2NaClO_3 + 8HCl \Longrightarrow 2NaAuCl_4 + Cl_2\uparrow + O_2\uparrow + 4H_2O$$

氯气-氯化钠溶解金的条件：盐酸浓度为 5%，NaCl 用量为金泥量的 10%，液氯用量为 2～2.5kg/kg 金泥，浸取温度为 60～70℃，在封闭条件下搅拌浸取。采用电势控制法决定金泥中的金浸取的完全程度。

操作时可将盐酸加入反应釜中，加入水调至 5% 盐酸浓度，然后按 4∶1 的液固比缓慢地加入预处理的金泥，再按金泥量的 10% 加入食盐，加热至 60～70℃，以 3～4L/h 的速率通入氯气，在搅拌速率为 110r/min 条件下浸取。用电位计测定浸出液的电势，确定金浸出的完全程度。此时金以 $[AuCl_4]^-$ 配合物进入溶液，而银则以 AgCl 白色沉淀留在残渣中，铜则以 $CuCl_2$ 进入溶液。

该方法已用于国内铜阳极泥及氰化金泥的湿法处理。

（2）氯化分金液中杂质离子的行为

采用氯化分金时，为抑制铅进入分金液，一般加入硫酸使铅生成硫酸铅留在分金渣中。表 3-16 为某厂采用 H_2SO_4-NaCl 体系浸金时实际氯化浸金液的成分。

表 3-16　某厂氯化浸金液的成分

元素	Au	Ag	Pb	Cu	Fe	Cl⁻	H_2SO_4
浓度/(g/L)	2～6	0.001～0.004	0.06～0.09	5	0.156	35	50

分金液中银、铅、铜对金粉质量影响较大，在氯化物溶液中，Ag^+、Pb^{2+}、Cu^{2+} 能与 Cl^- 生成配合物，同时 Ag^+、Pb^{2+} 还可与 Cl^- 生成 AgCl、$PbCl_2$ 沉淀，当有硫酸存在时，Pb^{2+} 与 SO_4^{2-} 生成 $PbSO_4$ 沉淀。在溶液中 Ag^+、Pb^{2+}、Cu^{2+} 与 Cl^- 生成配合物的反应为：

$$Ag^+ + iCl^- \Longrightarrow [AgCl_i]^{-(i-1)} \qquad \beta_i = \frac{[AgCl_i^{-(i-1)}]}{[Ag^+][Cl^-]^i}$$

$$Cu^{2+} + iCl^- \Longrightarrow [CuCl_i]^{-(i-2)} \qquad \beta_i = \frac{[CuCl_i^{-(i-2)}]}{[Cu^{2+}][Cl^-]^i}$$

$$Pb^{2+} + iCl^- \Longrightarrow [PbCl_i]^{-(i-2)} \qquad \beta_i = \frac{[PbCl_i^{-(i-2)}]}{[Pb^{2+}][Cl^-]^i}$$

生成配合物的稳定常数列于表 3-17。

表 3-17 Ag^+、Pb^{2+}、Cu^{2+} 与 Cl^- 生成的配合物稳定常数（25℃）

体系	$lg\beta_1$	$lg\beta_2$	$lg\beta_3$
Ag^+-Cl^- 体系	3.36	0.98	
Pb^{2+}-Cl^- 体系	3.36	1.40	1.60
Cu^{2+}-Cl^- 体系	0.98	0.69	0.55

① 银离子及各级配合物的分布 由 Ag^+-Cl^- 体系体系有关的稳定常数及 AgCl 的溶度积 $K_{sp(AgCl)}$，并将分金液中 Cl^- 的浓度近似看成 1mol/L，可以计算出溶液中游离的 Ag^+ 浓度 $[Ag^+]$，而进入溶液的银的总浓度 $[Ag]_T$ 为：

$$[Ag]_T = [Ag^+] + [AgCl] + [AgCl_2^-] = \frac{K_{sp(AgCl)}^{\ominus}}{[Cl^-]}(1+\beta_1)[Cl^-] + \beta_2[Cl^-]^2)$$

分金液中银离子的总浓度 $[Ag]_T$ 和各配合物的浓度如表 3-18 所示。

表 3-18 分金液中银离子及配合物浓度计算值

物种	$[Ag]_T$	$[Ag^+]$	AgCl	$AgCl_2^-$
浓度/(mol/L)	2.93×10^{-5}	1.82×10^{-8}	4.2×10^{-7}	2.88×10^{-5}

由表 3-18 可见，在分金的条件下（$[Cl^-]$=1mol/L），溶液中的银主要以 $[AgCl_2]^-$ 的形式存在，而游离的银离子浓度则很低。

由 $[Cl^-]$=1mol/L 计算出分金液中银的含量（即 $[Ag]_T$）为 3.16mol/L，与实际值（1～4mol/L）较接近。

② 铜离子及其配合物的分布 分金液中的 Cu^{2+} 不与溶液中有关的阴离子生成沉淀，在 $[Cl^-]$=1mol/L，$[Cu]_T$=5g/L 时，通过计算可知分金液中的铜主要以 $CuCl^+$ 的形式存在。

③ 铅离子及其配合物的分布 分金液中 Pb^{2+} 的行为比 Ag^+ 和 Cu^{2+} 的复杂，这是因为一方面 Pb^{2+} 能与 Cl^- 生成配合物，另一方面还能与 Cl^- 生成 $PbCl_2$ 沉淀 $[K_{sp(PbCl_2)}^{\ominus}=1.6 \times 10^{-5}]$，与 SO_4^{2-} 生成 $PbSO_4$ 沉淀 $[K_{sp(PbSO_4)}^{\ominus}=1.6 \times 10^{-8}]$。当溶液中 $[Cl^-]$ 为 1mol/L，$PbCl_2$ 达到沉淀溶解平衡时，$[Pb^{2+}]$ 为 1.6×10^{-5}mol/L。而另一方面，因分金液中存在的 H_2SO_4 会进行离解：

$$HSO_4^- \Longrightarrow H^+ + SO_4^{2-} \qquad K_{a2}^{\ominus} = 1.1 \times 10^{-2}$$

溶液中游离的 SO_4^{2-} 浓度 $[SO_4^{2-}]$ 可由下式求出：

$$[H_2SO_4]_T = [HSO_4^-] + [SO_4^{2-}]$$

将上述两式重新整理后有：

$$[SO_4^{2-}] = [H_2SO_4]_T / (1 + [H^+]/K_{a2})$$

当 $PbSO_4$ 达到沉淀溶解平衡时，溶液中 $[Pb^{2+}]$ 与 $[H^+]$ 的关系为：

$$[Pb^{2+}] = K_{sp(PbSO_4)}^{\ominus}(1 + [H^+]/K_{a2})/[H_2SO_4]_T$$

因 $PbSO_4$ 的溶解度比 $PbCl_2$ 的小得多，所以溶液中铅离子的浓度应由

$PbSO_4$ 的溶解度决定。由有关配合物稳定常数的关系式可得出溶液中铅离子的总浓度 $[Pb^{2+}]_T$ 与 $[H^+]$、$[Cl^-]$ 的关系：

$$[Pb^{2+}]_T = [Pb^{2+}]+[PbCl^+]+[PbCl_2]+[PbCl_3^-]$$

$$= K_{sp(PbSO_4)}^{\ominus}\left(1+\frac{[H^+]}{K_{a_2}}\right)\left(\frac{1+\beta_1[Cl^-]+\beta_2[Cl^-]^2+\beta_3[Cl^-]^3}{[H_2SO_4]_T}\right)$$

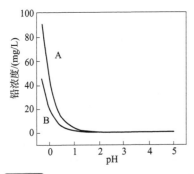

在分金液中的 $[Cl^-]$ 和硫酸总浓度下，溶液中铅的总浓度 $[Pb^{2+}]_T$ 与 $[Cl^-]$ 和 pH 值的关系如图 3-13 所示。

从图 3-13 可见，在分金液体系中，铅的浓度 $[Pb^{2+}]$ 与 pH 值的关系明显，在酸度较高的条件下，铅显著地溶解。同时，溶液中 $[H_2SO_4]_T$ 高有利于抑制铅的溶解，在 $[H_2SO_4]_T$ 为 0.5mol/L，$[H^+]$ 为 1.5mol/L 时，$[Pb^{2+}]$ 达 68.36mg/L，与实际分金液中铅含量（60～90mg/L）较为接近。

图 3-13　溶液中 $[Pb^{2+}]_T$ 与 pH 值的关系
A— $[Cl^-]=1mol/L$，$[H_2SO_4]_T=0.5mol/L$；
B— $[Cl^-]=1mol/L$，$[H_2SO_4]_T=1mol/L$

3.5.3　金的化学还原精炼[3,7,8,27]

3.5.3.1　草酸还原法

草酸还原精炼的原料一般为粗金或富集阶段得到的粗金粉，金品位在 80% 左右即可。

草酸为无色的三棱形晶体，分子式为 $H_2C_2O_4 \cdot 2H_2O$，相对分子质量为 126.07，当温度高于 30℃时，可失去结晶水，大约在 100℃时完全脱水。草酸易溶于水和酒精，每 100g 酒精能溶解 23.7g 草酸。其在水溶液中逐步分解，生成甲酸、二氧化碳等混合物。其反应如下：

$$H_2C_2O_4 = HCOOH+CO_2\uparrow$$

$$2HCOOH = CO_2\uparrow+CO\uparrow+H_2\uparrow+H_2O$$

草酸是一种二元酸，在水溶液中可能存在的形态有 $H_2C_2O_4$、$HC_2O_4^-$、$C_2O_4^{2-}$，其分布百分数（φ）与 pH 值的关系如图 3-14 所示。从图 3-14 中可见，当溶液 pH<1.27 时，主要以 $H_2C_2O_4$ 形式存在；溶液 pH=1.27～4.27 之间时，主要以 $HC_2O_4^-$ 形式存在；当 pH>4.27 时，主要以 $C_2O_4^{2-}$ 形式存在。

草酸作为金的还原剂必须在中性和微酸性溶液中才能起作用。其反应如下：

$$2AuCl_3+3H_2C_2O_4 = 6HCl+6CO_2\uparrow+2Au\downarrow$$

先将粗金粉溶解使金转入溶液，调整酸度后以草酸作还原剂还原得纯海绵金，经酸洗处理后即可铸成金锭，品位可达 99.9% 以上。其流程如图 3-15 所示。

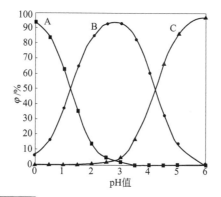

图 3-14 草酸各物种在不同 pH 值下的分布曲线

A—$H_2C_2O_4$；B—$HC_2O_4^-$；C—$C_2O_4^{2-}$

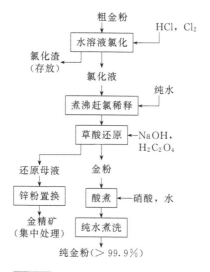

图 3-15 草酸还原精炼法原则工艺流程

影响还原反应的因素如下：

① 酸度 草酸还原金的能力随着溶液的 pH 值和草酸浓度的增加而增强，在工艺上先用 NaOH 缓慢地中和分金液至 pH＝1～1.5，加热至沸，再加草酸还原 4～6h，并趁热过滤金粉。

② 温度 常温下草酸还原即可进行，加热时反应速率加快。但因反应过程放出大量 CO_2 气体，易使金液外溢，一般以 70～80℃为宜。

草酸还原操作中每克金需要 0.69g 草酸。加入草酸后，10min 内金开始沉淀，如沉淀停止，需要加入 30％浓度的 NaOH，调至贵液 pH≈10。在 80℃下保温，直到沉淀结束为止。为了检查沉淀是否完全，可再加入计算量的 10％草酸，如发现没有沉淀或沉淀停止，需加入 NaOH 调溶液 pH≈10，继续在 80℃

下保温直到沉淀停止为止。按此方法重复进行，直到溶液黄色消失为止。

按照下述程序也可将含金贵液中的金还原。将王水溶解液或水溶液氯化液加热至70℃左右，用20% NaOH溶液调pH＝1～1.5，在搅拌下，一次加入理论量1.5倍的固体草酸，反应开始激烈进行。当反应平稳时，再加入适量NaOH溶液，反应又加快，直至加入NaOH溶液无明显反应时，再补加适量草酸，使金反应完全。过程中始终控制溶液pH＝1～1.5，反应终了后静置一定时间。经过滤得到的海绵金以1∶1硝酸及去离子水煮洗，以除去金粉表面的草酸及贱金属杂质，烘干后即可铸锭，品位＞99.9%。草酸还原后母液可用锌粉还原回收残金，回收率达99.6%。

分金液中的杂质含量低，草酸还原可得到品位高的金粉（Au＞99.99%）。但通常分金液中存在一定量的铜，在草酸还原金的条件下Cu^{2+}可与$C_2O_4^{2-}$生成CuC_2O_4沉淀，这种沉淀夹杂在金粉中，难以用常规的方法彻底洗去。还原母液用锌粉置换，回收残存的金。置换渣以盐酸水溶液浸煮，除去过量锌粉，返回水溶液氯化。

草酸还原法的特点：选择性好，草酸还原金时，Pt、Pd不被还原，仍留在还原液中，可采用锌粉还原法进行回收；还原金的纯度高，金的纯度可达99.99%；还原率高，可大于99.9%；还原条件要求严格，这是因为草酸还原能力弱，还原时间较长；由于还原需要在中性和弱酸性条件下完成，含金贵液需要蒸发，浓缩赶硝，严重污染环境，影响操作人员的身体健康；整个还原过程周期长，用电量大，成本高，劳动强度大，积压黄金影响资金的周转。

3.5.3.2　二氧化硫还原法

二氧化硫是一种气体，它是由硫黄经燃烧后生成的。反应如下：

$$S + O_2 \Longrightarrow SO_2$$

在V_2O_5存在下：
$$2SO_2 + O_2 \Longrightarrow 2SO_3$$

工业上通常将SO_2在一定的压力下制备成液态，用钢瓶盛装运输销售，使用时还是很方便的。

在中性和弱酸性介质中，当二氧化硫被氧化成SO_3时，其电势为＋0.22V。其电极反应如下：

$$SO_3^{2-} + H_2O \Longrightarrow SO_4^{2-} + 2H^+ + 2e$$

氯金酸的电势较高，$E^{\ominus} = 1.00V$。其电极反应如下：

$$[AuCl_4]^- + 3e \Longrightarrow Au\downarrow + 4Cl^-$$

将二氧化硫气体通入含金贵液中，即可将Au(Ⅲ)还原为Au(0)，金从溶液中沉淀析出。其反应如下：

$$2[AuCl_4]^- + 3SO_2 + 6H_2O \Longrightarrow 2Au\downarrow + 12H^+ + 8Cl^- + 3SO_4^{2-}$$

从反应式可见，还原过程产生酸，pH值降低不利于还原，pH值降低，SO_4^{2-}易与重金属离子反应生成硫酸盐，如硫酸铅，对金粉的纯度不利。因此，往往是在较低的酸度下进行，通常进行两段还原，例如，先在 1mol/L 的酸度下通 SO_2 还原，可以得到品位为 99.99％ 的金粉；然后将 pH 值调高，继续用 SO_2 还原，但此时得到的金粉质量较差，这种质量较差的金粉再返回氯化。

工业生产时，可将含金贵液转入不锈钢反应釜中，升温至 50℃ 左右，打开 SO_2 钢瓶，用胶管将 SO_2 气体通入贵液中，慢速搅拌。临近终点时用提升器取小部分溶液，转入试管中，充入 SO_2 气体，如不产生红色沉淀，则表明还原完全。

采用二氧化硫作为金的还原剂具有以下优点：操作简单快速，含金贵液不需浓缩和赶硝，1h 可完成还原过程；二氧化硫价格低廉，易于购买，与其他还原剂相比，其冶炼成本较低；二氧化硫纯度高，在还原过程中不引进其他金属离子，还原制得的金粉纯度高；二氧化硫使用方便，还原稳定，回收率高。

3.5.3.3 亚硫酸钠还原法

亚硫酸钠是一种白色固体粉末，分子式为 Na_2SO_3，相对分子质量为 126.04，相对密度为 2.633，易溶于水，水溶液呈碱性，微溶于醇，不溶于液氯、液氨，与空气接触易被氧化成 Na_2SO_4，遇强热则分解成硫化钠和硫酸钠，与强酸接触生成相应的盐并放出 SO_2。

亚硫酸钠在中性和弱酸性介质中可将 Au（Ⅲ）还原为 Au(0)。亚硫酸的标准电极电势 $E_{SO_4^{2-}/H_2SO_3}^{\ominus}=0.17V$，金、钯在盐酸体系中的标准电极电势分别为：$E_{AuCl_4^-/Au}^{\ominus}=0.995V$，$E_{PdCl_4^{2-}/Pd}^{\ominus}=0.621V$，$\Delta E_{Au}^{\ominus}=E_{AuCl_4^-/Au}^{\ominus}-E_{SO_4^{2-}/H_2SO_3}^{\ominus}=0.825V$，$\Delta E_{Pd}=E_{PdCl_4^{2-}/Pd}^{\ominus}-E_{SO_4^{2-}/H_2SO_3}^{\ominus}=0.451V$。由于 $\Delta E_{Au}^{\ominus}$ 为一较大的正值，因此反应很完全。但 $\Delta E_{Pd}^{\ominus}$ 也较大，少量的钯也会被还原。在常温、3mol/L HCl、金浓度为 30～40g/L 条件下，边搅拌边加入固体工业亚硫酸钠，按质量比 Au：Na_2SO_3＝1：1 加入，接近反应终点时，有刺鼻的 SO_2 气体逸出。

Na_2SO_3 加入 3mol/L HCl 溶液中，反应如下：

$$Na_2SO_3+2HCl \xrightarrow{\quad\quad} H_2SO_3+2NaCl$$

$$H_2SO_3 \xrightarrow{\quad\quad} SO_2\uparrow+H_2O$$

溶液中 H_2SO_3、SO_2 同时还原金，反应如下：

$$2HAuCl_4+3H_2SO_3+3H_2O \xrightarrow{\quad\quad} 2Au\downarrow+3H_2SO_4+8HCl$$

$$2HAuCl_4+3SO_2+6H_2O \xrightarrow{\quad\quad} 2Au\downarrow+3H_2SO_4+8HCl$$

Na_2SO_3 在较高酸度下有利于金的还原，但 Na_2SO_3 呈弱碱性，会降低溶液酸度，但还原反应中生成大量的酸，有利于反应进行。因此，还原过程不需要补加酸。

Na_2SO_3 在较高酸度条件下还原金，溶液中的贱金属杂质不被还原，也不会水解，还原后的母液含金约为 0.0005g/L。

在工业生产中，将含金贵液置于反应釜中，用 NaOH 调至贵液 pH＝1，按照 1g Na_2SO_3 大约还原 0.8g Au 的比例边加入固体 Na_2SO_3 边搅拌，此时溶液的颜色由深黄色变为棕红色，并有大量海绵金析出。临近终点时可滴加水合肼还原剂，如溶液不出现黑色，则表示还原完全。也可利用测定氧化还原电位确定还原终点。

采用亚硫酸钠还原金具有以下优点：亚硫酸钠还原金的速率快，产品纯度高，还原率可达 99.9%；选择性好，在还原条件下贱金属、银和铂族元素的氯化物不被还原，仅有少量的钯被还原；亚硫酸钠可在王水介质中进行还原，含金贵液可不"赶硝"直接还原；亚硫酸钠价格低廉，还原成本低；铅是还原金粉中最有害的元素，如金中含铅量达 0.01%，就会使金变脆不能进行压力加工。采用亚硫酸钠还原金，铅在还原过程中生成难溶的 $PbSO_4$ 沉淀而夹杂在海绵金中，含 $PbSO_4$ 的海绵金在石墨坩埚中高温熔铸时，分解出 PbO，而 PbO 又被石墨坩埚还原为 Pb 进入金锭中。如果还原生成的海绵金先用蒸馏水（热）洗涤至无 Cl^- 存在，再用 1：2 稀硝酸煮沸 30min，可将海绵金中的 $PbSO_4$（微量）溶解，生成 $Pb(NO_3)_2$ 进入溶液，经过滤洗涤可将海绵金中的 $PbSO_4$ 除去。

3.5.3.4　亚硫酸氢钠还原法[9,10]

亚硫酸氢钠是一种白色结晶性粉末，分子式为 $NaHSO_3$，相对分子质量为 104.06，相对密度为 1.48（20℃），有二氧化硫的气味，微溶于醇，在水中溶解度比亚硫酸钠大，水溶性呈酸性，还原性较强，在空气中易被氧化为硫酸盐。

亚硫酸钠和亚硫酸氢钠还原金的反应分别为：

$$2HAuCl_4 + 3Na_2SO_3 + 3H_2O = 2Au\downarrow + 3Na_2SO_4 + 8HCl$$
$$2HAuCl_4 + 3NaHSO_3 + 3H_2O = 2Au\downarrow + 3NaCl + 3H_2SO_4 + 5HCl$$

比较亚硫酸氢钠和亚硫酸钠还原金的反应可知，二者的差别是：

① 亚硫酸钠水溶液呈碱性，因此亚硫酸钠与酸反应生成 SO_2 的速率快，试剂消耗大利用率低 [1kg/kg(Au)]，操作环境不好，反应终点不好控制；

② 由于亚硫酸氢钠的电离程度大于水解程度，溶液呈酸性，因此亚硫酸氢钠与酸反应生成 SO_2 的速率相对较慢，试剂消耗较小利用率相对较高 [0.82～0.85kg/kg(Au)]，操作环境相对较好；

③ 亚硫酸氢钠还原金可在较高酸度下进行，产物中生成的酸比亚硫酸钠的酸性还要高，更有利于反应的进行，因而无须用 NaOH 调整酸度，不会造成贱金属的水解沉淀，海绵金纯度更易得到保证，并且还原率高；

④ 亚硫酸氢钠还原金反应产物中生成的钠盐比亚硫酸钠的酸性低，既有利于金粉的清洗，又有利于后续其他贵金属的分离；

⑤ 应用亚硫酸氢钠还原金时，可以利用各种元素氧化还原电势的差异，通过监测并控制还原过程体系的氧化还原电势，确定金还原过程的最佳终点，从而制取更高纯度的海绵金，并获得最佳的还原率。

水溶液氯化溶解金过程的终点电势一般为 1000～1100mV，经继续加温搅拌赶去残存氯气后，过滤得到的氯化液电势可降至 900mV 以下。当溶液升温至所要求的温度后，将备好的还原剂均匀加入，同时观测体系电势的变化。图 3-16 为以亚硫酸氢钠或草酸作还原剂测得的还原过程电势变化曲线。

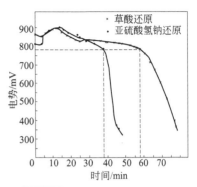

图 3-16　还原过程电势变化曲线

从图 3-16 可见，2 种还原剂还原过程的电势变化曲线均在 780mV 附近呈急剧下降趋势，出现明显的拐点。此时，金得到最佳程度的还原，而贱金属尚未发生还原反应，是理想的反应终点。表 3-19 为 2 种还原剂还原时的还原效果。

表 3-19　控制电势的还原效果

还原剂	NaHSO₃				H₂C₂O₄		
批次	1	2	3	4	1	2	3
还原率/%	99.97	99.51	99.14	99.12	97.92	99.16	99.26
金纯度/%	99.987	99.997	99.997	99.998	99.998	99.982	99.979

从表 3-19 可见，通过电势监控还原反应终点可知，使用亚硫酸氢钠或草酸作还原剂均可制取品位大于 99.99％的海绵金，且还原率高达 99％，2 种还原剂以亚硫酸氢钠更为优越。

还原母液经再次还原到电势 340mV 以下，即可将残存的少量金全部沉淀，滤出后返回水溶液氯化，金的回收率接近 100％，这就是通常工业生产上应用的两段还原法。

实践证明监控电势还原过程的突出优点是：根据电势曲线的变化，可随意选择在某一电势值结束反应，以确保在最大还原率时获得高纯（≥99.99％或≥99.999％）海绵金，且对溶液杂质含量的要求不太严格。

水溶液氯化-还原精炼法已在国内一些工厂用于生产。如葫芦岛锌厂、黑龙江老柞山金矿、吉林桦甸黄金冶炼厂、陕西凤县四方金矿等，均达到较好的效果。

3.5.3.5　硫酸亚铁还原法

硫酸亚铁分子式为 $FeSO_4 \cdot 7H_2O$，相对分子质量为 278.01，相对密度为 1.895～1.898，是种单斜体淡青色晶体，在干燥空气中可风化成白色粉末，与水作用显淡青色，能溶于水及甘油，不溶于酒精，在空气中易被氧化，并吸收空中的水转变成黄色的 3 价铁的碱性盐。

$$4FeSO_4 + 2H_2O + O_2 = 4Fe(OH)SO_4$$

将硫酸亚铁加热至 70℃时变为白色，900℃时熔融，250℃开始分解而失去 SO_2。

$$2FeSO_4 \Longrightarrow (FeO)_2SO_4 + SO_2 \uparrow$$

硫酸亚铁具有较强的还原性，在 1mol/L HCl 介质中，其氧化还原电势为 $-0.73V$（Fe^{3+}/Fe^{2+}）。

在中性和弱酸性介质中，在室温条件下，Au(Ⅲ) 可被硫酸亚铁还原为褐色金沉淀。

$$HAuCl_4 + 3FeSO_4 \Longrightarrow Au \downarrow + Fe_2(SO_4)_3 + FeCl_3 + HCl$$

因硫酸亚铁还原金不完全，通常与亚硫酸钠联合使用。还原时，在含金贵液中先加入一定量的硫酸亚铁，反应 1h 后，再加入亚硫酸钠。若还原后的溶液中含金小于 3mg/L，则表示还原完全。整个还原过程约为 3h。

用硫酸亚铁还原制得的海绵金含有一定量的杂质，可采用酸进行处理，其纯度可达 99.9%。硫酸亚铁用量较大，且还原后的溶液因含硫酸根离子而不能返回使用。

硫酸亚铁在该条件下不能将贵液中含有的铂族元素还原，为此应对其进行回收。

3.5.3.6　H_2O_2还原法

（1）原理

过氧化氢（俗称双氧水）是一种具有氧化性和还原性的物质，同时还能发生歧化分解反应。在金的浸出液中，在较高的酸度下，双氧水可以有效地氧化金。而在一定的 pH 值（2～3）下，双氧水又能将溶液中的 $[AuCl_4]^-$ 还原成金粉。作为还原剂时，其半电池反应为：

$$\frac{1}{2}O_2 + 2H^+ + 2e \Longrightarrow H_2O$$

$$\varphi_{O_2/H_2O}^{\ominus} = 0.682V$$

$$\varphi = \varphi_{O_2/H_2O}^{\ominus} + \frac{0.0591}{2}lg\frac{[O_2][H^+]^2}{[H_2O_2]}$$

从上式可见，当 pH 值升高（即 $[H^+]$ 浓度下降）时，半电池反应的电势下降，即双氧水作为还原剂的能力上升。而 $AuCl_4^-$ 还原为金的半电池反应与 pH 值无关，所以控制一定的 pH 值（2～4）可以用双氧水从分金液中还原出金，反应如下：

$$2[AuCl_4]^- + 3H_2O_2 \Longrightarrow 2Au \downarrow + 3O_2 \uparrow + 8Cl^- + 6H^+$$

（2）料液

金的氯化液取自某厂（该厂阳极泥采用湿法处理工艺），其成分含量（g/L）为：Au 2.38、Cu 3.748、Fe 0.16、Pb 0.0647、Sb 0.0453、Bi 0.7948，Ag 3.3mg/L、Cl^- 0.9mol/L、H_2SO_4 0.4mol/L。

（3）操作

上述成分的氯化液 4m³，泵入沉金槽中，用蒸汽直接加热至 45℃，用 60kg 工业烧碱将溶液的 pH 值调节至 3.5～4，此时温度为 50℃，加入过氧化氢 100kg，并保温 3h，停止搅拌，澄清，上清液抽至贮槽，底流抽滤，金粉用热水洗涤至中性。金粉置入煮洗槽中用 1∶1 HCl 洗涤 2 次，过滤，并在滤布上洗涤至中性。金粉干燥后其成分（％，质量分数）为：Au 99.990、Ag 0.00176、Bi 0.00026、Cu 0.00175、Fe 0.00292、Pb 0.00014、Sb 0.00275；经常规浇铸后，金锭的成分（％，质量分数）为：Au 99.995、Ag 0.000255、Bi 0.00015、Cu 0.00122、Fe 0.00029、Pb 0.00039、Sb 0.00016，达到国标 1 号金的要求。还原后液金浓度为 2.6mg/L，金直收率为 99.89％。2m³ 还原后液和酸洗后液混合，用作氯化渣的洗水，然后返至氯化工序，先升温至 85℃，反应 1h，再加入氯酸钠，氯酸钠用量较相同条件下降低 50％。

（4）工艺流程

如图 3-17 所示。

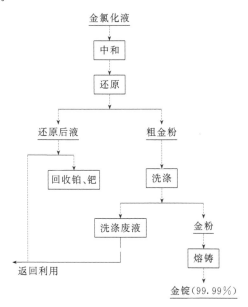

图 3-17 H₂O₂还原精炼金工艺流程

同传统还原-电解法相比，过氧化氢还原法有以下优点：①金氯化液用过氧化氢还原，金粉经酸洗、水洗、浇铸可获得纯度为 99.99％的金成品，省去了金粉氨水洗涤和电解工序，从而缩短了金的生产周期，降低了金的精炼费用；②还原、洗涤温度低，减少能耗；③还原无有害气体产生，酸洗水和部分还原后液可返回使用，无废水排放，有利于环境保护；④综合成本比其他方法低。

由于双氧水还原过程中不引入其他的阴离子，不会引起体系中其他重金属离子的副反应，所以产出的金粉纯度较用草酸和二氧化硫还原的都要高一些，曾进行过工业试验，以表 3-15 的分金液为原料，直接用双氧水还原得到含金大于99.99%的金粉。

　　用二氧化硫、草酸、双氧水还原金的时候，铂、钯通常不被还原，溶液中铂、钯可用锌粉置换成铂钯精矿，待积累到一定数量后集中处理。

　　用湿法处理含金低的阳极泥时，氯化分金液中金浓度往往很低，直接还原得到的金粉极为细小，难以收集。对于这种溶液应先进行富集（如溶剂萃取、离子交换），再进行提取。

3.5.3.7　水合肼还原法

　　水合肼还原金的反应为：

$$4HAuCl_4 + 3NH_2NH_2 \cdot H_2O \Longrightarrow 4Au\downarrow + 3N_2\uparrow + 16HCl + 3H_2O$$

　　研究反应温度、时间、水合肼浓度配比、王水酸度、水合肼用量等因素对金中杂质 Cu^+ 含量及含金废水中金含量的影响，结果见图 3-18～图 3-22[29]。

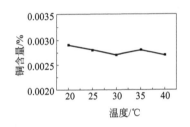

图 3-18　温度与金泥中杂质 Cu^{2+} 的含量关系

图 3-19　还原时间与还原废水中金含量关系

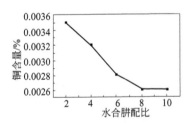

图 3-20　水合肼配比与金泥中杂质 Cu^{2+} 的含量关系

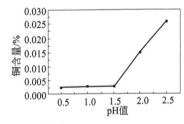

图 3-21　王水酸度与金泥中杂质 Cu^{2+} 的含量关系

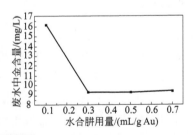

图 3-22　水合肼用量与还原废水金含量关系

　　结果说明，温度对金泥中杂质 Cu^{2+} 的含量的影响不大，不是主要影响因素，因此可以在常温下进行还原反应。还原时间直接影响金的还原程度，即影响还原废水中金的含量。0.5h 时还原废水中金含量高达 20mg/L 以上，随着还原时间的延长金逐渐被还原，2h 时基本稳定在 9.3mg/L，因此选定还原反应时间为 2h。水合肼浓度高时杂质铜含量较高，如当水合肼与水的配比为 1:2 时，杂质铜含量高达 0.0035%，这是因为水合肼是强还原剂，当水合肼配比浓度较高时反应剧烈造成局部过量杂质被同时还原。当水合肼与水的配比＞1:8 时铜杂质含量相当，因此选择水合肼配比为 8。王水酸度对试验结果影响较大，王水酸度在 pH=1.5 以下对金泥质量影响不大，其原因是当 pH 值增高时 Cu^{2+} 会与 OH^- 结合成 $Cu(OH)_2$ 沉淀而被带入金泥中，因此，酸度在 pH=1.5 以下时为最佳还原条件。用水合肼还原可以使还原水样降到较低标准，当水合肼加入量为 0.3mL/g Au 以上时还原尾液金含量为 9.30mg/L 而不影响金的质量。

　　水合肼还原与亚硫酸钠还原金的比较如表 3-20 所示。

表 3-20　水合肼还原与亚硫酸钠还原金的比较

项目　　　还原剂	还原母液金含量 /(mg/L)	金中杂质/%		每克金的药剂耗量	每克金的成本/元
		Cu	Ag		
水合肼	9.35	0.0029	0.0124	0.28mL	0.0072
亚硫酸钠	21.75	0.0027	0.0096	2.33g	0.0075

　　从结果可以看出，利用水合肼还原时，金泥中 Cu、Ag 含量分别为 0.0029% 和 0.0124%，略高于用亚硫酸钠还原（Cu、Ag 含量分别为 0.0027% 和 0.0096%），杂质含量变化不明显，不会对金的品质造成影响。但用水合肼还原其优势却颇为明显：无需加热，电能消耗量少。用水合肼还原在常温下进行，用亚硫酸钠还原需加热到 75℃ 以上；用水合肼还原金环境污染小，治理成本低。亚硫酸钠还原金的理论用量为每克金 0.96g，而实际用量为每克金 2.33g，余下 1.37 g 分解成 SO_2 溢出；用水合肼还原金，速率快，一次直收率高。水合肼为液体，其纯度高，还原过程中不会带入杂质而影响金的质量。水合肼还原废水中金含量平均可降至 9.35mg/L，而用亚硫酸钠还原废水中金平均含量为 21.75mg/L，还原废水中金含量降低 57%；用水合肼还原金，反应速率快，用量少，操作简单，劳动强度小。因此用水合肼还原金具有很好的前景。

3.5.3.8　盐酸肼还原法

　　水合联氨工业上称为水合肼，分子式为 $N_2H_4 \cdot H_2O$，相对分子质量为 50.07，是一种无色透明、发烟的强碱性液体，并有独特的臭味，相对密度为 1.03（23℃），熔点为 -40℃，沸点为 118.5℃（740mmHg，1mmHg=133.322Pa），引火点为 73℃，折射率（n^{20}）为 1.42842，能与水、醇任意混合，不溶于氯仿和醚，是一种强还原剂，与氧化剂接触会引起自燃自爆，有毒，具有强腐蚀性、渗透性，在空气中吸收二氧化碳。

水合联氨可用尿素法进行制备，即将次氯酸钠与尿素混合，在催化剂高锰酸钾存在下，经氧化反应生成水合肼。其反应如下：

$$NH_2CONH_2 + NaClO + 2NaOH \Longrightarrow NH_2NH_2 \cdot H_2O + NaCl + Na_2CO_3$$

在工业上有两种浓度的产品，即40%产品和80%产品。

在中性或弱酸性溶液中，水合肼能够将氯化态金、银还原为金属，即海绵金、海绵银。

水合肼还原Au(Ⅲ)的化学反应如下：

$$4HAuCl_4 + 3NH_2NH_2 \cdot H_2O \Longrightarrow 4Au\downarrow + 3N_2\uparrow + 16HCl + 3H_2O$$

还原时可将含金贵液注入不锈钢反应釜中，在搅拌条件下加入NaOH，调节溶液的酸度至pH≈1，然后缓慢加入水合肼，此时出现黑色沉淀。如果贵液酸度太大，还原出的海绵金会产生复溶现象，因还原反应是放热反应，加入水合肼时要少量多次，当加入水合肼不再产生黑色沉淀时即为还原完全。然后再升温到80～90℃，海绵金变清、溶液变清，抽取少量清液，加入1～2滴水合肼，验证金是否还原完全。利用电位计测定还原溶液的电位也可控制金被还原的程度。

贵液中含有的铜离子和铁离子会影响金的还原。当贵液中含有铜离子时，还原液呈蓝色；当溶液中含有铁离子时，还原液呈黄色。有色金属离子的存在影响还原终点的观察，而且少量铜、铁离子易与金同时被还原而使海绵金的成色变差。

对于铜、铁含量高的贵液，可采用如下还原方法：按照贵液中大概的金含量，以1mL水合肼还原1g金计算，加入能够还原90%金的水合肼还原剂，待海绵金凝聚后，过滤取出。然后在滤液中再加入足量的水合肼，将溶液中残留的金全部还原，制得粗金，再进行二次提纯。

500g金料的成分含量（%）为：Ag 4、Cu 3、Pb 0.01。加入1500mL王水（HNO_3：HCl=1：5）溶解2～3h，加热使溶液温度升至200～220℃，加赶硝试剂乙醇溶液60mL（乙醇溶液配制方法：市售C_2H_5OH：H_2O=1：1）赶硝20～30min，加入与金液体积相同的室温蒸馏水，搅拌均匀，经1～2h使金液冷却至室温，根据金液中的含铅量加入浓硫酸（浓度95%），按照质量比Pb：H_2SO_4=1：2来确定加入硫酸的量，充分搅拌后，静置1～2h。用孔径为1.5～2.5μm的过滤材料制成的漏斗装置过滤。滤液在室温下加入改进的还原剂1000mL（其配制方法依照水合肼：稀盐酸=1：1，稀盐酸：H_2O=1：1）还原金。用热水（60～80℃）洗至溶液中无Cl^-，再加入体积为金粉2倍的市售硝酸（浓度65%～68%）与蒸馏水按体积比（1：1）～（1：3）配成的稀硝酸，煮沸30min，再用热水将金粉洗至中性，然后将其铸锭。盐酸联氨还原精炼金工艺流程见图3-23。

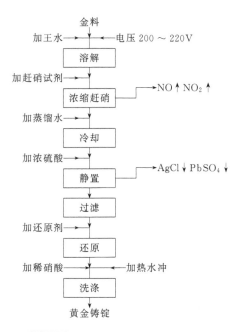

图 3-23 盐酸联氨还原精炼金工艺流程

改进后的还原剂有两点作用：a. 溶金过程中赶硝时间明显缩短，相比现行湿法提炼黄金工艺，突出的特点是避免了烧杯爆裂和金液溢出的危险，相比现行工艺，过去 10kg 金料提纯需 2～3d，现在只需 1～1.5d，节约了能源消耗，降低了成本，节省了时间提高了生产效率；b. 加入经改进的还原剂一次性即可提炼纯度为 99.99％高纯金，为制作黄金饰品和出口创汇提供保证；c. 属比较温和的酸性还原剂，提高了选择性，只将金从溶液中还原出来，而残留的铁、铜等不被还原，仍留在溶液中；d. 避免了固体还原剂中不溶物的干扰。

3.5.4 控制电势还原法[12]

由东北大学和莱州金仓矿业有限公司共同开发的氰化金泥全控电湿法直接精炼金工艺是比较先进的一项技术。整个工艺流程由预处理、分金、金还原精炼、银置换电解、金银熔铸、废液净化组成。该流程继承了控制电势氯化的思路，发展成为全流程控制电势精炼技术。预处理工序操作采用盐酸作溶剂，严格控制电势，在反应后期加入氧化剂，将贱金属除去。分金采用硫酸和食盐介质中加氯，控制电势和温度保证氯的合理添加和金的浸出率。分金液经过过滤净化后，除余氯，调节 pH 值，根据电势添加还原剂得到高质量的金。工艺的贱金属除去率达到 99％以上，溶液含金＜1g/m³，生产的金的纯度在 99.9％以上，直收率＞99％，综合回收率在 99.95％以上。

3.5.4.1 原料

原料为含金 60％左右的汞金及含金 40％～69％的钢棉电积金泥（表 3-21、

表 3-22），其主要特点是金银含量高，总和达 87% 以上，贱金属不超过 10%，金泥中各主要元素赋存状态复杂。一般锌粉置换金泥中的各金属均以单质状态存在，而钢棉电积金泥中的金属，特别是金、银、铜等由于阴极电流密度、溶液浓度变化以及这些金属氧化还原电势相差不大，容易在钢棉阴极上同时析出，形成合金或相互包裹而存在。

表 3-21   钢棉电积金泥主要成分

成分	Au	Ag	Cu	Pb	Fe
含量/%	43.33	43.00	2.60	3.49	0.17

表 3-22   钢棉电积金泥粒度分布

网目	含量/%	网目	含量/%
−250	85.17	+150～−50	2.86
+250～−200	4.13	+50	2.54
+200～−150	5.30	合计	100

3.5.4.2   工艺流程

钢棉电积金泥→盐酸除杂→氯化提金→还原→纯金（99.99%）。

（1）盐酸除杂

在一定的酸度、温度和液固比条件下，加入 $NaClO_3$ 溶液，随着氧化剂的加入，体系的氧化还原电势上升，通过控制氧化剂的加入速率调节并控制体系的电势值，使之恒定在 450～460mV 范围内。当电势值超过恒定值只升不降时（出现拐点），说明除杂反应基本结束。反应时间的长短主要取决于物料的粒度和组成，实际生产一般需 2～3h，图 3-24 为某一批次产品生产所得电势控制曲线，生产情况见表 3-23。由表 3-23 可知，铅、铁的脱除率可达 90% 以上，而铜只有 60% 左右，这是因为铜随金、银一起从阴极析出，并与金、银呈合金状态存在于金泥中，由于金、银的包裹而使铜的脱出率不高。

表 3-23   盐酸除杂各金属的脱除率

序号	脱除率/%			
	Ag	Cu	Pb	Fe
1	0.017	70.67	94.90	90.49
2	0.020	59.30	89.86	96.58
3	0.011	60.60	89.37	95.78
4	0.015	60.72	92.13	95.00

表 3-24   氯化提金生产情况

序号	氯化率/%	渣含金/%	渣率/%
1	99.64	0.270	52.93
2	99.90	0.073	58.20
3	99.30	0.930	58.92
4	99.47	0.320	56.48

（2）氯化分金

在一定酸度、温度和液固比条件下，随着氧化剂的加入，体系的氧化还原电势迅速上升，当电势达到 $700\sim750mV$ 时，银开始激烈反应，电势出现恒定，这一恒定段为银的单独反应段，当银单独反应结束，电势很快上升至 $1000\sim1050mV$，此时金开始激烈反应，这时通过控制氧化剂的加入量使电势恒定在 $1050mV\pm5mV$。当金反应接近结束时，电势很快上升至 $1100mV$ 左右，并不再下降，可结束操作。受氧化剂加入速率的影响，反应时间不固定，一般情况下氯化提金需要约 12h，图 3-25 示出以 $NaClO_3$ 作氧化剂处理钢棉电积金泥的盐酸除杂渣所得的电势控制曲线，生产情况见表 3-24。从表 3-24 可见，盐酸除杂渣中金的氯化率可达 99% 以上。

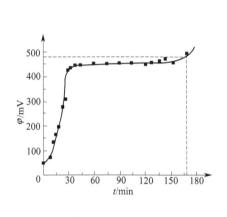

图 3-24 盐酸除杂电势控制曲线

图 3-25 氯化分金电势控制曲线

（3）草酸还原

氯化提金结束时溶液的氧化电势接近 $1100mV$，其中还有大量多余的氯气，溶液的氧化性处在最高峰。在这种情况下直接加还原剂进行还原操作要浪费大量的还原剂。所以每次氯化提金反应结束后，应继续在 $80\sim90℃$ 下搅拌 $10\sim20min$，赶去多余的氯气，然后再过滤。滤液与少量洗液合并，还原前溶液的氧化电势约为 $800mV$，在 $70\sim80℃$ 下控制溶液 $pH=1.0\sim1.5$（用 NaOH 来调节），用草酸进行还原，其中某一次还原过程所得电势-时间曲线如图 3-26 所示。从图 3-26 可见，当电势在 $780mV$ 附近时，出现拐点，电势值呈急剧下降趋势，并很快降至 $400mV$ 以下。实际生产中可通过仪表检测，当溶液电势降至约 $780mV$ 时结束还原反应；在还原后液中加入一定量的草酸可将溶液中残存

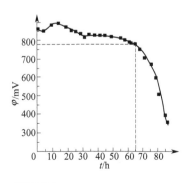

图 3-26 草酸还原电势-时间曲线

的金还原，草酸还原的结果见表 3-25。从表 3-25 可见，金直收率达 90％以上时，仍可得到纯度为 99.99％海绵金。

表 3-25 草酸还原的结果

序号	还原率/%	海绵金品位/%	序号	还原率/%	海绵金品位/%
1	99.01	99.998	3	91.92	99.993
2	99.16	99.982	4	92.75	99.995

（4）工艺特点

a. 电势控制法提金工艺，流程简单，结构合理，整个生产过程在全封闭体系中进行。

b. 通过电势控制，能准确控制反应终点，从而缩短操作时间。常规金电解一个周期一般需要一个月，而采用电势控制法，只需 2～3d，减少了黄金积压，降低了能耗，加快了资金流动，降低了生产成本，从而提高了企业效益。

c. 可减少药剂消耗，降低成本。

d. 金品位从 97％～98％提高到 99.99％，黄金的回收率可达到 99％以上。

3.6 Boliden 金精炼工艺[13]

瑞典 Boliden 公司发明的金精炼技术，快速高效，生产回收率高（金的总回收率大于 99.8％），产品纯度高。工艺过程为先用稀盐酸洗涤浸出银电解的阳极泥，以除去非贵金属杂质，在玻璃容器内以热 HCl 和氯气浸出金和铂族金属，残余的银生成氯化银沉淀，然后用置换沉淀法回收或循环。分两步沉淀金，大部分金以纯金形式在第 1 步中被沉淀，然后熔炼；第 2 步沉淀所剩余的金中夹带有杂质需返回到浸出阶段。两步沉淀金的好处是金的纯度可通过改变第 1 段中沉淀金的比例来控制。这种工艺进料质量具有高度灵活性，可以处理各种原料，工艺可靠性高，处理时间大大缩短，生产成本低，生产系统中金滞留少，工作环境良好且安全，得到高纯度的金 99.99％～99.996％，回收率＞99.99％。

3.6.1 工艺流程

近几年来，山东招金金银精炼有限公司、山东黄金集团有限公司焦家精炼厂、中金黄金股份有限公司黄金精炼厂引进了 Boliden 金精炼工艺技术和成套设备，其中山东招金金银精炼有限公司的主要工艺流程如图 3-27 所示。

3.6.2 主要工艺技术条件

3.6.2.1 高压雾化喷粉

主要以粗金为生产原料，在进入精炼作业前，先对粗金进行高压雾化喷粉粉

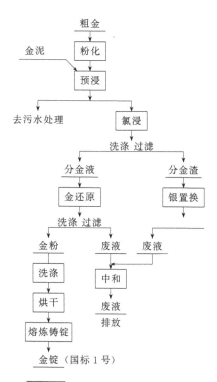

粗金

金泥 → 粉化

预浸

去污水处理 ← | 氯浸

洗涤 过滤

分金液 | 分金渣

金还原 | 银置换

洗涤 过滤

金粉 | 废液 | 废液

洗涤 | 中和

烘干 | 废液 排放

熔炼铸锭

金锭（国标1号）

图 3-27 Boliden 金精炼工艺流程

化处理，粉化处理后的金粉粒度达－200 目含量＞95％、－120 目含量＞99％。整个过程为熔融金液流经 42～50MPa 的高压喷射水而被高压雾化成金粉（图 3-28）。

3.6.2.2 预浸除杂

粗金中含有铜、铅、锌、铁等杂质，若直接进行氯化浸出，这些杂质就会进入氯浸液中，影响还原金的质量，所以需要对粗金进行预处理。预浸工艺可以选择性地使贱金属转化为离子状态进入溶液而被除去，为提高还原金粉的质量创造有利的条件。预浸除杂用盐酸作浸出剂，压缩空气为氧化剂，固液质量比（s/l）=（1∶4）～

图 3-28 高压雾化喷粉设备

（1∶5），反应温度 70～85℃，pH=0.5～0.7，发生的主要化学反应为：

$$Pb(Zn、Fe)+2HCl = Pb(Zn、Fe)Cl_2+H_2\uparrow$$
$$2Cu(Pb、Zn、Fe)+O_2 = 2Cu(Pb、Zn、Fe)O$$
$$Cu(Pb、Zn、Fe)O+2HCl = Cu(Pb、Zn、Fe)Cl_2+H_2O$$

因受金原料性质波动较大的影响，原料中的金含量以及杂质金属的含量也不稳定。这就要求生产过程中的技术条件能够适应这些物料化学组成的变化。生产实践表明，盐酸预浸除杂质过程技术条件易于控制，生产技术指标稳定，除杂效果好，铜、铅、锌、铁等杂质浸出率达 99％以上。

影响预浸除杂效果的因素主要有：浸出液的 pH 值、预浸反应温度、固液比、压缩空气通入量、预浸时间。

3.6.2.3　氯化分金

氯化浸金的目的是将经过预浸除杂后的金粉中的金及残留的微量铜、铅、锌、铁等杂质金属转化为配离子或离子形式进入溶液，同时使与金电极电势相近的银以固态沉淀形式进入渣中。

由 $Au-H_2O-Cl_2$ 系电势-pH 值图以及一些金属的标准电极电势值可知，在盐酸介质中通入氯气，所有金属均溶于盐酸中，银以 AgCl 沉淀的形式留在渣中。

为了保证较高的浸出率，选择控制适当的浸出条件是工艺的关键。

（1）盐酸浓度

在氯化浸出过程中，除了铜、铅、锌、铁等杂质金属进入溶液外，盐酸和氯气还使单质金氧化为 $[AuCl_4]^-$ 配离子进入溶液，金浸出率随盐酸质量浓度的增加而提高，盐酸质量浓度大于 200g/L 时金的浸出率可达 99.99％。

发生的主要化学反应为：

$$2Au + 2HCl + 3Cl_2 = 2HAuCl_4 \qquad 2Ag + Cl_2 = 2AgCl \downarrow$$

$$Pb(Zn、Fe) + 2HCl = Pb(Zn、Fe)Cl_2 + H_2 \uparrow \qquad H_2 + Cl_2 = 2HCl$$

$$Cu(Pb、Zn、Fe) + Cl_2 = Cu(Pb、Zn、Fe)Cl_2 \qquad 2FeCl_2 + Cl_2 = 2FeCl_3$$

（2）氯气用量

当通入氯气后，金、银等被氧化，金以 $[AuCl_4]^-$ 配离子转入溶液，银被氧化生成 AgCl 沉淀使金与银分离。随着氯气耗量的增加金浸出率升高，当氯气用量超过 0.5kg/kg Au 时，金的浸出率不再明显变化。

（3）固液比

由于原料含杂质较少，固液比对金的浸出影响不大。实践证明，当固液比 $(s/l) = (1:3) \sim (1:4)$ 时，可使金的浸出率达 99.99％。

（4）浸出时间

氯浸作业起始阶段氯气与金反应缓慢，氯气耗量每小时仅为几立方米，中间可达 $50m^3/h$，反应剧烈，浸出后期达 $2.3m^3/h$。实践表明，正常情况下，氯浸作业时间为 5h 左右。

（5）反应温度

温度对金浸出效果的影响非常大。温度高反应速度快，但温度过高溶液中盐酸及氯气挥发严重，会使浸出率大幅降低，同时提高了 AgCl、$PbCl_2$ 在溶液中的溶解度，从而影响到下一步金粉的还原。根据 AgCl、$PbCl_2$ 的溶解度以及生产实践表明，氯浸作业温度 85～90℃ 比较适宜。氯浸作业结束后必须将溶液冷却至 30～40℃，使 AgCl、PbCl₂ 沉淀析出，这样才能有效地抑制 AgCl、PbCl₂ 进入溶液，消除它们对金溶液的污染。

3.6.2.4　金的还原

氯化浸金液经过过滤、洗涤后，用氢氧化钠调节 pH 值为 0～0.5，然后缓慢加入 Na_2SO_3，通过适当地控制溶液体系中的氧化还原电势，迅速彻底地将 $[AuCl_4]^-$ 还原成单质金而沉淀出来，其他杂质不被还原而残留在贫液中。1 次还原结束时电势控制在 690～700mV，金还原率为 85%～90%，金粉质量达 GB/T 4134—2015 IC-Au99.99 金要求；2 次还原电势控制在 390mV 以上，2 次还原率为 10%～15%，金粉质量达 GB/T 4134—2015 IC-Au99.95 金要求。

在生产实践中，金还原过程的技术条件控制要求十分严格。

① 还原剂用量与还原时间　还原时间与 Na_2SO_3 加入速率有关，一般控制在 3h 左右，以便观察还原过程和确定还原终点电势。Na_2SO_3 用量为 0.74kg/kg（Au），还原后贫液金质量浓度＜0.5mg/L，贫液经污水处理和尾液经炭吸附后，原子吸收光谱仪和 ICP 等离子光谱仪均检不出贫液含金。

② 氧化还原电势　起始氯化还原电势控制在 690～700mV，金还原率达 80% 以上；控制在 390～400mV，金还原率达 100%。

③ 反应温度　Na_2SO_3 是一种还原能力极强的还原剂，温度对金的还原率影响不大。但温度过高，金粉易形成凝聚物，不利于清理和洗涤；温度过低 AgCl、PbCl₂ 结晶析出，又容易造成金粉污染。实践表明，最佳还原温度为 55～57℃。

氯化分金及金的还原在如图 3-29 所示反应釜中进行，反应过程由 PLC 控制（图 3-30）。

图 3-29　氯化浸金及还原釜

图 3-30　PLC 控制系统

3.6.3　成本分析

根据一年来的主要材料、动力及其消耗，金精炼的生产成本见表 3-26。

表 3-26 Boliden 金精炼工艺生产成本[①]

成本项目	用量/kg	单位成本/元
材料费		
HCl	3.2	1.7
NaOH	3.5	2.8
Na_2SO_3	1.0	1.6
氯气	0.66	1.25
碳酸钠	1.0	1.54
水	0.06	0.108
蒸汽	3.5	2.8
滤布		0.24
其他		0.054
小计		12.092
动力消耗电/kW·h	1.8	1.116
工资		23.2
空调		6
折旧		86.7
合计		129.108

① 表示生产 1kg 金的生产成本。

由表 3-26 可看出，Boliden 金精炼工艺生产成本较低，提金作业成本为 0.15 元/g。山东黄金集团有限公司焦家精炼厂所引进瑞典 Boliden 公司的"黄金精炼"工艺为金泥经酸浸除杂、浸金、金还原、银置换、银电解工艺，其金、银产品纯度均在 99.99％以上。中金黄金股份有限公司黄金精炼厂金精炼设备见图 3-31。

图 3-31 中金黄金股份有限公司黄金精炼厂金精炼设备

3.6.4 Boliden 工艺特点

Boliden 工艺特点总结如下：

① 生产实践表明：Boliden 金精炼工艺结构合理，流程短，技术先进，适应性强。

② 自动化程度高。整个过程采用 PLC 全自动控制系统控制工艺参数，大大提高了劳动生产率。

③ 回收率高。金回收率为 99.96%，排放的污水中金含量几乎为 0。

④ 产品纯度高，质量稳定，金产品均符合国家质量标准（GB/T 4134—2015）。

⑤ 生产周期短。金精炼周期为 36h，流程中金积压少。

⑥ 生产成本低。金的生产作业成本仅为 0.15 元/g。

⑦ 流程中无工艺废渣；废水达标排放；生产过程中采用负压操作，抽出的气体经喷淋吸收后达到国家排放标准，生产环境优良。

3.7　自动催化还原精炼法[6]

不采用电解的方法使金沉积下来，一般使用自动催化还原法。1981 年美国发明了一种能自动催化还原得到化学沉积金的新方法。呈 $KAu(CN)_2$ 形式的可溶金盐溶液，含有周期表中少量的ⅢA、ⅣA、ⅤA 金属，尤其以含有这几族内的铅、镓、铟、铊、锗、锡、锑、铋和砷等金属为宜。所有这些金属呈可溶性盐，其浓度在 $0.05\sim100mg/L$ 之间。将这样的呈可溶性盐的金属加入到沉积槽中，槽内放置由黄铜制成的网络，含有可溶性金盐 $0.1\sim20g/L$，最好为 $1\sim10g/L$，通过加入足够的碱金属氰化物使沉积槽达到稳定（氰化物浓度为 $0.1\sim50g/L$），还原剂氢硼化物或二甲氨基甲硼烷（DMAB），缓冲剂磷酸盐或硫代硫酸盐，作为稳定剂的氢氧化钾、氢氧化钠或氰酸钾、氰酸钠，在强碱介质中保持着 $[BH_4]^-$ 和 $[BH(OH)_3]^-$ 之间的化学平衡，调整 pH≥10，同时加入配合剂氨基三乙酸（NTA）或 1,2-二氨基环己烷四乙酸（DCTA）等配合ⅢA、ⅣA、ⅤA 金属，并加入乙二胺或乙酰丙酮等稳定剂，以便稳定已配合的金属盐。升高温度至 $70\sim90℃$，缓慢搅拌，在不同的时间内即可沉积出不同量的金，此金质量为"分析纯"质量。

【实例 3-4】 由黄铜制的 $100cm^2$ 网格放在沉积槽内，升温至 73℃，溶液组成（g/L）：Au［以 $KAu(CN)_2$ 形式加入］2、KCN 10、$NaBH_4$ 3、KOH 2；缓慢搅拌沉积槽内溶液，20min 后槽内有 $0.2\mu m$ 厚的金沉积下来。如果往上述槽内加入乙酸铅形式的铅 $2mg/L$，槽内的金会失去原有的稳定性，开始沉积，7min 后就有沉积物出现。

除了开始往沉积槽内加浓度为 $9.05mg/L$ 的铅（以乙酸铅的形式加入）以外，都采用与上述相同的步骤和还原条件，该槽保持良好的稳定性，20 min 后金沉积 $0.65um$ 厚。

【实例 3-5】 沉积槽内放置 $50cm^2$ 的网格，金溶液组成（g/L）为：Au［以 $KAu(CN)_2$ 形式］3，KCN 3，$NaBH_4$ 3、Na_3PO_4（缓冲剂）5、NaOH 8，乙酸 0.5，锑（以二酒石酸盐形式）$1mg/L$，pH＝12，搅拌 30min，有 $1.2\mu m$ 厚的

金沉积下来。

【实例 3-6】 把 100cm² 网格放入沉积槽内，温度 70℃，溶液组成（g/L）为：Au［以 KAu(CN)₂ 形式］2、KCN 3、NaBH₄ 2.5、Na₃PO₄ 4、NaOH 2、糖 0.15、As（以 As₂O₃ 形式）0.2mg/L，pH＝12.2。适当搅拌 20min，有 1.1μm 厚的金沉积下来，40min 后金的厚度达 2.5μm，大约 1h 有 95％的金沉积下来，沉积金厚 2.5μm。

【实例 3-7】 在 70℃条件下，把 100cm² 网格放入槽中，溶液组成（g/L）如下：Au［以 KAu(CN)₂ 形式］3、NaBH₄ 3、KCN 2、KOH 1、铊（以硫酸盐形式）0.2mg/L；葡萄糖酸钠 6g/L，pH＝12。在强烈搅拌下，45min 后有 2.8μm 厚的金沉积下来，60min 后有 3.7μm 厚的金沉积下来，沉积的金为溶液含金的 97％。

专利指出，不采用电解的方法沉积金，而用自动催化还原的方法在强碱介质中实现对可溶性金盐沉积金必须做到：a. 改善沉积槽内金属组成，这些金属是ⅢA、ⅣA、ⅤA 的铅、镓、铟、铊、锗、锡、砷、锑、铋；b. 要求沉积槽内所含可溶性金盐浓度为 0.1～0.2g/L，碱金属氰化物浓度为 0.1～50g/L；c. 周期表中ⅢA、ⅣA、ⅤA 金属浓度为 0.05～100mg/L；d. 加入配合剂和稳定剂或者两者之一以后，金属浓度应在 0.1～500mg/L 之间；e. 要逐步加入缓冲剂，使 pH 值连续保持在 10 以上；f. 要逐步加入配合剂，使上述所提金属形成配合物；g. 配合物是三乙酸钠盐、四乙酸钠盐、五乙酸钠盐；h. 配合剂、稳定剂其中的一个试剂的浓度常常在 0.1～10g/L 之间，最好在 0.1～100g/L 之间。

3.8　氯氨净化法[14]

我国长春黄金研究院研制了一个氯氨法净化全湿法提纯金银的工艺方法，该工艺适用于解析电解金泥、锌粉置换金泥等。提纯合质金需加银泼珠。该方法采用氯酸钠及高锰酸钾等氧化剂代替常规的王水和液氯，同时采用特殊的净化工艺和药剂有针对性地控制物料中的杂质，利用还原剂对金的选择性还原特性，使得金由配合离子状态还原为单质金，其工艺流程为硝酸除杂、氯化浸金、氨化除杂、还原金银。其操作过程如下：

① 硝酸除杂　在搪玻璃反应釜中加入水和硝酸，控制硝酸浓度为 30％左右，反应釜加热至 80～90℃，在搅拌条件下缓慢地加入金泥，恒温反应一段时间后，进行固液分离，此时 Ag、Cu、Pb、Zn 进入滤液从而与 Au 分离，然后在滤液中用 NaCl 沉淀 Ag，采用还原剂进行还原，制得海绵银。

② 氯化浸金　硝酸除杂后的滤渣置于反应釜中，然后加入氯化溶剂和一定量的浸金调整剂和催化剂，浸金时保持一定的温度和充足的浸出时间。浸出结束后进行固液分离。

③ 金的还原　将含金贵液置于反应釜中，并将溶液加热。在搅拌条件下加入还原剂，控制还原温度及还原剂的加入量。还原后得到的金粉经过滤、洗涤、烘干后熔炼铸锭。

④ 氨化除杂　氯化浸金后的滤渣中含有一定量的 AgCl 和部分金，采用氨水法浸出银和少量的铜，对氨浸后溶液中的 Ag、Cu 进行综合回收，氨浸渣中的金返回氯化浸金程序进行浸金。

⑤ 银的还原　在硝酸除杂工序中产生的滤液中，在搅拌条件下，加入适量的 NaCl，使 Ag^+ 转化为 AgCl 白色沉淀。经过滤后与 Cu、Fe、Pb、Zn 等有色金属分离，洗涤干净，制得纯净的 AgCl。

在氨水浸银液中加入适量的 NaCl，使银氨配离子转化为 AgCl 白色沉淀从而与铜分离。经过滤、洗涤制得纯净的 AgCl。

将两部分 AgCl 合并放入反应釜中，调整溶液的 pH 值，加入适当的还原剂将 AgCl 还原成银粉。过滤及滤饼烘干后，配以熔剂铸成银产品。将上述滤液送入吸附容器，吸附溶液中的微量金后，溶液集中处理。

实例：氰化金泥先用稀盐酸处理，盐酸浓度 3mol/L，反应温度 75℃，液固比 9∶1，通氧量 0.4m³/min，搅拌速率 130r/min，反应时间 2.5h。锌的脱除率为 99.2%，铅的脱除率为 99.4%，再用热的浓硫酸氧化金属铜、银，生成硫酸铜和硫酸银，硫酸为 1∶1，反应温度 200℃，反应时间 3h。用稀硫酸氧化脱铜转化银，液固比为 6∶1，硫酸浓度 350g/L，食盐量 0.62kg/kg 银，反应温度 90℃，通氧量 0.2m³/min，搅拌速率 130r/min，反应时间 6h。再对过滤后的脱铜渣氨浸提银，提银溶液含氨量 120g/L，提银溶液含银量不大于 30g/L，反应温度 30℃，搅拌速率 130r/min，反应时间 5h。这样，金泥中除金、二氧化硅以外的绝大部分金属及金属氧化物被除去，将氨浸渣烘干铸金锭。再用水合肼对提银液进行处理，获得银粉，反应温度 60℃，反应时间 1h，至此铜的脱除率达 99.8%，金的回收率达 99.83%，银的回收率达 94.48%。

该方法工艺流程简单，生产成本低，周期短，环境污染小，提纯后的产品达到国家 1 号金标准。针对不同的物料提纯生产成本为 0.1～0.3 元/g，年产 2t 黄金的精炼厂全部投资低于 100 万元。而火冶-电解工艺金的回收率为 98.5%，银的回收率为 85%，生产成本为 93 元/kg 金。

3.9　焦家金矿金泥精炼工艺

山东省焦家金矿研制了一个全湿法从金泥中提纯金银的工艺方法。该方法的原理是采用化学除杂的方法把金泥中的 Cu、Pb、Ag 依次脱出并转入溶液，金始终留在渣中，从而达到分离的目的，并且可以综合回收金泥中的铅和铜。该方法将金泥逐级除杂制得高纯金粉，经熔炼，金锭的纯度达 99.8% 以上，金的回收率达 99％以上。

3.9.1　工艺操作程序

　　首先采用盐酸除去金泥中的锌和铅，脱铅、锌滤液用来回收其中的 $PbCl_2$，然后先用浓硫酸处理脱铅、锌渣，再用稀硫酸脱除铅、锌渣中的 Cu，同时往溶液中加入 NaCl，使已生成的易溶的 Ag_2SO_4 转化为不溶的 AgCl，为氨浸提银做好准备，滤出 AgCl 的溶液中加还原剂回收其中的铜。最后用浓氨水溶液浸出脱铜渣中的 AgCl，使银以 $[Ag(NH_3)_2]^+$ 配离子进入溶液，金仍以固态留在渣中，金、银得到分离。氨浸渣即为金粉，洗净、烘干后铸成金锭。氨浸滤液用水合肼还原，制得银粉、烘干后铸成银锭。工艺流程如图 3-32 所示。

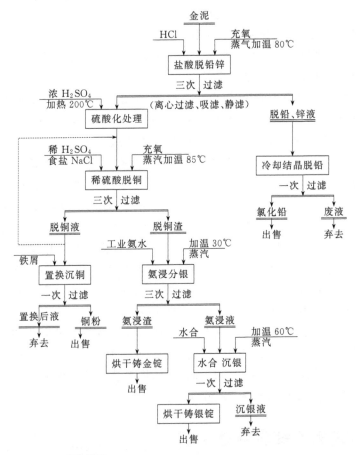

图 3-32　焦家金矿金泥湿法冶炼原则工艺流程图

3.9.2　工艺技术条件

　　① 盐酸脱铅、锌条件。固液比(7∶1)～(8∶1)，始盐酸浓度 4mol/L，反应

温度 70～80℃，通空气量 0.4m³/min，搅拌速率 130r/min，反应时间 2.5h，在此条件下，脱铅、锌渣中铅、锌含量分别为 0.32% 和 0.65%，铅、锌的脱除率分别为 97.46% 和 96.92%，脱铅、锌液含金微量，含银 31.72mg/L，可加入 NaCl 回收。

② 浓硫酸处理铅、锌渣条件。渣酸比 1:2，反应温度 200～250℃，反应时间 5～6h。

③ 稀硫酸脱铜条件。液固比（4:1）～（5:1），开始酸度 300～350g/L，反应温度 80～95℃，搅拌速率 130r/min，反应时间 5～6h，在此条件下，脱铜率达 99.11%，脱铜液含 Au、Ag 分别为 0.18mg/L 和 2.5mg/L。

④ 氨浸银和水合肼还原银条件。浸取液含氨 100～110g/L，反应温度 25～30℃，搅拌速率 130r/min，液固比（10:1）～（15:1），反应时间 4h。在此条件下银浸出率达 94.86%，银粉成色达 98.71%，氨浸渣（即金粉）含 Ag 4.40%，银粉含微量金，金几乎不损失。

该工艺方法操作简便、回收率高（99.83%）、成本低（0.08 元/g）、经济效益显著。

3.10　金的萃取法精炼

近 50 年溶剂萃取法提金进展很快。20 世纪 60 年代初，原沈阳冶炼厂开始研究乙醚提金流程，并用于工业，生产出纯度为 99.999% 的金。1971 年国际镍公司（Inco）阿克通（Acton）精炼厂用二丁基卡必醇（即二乙二醇二丁醚）从氯化物溶液中萃取金，1980 年该厂又用二丁基卡必醇、二辛基硫醚和 TBP 连续萃取分离金、铂、钯，获得纯度为 99.99% 的 Au。1983 年金川集团公司精炼厂成功将二丁基卡必醇萃取分离金应用于生产。原上海冶炼厂和邵武冶炼厂相继使用仲辛醇从铜阳极泥氯化物溶液中萃取金。

金的萃取剂很多，有多种中性、酸性或碱性有机试剂，如醇类、醚类、酯类、胺类、酮类和含硫试剂均可作为金的萃取剂。金与这些试剂能生成稳定配合物并溶于有机相，这就为金（Ⅲ）的萃取分离提供了有利条件。但是由于与金伴生的某些元素往往会和金一起萃取进入有机相，而降低了萃取的选择性；加之金的配合物较稳定，要将它从有机相中反萃取出来比较困难。因而，金的萃取分离工业正在克服这些不利因素。随着新的配合剂的出现和实验工作的进展，近年来，金的萃取分离用于工业生产的实践越来越多。

萃取法提纯金效率高，工序少，产品纯度高，返料少，操作简便，适应性强，生产周期短，金属回收率高，不但可用于金的提取，还可用于金的精炼。目前用于工业的原液多为含金和铂族金属的混合溶液，如含金的铂族金属精矿、铜阳极泥、金矿山和氰化金泥及各种含金边角料等等，其品位低至百分之几，高至百分之几十，将其溶解转入溶液后，金均以氯金酸形式存在于溶液中。

此外，磷酸三丁酯（TBP）与十二烷的混合液、TBP与氯仿的混合液，仲辛醇等均可萃取分离金和铂族金属，金的萃取率达99.0％，有机相与草酸溶液混合加热还原即可反萃金。用乙醚和长碳链的脂肪醇在低酸度条件下萃取，也能生产高纯金。用甲基异丁基酮从金和铂族金属混合液中萃取金，萃取率可达99.0％。异癸醇既适用于金和铂族金属与贱金属的分离，又适用于从高浓度原液中萃取金。当用醚、醇、酮萃取金时，铜、镍等贱金属均不被萃取或少量萃取，载金有机相中夹带的贱金属用酸洗涤即可除去。因而，萃取法可以用于从存在大量贱金属的溶液中选择性地提取金或回收金。

为保证有较高的经济效益，工业上用溶剂萃取法提纯金的原液，金浓度常在1～20g/L之间。这里主要介绍有工业价值的精炼工艺，例如，王水溶解-DBC萃取精炼法、南非Minataur™溶剂萃取法。含硫（如二异辛基硫醚）和含磷萃取剂近年来也受到关注。对于磷类与胺类萃取剂的开发，人们的出发点在于从氰化溶液中萃取金。近几年来从氰化溶液中萃取金是一个研究热点。精炼的手段已开始将几种工艺联合起来，如氯化-萃取-还原-电解等。

3.10.1　广东高要河台金矿金精炼工艺[16,17]

广东高要河台金矿黄金精炼厂将王水溶解-DBC萃取法精炼技术应用于合质金的精炼，取得了较好的技术经济指标。

3.10.1.1　萃取工艺对原料和设备的要求

工艺对原料的要求不高，金泥经过加酸除杂作业，金含量达80％～90％，若是合质金成色应达80％以上。合质金送熔金炉熔融后泼珠，泼珠后合质金或除杂或溶于王水中，而金泥溶于王水生成贵液后送萃取工艺流程。由于萃取剂具有良好的选择性，贵液中杂质元素含量不影响最终成品金的成色。

由于整个工艺流程为湿法作业，对设备的要求较高，其中搪玻璃反应釜为主要设备，用来溶金、还原、酸煮金粉、尾液回收等。萃取器为自制，采用多级逆流萃取方式，和其他辅助设备一样，要求要有耐酸碱、耐一定温度、不易氧化等特性。

3.10.1.2　工艺流程

DBC萃取法精炼合质金工艺流程见图3-33。

3.10.1.3　主要工艺条件

含金（30～50g/L）贵液、1.5mol/L HCl、萃取剂DBC，经各自的高位槽，按规定流量比进入萃取器进行萃取。萃取流量比控制在贵液：萃取剂：1.5mol/L HCl=1：1：1，即相比控制在O：A=1：2，各流量都控制在210～220L/h，萃取器搅拌速率400～500r/min。

经萃取、洗涤得到纯净的萃金有机相，导入反萃还原金的反应釜。用配制的

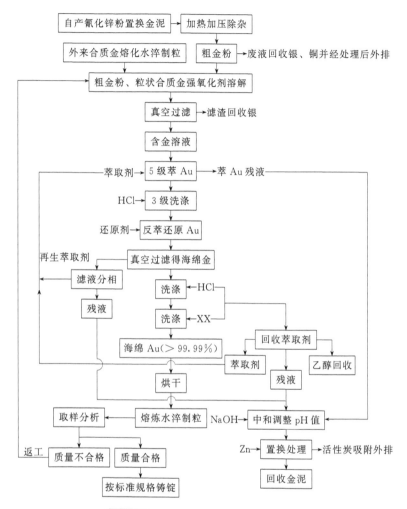

图 3-33 DBC 萃取法精炼合质金工艺流程

一定浓度的 Na_2SO_3 溶液进行反萃还原，Na_2SO_3 溶液中加入一定比例的 NaOH。还原剂加至溶液 pH＝8～9 为反应终点，然后用 1：1 分析纯 HCl 调到 pH＝3～4，反应时间为 2～3h，反萃搅拌速率为 100～150r/min。

还原结束后，打开反应釜放料阀，进行真空过滤。过滤得到的金粉加入反应釜中用盐酸洗涤，加入 1：1 分析纯 HCl，升温至 90～100℃，然后用酒精洗涤，过滤后即得到纯的金粉（金＞99.995％）。金粉烘干后铸锭即可获得符合上海黄金交易所标准的金锭。

过滤后的滤液进入分相器，静置分层后，上层有机相（萃取剂）用一定浓度的 HCl 溶液洗涤两次后可返回萃取流程循环使用；下层水相用泵打入残液贮槽与其他洗涤水和残液合并后回收其中残余的金。洗涤用过的酒精洗涤液可用蒸馏法回收酒精和萃取剂。

生产过程中（萃取、洗涤等）产生的含金废水，加碱液中和后，加入锌置换回收溶液中的金，再经过活性炭吸附柱后外排。处理后的外排水中含金<0.1g/m³，pH 值接近中性。生产过程中产生的废气经过两级碱液吸收后可以达到国家排放标准。废气主要来源于金泥酸浸除杂与王水溶金工序产生的大量黄褐色氮氧化物。废气通过真空系统产生的负压进入碱液槽被吸收。碱液是用 NaOH 配制成的 30%～40% 的溶液，为了保证废气的达标排放需要定期检测碱液槽pH 值。

3.10.1.4 萃取槽的设备配置图

DBC 萃取法精炼合质金萃取槽的设备配置图见图 3-34。

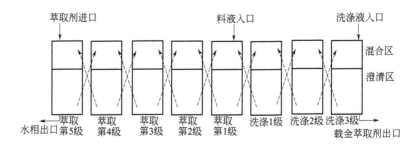

图 3-34 DBC 萃取法精炼合质金萃取槽的设备配置图

3.10.1.5 主要技术经济指标

① 萃取率与回收率 工业实践萃取原液金浓度达到 100g/L 以上，经萃取后的萃余液金浓度为 20mg/L 左右，萃取率达 99.9% 以上。工艺对萃取原液金的浓度没有特别要求，但为了控制料液的总量应尽量提高原液金浓度。精炼过程金的直收率在 99.9% 以上，主要的残余黄金是制备原液时过滤出来的银等沉淀物中所含的少量金及萃余液和洗涤水中的少量金，残余的金回收后在下一批生产时加入流程中即可。

② 产品质量 2001～2002 年产品实际检测结果见表 3-27。

③ 主要材料消耗与生产成本 DBC 萃取法精炼合质金主要化学药剂消耗见表 3-28。

表 3-27 2001～2002 年产品实际检测结果（平均值）

项 目	金纯度/%	杂质含量/%					
		Ag	Cu	Fe	Pb	Bi	Sb
上海交易所标准	99.99	0.005	0.002	0.002	0.001	0.002	0.001
长春黄金研究院或河台金矿检测结果	99.997	<0.0005	0.0005	<0.0005	<0.0005	<0.0005	<0.0005

表 3-28 DBC 萃取法精炼合质金主要化学药剂消耗

材料	单价/(元/kg)	材料消耗/(kg/kg)	金额/元	单耗/(元/g)
HNO_3(工业级)	1.80	1.30	2.34	0.0023
HCl(工业级)	0.90	7.00	6.30	0.0063
HCl(分析纯)	5.80	1.00	5.80	0.0058
DBC	55.0	0.50	27.50	0.0275
Na_2SO_3	2.00	1.25	2.50	0.0025
NaOH	2.20	0.60	1.32	0.0013
C_2H_5OH(工业级)	4.40	1.50	6.60	0.0066

3.10.1.6 技术特点

① 技术指标先进，回收率达到 99.9% 以上，产品质量高而稳定。

② 采用复合反萃还原剂，实现在常温条件下反萃还原一步完成。一般用草酸还原时需加温至 80~90℃，操作麻烦，成本高；也有用亚硫酸钠溶液配合反萃，然后再酸化或通 SO_2 还原出海绵金，但据文献报道，用亚硫酸钠反萃，酸化还原的金粉纯度不如用草酸高，达不到 99.99%。据报道，南非哈莫尼黄金精炼采用在酸性条件下通 SO_2，还原出的金粉纯度为 99.99%，但使用 SO_2 气体还原速率较慢，反应条件较难控制。采用自行研究配制的复合反萃还原剂具有明显的优点。

③ 选用箱式混合澄清槽，原设备经改进后，设计合理、先进，设备配置科学，使各级萃取搅拌速率相同，相比稳定；用涡轮式搅拌桨配合一定转速，有足够的抽吸力，使级间液体流动自如，无需用泵输送，克服了箱式混合澄清槽的缺点；结合管路和阀门的合理连接，可实现快速相平衡和流程无产品积压；工艺简单，流程短，操作方便，既适合连续生产，又适合分批间断生产。

④ 投资省，成本低。该工艺流程自投产以来共生产黄金 15t，平均精炼成本 0.08 元/g，生产成本仍有较大的下降空间。成本虽略高于电解法，但电解法流程积压金量大，不利于生产经营。

该工艺的缺点是应用王水溶解金，污染大、劳动环境差、废气治理较困难。

3.10.1.7 投资

萃取车间原为氰化冶炼厂配套的炼金室，原按湿法冶炼工艺设计，厂房土建及设备投资约 160 万元，改造共投资 140 万元。主要是用来金属平台制造安装，萃取还原设备及其他配套设施、试验费用等。整个精炼厂总投资 300 万元，年生产能力可达 30t 以上。

3.10.2 福建紫金矿业集团金精炼工艺[27]

福建紫金矿业集团投资 45 万元对金萃取精炼工艺进行改造，主要用于生产工艺流程集中控制系统的建设、萃取槽的制造、反应釜及中间槽的添置、锭铸系统的改造等。处理能力为 180kg/d。

该工艺方法是用王水溶金，经固液分离得到含金贵液，采用相比 O：A＝1：3的4级逆流萃取，对载金有机相采用相比 O：A＝1：1的稀盐酸3级逆流洗涤。洗涤后的载金有机相采用复合还原剂进行反萃还原。其工艺流程见图3-35。

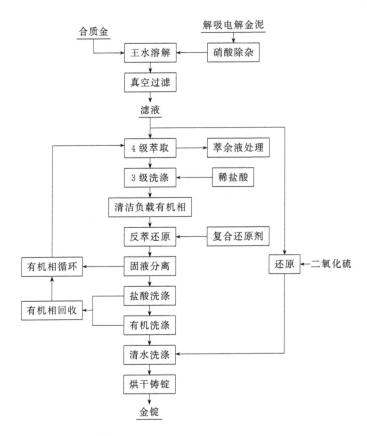

图 3-35 福建紫金矿业集团金精炼工艺流程

3.10.2.1 工艺程序与操作条件

① 王水分金系统。王水分金在反应釜内进行，选用的反应釜应该密封性能好，并带有加热、热压和搅拌装置，提高分金过程中的反应速率。确保反应彻底，提高金的浸取率。

② 金料液的澄清和过滤系统。金料液相对密度大、黏性强、自然过滤速率慢，应采用真空过滤器进行抽滤，防止穿滤，提高过滤速率，缩短过滤时间。

③ 溶剂萃取设备的选择和设计。溶剂萃取设备按其结构可分为塔式萃取设备、混合澄清萃取设备和离心萃取设备3类。该工艺选用卧式混合澄清萃取设备，它具有两相接触好、效益高、处理能力大、操作弹性大、在很宽的流比范围内可实现稳定操作等优点。

④ 料液输送和控制系统。该系统涉及整个生产作业流程的每一个环节，是

一个极具细节的控制过程，应考虑容器设备（中间槽）的合理配置、布局、高差设置以及流程的管路连接，尽量避免不必要的动力消耗。使整个物料传送流动机械化，并设置中心控制室，对所有控制系统进行集中优化升级，最大限度地提高自动化控制水平，避免手工作业，提高工作效率。

⑤ 反萃还原系统。反萃还原工序主要应考虑萃取剂的回收。另外在反萃还原过程中应控制好还原温度，以减少萃取剂的挥发损失。

⑥ 烘干铸锭系统。采用立式振动蒸汽加热干燥机，烘干速率快且安全。金的铸锭采用两台中频炉、一台高频炉。采用平模定量浇铸，控制好浇铸温度，均匀的冷却温度、排气等环节，可很好地解决质量波动、外观质量等问题。

⑦ "三废"的回收和处理系统。精炼工艺生产的"三废"中含有一定量的黄金，应严防"三废"的"跑、冒、滴、漏"，并及时对金进行回收。

3.10.2.2 工艺方法的特点

① 精炼速率快，单批精炼周期时间小于18h。
② 工艺流程中无滞留金积压、无夹带和乳化现象，资金周转快。
③ 工艺过程控制自动化程度高，操作简单，实现了环保型生产。
④ 对不同类型的原料适应性强，生产能力弹性大，品位大于90%的合质金无需经过萃取流程可直接采用化学法进行提纯。
⑤ 设备投资小，生产成本低 [0.05~0.06 元/g(Au)]，产品质量稳定，成色达99.999%，金总回收率达99.95%。

3.10.3 南非 Minataur™溶剂萃取法精炼金新工艺[18]

Minataur™法（Mintek 法精炼金的替代技术）是一种采用溶剂萃取技术生产高纯金的新工艺。该工艺经中间工厂试验成功证实之后，一座24t/a的工业生产厂已在弗吉尼亚的 Harmony 金矿投入运行。这种方法的工业应用不仅代表了金精炼技术的明显进步，而且也有助于推进在黄金市场合理调整方面的重要变革。

将中间工厂生产的金含量变化很大的产品进行精炼得到纯度为99.99%或99.999%的金。该工艺过程的构成为：固体物料的氧化浸出，从浸出液中用选择性溶剂萃取金，去除杂质和高纯金粉的沉淀，在此对该工艺做了概述，介绍了从精炼银的阳极泥和电积金的阴极淤渣中以5kg/d产量生产高纯金的两个中间工厂试验的选择性结果，并提供了一些有关经济效益方面的资料。

在 Mintek 开发的、从氯化物介质中化学精炼金的溶剂萃取法对于从银、铂族金属（PGMS）和贱金属中选择性萃取金，已显示出了明显的优势，有可能应用于从各种物料中精炼金。

3.10.3.1 生产工艺

Minataur™工艺由三个操作单元组成，如图3-36所示。用常规方法在氧化

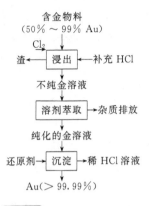

含金物料
(50%～99% Au)

Cl₂

渣 ← 浸出 ← 补充 HCl

不纯金溶液

溶剂萃取 → 杂质排放

纯化的金溶液

还原剂 → 沉淀 → 稀 HCl 溶液

Au(＞99.99%)

图 3-36 Minataur™工艺流程

条件下于 HCl 溶液中浸出不纯金物料,这时大部分贱金属和铂族金属也被溶解。浸出液用溶剂萃取进行纯化,金被选择性萃入到有机相中,而其他可溶性金属离子则留在萃余液中。在反萃取负载有机相产生纯而浓的金溶液之前,应将少量共萃杂质从有机相上洗涤下来。反萃后的有机相返回到萃取回路中。萃取段富含 HCl 的萃余液返回浸出阶段,但需排放少量以控制该液流中杂质的积累。

用直接还原法从负载反萃取液中回收粉状金。该工序得到的金还需要进一步精炼,所用还原剂的选择取决于所要求的纯度。用草酸还原生产出纯度为 99.999% 的金,而用二氧化硫还原则生产出纯度为 99.99% 的金。

3.10.3.2 中间工厂试验

Minataur™工艺已在两个生产能力为 5kg/d 的中间工厂试验中得到了验证。第 1 个试验在墨西哥托雷翁的 Met-Mex-Peñoles 银精炼厂连续进行了 3 周,所用条件适合生产纯度为 99.999% 的金。原料为电解精炼银回路中的含金阳极泥。该阳极泥通过热硝酸浸出银而使金得到富集。该中间工厂试验期间所处理的物料经分析含金 98.9%。第 2 个试验进行了 5 周,处理了来自南非 Virginia Pandgold 的 Harmony 金矿的常规炭浆电积回路中的含金阴极淤渣。这种物料约含金 67%,其他组分为银、硅和各种贱金属。两个试验期间所处理的原料组成列于表3-29。

表 3-29 中间工厂试验原料的平均组分

元素	Peñoles/%	Harmony/%
Au	98.9	67
Ag	0.9	8.6
Fe	0.09	0.4
Cu	0.002	3.6
Ni	—	0.5
Pb	0.016	0.4
Zn	0.003	0.7
Al	—	0.4
Si	—	5.1
Mg	—	0.2
Pt	0.021	—
Pd	0.012	—

(1)浸出

浸出操作以间歇方式进行。原料在 6mol/L HCl 溶液中浸出,同时将氯气连续喷入到浸出反应器中。浸出后从含金溶液中过滤出固体渣。

中间工厂试验的结果列于表 3-30。Peñoles 原料金含量高，故产出很小量的渣。Harmony 原料中大部分氯化了的银以氯化银形式沉淀。银可用常规方法进行回收，并使任何未溶解的金直接返回到浸出段。

表 3-30 中间工厂最佳浸出结果

参　　数	Peñoles	Harmony
浸出时间/h	2～3	2
金浸出率/%	99.2	99.3
原料含金量/%	98.9	67
浸出液中金浓度/(g/L)	74	65
原有金残留在渣中的量/%	0.85	0.67
渣中金含量/%	99.5	2.2

（2）溶剂萃取

加入溶剂萃取回路中的典型浸出液的组分和产生的相应负载反萃液（LSL）的组分比较见表 3-31。所用萃取剂对金比对其他金属有明显的选择性，痕量硒是进入负载反萃液中的最主要杂质。在稳定条件下，溶剂萃取回路的操作效率见表 3-32。

表 3-31 浸出液和负载反萃液典型组成　　　　　　　　单位：g/L

元素	Peñoles		Harmony	
	浸出液	负载反萃液	浸出液	负载反萃液
Au	73.6	124.0	73.1	88.5
Ag	0.53		0.63	
Al			0.15	
Cu	0.001		16.3	
Fe	0.12		0.58	
Mg			1.00	
Ni			1.06	
Pb			1.35	
Pd	0.005	＜0.002	0.004	＜0.002
Pt	0.031	＜0.002	0.007	＜0.004
Se	0.007	0.01	0.10	0.005
Si			0.08	
Sn		0.008	0.001	
Te	0.04		0.012	
Zn	0.004	＜0.001	1.28	

表 3-32 溶剂萃取回路的操作效率

参　　数		Peñoles	Harmony
萃取	金的萃取率/%	＞99	＞99
	负载有机相中金的浓度/(g/L)	128	83
	萃余液中金的浓度/(mg/L)	＜100	＜100
反萃取	金的反萃取率/%	94	＞96
	负载反萃液中 Au 的还原率/%	＞99.988	＞99.97

未尝试将萃余液中金浓度降低到 0.1g/L 以下，因为这种溶液大部分可返回到浸出段。某厂家正在生产的金矿实施这种工艺时，通过将这种要排放的液流添加到主氰化浸出炭浆吸附回路中而加以回收利用。所排放的液流中剩余的金也可在单独的沉淀段进行回收。处理高含金物料时，必须排放适当量的萃余液，以控制杂质含量至最低程度。

在两个工厂和实验室利用加速试验条件进行研究期间，严密监测了有机相的长期稳定性，其组成相当稳定，试验期间未观察到任何变化。通过工厂的合理设计和操作，试剂损失降到最低。

（3）还原

在 Peñoles 试验期间，试验了以草酸和二氧化硫作还原剂从负载反萃液中沉淀金。使用草酸可使选择性进一步提高，能够获得纯度为 99.999％ 的金，而使用二氧化硫气体时，还原速率较慢，成本高，难于控制，获得的金纯度为99.99％。表 3-33 示出了两个试验所得金的典型分析结果，为进行比较也示出了99.99％金的美国试验材料学会（ASTM）标准，分析了 36 种杂质元素，其中大部分未测出。

表 3-33 高纯金的典型分析结果 　　　　　　　　　　　　单位：%

元素	ASTM[①] 99.99％	Peñoles[②]	Harmony[②]
Au	99.99	>99.999	>99.99
Ag	9×10^{-3}	2×10^{-5}	2×10^{-4}
Cu	5×10^{-3}	2×10^{-5}[③]	8×10^{-5}
Pd	5×10^{-3}	1×10^{-5}[③]	$<5\times10^{-5}$
Fe	2×10^{-3}	3×10^{-5}	3.2×10^{-5}
Pb	2×10^{-3}	2×10^{-5}[③]	$<2\times10^{-5}$
Si	5×10^{-3}	3×10^{-5}[③]	
Mg	3×10^{-3}	1×10^{-5}[③]	7×10^{-5}
As	3×10^{-3}	8×10^{-5}[③]	
Bi	2×10^{-3}	1×10^{-5}[③]	
Sn	1×10^{-3}	2×10^{-5}[③]	$<5\times10^{-5}$
Cr	3×10^{-4}	1×10^{-5}[③]	
Ni	3×10^{-4}	4×10^{-5}	
Mn	3×10^{-4}	1×10^{-5}[③]	9×10^{-5}

① 允许的最低金含量，可允许的最大其他杂质含量。

② 由差值法确定的金。

③ 分析方法检出限（ICP-MS）。

Minataur™法工厂投资和生产费用估算列于表 3-34。投资费用包括试验研究费用、技术费用和所有试运行费用。固定资金仅包括直接分摊到精炼操作中的劳动工资。维修费和保险费不包括在内。假定按单班 8h 工作制，每年运转330d，中和后的萃余液在工厂界区内排放。

表 3-34 具有 24t/d 精炼能力的 Minataur™ 法工厂投资和生产费用估算

费用项目	费用	费用项目	费用
投资费/R[①]	3450000	固定的费用/R	41700
生产费用/(R/a)		费用(Au)/(R/kg)	32
可变的费用/R	359000		

① 南非的货币单位，兰德。

值得注意的是，准确分析高纯金需要特殊的仪器，另外，高纯金获准高价出售需要有分析方法的认证书，装备一个分析实验室的费用可适当地打入到工艺投资中。

由于溶剂萃取操作是连续的，所以少量的金会残留于该回路中。

3.10.3.3 讨论

（1）其他物料

阳极泥含金（Peñoles）平均约为 99%，根据日常资料，而阴极淤渣组成中（Harmony）金在 48%～82% 之间变化，其他能令人满意地进行处理的物料包括锌沉淀固体物，金重选精矿和来自金冶炼厂生产线的废渣。小规模浸出试验已证实了这些物料的可浸出性，产出的浸出液适合于溶剂萃取。在保证金溶解方面，物料的矿物学是很重要的。物料粒度影响浸出动力学，因此，最好将物料磨细。

（2）金的滞留

金在回路中的滞留时间很大程度上取决于物料性质和工厂的运转情况。采用连续生产时，由于最小槽体积和最佳化工序，从加入物料到浸出，到生产出高纯度金粉，有可能使金在回路中的滞留时间减少到不足 24h，然后干燥金粉，最后熔融并铸成便于运输和可出售的产品。

（3）与其他方法的比较

① Wohlwill 电解精炼法 已确认的生产高纯金的主要技术是 Wohlwill 电解精炼法。在一般操作中，不纯金被铸成阳极，在 $HCl/HAuCl_4$ 电解液中电解精炼。阳极平均寿命为 22h。22h 之后，剩余的阳极材料再循环使用。所得金的纯度一般为 99.99%。

在 Wohlwill 工艺过程中，由于金需要铸成阳极，所以金的滞留是很显著的，金在电解液中的高度富集（约 100g/L）和在回路中的有效循环，两者都消耗阳极（约 25%），并损失到阳极泥中（达到 30%）。Minataur™ 法在减少金在回路中的滞留时间和循环数量方面有明显的优点。如果需要，所得金的纯度可超过 99.99%。

② Inco 溶剂萃取法 1971 年，英国 Inco 欧洲有限公司在 Acton 贵金属精炼厂采用溶剂萃取法精炼金，使用的萃取剂是二丁基卡必醇（DBC），尽管用这种溶剂能从 HCl 溶液中定量萃取金（金负载达到 30g/L）并对铂族金属具有选择性，但不易反萃取。洗涤之后，用草酸从负载有机相中直接还原回收金，因为不希望在

连续溶剂萃取体系中形成第 3 相，尤其是固体相，所以反萃取以间歇方式进行。

这种方法的主要缺点是补充溶剂的费用较高，因为每个循环中溶剂损失达到 4%，这种萃取剂的水溶解度较高（约 3g/L），又相当昂贵，萃余液必须经蒸馏回收萃取剂，在从有机相还原金期间，溶剂也易于被金粉吸附。

比较而言，Minataur™法使用的是廉价的、低水溶性的、容易获得的有机试剂。补充费用仅占工艺操作费用的很小一部分，从这种萃取剂上反萃取金较容易，不需要从负载有机相中直接还原金和省去了固体污物或有机相的分离，如果需要的话，可使还原连续进行。这种萃取体系对金的选择性比对贱金属和铂族金属的选择性要高，可获得很纯的负载反萃液，用廉价还原剂可生产出纯度为 99.99%的金。

③ 发展现状　根据两个中间工厂成功的试验和对技术经济与市场销售可行性的研究，在 Harmony 金矿建立了采用 Minataur™法的工业金精炼厂并已投入运转，工厂设计能力为每月精炼金 2000kg。该工厂相当小，仅占地 70m² （不包括大量试剂和气体的贮存）。除了生产金条、金粒、金粉以外，Randgold 公司还计划在原地建立一座珠宝加工厂。

历史上，南非所有的黄金都一直由 Rand 精炼厂精炼，通过南非储备银行单独销售。几年前，由于法律放宽，允许 Rand 精炼厂直接向国内市场出售其 1/3 的黄金。1996 年 11 月，Randgold 公司得到储备银行以及贸易工业部的许可，建立起了自己的精炼厂，独立出售其 1/3 的黄金。这种管理有望对 Harmony 的投资结构起到积极作用，并提高其长期效益。

Harmony 金矿精炼金包括熔融后生产多余金锭的现行费用是 267 卢比/kg金；预计实施 Minataur™法后，该金矿每年将节省生产费用 36000000 卢比。

④ 结论　采用溶剂萃取技术生产高纯金的新工艺已成功地用于各种不同特性的含金物料。这种方法的经济性相当有吸引力。第一座工业生产厂已投入运行。

Minataur™法与常规的电解精炼法相比，其优点在于明显地减少了金的滞留时间，容易操作控制，能够在非常宽松的回路中生产出高纯金。该方法对于含相当数量贱金属的物料特别有吸引力。但令人遗憾的是萃取剂的名称及其细节自始至终没有报道。

3.10.4　氰化浸出-三烷基甲基氯化铵萃取-电积法[19]

金（或银）精矿经氰化浸出后的氰化液含金 10×10^{-6}、银 10×10^{-6}、铜 200×10^{-6}，该氰化液在高相比混合澄清器中与萃取剂逆流接触，料液流量为 12L/h，萃取剂为 10%～30%三烷甲基氯化铵-煤油的改性溶液，萃取剂流量为 200mL/h，水/油相比为 60，经过 4 级逆流萃取，所得负载有机相中金属含量为 Au 600×10^{-6}、Ag 600×10^{-6}、Cu 12g/L，三种金属的萃取率均达 99.90%以上。负载有机相加浓盐酸酸化，调节 pH<7，然后在另一组立式的高相比混合

澄清器中先后与盐酸和硫脲组成的反萃液Ⅰ经2级逆流接触反萃银和铜，反萃相比1：2～1：5，然后再与反萃液Ⅱ经3级逆流接触反萃金，分别得负载反萃液Ⅰ和Ⅱ。反萃液Ⅰ、Ⅱ的组成分别为 0.5mol/L HCl＋1.2mol/L Tu（硫脲）和1.5mol/L HCl＋1.2mol/L Tu（硫脲）。负载有机相经此两段5级反萃取之后，负载有机相中 $Au < 0.05 \times 10^{-6}$、$Ag < 0.05 \times 10^{-6}$、$Cu < 0.1 \times 10^{-6}$，三者反萃取率均大于 99.9％。将反萃液Ⅰ和Ⅱ分别送入电积槽内，以石墨为阳极，钛板为阴极，由直流稳压电源供给直流电压 0.5～1.0V，经 6～8h，将反萃液Ⅱ中99％以上的金沉积到阴极钛板上，反萃液Ⅰ则在另一电槽中先以 0.9～1.2V 的槽电压沉积银，经 3h 后 99％以上的银沉积于阴极；然后调换阴极钛板，提高槽电压达 1.2～1.5V，铜便沉积，将金、银、铜从三种阴极钛板上剥落，铸锭便得成品，纯度均超过 98％。

3.10.5 王水溶解-二异辛基硫醚萃取精炼法[20]

含金为 14.67％的氰化金泥，先用 50mL 王水在 90℃下将金泥浸出 1h，适当用水稀释后过滤，不溶渣用稀盐酸洗涤。洗涤后的残渣中含金 1.822mg，金的浸出率为 99.94％。滤液和洗涤水的体积约为 100mL，合在一起然后用等体积的 50％二异辛基硫醚-煤油进行萃取，接触 1min，分相后再用 20mL 有机相萃取第 2 次，萃残液中残留金 0.48mg，萃取率为 99.98％。两次含金有机相合并，用 25mL 0.2mol/L HCl 溶液洗涤，接触 1min，分出水相。洗涤后的含金有机相用等体积的 1mol/L NaOH-1mol/L Na_2SO_3 溶液反萃，两相接触 2min，再用 25mL 反萃液进行第 2 次反萃。反萃后的有机相中残留金 140mg，反萃率为99.95％。两次含金反萃液合并后加热至 60℃左右，加入盐酸使溶液呈强酸性，此时析出棕色金粉，陈化 0.5h 后过滤，沉淀用稀盐酸和水洗涤。还原沉淀的母液中残留金 0.152mg，还原率为 99.99％。沉淀干燥后即为纯金粉，实收率为99.7％，纯度＞99.98％。工艺流程见图 3-37。

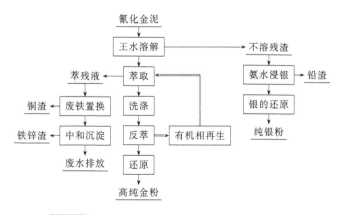

图 3-37 王水溶解-二异辛基硫醚萃取精炼法工艺流程

3.10.6　混合醇（$C_7 \sim C_{10}$）-磷酸三丁酯（TBP）萃取精炼法[21~23]

用 $10\% \sim 30\%$ TBP-ROH 从 $2mol/L$ HCl 介质中萃取金 $3 \sim 6$ 级 [O/A＝1：（$5 \sim 15$），$t＝3 \sim 5min$，$T＝$室温]，金的萃取容量可达 $43.6g/L$。稀盐酸洗涤有机相，草酸铵还原反萃金，还原剂用量为理论的 $1.5 \sim 3$ 倍，还原温度 $40 \sim 60℃$，还原时间 $0.5 \sim 2h$。获得的技术指标为：萃取率 99.9%，直收率 99%，产品纯度 99.99%。该技术已获得专利权，其优点是：适应的原液酸度范围宽、选择性好、萃取速度快、萃取剂来源广泛、价廉、损耗低（每一循环 1.7%）、复用性能好、工艺流程短、操作简单。

该技术已先后在重庆冶炼厂铜阳极泥、太原铜业公司铜阳极泥、天津电解铜厂铜阳极泥、安徽铜陵铜业公司铜阳极泥、河南豫光金铅集团铅阳极泥中金的回收工艺中应用，并对经长期使用之后老化有机相的处理及其复用进行了研究。

① 重庆冶炼厂铜阳极泥中金的回收工艺　经脱铜、硒、碲后的铜阳极泥在 $0.5mol/L$ H_2SO_4 介质中加氯酸钠溶解所得溶液，其成分（g/L）为：Au 2.26、Pd 0.02、Pt 0.006、Ni 0.33、Cu 0.61、Fe 0.06。室温下，用 20% TBP-ROH 萃取 4 级（O/A＝1：10，$t＝3min$，$T＝$室温），载金有机相用 $0.5mol/L$ H_2SO_4 溶液洗涤，在 $50℃$ 用草酸铵还原，还原剂用量为理论的 2 倍，还原时间 $0.5 \sim 2h$。共 38 个循环，处理料液 3.5L，萃余液金含量在 $0.0008 \sim 0.005g/L$ 内，金的平均萃取率＞99.97%，反萃率 99.5%，金直收率 99.28%，产品光谱定量分析纯度＞99.99%。

② 太原铜业公司铜阳极泥中金的回收工艺　经脱铜、硒、碲、银后的铜阳极泥在 $1mol/L$ H_2SO_4 介质中加氯酸钠溶解所得氯化液，含金 $0.49 \sim 0.68g/L$。室温下，用 25% TBP-ROH 萃取 4 级（O/A＝1：15，$t＝5min$，$T＝$室温），载金有机相用 $0.5mol/L$ H_2SO_4 溶液洗涤 1 级（O/A＝1：1，$t＝5min$，$T＝$室温），在 $50℃$ 用草酸铵还原，还原剂用量为理论的 3 倍，还原时间 1h。共 38 个循环，处理料液 65.1L，萃余液含金＜$0.0004g/L$，金的平均萃取率＞99.9%，反萃率 99.5%，金直收率 $98.2\% \sim 99.76\%$，产品纯度＞99.95%。

③ 天津电解铜厂铜阳极泥中金的回收工艺　铜阳极泥成分（%）为：Au 0.1326、Ag 3.75、Pb 26.05、Cu 23.14、Se 1.25、Sb 2.27、Sn 11.31、As 1.46、Te 0.21。该铜阳极泥经分离铅、铜、硒等杂质富集后，在 2% H_2SO_4 介质中加氯酸钠溶解所得氯化液，含金 $0.46 \sim 0.68g/L$。室温下，用 25% TBP-ROH 萃取 4 级（O/A＝1：20，$t＝5min$，$T＝$室温），载金有机相用 $1mol/L$ H_2SO_4 溶液洗涤 1 级（O/A＝2：1，$t＝5min$，$T＝$室温），在 $50 \sim 70℃$ 用草酸铵还原，还原剂用量为理论的 3 倍，还原时间 2h。共 38 个循环，处理料液 65.1L，萃余液含金＜$0.0004g/L$，金的平均萃取率＞99.7%，反萃率 99.9%，金直收率 $99.57\% \sim 99.84\%$，产品纯度＞99.95%。有机相用 $2mol/L$ H_2SO_4 溶

液平衡再生复用。

④ 河南豫光金铅集团铅阳极泥萃取金工艺 铅阳极泥成分（%，质量分数）为：Au 0.0985、Ag 13.49、Pb 14.56、As 2.81、Sb 33.05、Bi 4.94、Cu 4.97。该铅阳极泥经盐酸分离铅、锑、铋、砷等杂质后，用氯化法溶解，氯化液的主要成分（g/L）为：Au 0.86～1.16、Pb 0.56～1.14、Cu 0.59～8.25。室温下，用 20% TBP-ROH 萃取 4 级 [O/A=1:（10～15），t=5min，T=室温]，载金有机相用 0.5mol/L H_2SO_4 溶液洗涤，在 45～55℃用草酸铵还原（还原剂用量为理论的 2～3.5 倍），金的平均萃取率＞99.5%，萃余液含金＜0.003g/L，产品纯度＞99.95%。萃取法的产品质量比沉淀法提高了 0.93%～3.51%，生产成本比沉淀法降低 85.84 元/kg。

某金矿的金泥成分（%，质量分数）为：Au 2.78、Ag 0.16、Zn 2.31、Pb 7.60、Cu 0.22，该金泥经分离富集后，用王水溶解得含金 2.7g/L 的稀王水溶液。室温下，用 20% TBP-ROH 萃取 4 级（O/A=1:3，t=3min，T=室温），载金有机相用 0.5mol/L HCl 溶液洗涤，在 50～60℃内用草酸铵还原，金的平均萃取率＞99.98%，萃余液含金＜0.0005g/L，金直收率＞99%，产品纯度＞99.99%。

长期应用之后老化有机相的处理方法：老化有机相首先经澄清过滤除杂，然后用 40g/L 亚硫酸钠在 43～45℃，相比（O/A）=1:0.8，pH=1 下深度反萃 35min，深度反萃后的有机相用稀酸洗涤 2～3 次即可再生。经上述处理方法之后的有机相萃取金的萃取率＞99%。

方法特点：

a. 工业试验结果表明，复合萃取剂对金的萃取效果较好，萃取率在 99.50% 以上，萃取液中金含量在 3mg/L 以下，而对铜、铅不萃取，所产金锭纯度在 99.95% 左右。

b. 萃取提金与亚硫酸钠还原提金对比试验表明，采用萃取工艺成品金锭纯度提高 0.93%～3.31%。

c. 萃取提金和亚硫酸钠提金加工成本计算表明，金萃取工艺每千克生产成本降低 85.84 元，按年产 800kg 计算，年增效益 68 万元。

d. 金萃取工艺应用于铅阳极泥提金具有生产周期短、直取率高、无污染、中间压量少、金粉品位高、工艺指标较稳定、提取加工成本较低等优点，经济效益显著。具有推广前景。

e. 金萃取工艺对氯化分金工艺条件要求较高，氯化液含铅及酸度是生产过程的关键环节。酸度（控制在 2.0mol/L 左右），酸度过高使金的萃取率降低；含铅高引起铅盐析出现象，增大有机相的消耗。因此，操作过程应严格控制工艺指标，氯化液必须冷却过滤后才能进行萃取作业。

f. 萃取工艺对环境要求较高，要求操作温度不低于 10℃，否则有机相冻结、萃取率低，操作时间延长。

3.10.7　电解含金有机萃取相制备高纯金[24]

利用有一定反萃能力的水相将有机相中的金反萃到水相，使得电解反应能够发生，电解后水相中的金浓度降低，反应平衡移动，逐渐降低有机相中的金浓度，最后电解完全。取萃取有机相十四烷基二甲基苄基氯化铵、磷酸三丁酯和十二烷 10mL，其中十四烷基二甲基苄基氯化铵与水相中的金摩尔比为 0.5∶1，磷酸三丁酯体积分数为 15%，其中含金 1g/L；水相 10mL，为含 1mol/L NaClO₄ 水溶液，阴阳极采用不锈钢板，恒电流，电解一定时间，洗净阴极，阴极表面呈金黄色，得金近 10mg，其沉积率＞95%。

该法克服了已有获得金的方法中的难题，取得了高纯度的产品，方法简便快速；利用萃取剂选择性高、效果好的优点，以电解的方法解决了其反萃难的问题，一次性高效率地得到高纯度的金，省去了只用萃取法提取金时所需的常规萃取法的后续步骤。

3.11　99.999%（5N）高纯金精炼工艺

高纯金是指各种杂质元素质量分数总和≤10×10^{-6} 的高纯度金产品，其纯度＞99.999%（简称 5N），且能有效控制特定杂质元素 C、Fe、Pb、Sb、Bi 等含量，并保证原料洁净度，无有机物污染，含气量低。

高纯金具有极好的物理化学性能，具有接触电阻低而稳定，导电性和导热性良好，易键合、易形成膜以及与半导体基体附着性良好等特性。通过添加元素形成 AuGe、AuGeNi、AuBe、AuGa 等金基蒸发材料，可改变其熔流点，改善与不同材料的润湿性、附着性，可以与化合物半导体形成欧姆接触，是制造半导体器件的关键基础材料，其产品质量直接影响半导体器件的性能，广泛应用于 LED（发光二极管）照明、太阳能电池、微波半导体器件、电极和互联等工业生产中。近年来随着电子行业的快速发展，电子行业广泛地用金及其合金材料作为引线、靶材和焊料等，仅国内一年的需求量在 30t 以上。作为半导体连接金线生产原料的高纯金需求量每年以 50% 以上的速率增长。

近年来，随着高纯金的用途越来越广泛，高纯金市场竞争越发激烈，以次充好的情况时有发生。为了规范高纯金市场秩序、保护供需双方和消费者的合法权益，2010 年 12 月 23 日，《高纯金》和《高纯金化学分析方法》系列国家标准由国家质量监督检验检疫总局和国家标准化管理委员会批准发布（2010 年第 10 号［总第 165 号］文），标准自 2011 年 9 月 1 日起实施，参见本书 10.2 节。

目前，国内许多公司均可生产 5N 高纯金，江西铜业股份有限公司贵溪冶炼厂于 2006 年成立了高纯金生产开发科研小组，在原有 Au99.99 及 Au99.9 两个牌号金锭产品的基础上，开展技术研究。通过一年多的不懈努力，成功研制出"一步法制备高纯金"生产工艺及配套设备。2007 年 1 月 18 日，由贵溪冶炼厂自行研发建设的国内首条高纯金的生产线建成投产，近年共向日本住友金属矿山株式会社上海金线厂提供优质高纯金 10 余吨。紫金矿业年产 5t 高纯金的生产系统于 2012 年 4 月 1 日顺利投产，产品经测试公司检测 23 种杂质元素全部优于国家标准，这标志着紫金矿业已具备大规模生产高纯金的能力。目前，紫金矿业 5N 高纯金产品类型有金泥、金珠和金锭 3 种，并已经形成了一条稳定可靠的生产、检测和销售渠道。可以生产高纯金的公司还有山东招金金银精炼有限公司、中原黄金冶炼厂、昆明贵研铂业股份有限公司、金川集团股份公司等。

5N 高纯金可用很多方法生产，例如应用电解精炼、溶剂萃取、化学还原等方法都可生产出 5N 高纯金。但有的方法较为烦琐，有的方法投资相对较大。电解精炼法是生产 5N 高纯金最为实用的一种方法，不仅除杂质效果好，而且流程短，操作简便。

3.11.1 电解法

电子行业广泛应用金及其合金材料作内引线和焊料，过去一般采用纯度为 99.99% 的金作原料生产金材或配制金合金，如今都使用 5N 金作为电子行业中的用金。北京有色稀土研究所采用 5N 高纯金为原料试制生产球焊金丝及其他合金材的实践证明，成品率和使用性能都有很大的提高和改善。

3.11.1.1 电解精炼制备高纯金的原理与工艺[6]

电解精炼时，以粗金作阳极，用不被电解介质腐蚀的惰性钽金属片作阴极。通电时，阳极主要发生如下反应：

$$Au = Au^{3+} + 3e$$
$$Me = Me^{n+} + ne（Me 代表比较活泼的金属元素）$$

阴极主要发生下列反应：

$$Au^{3+} + 3e = Au$$
$$Me^{n+} + ne = Me$$

从上述阳极和阴极的反应看，如果选择适当槽电压（即适当控制阴极电流密度），控制阴极只有 $Au^{3+} + 3e = Au$ 析出，而使 Me^{n+} 不析出或基本不析出，仍留于电解液中，这样金就得到了纯化。电解液为 $AuCl_3$、HCl 溶液。工艺流程如图 3-38 所示。电解用原料含金量不小于 99.9%，其杂质分析结果（%）为：Fe 0.005、Mg 0.00006、Pb 0.005、Al 0.0002、Bi 0.002、Ni 0.005、Cu 0.045、Ag 0.1025、Zn 0.0005、Ga 0.00004、Sb 0.004。阳极板尺寸为 150mm×100mm× 10mm，阴极钽片尺寸为 150mm×100mm×1.5mm。电解槽用 300mm×300mm× 200mm 玻璃方缸。

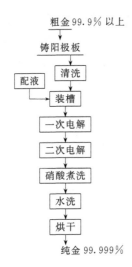

粗金99.9%以上

↓

铸阳极板

↓

配液 → 清洗

↓

装槽

↓

一次电解

↓

二次电解

↓

硝酸煮洗

↓

水洗

↓

烘干

↓

纯金99.999%

图 3-38 电解精炼制备 5N 高纯金流程图

一次配液用 4N 金，二次配液用 5N 金。电解液组成：$AuCl_3$ 60～80g/L，HCl 50～60g/L。极距：一次为 100mm，二次为 150mm。电解温度 40～60℃，槽电压 0.5～1.2V，阴极电流密度 360～480A/m²。

一次电解金板直接作为二次电解阳极。一次与二次电解串联。配液所用盐酸、硝酸试剂一次为分析纯，二次为优级纯。水用 8 MΩ 以上的去离子水。一次阳极金板装入用涤纶布做的布袋内，以收集阳极泥。电解过程要根据情况适当补液和补盐酸。

3.11.1.2　电解过程中的主要现象

① 通电时，阳极逐渐溶解，阴极不断有金析出。随着时间延长，有少量极微细金粉沉淀于槽底，并逐渐增多。这是由于在电场的作用下，阳极溶解不仅有 Au^{3+} 进入电解液，而且有 Au^+ 转入电解液，使电解液中存在如下平衡：

$$Au+4Cl^- \Longrightarrow [AuCl_4]^- +3e \qquad \varphi^\ominus = 0.99V$$

$$Au+2Cl^- \Longrightarrow [AuCl_2]^- +e \qquad \varphi^\ominus = 1.04V$$

$$[AuCl_2]^- +2Cl^- \Longrightarrow [AuCl_4]^- +2e \qquad \varphi^\ominus = 0.96V$$

从上述平衡电势可知，电势很接近，建立平衡很缓慢，所以当 1 价金离子转入溶液的数量超过平衡所需数值时，Au^+ 就会发生歧化反应，即 $2[AuCl_2]^- \Longrightarrow Au\downarrow +[AuCl_4]^-$。故有极微小的金粒沉淀于槽底。这种现象使金离子不能全部迁移到阴极放电析出金，影响电解金的产量，因此应当尽量避免。试验证明，要完全克服是较难的，但通过适当控制电解温度和电流密度，可以改善这种现象，使尽量少的金粉沉淀于槽底。

② 阳极有时发生钝化。即阳极金在电场的作用下，不继续以 Au^{3+} 转入电解液，造成电解液中 Au^{3+} 贫乏，甚至中断电解。

阳极钝化现象是由于盐酸浓度很低时，$AuCl_3$ 与水反应生成含 Cl、Au、O 的配合阴离子：

$$AuCl_3+H_2O \Longrightarrow H_2AuCl_3O$$

$$H_2AuCl_3O \Longrightarrow 2H^+ +[AuCl_3O]^{2-}$$

$[AuCl_3O]^{2-}$ 迁移到阳极放电析出氧，造成阳极钝化，不再溶解。

阳极钝化直接影响电解的进行，必须加以克服。出现钝化时，适当加入盐酸就可以消除钝化。因为在盐酸存在时，$AuCl_3$ 溶于水中就不会生成含氧、金、氯的配合阴离子，而生成氯金酸配合物。

$$AuCl_3+HCl \Longrightarrow HAuCl_4$$

$$HAuCl_4 \Longrightarrow H^+ +[AuCl_4]^-$$

因此在电解过程中，为了防止阳极钝化，要定期适当补充盐酸，使电解液始终维持一定的盐酸浓度。

3.11.1.3 金电解过程中杂质的行为

（1）一次电解金（和二次电解金）杂质分析

一次电解金（和二次电解金）杂质分析结果（%）：Fe 1×10^{-4}（2.4×10^{-5}）、Bi 5×10^{-4}（$<1 \times 10^{-5}$）、Pb 2.5×10^{-4}（$<1 \times 10^{-5}$）、Ga $<1 \times 10^{-5}$（$<1 \times 10^{-5}$）、Cu 1.2×10^{-4}（$<1 \times 10^{-5}$）、Ag 7×10^{-4}（6.8×10^{-4}）、Ni 1.3×10^{-4}（$<1 \times 10^{-5}$）、Mg 4×10^{-5}（$<1 \times 10^{-5}$）、Al 5×10^{-5}（$<1 \times 10^{-5}$）、Zn 6×10^{-5}（$<1 \times 10^{-5}$）、Sn 4×10^{-4}（$<2 \times 10^{-6}$）。

与原料结果对照可知，金的电解提纯除去杂质的效果是明显的，不仅除去的元素种类多，而且每次每种元素除去的程度也很大，一般都在两个数量级以上，最差的也有一个数量级以上。99.9%金经 2 次电解，纯度可达 99.999% 以上。这是由于杂质元素的标准电极电势比金小得多的结果。

部分元素的标准电极电势 $\varphi^{\ominus}$：Fe $-0.43V$、Ni 约 $0.23V$、Ga $-0.58V$、Zn $-0.76V$、Sb $0.145V$、Cu $0.34V$、Bi $0.16V$、Pb $0.126V$、Mg $-2.37V$、Al $-2.07V$、Ag $0.8V$、Au $1.50V$。

由此可见：Fe、Ni、Ga、Zn、Sb、Cu、Bi、Pb、Mg、Al、Ag 的 $\varphi^{\ominus}$ 都比 Au 的 $\varphi^{\ominus}$ 小得多，故在电解时，阳极金以 Au^{3+}、Au^+ 转入电解液的同时，它们也都会以离子状态进入电解液，并向阴极迁移。由于电解液中 Au^{3+} 是主体，根据能斯特公式判断，金的实际电极电势比上述杂质元素的电极电势要大得多，所以在阴极金析出，而杂质元素则不析出或基本不析出，仍留在电解液中，使金与它们很好地分离。

（2）二次电解金用浓硝酸煮除银

从二次电解金杂质的分析结果可知，经过 2 次电解后，银绝大部分被除去，含量降至 6.8×10^{-4}%，但与其他元素相比，除银效果相对差些。这可能是由于两个因素：①电解液盐酸浓度较高，AgCl 的溶解度较大，而银的 $\varphi^{\ominus}$ 为 $0.8V$ 比较高，Ag^+ 有可能在阴极析出。②$Ag \Longrightarrow Ag^+ + e$ 转入电解液后，与 Cl^- 作用生成 AgCl 沉淀，虽然有布袋收集进入阳极泥，但极细的银粉，也有可能穿透布袋进入整个电解液而沉淀夹入阴极金中，并带入二次电解槽，继续机械夹带入阴极。为了继续除去 Ag，采用浓硝酸煮洗二次电解金。其结果银的含量为 3.4×10^{-4}%，比一次电解金的结果（6.8×10^{-4}%）低半个数量级。

由此可见用含量为 99.9% 的粗金，在选定的电解条件下，经 2 次电解，其金的纯度可达到 99.999% 以上。

3.11.1.4 99.999%（5N）高纯金电解精炼实践[30~33]

（1）二次电解法

工艺流程如图 3-39 所示。

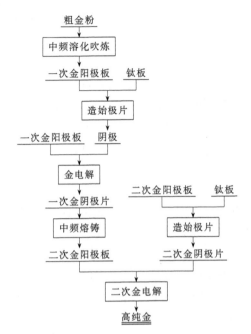

图 3-39　二次电解法精炼高纯金工艺流程

① 主要设备　金电解槽 12 个，尺寸 640mm×330mm×360mm，电解槽材质选用 PPH 板，经热熔性焊接制成。

② 阴极板　钛板，尺寸 300mm×300mm×3mm，挂耳采用银钛复合板，改善了导电性能。

③ 阳极板　尺寸 100mm×170mm×20mm（宽×高×厚），单块阳极净重为 3.6kg，可满足 1 个周期不少于 10d 的生产需要。

④ 金电解整流器　额定直流 200A，电压 20V；额定交流 250A，电压 20V。考虑到高纯金生产的特殊性，在实际生产中配置了两台整流器。

⑤ 高纯水制备系统　为确保产品质量，生产线上采用Ⅲ级高纯水，用 1 台 Milipore（密理博）公司生产的超高纯水设备对工业水再净化后，通过 PPH 管道配置到各用水点。

⑥ 电解液温度控制　在电解液的循环槽外壁上增设了保温夹套，由列管加热器不间断供应热水进行保温，使电解液的温度保持在 45℃。列管加热器上装有自动温控阀，能够根据电解液的温度自动调整热水供应量。

⑦ 环境通风　为了消除生产过程中环境污染对高纯金质量的影响，设计中将整个生产作业区按 10 万级的洁净厂房建造，通过环集通风系统进行气体循环，厂房内始终保持为微正压。电解区、成品区、高纯水生产区都是相对独立的，防止交叉污染。同时为防止电解过程中酸雾挥发污染环境，所有电解槽都放置在 FRP 通风罩中，与周围环境隔离，单独由 1 台 6 号钛风机抽风，使风罩内保持

微负压，从而解决了长期困扰金电解作业时盐酸酸雾对周边环境的污染和设备腐蚀的难题。

⑧ 空调装置　按照设计要求，洁净厂房内须保持恒温恒湿，在主生产区采用中央空调，成品包装区和整流柜配电室内各安装 1 台柜式空调。中央空调的总送风量为 9000m³/h，排风量为 6000m³/h，新风量为 6000m³/h，室内恒温 26℃。

⑨ 主要技术参数　金离子浓度 100～120g/L，电解液酸度 60～70g/L，直流电流强度 200A，交流电流强度 250A，槽电压 5～10V，阴极电流密度 300A/m²，同极距 80mm，金阳极板 3.6kg。

⑩ 主要技术经济指标　高纯金品位 99.999%，金回收率 99.85%，残极率 ≤20%，电流效率>90%。

采用多次电解工艺势必增加电能消耗、降低电流效率（仅为 80%～85%），同时采用该工艺需要建立独立的金始极片生产系统。一方面，由于始极片生产的电解技术不易控制、操作烦琐、劳动强度大导致始极片制造成品率低、废品返炉、金损耗大、生产成本高；另一方面，始极片的垂直度及光洁度受人为因素影响较大，且始极片质地柔软，同极中心距难以保证，易造成尖端放电、导电不均等现象，生产出的电金表面粒子较多、较大、厚薄不均，表面粒子中杂质含量高，严重影响电金质量。

（2）一步电解法

① 金阳极板高频氧化吹炼　在熔铸后期通过添加一定量的硝酸钾和二氧化硅进行造渣反应，去除阳极板中的 Cu、Ag、Pb 等杂质元素。采用高频熔铸氧化除杂工艺后，金阳极板中的杂质元素得到了有效的脱除，金品位达到了 99.4%，提高了 1.5 个百分点以上。

② 低盐酸体系（60～90g/L）金电解精炼　酸度太高增加银和铅在电解液中的浓度，随着电解液中游离的银离子增加，在适当的条件下就会在阴极析出，从而影响电金质量、增加电解液的净化次数，为解决降低酸度后电解液导电性能下降问题，采用对电金产品质量无影响的硝酸盐添加剂来替代电解溶液中的 H⁺，加入硝酸盐后，明显改善了电解液的导电性能和电金析出性能。

③ 高纯金电解造液　采用隔膜电解造液法制备高纯金电解液。阳极为品位大于 99% 的粗金，阳极滤袋用耐酸滤布制作，阴极为纯度 4N 的金始极片，阴极与电解液之间用素烧坩埚隔膜隔开，按分析纯盐酸与超纯水以 1∶4 的比例配制电解液（生产高纯金时用超纯水）。在阳极电流密度 250～300A/m² 条件下造金电解液，当金离子浓度达到 120～140g/L 时停止造液，以 1m³ 溶液加入 3～4kg 分析纯硫酸混合搅拌 10min 后，澄清过滤，滤液加入超纯水和分析纯盐酸调整溶液金离子浓度 80～120g/L，盐酸浓度 60～90g/L。

④ 金电解液自净化　为解决金电解液中含有的 Pb、Ag 等杂质，在金电解槽一端安装一台添加剂补充槽，添加剂补充槽内盛有用分析纯盐酸和硫酸按一定

比例配制好的混合液，在电解过程中根据电解液酸度及氧化电位的变化自动适量添加，抑制电解液中铅、银含量，解决铅、银等杂质对电金质量的干扰和消除阳极钝化。添加剂自动添加装置的研发与使用实现了金电解液的在线自主净化，有效控制了金电解液中的杂质元素种类和含量，稳定了金电解液的成分体系，延长了金电解液的使用周期，确保了电金产品质量的稳定。

⑤ 永久阴极板设计与研究   以抛光 TA2 钛板为阴极，在 40～50℃用分析纯盐酸浸泡、清洗 30～45min；以聚苯醚材料制作夹边条，将钛阴极左、右两边包边，成功制备了简单、实用、可拆卸夹边条的金电解的永久阴极板。在一个电解周期后，取出钛阴极并将电金剥离，用净化水洗涤干净、烘干即可用于浇铸成产品金锭。新型永久阴极板解决了传统阴极钛板电金难分离的难题，取消了冗长烦琐的电金造片工序，以垂直度、致密度、光洁度均高的钛板替代始极片做阴极进行电解，在电解过程中，阴极钛板不会发生弯曲变形，有效保证了电金的产品质量。

⑥ 环保设施的设计与研究   将金电解槽安装在一个密闭的通风罩内，通过风机将电解过程产生的酸雾抽走，有效缓解电解酸雾对金电解导电器具的腐蚀，有效控制了金电解液中 Ag^+ 含量；同时利用另一风机对整个金电解室送风，使作业场所内呈正压，杜绝室外粉尘飘入，内环与外环巧妙隔离，有效解决了环境通风及粉尘对产品质量影响的问题。

⑦ 电解液温度控制   在电解槽电解液进出口均安装自动控制阀，根据电解技术参数的变化自动调节电解液循环量大小。同时，电解液循环高位槽采用夹套式结构，并安装自动热水保温装置，保证电解液温度恒定控制在 35～45℃，有效解决了电解液分层问题，保证了低酸体系金电解液的导电性，更关键的是提高了阴极板中电金产品的致密度，提高了金电解的效率。

⑧ 主要技术参数   金离子浓度 80～120g/L，盐酸浓度 60～90g/L，槽电压 0.5～0.6V，电解时间 23h，电解液温度 48～51℃，电流密度为 245A/m²。

⑨ 主要技术经济指标   电金含金品位 99.999% 以上，杂质含量均小于 0.0001%，电流效率 91%～92%，

⑩ 一步电解法的优点   工艺简单、指标优良、成本低廉、操作方便、环境友好，与一次电解法技术参数对比如表 3-35 所示。

表 3-35   二次电解法与一步电解法技术参数对比

项　　目	二次电解法	一步电解法
电解次数	2	1
阴极电流密度/(A/m²)	300	245
金电解液使用周期/月	6	18
电流效率/%	92.2	88.6
电解液温度/℃	39	48
残极率/%	22	14
电解液中盐酸浓度/(g/L)	280	85
电解液中金浓度/(g/L)	200	115

3.11.2 二次氯化-二次还原法

焦亚硫酸钠的分子式为 $Na_2S_2O_5$，相对分子质量为 190.10，是一种白色或微黄色结晶粉末状的化合物，带有强烈的 SO_2 气味，相对密度为 1.4，易溶于水，不溶于醇。水溶液呈酸性。放置在空气中，空气中的氧可将 $Na_2S_2O_5$ 氧化成 Na_2SO_4。与强酸接触则放出 SO_2 并生成相应的盐类。加热分解（>150℃）产生 SO_2 气体，其反应式如下：

$$Na_2S_2O_5 = Na_2SO_3 + SO_2 \uparrow$$

焦亚硫酸钠具有较强的还原性，从上式可见，焦亚硫酸钠分子比亚硫酸钠分子多了一个 SO_2，所以焦亚硫酸钠的还原能力相当于亚硫酸钠和二氧化硫还原能力的总和。因而采用焦亚硫酸钠还原剂具有更大的优越性。

在中性和弱酸性溶液中，焦亚硫酸钠可将 Au(Ⅲ) 还原为 Au(0)，其反应可用下表示：

$$4HAuCl_4 + 3Na_2S_2O_5 + 9H_2O = 4Au \downarrow + 6H_2SO_4 + 6NaCl + 10HCl$$

从上式可见，降低还原溶液的酸度有利于金的还原。

以粗金锭为生产原料，金质量分数大于 99%，样品中主要杂质元素分析结果见表 3-36。将原料进行粉化处理，采用液压倾转式中频炉和引进的高压粉化泵完成，粉化能力 30kg/批，时间 1.0h，粉化后的金泥粒度小于 0.075mm，金粒占 95% 以上，小于 0.125mm 的金粒占 99% 以上。

表 3-36 粗金锭中主要杂质元素分析结果 单位：%

编号	Au	Ag	Fe	Cu	Pb	Sb	Bi	Pt	Pd
1	99.943	0.0183	0.0048	0.0220	0.0106	<0.0005	<0.0005	<0.0005	<0.0005
2	99.946	0.0175	0.0047	0.0206	0.0105	<0.0005	<0.0005	<0.0005	<0.0005
3	99.944	0.0177	0.0051	0.0212	0.0106	<0.0005	<0.0005	<0.0005	<0.0005

高纯金精炼提纯工艺流程主要由粗金粉化、预浸除杂、一次氯化浸金、一次还原金、二次氯化浸金、二次还原金、熔炼、废液处理、废气处理 9 个工艺环节组成，工艺流程如图 3-40 所示[28,35]。

① 预浸除杂 预浸除杂是在搪瓷反应釜中进行的，用盐酸作为浸出剂，将金泥和盐酸溶液分别加入反应器中，固液比为 4:1，盐酸的浓度为 20%（体积分数）；预浸除杂的反应条件为：反应 pH=0.6±0.05，反应温度为 75℃，反应时间为 4h。浸出结束，在玻璃钢真空过滤器中进行热水洗涤、过滤，滤饼送氯浸作业反应釜，溶液送废水处理作业。

预浸除杂技术指标：投入物料 177.076kg，金品位 98.75%，含金量 174862.55g；杂质含量（%）为：Ag 0.2058、Cu 0.0013、Pb 0.1228、Zn 0.0005、Fe 0.044。产出预浸渣 175.6kg，金品位 99.58%，含金量 174862.48g；杂质含量（%）为：Ag 0.2075、Cu 0.0005、Pb 0.0005、Zn 0.0005、Fe 0.044。金回收率 99.99%。

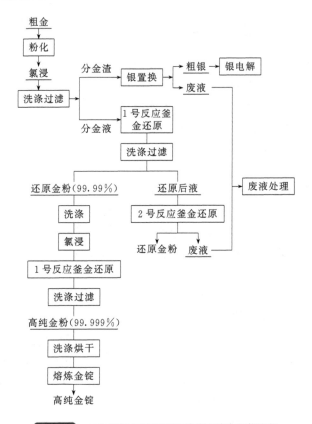

图 3-40　二次氯化-二次还原法精炼高纯金工艺流程

② 一次氯化浸金　氯化浸金过程是在搪瓷反应釜中进行的，用盐酸作为浸出剂，加入前一步骤的滤饼中，滤饼与盐酸的固液比为 4：1，盐酸的浓度为 225g/L，通入氯气进行一次氯化浸金反应，每千克 Au 的氯气用量为 0.8kg。氯浸的反应条件为：pH＝0.5，反应温度 90℃，反应时间 5h；反应结束后反应混合物降温至 40℃，过滤，滤液送下一步金还原作业。

一次氯化技术指标：投入物料 175.60kg，金品位 99.58％，含金量 174862.48g，产出氯化渣 17.486kg，渣率 9.96％，金品位 0.10％，含金量 17.486g；浸出液 0.64m³，金浓度 273.195g/L，含金量 174844.8g，金浸出率 99.99％。

③ 一次还原　浸金液经过滤洗涤除去氯化渣后用泵送入另一个搪瓷反应釜中进行金还原。用氢氧化钠调节 pH＝0.5，以雾化喷淋的方式缓慢加入还原剂 $Na_2S_2O_5$ 溶液，$Na_2S_2O_5$ 溶液的浓度为 450g/L，还原剂 $Na_2S_2O_5$ 溶液的用量与金锭原料的质量比为 1.63：1，调整反应液的氧化-还原电势为 690mV 进行还原，还原温度为 55℃，还原时间为 3.5h；反应结束后，收集反应釜底部的一次还原金。

一次还原技术指标：投入浸金液 0.64m³，金浓度 273.195g/L，含金量

174844.8g；还原母液 0.64m³，金浓度 17.34g/L，含金量 11097.6g，金还原率 93.65%。

④ 二次氯化浸金 以盐酸作为浸出剂加入到前一步骤的一次还原金中，金与盐酸的固液比为 3：1，盐酸浓度为 200g/L，通用氯气进行二次氯化浸金反应，每千克 Au 的氯气用量为 0.6kg；氯浸的反应条件为：反应温度为 85℃，反应时间为 8h；氯浸结束后反应混合物首先升温至 100℃，保温 30min，然后混合物降温至 35℃，过滤，取滤液用于下一步反应。

⑤ 二次还原 用 NaOH 调整前一步骤滤液的 pH=0.5，通过雾化喷淋的方式加入浓度为 450g/L 的还原剂 $Na_2S_2O_5$ 溶液，二次还原反应中还原剂的用量为一次还原反应中还原剂用量的 85%（质量分数）；调整反应液的氧化-还原电势 700～710mV 进行还原，还原温度为 55℃，还原时间为 3.5h；反应结束后，收集反应釜底部的二次还原金即为高纯金产品。

通过萃取法全分析检测获得的高纯金产品，检测结果为含金 99.9997%，杂质元素含量（%）为：Ag 0.00009、Fe 0.00006、Ir 0.00004、Mg 0.00002、Pb 0.00002、Zn 0.00008，Al、As、Bi、Cd、Cr、Cu、Mn、Ni、Pd、Pt、Rh、Sb、Sn、Ti、Te、Ru、Se 均未检出，从高纯金全元素分析表可以看出，产品中的 23 种杂质元素含量全部优于国家标准，金质量分数均达到 99.9997% 以上，完全符合 GB/T 25933—2010《高纯金》中化学成分的要求。2010 年中国颁布了高纯金的国家标准，规定必须测定 21 种杂质元素。高纯金国家标准参见本书第 10 章表 10-3。

工业试验结果分析：原水溶液氯化法生产 99.99% 黄金过程中存在管道设备腐蚀严重的问题，从而导致管道内残留金属杂质，影响黄金的产品质量。经生产实践研究，将管道设备改用 TA1 号钛合金，同时配合辅助牺牲阳极电化学保护技术，利用该电化学保护技术有效地防止了氯化过程中装置与管道腐蚀问题，从而解决了由此造成的金属平衡及管理上的困难，稳定了生产指标。通过对前期精炼工艺的革新与集成，在 99.99% 黄金精炼的基础上开展了高纯金工业试验，新工艺产品中金质量分数逐步提高。高纯金工业试验结果见图 3-41。由此图可知，前期试验产品中金质量分数达不到 99.999%；经试验探索，优化工艺流程后，试验产品中金质量分数达到 99.999%，且在后续试验中保持稳定。山东招金金银精炼公司自 2012 年投产以来，至今已连续生产高纯金近 3200kg。实践证明，该公司已具备大规模生产高纯金的能力。

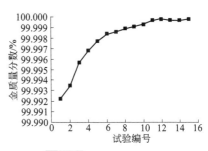

图 3-41 高纯金试验产品
中金质量分数变化

二次氯化-二次还原法精炼高纯金工艺在技术上是可行的，该工艺流程简单、设备投资少、设备利用率高、适用性强、生产周期短，金精炼周期 30h，金积压少，提纯成本低，金的提纯作业成本仅为 0.1 元/g。综合回收率在 99.996% 以上。生产环境优良，该流程中无工艺废渣，工艺过程中的废液、废气均经处理达到国家排放标准后排放。产品质量稳定，高纯金中金质量分数在 99.999% 以上，符合 GB/T 25933—2010《高纯金》中化学成分要求。山东招金金银精炼公司不但攻克了 99.999% 高纯金的工业化生产技术，可年产高纯金 10t，而且各项检测指标均优于国家 2011 年 9 月 1 日实施的《高纯金》国家标准。这为中国高纯金精炼生产开创了一条新途径，具有划时代的意义。该公司 99.999% 高纯金精炼生产工艺设备投资少，所需原料均为常用化工原料，精炼成本低，为该公司创造了巨大的经济效益和社会效益，其年创利润可达 6000 万元。这表明二次氯化-二次还原法精炼高纯金工艺在黄金领域具有广阔的推广应用前景。

3.11.3 溶剂萃取法

3.11.3.1 乙醚（Et₂O）萃取法[15]

通常将 99.9% 金（金粉或阴极金）用王水溶解或电解造液的办法制备较纯的氯金酸溶液，再用乙醚萃取，经反萃后以二氧化硫还原，即可得到 99.999% 金。其萃取生产工艺流程如图 3-42 所示。

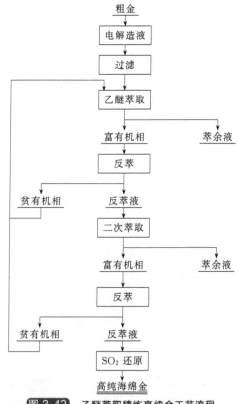

图 3-42　乙醚萃取精炼高纯金工艺流程

（1）乙醚萃取金机理

乙醚（$C_2H_5OC_2H_5$）为无色透明易挥发液体。沸点为 34.6℃，其蒸气与空气混合极易爆炸，属 1 级易燃物，密度为 0.715g/cm^3。乙醚萃取金是基于在高浓度盐酸中能与酸形成锌离子（R 代表 C_2H_5）：

$$R-O-R + H^+ \Longleftarrow \left[R-\overset{\overset{H}{|}}{O}-R \right]^+$$

锌离子 $\left[R-\overset{\overset{H}{|}}{O}-R \right]^+$ 与配阴离子 $[AuCl_4]^-$ 结合形成中性盐：

$$\left[R-\overset{\overset{H}{|}}{O}-R \right]^+ + [AuCl_4]^- \Longleftarrow \left[R-\overset{\overset{H}{|}}{O}-R \right]AuCl_4$$

此锌盐可溶于过量的乙醚，从而转入有机相与水相中杂质元素分离。锌盐只能存在于浓盐酸中，遇水后锌盐即分解，乙醚被取代出来，Au^{3+} 便又转入水相：

$$\left[R-\overset{\overset{H}{|}}{O}-R \right]^+ AuCl_4^- \xrightarrow{H\overset{\overset{H}{\cdot\cdot}}{O}H} R-O-R + \left[H-\overset{\overset{H}{|}}{O}-H \right]^+ AuCl_4^-$$

在盐酸溶液中乙醚萃取多种金属氯化物的效率如表 3-37 及图 3-43 所示。

表 3-37 在 6mol/L HCl 溶液中乙醚对各种金属的萃取率

金属离子	Fe(Ⅱ)	Fe(Ⅲ)	Zn(Ⅱ)	Al(Ⅲ)	Ca(Ⅱ)	Ti(Ⅰ)	Pb(Ⅱ)	Bi(Ⅲ)
萃取率/%	0	95	0.2	0	97	0	0	0
金属离子	Sn(Ⅱ)	Sn(Ⅳ)	Sb(Ⅴ)	Sb(Ⅲ)	As(Ⅴ)	As(Ⅲ)	Se(Ⅱ)	Te(Ⅱ)
萃取率/%	15~30	17	81	66	2~4	68	微	34

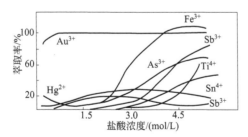

图 3-43 不同金属在不同酸度下的萃取率

（2）高纯金的制取

① 萃取原液的制备　99.9%金（海绵金或工业电解金）用王水溶解法或隔膜电解造液法制取。电解造液法是将 99.9%金铸成阳极，经稀盐酸（HCl：$H_2O=1$：3，体积比）浸泡 24h，用去离子水洗至中性，然后进行电解造液。

② 造液条件　电流密度为 300~400A/m^2，槽电压为 2.5~3.5V，初始酸度为 3mol/L HCl，至阳极溶完为止，最终溶液含金 100~150g/L，调酸度至 1.5~3mol/L HCl，待萃取。

③ 萃取与反萃取　乙醚萃取金及蒸馏反萃装置如图 3-44 所示。

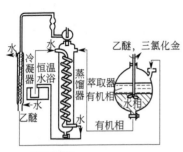

图 3-44　萃取设备示意图

萃取条件：相比（O/A）＝1∶1，室温搅拌 10～15min，澄清 10～15min。将有机相注入蒸馏器内，加入 1/2 体积的去离子水，用恒温水浴的热水（开始 50～60℃，最终 70～80℃）通过蒸馏器，同时进行乙醚的蒸馏与金的反萃。蒸馏出的乙醚经冷凝后返回使用。反萃液约含金 150g/L，调酸度至 1.5mol/L HCl，进行 2 次萃取与反萃，条件与 1 次相同，2 次反萃液调酸至 3mol/L HCl，含金 80～100g/L，用二氧化硫还原：

$$2HAuCl_4 + 3SO_2 + 3H_2O \Longrightarrow 2Au\downarrow + 3SO_3\uparrow + 8HCl$$

为保证金粉质量，二氧化硫气体还原前需洗涤净化，所用装置如图 3-45 所示。SO₂ 属有毒气体，还原操作应在通风橱内进行，还原尾气需以 NaOH 溶液吸收处理，以防污染。

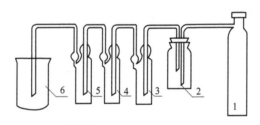

图 3-45　二氧化硫还原金装置

1—SO₂ 瓶；2—缓冲瓶；3—浓 H₂SO₄；4—CaCl₂ 瓶；5—纯水瓶；6—装 AuCl₃ 烧杯

还原所得海绵金经硝酸煮沸 30～40min，去离子水洗至中性，烘干、包装即为产品。我国某厂已有十几年生产经验，生产的金品位均＞99.999%，金总回收率＞98%。

3.11.3.2　DBC 萃取法

以 8 块粗金作阳极，6 片纯金做阴极，阴极外套素烧坩埚采用电解法造液，电解槽使用硬塑料板制作，体积 80L，槽内 HCl∶H₂O＝2∶1（体积比），坩埚中 HCl∶H₂O＝1∶1（体积比）。坩埚内液面高于槽内液面 5～10mm。通入脉动电流，从阳极溶解下来的 Au³⁺ 不能通过坩埚而在阳极液中积累，最后达到 326g/L，盐酸 265g/L，控制盐酸浓度 3.1mol/L，Cl⁻ 总浓度 6.4mol/L，与 DBC 萃取工艺衔接。萃取相比（O/A）＝1∶1，室温，在离心萃取器中 5 级逆流萃取，每级混相时间 8min。萃残液含 Au＜0.01g/L，萃取率高于 99.5%。洗涤剂为 0.5 mol/L HCl 溶液，相比（O/A）＝2∶1，室温，4 级逆流，每级混相时间 8min。载金有机相在 500L 耐酸搪瓷反应釜中还原，还原剂为 5% 的草酸溶液，反应温度 76～82℃，搅拌还原 2～3h。产出的萃取金粉经 1：1 的盐酸煮洗，浓硫酸浸煮，质量可满足新标准 GB/T 4134—2015 的 IC-Au99.995 牌号[34]。

3.12 黄金精炼技术展望[25,26]

随着近代黄金工业化生产技术的不断发展，越来越多的黄金精炼新工艺不断出现，目前国内外关于合质金的精炼共有 4 种工艺：氯化法、化学法（Boliden精炼工艺）、电解法、萃取法。这些方法各有优缺点，需要根据原料组成、生产规模、产品纯度、生产周期、生产成本、生产条件、环保条件等因素确定适合自己企业的工艺和设备。许多矿山和冶炼企业开发了具有自主知识产权的、适合自己公司发展的黄金精炼技术。氯化精炼法流程短、速率快，但产品纯度不高，往往需进一步电解精炼，同时氯气腐蚀性强，对环保要求高，新建企业现在一般很少使用。

3.12.1 金电解工艺与溶剂萃取精炼工艺对比

目前国内外黄金精炼工艺通常采用金电解精炼法和溶剂萃取精炼法。在国内约有 90％以上的黄金精炼企业采用金电解精炼法，约 5％黄金精炼企业采用溶剂萃取精炼法。而在国外采用溶剂萃取精炼法比较普遍，两种工艺方法相比较，溶剂萃取精炼工艺具有如下特点：

a. 与金电解工艺相比，溶剂萃取精炼工艺对原料的适应性强，金电解要求阳极泥含金不低于 75％，含银不高于 8％，含铜不高于 2％，而溶剂萃取对原料品位无特殊要求，杂质要求含锑、锡低。溶剂萃取工艺适用于银电解后的金泥、氰化后的金泥和粗合质金。

b. 与金电解精炼工艺相比，溶剂萃取工艺流程较长，劳动强度相对较大。而电解精炼工艺过程比较稳定，易于控制，劳动强度小。

c. 金电解精炼工艺所需原材料种类少、消耗小、生产成本较低。而溶剂萃取精炼工艺所需原材料种类多、消耗大、成本较高。

d. 溶剂萃取工艺生产周期短（24h），而金电解工艺周期长（5～6d）。

e. 溶剂萃取工艺金积压少，直收率高（＞99％），而金电解工艺直收率低（＜90％），金积压严重。

f. 溶剂萃取工艺总回收率为 98.5％～99％，而金电解工艺总回收率可稳定在 99.5％以上。

g. 溶剂萃取工艺生产设备多，腐蚀严重，设备事故率高。

h. 溶剂萃取工艺生产所需劳动力定员与投资均较金电解工艺多。溶剂萃取工艺对于年产 30t 的金精炼厂定员 19 人，投资为 140 万～150 万元，金电解工艺定员 11 人，设备投资为 70 万～80 万元。

3.12.1.1　原料的适应性

（1）原料要求

根据辰州矿业公司金精炼生产实践，金电解要求阳极原料含金不低于75%，含银不高于8%，含铜不高于2%。溶剂萃取对原料含金品位没有特殊要求，但通常要求含锑、锡均低于0.5%；原料可以是银电解后的金泥、氰化后的金泥，也可以是粗合质金。

（2）原料对过程的影响

金电解阳极原料含金的高低直接影响电解液杂质污染程度及贫化速率的快慢，进而影响其电解液的更换周期，同时影响着极间距、电流密度及酸度的控制。银和铜是影响金电解过程最有害的杂质。含银过高电化学溶解后形成的氯化银会附着在阳极表面，造成阳极钝化，当阳极含银高于8%时更为严重，甚至电解过程难以进行；铜含量过高，会在阴极析出，影响电金的质量，实践证明，阳极含铜不应超过2%。

溶剂萃取过程中，料液含金的高低会影响过程的成本消耗。一般情况下，料液含金低，成本消耗大；料液含金高，成本消耗少。在生产过程中以某种药物为萃取剂，在任何酸度下，金几乎都可完全萃取；在低酸度下，除锑、锡外，其他金属的萃取率甚低，均可与金有效地分离。

3.12.1.2　过程控制

金电解精炼过程中主要的控制参数有：电解液的成分、电流密度、槽电压、极间距、电解液温度及电解液循环。金、银、铜离子浓度及酸度是电解液成分控制的核心，酸度是氯金酸的稳定基，保持一定的酸度可防止氯金酸非电化学反应析出导致金离子浓度的贫化，同时提供游离氯离子用于沉淀阳极电解化学液中的银离子、铅离子及增强电解液的导电性。调整好极间距及电解液循环，控制好电流密度和槽电压是金电解质量的保证。

金电解精炼工艺的优点是过程较稳定，易于控制，劳动强度小；缺点是金积压多，直收率较低。

金溶剂萃取精炼过程中主要的控制参数有：料液的浓度、相比、还原终点颜色。溶剂萃取过程可采用风车式智能流量计、转子流量计检测流量，各萃取槽可选择涡轮式搅拌，槽与槽之间可采用链条式皮带同步传动，制备料液及还原均可在搪瓷反应釜中进行，可采用电磁调速或变频调速控制设备的转速等，因而可大大提高萃取过程的机械化及自动化控制水平。溶剂萃取过程的缺点是设备、设施多，需细心维护。

3.12.1.3　工艺设备及配置

根据辰州矿业公司生产实践（以年生产能力30t计算），金电解精炼生产需要中频炉2台（铸阳极板和成品金各1台）、反应釜1台、周期换相脉冲电源1台、金电解槽15个、洗涤过滤盘2个、真空系统1个、废气收集处理系统1个、

1kg 和 3kg 小型铸锭机各 2 台。生产能力的大小通过扩大周期换相脉冲电源和增加电解槽个数来实现。

金溶剂萃取精炼生产需中频炉 2 台（原料和成品熔炼各 1 台）、反应釜 3 台、还原釜 2 台、搪瓷贮罐 5 个、蒸馏釜 1 台、汽水分离器 2 台、锅炉 1 座、萃取槽 10 个 [5 个萃取（5 段萃取）、3 个洗涤（3 段洗涤）、2 个洗涤回收萃取剂]、洗涤过滤盘 3 个、真空系统 1 个、硝酸和盐酸贮罐各 1 个、1kg 和 3kg 小型铸锭机各 2 台以及各类磁力泵 10 台。年生产能力可达 30t，生产能力的大小可通过调整萃取槽规格来实现。

3.12.1.4 主要技术经济指标

（1）直收率

金电解精炼因残极和电解液的积存，直收率通常低于 90%；金溶剂萃取精炼仅氯化银中和尾液中积存少量金，直收率通常可达 99% 以上。

（2）总回收率

金电解精炼总回收率可稳定在 99.5% 以上；溶剂萃取金总回收率可稳定在 99.9% 以上。

（3）生产周期

以单批（金 100kg）直收率不低于 90% 计算，金电解生产周期为 72～96h；溶剂萃取生产周期约 24h（萃取过程约 3h）。

（4）产品质量

根据辰州矿业公司多批次的生产实践，产品质量情况见表 3-38。由表 3-38 可知，两种黄金精炼方法所获得的最终产品，均符合上海黄金交易所的标准，也符合国标 1# 金的质量要求，但溶剂萃取精炼生产出的产品品质更趋稳定。

表 3-38 产品检测结果

项目	金纯度/%	杂质含量/%					
		Ag	Cu	Fe	Pb	Bi	Sb
上海黄金交易所 Au-1	99.99	0.005	0.002	0.002	0.001	0.002	0.001
金电解产品	99.995	<0.0025	<0.0005	0.0005	<0.0005	<0.0005	<0.0005
溶剂萃取产品	99.997	<0.0005	<0.0005	0.0005	<0.0005	<0.0005	<0.0005

（5）主要材料消耗与生产成本（原料金品位 85%～90%）

辰州矿业公司金电解精炼已生产 3 年，溶剂萃取精炼生产 4 年。金电解主要材料消耗与生产成本见表 3-39，溶剂萃取主要材料消耗与生产成本见表 3-40。

表 3-39 金电解主要材料消耗与生产成本

序号	材料名称	单价/(元/kg)	材料消耗/(kg/kg 原料)	单耗/[元/g(Au)]
1	HCl（分析纯）	5.8	6.0	0.0348
2	HCl（工业级）	0.90	1.0	0.0009

序号	材料名称	单价/(元/kg)	材料消耗/(kg/kg 原料)	单耗/[元/g(Au)]
3	HNO₃(工业级)	1.80	0.3	0.00054
4	还原剂	2.2	0.4	0.00088
5	锌粉	11.20	0.5	0.00056
6	NaOH	2.55	7.0	0.01785
7	铸锭材料消耗			0.009 2
8	电力	0.5①	4②	0.002
9	燃料	4.6	0.75	0.00345
10	其他			0.005
合计				0.07518

① 单位为元/(kW·h)。

② 单位为 kW·h/kg。

表 3-40 溶剂萃取主要材料消耗与生产成本

序号	材料名称	单价/(元/kg)	材料消耗/(kg/kg 原料)	单耗/[元/g(Au)]
1	HNO₃(工业级)	1.80	1.30	0.00234
2	HCl(工业级)	0.90	7.5	0.00675
3	HCl(分析纯)	5.80	1.75	0.01075
4	萃取剂	55	0.4	0.022
5	还原剂	2.2	1.3	0.00286
6	酒精	4.40	0.50	0.00220
7	锌粉	11.20	0.30	0.00351
8	NaOH	2.55	10	0.0255
9	电力	0.5①	50②	0.025
10	燃料	4.6	1.2	0.00552
11	铸锭材料消耗			0.0092
12	其他			0.008
合计				0.12303

① 单位为元/(kW·h)。

② 单位为 kW·h/kg。

3.12.1.5 投资

建一座年产 30t 黄金的精炼厂，土建投资除外，若选用金电解精炼工艺，其投资为 70 万～80 万元；若选用溶剂萃取工艺，其投资为 140 万～150 万元。

总之，电解与溶剂萃取都是稳定可靠的黄金精炼工艺，但两者有如下不同点：

a. 金电解对原料的适应性差；溶剂萃取对原料的适应性强。金电解过程较稳定，易于控制；溶剂萃取流程较长，过程讲求精细。

b. 金电解所需原材料种类少，消耗小，生产成本较低；溶剂萃取所需原材料种类多，消耗大，生产成本较高。

c. 溶剂萃取工艺生产设备多，需细心维护。

d. 金电解生产周期长，金积压较多，直收率相对低；溶剂萃取生产周期短，金积压少，直收率高。

e. 采用金电解工艺生产投资比采用溶剂萃取工艺少。

3.12.2　金电解工艺与化学精炼工艺对比

由于锌粉置换金泥金品位特低，需要的预浸除杂工作量很大，必须投入一定的湿法设备来完成此项作业。如果采用电解精炼工艺，不仅会造成设备复杂和投资较大，也使工序烦琐、管理强度增大。因此，锌粉置换金泥采用电解精炼工艺处理具有一定的局限性。这是因为对单一矿山企业来说，电解法设备配置要比化学法复杂，工艺流程也相对烦琐。因为在进入电解流程之前，需将矿产金泥预处理到金品位 90％以上，这部分设备和化学法设备规格相同，数量和品种需占总设备的 1/2 以上。电解法本身设备配置比较简单，主要包括熔炼炉、整流电源、电解槽、造液及废液回收装置、铸锭设备和打码机等。

化学精炼是黄金提纯的主要工艺，近几年，由于其精炼周期短、对原料适应性强、批量灵活等，正在越来越多的企业推广应用，充分显示了其综合经济技术优势，弊端主要在于工序较多，投资较大，需加强环保治理。金的化合物易被还原，比金更负电性的金属，如锌、铁；某些有机酸，如草酸、甲酸；有些气体，如二氧化硫、氢气；一些盐类，如亚硫酸钠、亚铁盐等都可作为还原剂使用。还原时应根据金溶液含杂质的情况决定还原剂种类，必要时可选择还原能力强弱不同的两种或多种还原剂组合还原，以达到较佳还原效果。根据溶液氧化还原电势的变化可以决定还原剂的添加量，一般企业都采用"饱和还原法"，以提高金的直收率，简化作业流程，降低生产成本；少部分企业采用"饥饿还原法"，即还原剂缺量，对含少量金的尾液进行两次还原，粗金粉返回下批溶金工序 2 次提纯。此方法虽然流程长、繁杂，但效果较好。

化学法黄金精炼原料含金品位可高可低，浸出溶液成分是含氯离子的酸性体系，氧化剂为硝酸、氯气或氯酸盐中的一种，反应温度 70～100℃，精炼周期 15～24h，黄金直收率 97％～99％，黄金回收率 99.95％以上，产品质量达国标 Au-1。

化学法黄金精炼是在酸性介质中进行的，对设备耐腐蚀程度要求很高。由于操作参数不同，所选设备又有承压和常压之区别，目前国内用于金精炼的主体设备材质主要为钢衬聚四氟、纯钛或钛复合板、搪瓷等。

化学法主要设备配置为：反应釜、储液罐、过滤器、计量罐、储酸罐、真空泵、空压机、熔炼炉、气体净化塔、铸锭设备和打码机等。

国内金精炼设备配置比较合理、紧凑、实用，整个工艺过程除固体物料外，所有液体的输送早已完全实现机械化，既减轻了工人的劳动强度，又提高了贵金属和人员的安全系数。

化学法精炼工艺及设备配置与预处理工序可以互相衔接，部分设备可以共同利用，不仅可以减少投资、简化工序，也会使流程简单，便于操作和管理。所以，锌粉置换金泥采用化学法精炼工艺是适宜的。

3.12.3　化学精炼工艺与溶剂萃取精炼工艺对比

溶剂萃取精炼工艺与化学精炼工艺相比，金的溶解造液、金的还原、铸锭部分的工艺及设备完全相同，只是前者增加了萃取分离工艺及萃取设备，由此可见溶剂萃取精炼工艺的生产成本比化学精炼工艺高；萃取精炼工艺的优点在于对原料的适应性比化学精炼工艺强，原料品位可低至百分之几，也可高至百分之几十，而对于化学精炼工艺，若原料品位低，需要经过预处理除杂，否则所得到的金纯度难以达到99.99%；溶剂萃取精炼工艺可以直接获得99.99%的纯金，而化学精炼工艺若条件控制不好，有时难以产出99.99%的纯金；溶剂萃取精炼工艺的直收率高，而化学精炼工艺为了获得99.99%的纯金，有时采用"饥饿还原法"，部分粗金返回溶解造液工序，直收率降低；溶剂萃取精炼工艺技术含量高，对流量控制设备、萃取槽、操作人员的知识水平要求均较高。

总之，国内黄金精炼技术近几年得到快速发展，无论电解法还是化学法其工艺技术正在不断改进和优化。由于企业提金工艺不同，所产生的精炼原料性质及组成有着很大差别，精炼工艺的选择应随其而变。因此，针对企业特定要处理的物料，选择一种技术指标先进、工艺流程合理、经济效益最佳的精炼方法是各精炼厂努力的目标。各企业应根据要处理原料的具体情况，从经济、技术、环保等方面综合考虑，择优选择一种适宜的精炼工艺来改造或建设金精炼工程，以创造最佳经济效益。

附录1、附录2给出了上海黄金交易所可提供标准金锭、金条企业名单；附录3给出了上海期货交易所金锭注册商标、包装标准及升贴水标准；附录4给出了美国材料与试验学会（ASTM）及俄罗斯贵金属产品标准（ГОСТ）。

参 考 文 献

[1] 周一康. 金的精炼工艺. 湿法冶金，1997（4）：35-37.

[2] 宋文代，范顺科. 金银精炼技术和质量监督手册. 北京：冶金工业出版社，2003：15-64.

[3] 黄礼煌. 金银提取技术. 第2版. 北京：冶金出版社，2003：485-487.

[4] 黎鼎鑫. 贵金属提取与精炼. 长沙：中南工业大学出版社，2003：523-603.

[5] 卢宜源，宾万达. 贵金属冶金学. 长沙：中南工业大学出版社，2003：344-392.

[6] 《黄金生产工艺指南》编委会. 黄金生产工艺指南. 北京：地质出版社，2000：604-643.

[7] 杨天足，宾万达，刘朝辉. 含金氯化液还原取金的方法. CN 1271781A. 2001-11-1.

[8] 田小青，戚小京. 一种湿法精炼高纯金的新工艺，CN 1237644A. 1999-12-8.

[9] 傅建国. 电势控制法提金在金精炼中的应用，有色冶炼，2002（2）：29.

[10] 杨天足，刘朝辉，宾万达，等. 从草酸液中用草酸还原金时杂质元素的行为分析. 黄金，1999，20（3）：31.

［11］陈光辉，王德煌．一种粗金提纯的方法．CN 1442498A．2003-9-17.

［12］丁龙波，范卿，王玉贵．氰化金泥全控电湿法直接精炼新工艺．黄金，1999，20（5）：34.

［13］秦洪训，徐学强，滕宝强，等．SBRF-E 金银精炼新工艺的研究与生产实践．黄金，2004，25（9）：34.

［14］杨家景，邱合福．氨法分离金泥中的金银，CN 1043529A．1990-7-4.

［15］余建民．贵金属萃取化学．第 2 版．北京：化学工业出版社，2010：87-89.

［16］刘振升．萃取法精炼黄金的研究和工业实践．黄金，2004，25（1）：35.

［17］陈聪．萃取法精炼黄金技术在矿山生产中的应用．黄金科学技术，2004，12（3）：1.

［18］Feather A. Refining Gold with Solvent Extraction by Minataur™. J The South African Institute of Mining and Metallurgy, 1997，7/8：169-173.

［19］周展云，苏元复．从金矿中综合提取金、银、铜的工艺过程，CN 85103707A．1986-7-2.

［20］华亭亭，席德立．从铜电解阳极泥中提取金、银的萃取工艺，CN 85100108A．1986-7-16.

［21］杨宗荣，蔡旭琪．用复合萃取剂生产离纯金的方法，CN 1035321A．1989-9-1.

［22］李卫锋，孙中森，刘玉兰．萃取技术在铅阳极泥提金中的应用．黄金，2001，22（3）：27.

［23］李卫锋，刘玉兰，瞿爱平．改进氰化-萃取工艺生产国标 Au-1．黄金，2002，23（6）：36.

［24］周维金，周勇，张天喜．由电解含金萃取有机相制备高纯金的方法，CN 1342786A．2002-4-3.

［25］董德喜．黄金精炼工艺特点分析及选择．黄金，2004，25（9）：38.

［26］刘勇，阳振球，杨天足．金电解与溶剂萃取精炼工艺比较分析．黄金，2007，28（6）：42.

［27］薛光，任文生，薛元昕．金银湿法冶金与分析测试方法．北京：科学出版社，2009：620-623，688-690.

［28］庄宇凯，纪鹏．二次氯化-二次还原法精炼高纯金工艺研究．黄金，2014，35（2）：57-60.

［29］梁正霖，水合肼湿法还原金试验研究．有色冶金设计与研究，2012，33（4）：14-16.

［30］胡建辉，夏兴旺，王日，等．一步法高纯金生产工艺．CN 101122032A．2008-2-13.

［31］王日，黄绍勇，熊超，等．一种阴极金电解精炼工艺．CN 102978658 A．2013-3-20.

［32］孙敬韬，邓成虎，王日，等．一步法高纯金生产工艺开发与产业化．有色金属（冶炼部分），2014（7）：45-48.

［33］熊超．金线用高纯金生产关键设备的研发实践．铜业工程，2012（3）：18-20.

［34］马玉天，吴志明，陈大林．一种制备高纯金的方法．CN 101985691 B．2012-7-25.

［35］张绵慧，庄宇凯，李尚远，等．一种高纯金精炼工艺．CN 104789794 A．2015-7-22.

4

银的精炼工艺

4.1 概述

　　银的传统精炼工艺为火法精炼法，根据其所用精炼设备不同又可分为硝石氧化精炼法、分银炉精炼法、TROF 转炉精炼法、真空蒸馏精炼法、卡尔多炉精炼法等。随着现代工业的兴起，银的电解精炼得到了长足的发展，由于其具有工艺操作简单、生产成本低、生产能力大等优点在现代银的精炼工艺中得到了广泛的应用，适合于较大型企业。银的化学还原精炼法和溶剂萃取法具有生产周期短、直收率高等优点，适于小规模零星生产，不受原料多少的限制，适合于中小型企业。

4.2 银的火法精炼[1~3]

4.2.1 银的火法精炼原理

　　银具有较强的抗氧化能力，在有金属铅存在时，银能在较低的温度下溶解在熔融的金属铅中形成合金。而铜、铋、锑等金属与银相比对氧具有较强的亲和力，故而可以向熔融的银中通入氧气，使贱金属杂质发生氧化，然后以氧化物的形态使之造渣或挥发除去，而铅则形成氧化铅挥发，得到成色在 95%～99%的银。

　　银的火法精炼原料主要是粗银或者贵铅（即贵金属与铅的合金，由于铅是贵金属的良好捕集剂，在熔炼的过程中，贵金属溶解在铅液中就形成铅与贵金属的合金）。铅中各金属的氧化次序为：锑、砷、铅、铋、铜、碲、硒、银。氧化的难易程度还与其含量有一定的关系，贵铅中铅最先氧化，氧化铅把氧传递给砷、锑等金属使之氧化，其低价氧化物挥发进入烟气，高价氧化物与碱性氧化物造渣。铋在砷、锑挥发后期开始氧化，然后加入硝酸钠或者硝酸钾使铜、铋、碲等造渣。

4.2.2　银的火法精炼方法

4.2.2.1　硝石氧化精炼法

该法是将含有杂质的银与硝石进行共同熔炼，在熔炼的过程中少量的铜等重金属被氧化造渣，而银得到提纯。硝石可以在高温下分解而放出氧，此新生的氧较为活泼，氧化能力强，使不易被空气氧化的一些杂质发生氧化作用生成相应的氧化物，并在加入的造渣剂的作用下形成熔炼渣而除掉。加硝石熔炼的过程中，可根据实际情况反复分几次加入硝石，每次加入硝石后都要进行充分搅拌，使杂质充分氧化，并需要加入萤石或碎玻璃进行造渣。

4.2.2.2　分银炉精炼法

（1）分银炉

分银炉也称金银熔炼转炉，其形状与铜熔炼转炉相似，只是无固定风管，两端或其一端设有加热用重油喷口。炉壳由 $10\sim16mm$ 厚的钢板焊成，炉衬用镁质耐火砖砌成，顶端设有加料口。

（2）熔炼过程

① 贵铅的熔炼　此熔炼过程包括加料、熔化、造渣、沉淀、放渣等作业。在熔炼的过程中，砷沸点最低，在料未完全熔化之前就强烈挥发进入烟尘，而铋则部分与溶剂作用进入炉渣，另外一部分铋进入贵铅，极少部分铋挥发进入烟尘。在熔炼后期向分银炉中鼓入空气，使溶解在贵铅中的铜、铋、砷等挥发或进入渣中，而后铅也氧化进入烟尘中。

贵铅中金银的含量为 $30\%\sim40\%$ 或者更高，其余为铜、铅、铋、砷、锑等杂质，氧化精炼就是要氧化除去金银以外的杂质，包括铅在内，得到含金银在 70% 以上的金银合金。

② 银粉的熔炼　粗银粉主要来源于铜铅阳极泥，其中含银 $60\%\sim80\%$，含有一定量的铜、铅、铋、锑杂质，熔炼时一般配入 $8\%\sim10\%$ 的碳酸钠，$4\%\sim6\%$ 的萤石，在熔炼后期加入一定量的火硝，可熔炼得到 97% 以上的银。

（3）熔炼添加剂

熔炼过程中使用了苏打、石灰、萤石以及火硝等，其作用如下：

a. 苏打（Na_2CO_3）使阳极泥中的砷、锑等高价氧化物造渣，降低炉渣熔点，改善流动性，使渣易与贵铅分离；

b. 石灰（CaO）使酸性杂质生成密度较小的炉渣；

c. 萤石（CaF_2）使炉渣密度和熔点降低；

d. 火硝（KNO_3）氧化其中的贱金属杂质。

（4）操作技术条件

分银炉氧化精炼的操作控制条件随分银炉本身的因素和原料的情况不同有所

差异。贵铅的氧化精炼温度一般都在900～1200℃之间，若温度过高会引起铅的挥发，增大金银等贵金属的损失，其整个过程的温度控制见表4-1。

表 4-1   分银炉温度控制实例

工　序	作业时间/h	温度控制/℃	其　他
加料	0.5～1	800～1000	
熔化	4～11	1100～1200	
吹风氧化	15～60	900～1050（前期），1050～1100（后期）	风压0.04MPa 加碳酸钠9%，火硝3%
加苏打造渣	1～2	1000～1100	
吹风氧化	4～6	1100～1200	
除铜	2～5	1000～1100	
出炉	0.5～1	1000～1100	

注：分银炉规格为1500mm×1800mm；每炉处理贵铅3t。

（5）产物

分银炉氧化精炼的产物有金银合金、炉渣、烟尘，其中炉渣可分为氧化前期渣、氧化后期渣、苏打渣、铜渣。

①金银合金　金银合金的成色约为97%以上，占贵铅质量的20%～30%，含有少量的铜、铅、锑、铋等金属，见表4-2。

表 4-2   金银合金板化学成分实例

厂家	成分含量/%									
	Au	Ag	Cu	Pb	Bi	Sb	Te	As	Pt	Pd
1	0.5～1.0	97.50	1	0.01～0.1	<0.2	0.0003～0.02	<0.06			
2	0.04～0.93	94.15～98.15	0.28～4.86	0.13～0.83	0.06～0.84		<0.06		0.003～0.015	0.01～0.07
3	1.32	96.94	1.21	0.081	0.14	0.095	0.0125	0.039		

②炉渣　炉渣占贵铅质量的60%～75%，其中氧化前期渣是提取铋的原料，苏打渣是提取碲的原料，而铜渣中含有一定量的贵铅，要返回分银炉处理。

③烟尘　分银炉的烟尘量主要根据燃料的消耗量来确定。主要含有铅、铋、锑、砷、碲的氧化物。

4.2.2.3　TROF 转炉精炼法

TROF是由奥托昆普1985年研制的顶吹转炉技术，冶炼前向炉内加入粗银或含银物料，并加入熔剂苏打和硼砂，点燃燃料使冶炼温度升至1250～1300℃，此时转炉内物料分成两层，一层渣和一层合金熔体。渣撇出后，向合金熔体中吹氧进行提纯，主要反应为：

$$[\text{Me}]+\frac{x}{2}\text{O}_2 = \text{MeO}_x$$

不同金属的氧化顺序为：铅、铜、碲。铜在合金中的正常含量为 1%，铸锭之前，需往合金熔体表面加入水泥，以生成易于除去的二次渣。TROF 转炉的有效体积为 700L。正常处理一炉 2t 的原料大约 16h，吹氧 4h。TROF 转炉的优点是熔炼速度快，作业干净，使用氧气产生的烟气量小，热能利用率高。

4.2.2.4 真空蒸馏精炼法

真空蒸馏是一种金属汽化的物理过程，不消耗添加剂，不产生化合物，直接得到两种金属，省去灰吹等一系列操作，流程简单，无污染，作业成本低，是一种良好的提纯方法。

从表 4-3 铅和银的纯物质蒸汽压值可以得知，两种金属的蒸气压有 100～10000 倍之差。两者之比见表 4-4，从表 4-4 中可知，在 1100℃时，p_{Pb}＝655Pa，铅的蒸发速率大大升高，而银几乎不蒸发。

表 4-3 饱和蒸气压与温度的关系

元素	蒸气压/Pa								沸点/℃
	700℃	800℃	900℃	1000℃	1100℃	1200℃	1300℃	1400℃	
Pb	0.85	7.23	42.2	186	655	1930	4970	11300	1750
Ag	0.000306	0.00674	0.087	0.748	4.68	2.27	89.8	300	2163

表 4-4 不同温度下铅与银的蒸气压比

t/℃	600	700	800	900	1000	1100	1200
$p_{\text{Pb}}/p_{\text{Ag}}$	8870	2780	1060	483	241	142	85.4

研究表明，在系统残压一定时，温度有较重要的作用，在较低的温度如 850℃时，蒸馏 100min，残留在合金中的银含量达到约 10%，而在 1000℃时不到 40min，残留在合金中的银含量就达到了 90%，得到的冷凝产物铅中仅含银 0.05%～0.25%，两种金属的总回收率达到 99% 以上。说明真空蒸馏技术可以很好地分离铅和银。工业试验处理了含银 5.15%～7.85% 的铅银合金，得到的残留合金中金银总量达到 97.73%，含铅 1.2%，金银直收率为 95.1%，总回收率为 99.94%，冷凝金属铅中含金银仅为 4.31%，含铅 95.51%，共处理物料 11t。

蒸馏用的设备为真空蒸馏炉，根据其特点可分为卧式、立式、炉体倾动式和下铸式。

4.2.2.5 卡尔多炉精炼法

卡尔多炉技术是由瑞典波立登（Boliden）发明的一种先进的技术，是在转炉的基础上作了进一步的改进，对于粗银和铜铅阳极泥的处理有比较好的效果。它集熔炼、吹炼、精炼为一体，在同一个炉内完成，因此减少了设备的重复投资。精炼后的金银合金成色在 97%～99% 之间。

4.3 银的电解精炼[2～6]

用于银电解的原料有处理铜、铅阳极泥所得到的金银合金（含银 90% 以上），氰化金泥经火法熔炼得到的合质金，配入适量银粉铸成的金银合金（含银 70%～75%），其他含银废料经处理后得到的粗银。

4.3.1 银的电解精炼原理

电解精炼银是为了制取纯度较高的银。电解时用阳极泥熔炼所得的金银合金或银合金作阳极，以银片、不锈钢片或钛片作阴极，以硝酸、硝酸银的水溶液作电解液，在电解槽中通以直流电，进行电解。

银电解精炼的电解过程，可视为下列电化学系统中所发生反应的过程：

$$\text{阴极} \qquad\qquad\qquad\qquad \text{阳极}$$
$$Ag(纯) \mid AgNO_3 + HNO_3 + H_2O \mid Ag(粗)$$

电解液中各组分，部分或全部电离：

$$AgNO_3 = Ag^+ + NO_3^-$$
$$HNO_3 = H^+ + NO_3^-$$
$$H_2O = H^+ + OH^-$$

在直流电的作用下，阳极发生电化溶解。

阳极板中的银氧化成一价银离子。但是，当电流密度较小时还可能氧化成半价银离子，半价银离子可自行分解生成一价银离子，并分解出一个金属银原子进入阳极泥中：

$$Ag - e = Ag^+$$
$$2Ag^+ + e = Ag_2^+$$
$$Ag_2^+ = Ag\downarrow + Ag^+$$

此外，阳极板还含有其他金属杂质，如铜等贱金属，这些杂质同时也被氧化而进入溶液。银、铜金属在阳极上除了电化溶解以外，还有一系列的化学溶解：

$$NO_3^- - e = NO_2 + [O]$$
$$2Ag + [O] = Ag_2O$$
$$Ag_2O + 2HNO_3 = 2AgNO_3 + H_2O$$
$$2NO_2 + H_2O = HNO_3 + HNO_2$$
$$HNO_2 + [O] = HNO_3$$
$$MeO + 2HNO_3 = Me(NO_3)_2 + H_2O$$

在阴极上，主要是银离子放电析出金属银：

$$Ag^+ + e = Ag\downarrow$$

但应指出，阴极上除发生析出银的反应外，也可能发生消耗电能和硝酸的下列有害反应，如：

$$2H^+ + 2e === H_2 \uparrow$$

$$NO_3^- + 2H^+ + e === NO_2 \uparrow + H_2O$$

$$NO_3^- + 3H^+ + 2e === HNO_2 + H_2O$$

由于发生这些反应，而常需往溶液中补加硝酸。

银电解过程中，阳极上各元素的行为与它们的电势和在电解质中的浓度以及是否会水解有关。表 4-5 列出了有关金属的标准电极电势。

表 4-5 25℃时金属的标准电极电势

元素	阳离子	电势/V	元素	阳离子	电势/V
锌	Zn^{2+}	-0.76	砷	As^{3+}	+0.30
铁	Fe^{2+}	-0.44	铜	Cu^{2+}	+0.34
镍	Ni^{2+}	-0.25	铜	Cu^+	+0.52
锡	Sn^{2+}	-0.14	银	Ag^+	+0.80
铅	Pb^{2+}	-0.126	钯	Pd^{2+}	+0.82
氢	H^+	0	铂	Pt^{2+}	+1.20
锑	Sb^{3+}	+0.10	金	Au^{3+}	+1.50
铋	Bi^{3+}	+0.20			

4.3.2 银电解中杂质的行为

银电解过程中，按照各元素的性质和行为的不同，可将它们分为[21,22]：

① 电性比银负的锌、铁、镍、锡、铅、砷。其中锌、铁、镍、砷含量极微，对电解过程影响不大，在电解过程中，它们全部以硝酸盐的形态进入电解液中，并逐渐积累使电解液遭受污染，且消耗硝酸。但是在一般情况下，它们不会影响电解银的质量。锡则呈锡酸进入阳极泥中。铅一部分进入溶液，另一部分被氧化生成 PbO_2 进入阳极泥中，少数 PbO_2 则黏附于阳极板表面，较难脱落，因而当 PbO_2 较多时，会影响阳极的溶解。当电解液中 $[Pb^{2+}] > 1.5g/L$ 时，铅就会在阴极析出。

② 电性比银正的金和铂族金属。这些金属一般都不溶解而进入阳极泥中，当其含量很高时，会滞留于阳极表面，而阻碍阳极银的溶解，甚至引起阳极的钝化，使银的电极电势升高，影响电解的正常进行。实际上，也有一部分铂、钯进入电解液中。部分钯进入电解液，是由于钯在阳极被氧化为 $PdO_2 \cdot nH_2O$，新生成的这种氧化物易溶于 HNO_3，铂亦有相似行为，特别是当采用较高浓度的硝酸、过高的电解液温度和较大的电流密度时，钯和铂进入溶液的量便会增多。由于钯的电势（0.82V）与银（0.8V）相近，当钯在溶液中的浓度增大（有人认为：15~50g/L）时，会与银一起于阴极析出。

③ 不会发生电化学反应的化合物。这类化合物通常有 Ag_2Se、Ag_2Te、Cu_2Se、

Cu_2Te 等，由于它们的电化学活性很小，电解时不发生变化，随着阳极的溶解而脱落进入阳极泥中。但当阳极中有金属硒时，在弱酸性电解质中，它们可与银一起溶解并于阴极析出。但在高酸度（保持在 1.5% 左右）溶液中，阳极中的硒不进入溶液。

④ 电势与银接近的铋、铜。铋在电解过程中，一部分生成碱式盐 $Bi(OH)_2NO_3$ 进入阳极泥中，另一部分呈硝酸铋进入溶液，在溶液中积累到一定量后，便在阴极上析出，使电解银质量降低。

酸度对铋的影响[17]：当在低酸条件下电解时，溶液中的硝酸铋会水解生成碱式盐沉淀，而影响电解银粉的质量。银电解生产中一般采用的硝酸质量浓度为 $8 \sim 10g/L$，在生产中发现，随着硝酸浓度的升高，电解液中 Bi^{3+} 浓度也升高，电解银中的铋含量下降。由于增大了酸度，抑制了该水解反应向右进行的程度，$BiONO_3$ 沉淀溶解，导致电解液中 Bi^{3+} 浓度升高，减少了铋进入银粉的可能。但是当电解液酸度升高幅度较大时，$BiONO_3$ 溶解及阳极溶解形成的 Bi^{3+} 势必在电解液中积累。如果有某种原因致使 Bi^{3+} 浓度降低，则 Bi^{3+} 将水解呈 $BiONO_3$ 白色沉淀进入电解槽底的银粉中而污染银粉，导致电银产品中铋的含量过高，这就降低了产品的质量和级品率。酸度降低的幅度越大，形成的 $BiONO_3$ 白色沉淀的量就越大，银粉中的铋含量就越大。

温度对铋的影响[17]：银电解过程中，电流通过电解液引起的热效应致使电解液温度升高，实际生产中一般电解液的温度通常在 $30 \sim 40℃$。当电解液的温度超过 40℃ 时电解银粉呈絮状，电银中铋的含量迅速升高。电解液温度越高，电银中铋含量越高。通过进一步的分析发现，温度的变化直接影响电解液中硝酸的挥发情况，进而影响到电解液中 Bi^{3+} 的行为。由于硝酸为易挥发性强酸，当温度升高或浓度升高时，其挥发速率加快。在夏季，电解液温度通常达到 40℃ 以上，此时增大了电解液中硝酸的挥发，导致电解液中硝酸浓度降低，引起铋水解，生成的 $BiONO_3$ 沉淀增多，使电解银粉中铋超标。

铜在阳极中的含量通常是最多的，常达 2% 或更多。电解过程中，铜呈硝酸铜进入溶液，使电解液颜色变蓝。由于铜的电位比银低一半以上，在硝酸溶液中铜能在阴极析出，且浓度高，但在正常电解的情况下，铜于阴极析出的可能性不大。但当出现浓差极化或因电解液搅拌循环不良银离子剧烈下沉造成电解液中银、铜含量之比为 2:1 时，铜会在阴极的上部析出，影响电银的质量。铜还会破坏银在阳极上的溶解、在阴极上的析出和在电解液中的平衡。这种关系可以用图 4-1 来说明。当阳极含铜 5% 时，阴极析出的银有 84% 来自阳极溶解的，

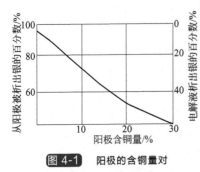

图 4-1   阳极的含铜量对
电解液含银量的影响

其余来自电解液中的银离子，从而引起电解液中银离子浓度降低。铜在阳极上电化溶解以 Cu^{2+} 形态进入电解液中，并可能有如下反应发生：

$$Cu^{2+} + e \Longrightarrow Cu^+$$

一价铜离子的出现不仅消耗电能，还可能产生铜粉：

$$2Cu^+ \Longrightarrow Cu^{2+} + Cu \downarrow$$

铜粉既污染阳极泥，又降低电银质量。特别是当电解含铜高的阳极时，由于阴极只析出银，而阳极每溶解 1g 铜，阴极便相应析出 3.4g 的银，这就很容易造成电解液中银离子浓度的急剧下降，这时阴极就有析出铜的危险。故电解含铜高的阳极时，应经常抽出部分含铜多的电解液，而补入部分浓度高的硝酸银溶液。但应指出，在银电解过程中，电解液中保持一定浓度的铜也是有利的，因为铜能增大电解液密度，降低银离子的沉降速率。

⑤ H^+ 浓度。当 H^+ 浓度>8g/L 时槽面酸雾大、环境恶劣、布袋寿命短、电解银粉出现返溶现象；若 H^+ 浓度<3g/L 会造成电解液导电性差、槽电压高、银粉产量下降。而在以前生产中 H^+ 浓度控制不严，滴定分析不到位，波动范围大（2~10g/L），造成了电解液酸度极不平衡。我们通过专人负责、精确滴定分析的方法使电解液中 H^+ 浓度基本控制在 4~6g/L，防止了 H^+ 浓度波动对电解银粉质量的影响。

⑥ SO_4^{2-} 浓度。在以前的银电解工序技术参数中从来没有规定过 SO_4^{2-} 浓度的控制范围，电解液中加不加 SO_4^{2-} 都是凭经验。为保证电解银粉质量明确规定电解液中 SO_4^{2-} 浓度为 0.5~1g/L，因为 SO_4^{2-} 浓度<0.5g/L 时电解银粉将产生丝状结晶，易出现阴、阳极短路现象，影响电解银粉产量；SO_4^{2-} 浓度>1g/L 时易生成过多 Ag_2SO_4 沉淀使电解液中 Ag^+ 浓度下降；SO_4^{2-} 能除去少量进入电解液中的铅，防止因铅的含量过高而影响电解银粉质量。

4.3.3 硝酸银电解液的组成及制备

银电解精炼的电解液由 $AgNO_3$、HNO_3 的水溶液组成。电解液含 Ag 30~150g/L，含 HNO_3 2~15g/L，含 Cu 40g/L。

游离硝酸的作用在于改善电解液的导电性，但含量不能过高，因过高会促使阴极析出的银化学溶解，会放出 NO_2，并使 H^+ 浓度增高而放电。为了防止上述现象发生，又使电解液导电性良好，因而需往电解液中加入适量的 KNO_3、$NaNO_3$。

电解液中银离子浓度的高低视电流密度及阳极品位而定。电流密度大，银离子浓度宜高，以保证阴极区应有的银离子浓度；阳极品位低，即杂质多，银离子浓度宜高些，以抑制杂质离子在阴极析出。

配制硝酸银电解液一般是使用含银 99.86%~99.88% 的电解银粉。将银粉置于耐酸瓷缸（或搪瓷釜）中，先加适量水湿润后，再分次加入硝酸和水，在自热条件下使其溶解而制得。某厂生产中，每批造液使用银粉 40kg，配入工业纯硝酸 40～45kg，水 25～30kg。由于硝酸的强烈氧化，而会放出大量的氧化氮和热，为避免氧化过分强烈而造成溶液外溢，硝酸采用小流量连续加入或间断小批量加入的办法。当可能出现外溢时，便加入适量自来水冷却之。待加完硝酸和水，反应逐渐缓慢后，用不锈钢管插入缸内直接通蒸汽加热并搅拌以加速银粉溶解。银粉完全溶解后，继续通入蒸汽以赶除过量的硝酸。一次造液过程需 4～4.5h。最后加水补充至 60L，溶液含银 600～700g/L，硝酸少于 50g/L。再加水稀释至所需浓度供作电解液用或直接将浓液按计算量补充到电解过程中。造液作业通常在硬塑料制的通风柜中进行，产出的大量氧化氮气体经洗涤吸收后通过塑料烟囱排出。

国内外的一些工厂也有用含银较低的银粉或者粗银合金板及各种不纯原料造液的。日本某些工厂的电解液含银较低，为 40～50g/L。我国有的工厂高达 120～150g/L，经过实验降为 50～100g/L（有的工厂为 70～90g/L），关键是控制电解液中的杂质浓度。

造液时有 NO_2 气体放出，故多采用密闭设备，尾气接碱液吸收系统。我国某厂应用 8013 催化剂以 $NH_3 \cdot H_2O$ 处理 NO 尾气，效果很好，吸收效率可达 99% 以上。

江西铜业集团公司发明了一种无铜离子银电解工艺[12～14]，首先称取一定量的电解银粉投入反应釜中，加入适量净化水，然后按电解银粉：工业硝酸＝1：(1.8～2.2)（质量比），将工业硝酸缓慢加入反应釜，过滤得 $AgNO_3$ 浓缩液；取样分析溶液银离子浓度、硝酸浓度，加入净化水稀释至溶液银离子浓度为 60～70g/L，补加工业硝酸控制硝酸浓度为 1.5～3.0g/L，每立方米溶液加入 10～15kg KNO_3、3.6～5.4kg K_2SO_4，经整体精过滤后，过滤上清液即为无铜离子银电解液，在电流密度为 350～450A/m^2，电解液循环液量为 2～3m^3/h 条件下进行银电解作业。该工艺具有工艺简单、操作方便的特点，有效地解决了电解银粉中铜含量偏高等问题，按此工艺组织生产，可产出铜含量低于 0.0005% 的高纯度银锭产品，杂质铜含量大大低于国家 IC-Ag99.99 标准。

4.3.4 银电解槽

银的电解广泛使用直立式电极电解（Moebius）。国外有一些工厂为避免处理直立式电解的残极，而用卧式电解（Balbach thum）。卧式电解槽是间断操作的最简单的槽子。其主要特点如下：①无运动部分；②电极是平放的；③采用石墨阴极。卧式电解槽如图 4-2 所示，直立式电解槽如图 4-3 所示。

电解槽的结构一般用钢筋混凝土或木槽，内衬软塑料，也有的用硬塑料槽。槽的规格为 770mm×960mm×750mm。每槽有阴极 6 片（370mm×700mm）。集液槽和高位槽为钢板槽，内衬软塑料。电解液循环形式为下进上出，使用小型立式不锈钢泵抽送液体。

电解槽以串联组合。阳极板钻孔用银钩悬挂装于 2 层布袋中。阴极纯银板用吊耳挂于紫铜棒上。电解时，阴极电银生长迅速，除被玻璃棒搅拌碰断外，8h

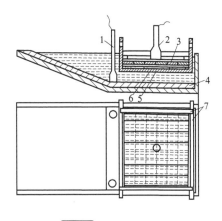

图 4-2 卧式银电解槽

1—阴极导电棒；2—阳极导电棒；

3—阳极；4—阴极（石墨）；

5—过滤布；6—删格假底；7—阳极框

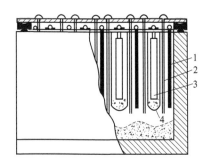

图 4-3 直立式银电解槽

1—阴极；2—搅拌棒；3—阳极；4—隔膜袋

内还需用塑料刮刀把阴极上的电银结晶刮落 2～3 次，以防短路。当电解 20h 以后，由于阳极不断溶解而缩小，且两极间距逐渐增大，电流密度也逐渐增高，引起槽电压脉动上升。当槽电压逐渐升高至 3.5V 时，说明阳极基本溶解完毕，此时应予出槽。取出的电解银置于滤缸中用热水洗至溶液无绿色或微绿色后烘干送铸锭。隔膜袋内的残极（残极率为 4%～6%）和一次黑金粉洗净烘干后熔铸二次合金板。二次黑金粉洗净烘干熔铸粗金阳极板送电解提纯金。

该厂银电解的工艺流程如图 4-4 所示。

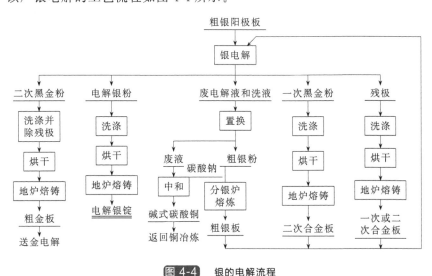

图 4-4 银的电解流程

目前国内多用立式电极电解槽。它用硬聚氯乙烯焊成，槽内用未接槽底的隔板横向隔成若干小槽，小槽底部连通，电解液可循环流动。槽底连通处设有涤纶布制成的带式运输机，专供运出槽内银粉。槽面设有带玻璃棒（或硬聚氯乙烯）的机械搅动装置，可定期开动，防止阴阳极短路，又可搅动电解液（见图 4-5）。

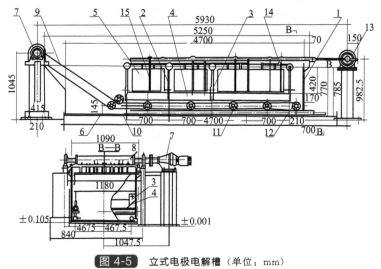

图 4-5 立式电极电解槽（单位：mm）

1—槽体；2—隔板；3—连接板；4—斜挡板；5—阴极板；
6—保护槽；7—输送带传动装置；8—传动滚筒；9—输送带；10—导向辊；
11—托辊；12—换向辊；13—搅拌传动装置；14—滚轮；15—搅拌棒

电解槽仍在不断改进和完善，如采用活动隔板和往复式银粉传送带及一些节能结构，可将电解电耗降到 $0.4kW \cdot h/kg$ 以下。

4.3.5 银电解精炼实践

（1）装槽前的准备

阳极入槽前要打平，去掉飞边毛刺，钻孔挂钩，套上涤纶布袋，挂在阳极导电棒上。阴极可用银、钛或不锈钢片，要平整光滑。用过的阴极板入槽前要刮掉表面银粉。装好电极后，注入电解液，检查极板与挂钩、挂钩与导电棒、导电棒与导电板之间的接触是否良好，然后接通电路进行电解。

（2）银电解的正常维护

① 保持电解液缓缓循环流动，使槽内电解液成分均匀，温度稳定。

② 定期开动搅拌装置，防止阴极析出的枝状银结晶因过长而使阴阳极短路。

③ 保持导电棒与阳极挂钩及导电板之间接触良好，维持槽电压在 $1.5\sim2.5V$ 之间。

（3）电银的取出

电银析出一定数量后，取出阴极，刮掉表面银粉。目前国内较大型的银电解多采用带式运输机将银粉运出槽外。电银用无 Cl^- 水洗涤，烘干后，送去熔化铸锭。阳极溶解至残缺不堪后，取出更换新板，阳极袋中积聚的阳极泥，定期取出，精心收集，洗涤、干燥后，再作处理。

（4）电银的质量

电银含银大于 99.9%，经洗涤、烘干后，熔铸成锭，含 Ag 99.95%。阳极溶解到残缺不堪后，更换新极。布袋内阳极泥收集好后，经洗涤、烘干另行处理。银电解电流效率一般为 95%～96%，银的直流电耗约 500kW·h/t。

2002 年 9 月 17 日颁布了银产品国家新标准 GB/T 4135—2002（见表 4-6），与原标准 GB 4135—1994 相比，将原牌号 Ag-1 改为 IC-Ag99.99，Ag-2 改为 IC-Ag99.95，Ag-3 改为 IC-Ag99.90；Ag 99.99 牌号中新增 Pd、Se、Te 3 个杂质要求，降低杂质 Bi 限量；Ag99.95 牌号中降低 Bi、Fe 限量，放宽 Pb 限量，Cu 限量不变；Ag99.90 牌号中新增规定 Bi、Fe、Cu、Pb 4 种杂质要求，并将 Ag 含量由 99.9% 提高到 99.90%[11]。

表 4-6　银国家标准（GB/T 4135—2002）

牌号	Ag 含量（质量分数）不小于	化学成分（质量分数）/%								
		杂质含量不大于								
		Cu	Bi	Fe	Pb	Sb	Pd	Se	Te	杂质总和
IC-Ag99.99	99.99	0.003	0.0008	0.001	0.001	0.001	0.001	0.0005	0.0005	0.01
IC-Ag99.95	99.95	0.025	0.001	0.002	0.015	0.002	—	—	—	0.05
IC-Ag99.90	99.90	0.05	0.002	0.002	0.025	—	—	—	—	0.10

注：1. IC-Ag99.99、IC-Ag99.95 牌号，银质量分数是以 100% 减去表中杂质实测质量分数所得；IC-Ag99.90 牌号银质量分数是直接测定。

2. 铅系统回收银，IC-Ag99.99 牌号中的铅质量分数不可大于 0.001%。

我国国家质量监督检验检疫总局于 2015 年 9 月 11 日发布了银锭最新国家标准——GB/T 4135—2015，从 2016 年 4 月 1 日起实施，与 GB/T 4135—2002 相比，IC-Ag99.99 牌号银锭中铜杂质元素限量由 0.0003% 降为 0.00025%。

（5）银锭自动浇铸机

江西铜业集团公司贵溪冶炼厂白银年产量由 2000 年的不足 100t 增长到 2007 年的 350t，面对飞速增长的市场需求，贵溪冶炼厂一车间原有的银锭熔铸设备和落后的手工浇铸工艺已无法满足生产需要，白银的产量和质量都得不到保证。为了提高产能，稳定白银产品质量，提升江铜品牌竞争实力，贵溪冶炼厂于 2004 年 7 月从日本住友金属矿山株式会社引进了 1 套银锭自动浇铸装置[16]。

① 工作原理　银锭浇铸机是将装在定量容器中的达到质量要求且品位在 99.99% 以上的电银加入电炉内的石墨坩埚里进行熔解、进一步除杂后，再浇铸成 15kg 或 30kg 重标准银锭的设备。主要由电炉、倾转装置、模车、装卸料装置、机械手和酸洗设备组成。具有自动化程度高，可自动开、关机，动作精确、平稳，工作性能稳定等特点。

② 主要性能参数　全套设备的额定功率为 65kW，动力电源 380V、50Hz，控制电源 220V、50Hz。使用工业净化水冷却炉体，用水量 50L/min，压力 0.15～0.2MPa，温度 30℃以下。压缩空气用量 10L/min，压力 0.4～0.6MPa。罐装石油

液化气年消耗量1200kg，乙炔气年消耗量100kg。最高加热温度1400℃，浇铸温度1150～1250℃。原料要求为99.9％以上纯度的针状电银粉，含水量＜5％。单机浇铸能力为7块30kg标准锭或14块15kg标准锭，最大生产能力300t/a。

③ 主要设备　熔化浇铸炉1台；60kW工频电炉，内置石墨坩埚，容量为210kg；可升降倾转浇铸台1台，倾动角度105°；浇铸装置行走台车1台，荷重2.5t，可沿轨道做水平直线移动；可倾转移动模车2台。30kg银锭用30kg铸模7个，带减速机1套。15kg银锭用15kg铸模14个，带减速机1套。移动台为15kg、30kg两用，滚珠丝杆传动。承载500kg，行程1400mm。浇铸过程中，模车可沿轨道作直线移动，模具随车架可旋转180°；液压站1台，为浇铸炉和倾转装置提供动力；银粉加料装置1套，料斗在滚珠丝杆的联动下可水平移动；银锭酸洗槽1台，具有自动浸泡、淋洗功能；电动机械手1台，最大提升重量500kg，最大回旋半径3m，用于银锭的吊运；电源盘及控制柜1套，电源盘、控制盘、浇铸操作盘、中继箱各一件；计量器具1台，32kg电子秤称量银锭用。

④ 控制系统　该装置的熔化及浇铸过程均采用PLC控制，通过温度检测和称量仪表收集的数据，自动进行处理，向PLC输入检测信号，由PLC向执行机构发出执行指令，完成银锭的自动浇铸。特定情况下也可设定为手动，由工人在现场操作台上控制整个浇铸过程。该装置具有自动定时功能。

4.3.6　银电解主要技术经济指标

银的电解条件、设备及操作，各工厂大同小异，但也有的差别较大。

某厂采用如下的电解工艺：电流密度250～300A/m²，槽电压1.5～3.5V，液温自热（35～50℃）。电解液含Ag 80～100g/L、HNO₃ 2～5g/L、Cu少于50g/L。电解液循环速率0.8～1L/min，玻璃棒搅拌速度往复20～22次/min。阴极为0.7m×0.35m、厚3mm的纯银板。阳极板（金＋银）在97％以上，其中金不多于33％。阳极周期34～38h。同极距135～140mm。电解银粉含银99.86％～99.88％。我国及日本银电解精炼的技术条件及经济指标分别列于表4-7～表4-9。

表 4-7　电解控制条件

项　目	厂　别			
	1	2	3	4
阳极成色	含银97％	含银99％	含银95％	Ag＋Au＞98％
电解液温度/℃	23～55	20～40	31～52	30～50
电解液酸度/(g/L)	10～22	7～15	12～29	2～12
电解液中银浓度/(g/L)	120～180	110～220	100～280	80～100
电解液中铜范围/(g/L)	0～55		0～41	0～35
电解液中铅范围/(g/L)	0～15	0～10	0～14	0～2.0
电解液中铋范围/(g/L)	0～2	0～4	0～2	
电解液中锑范围/(g/L)	0～0.5	0～1	0～1.2	
阴极电流密度/(A/m²)	250～300	350～480	230～350	250～300
同极中心距/mm	150	170	155	150
电解液循环量/(槽·次)/d		1.5～2	不定期	

表 4-8 银电解精炼的主要技术条件

项　目		厂　别				
		1	2	3	4	5
阳极成分含量/%	Au+Ag	>97	>97	>96	>96	>98
	Cu	<2	<2	—	2.5~3.5	<0.5
电解液成分 /(g/L)	Ag^+	80~100	100~150	60~80	60~80	120~200
	HNO_3	2~5	2~8	3~5	3~5	3~6
	Cu^{2+}	<50	<60	<40	<50	<60
电解液温度/℃		35~50	35~50	38~45	35~45	常温
阴极电流密度/(A/m²)		250~300	270~450	200~290	260~300	300~320
电解液循环量/(L/min)		0.8~1.0	不定期	1~2	0.5~0.7	
同极中心距/mm		160	150	100~125	100~110	120
电解周期/h		36	48	72	72	48

表 4-9 日本某些工厂的银电解技术经济指标

项　目			工　厂					
			小板	日立	日光	竹原	新居浜	佐贺关
银阳极板总重/kg			10211	6576	7115	14996	7939	8688
单块阳极板重/kg			13.4	9.0	46.4	44.0	20.6	22.5
产电解银量/kg			8884	6110	5642	13803	6713	8283
每吨电银消耗	硝酸/kg		279	75	105	153	500	170
	人工/个		11	8	7	6	16	13
	电能/kW·h		513	435	505	340	790	865
残极率/%			6.6	7.1	12.5	—	5.6	7.0
电解条件	电解液组分浓度 /(g/L)	Ag	35	50	78.3	100	80.0	55
		HNO_3	15.0	6.5	8.9	10	2.5	6.0
		Cu	4.6	9.7	16.4	—	2.5	10.0
		Pb	2.6	0.04	—	—	1.8	0.3
		Bi	0.01	—	—	—	0.2	—
	液温/℃	最高	46	48	55	45	45	50
		平均	34	24	40	41	25	40
	电流强度/A		530	264	700	530	310	390
	槽电压/V		1.9	3.0	1.8	3.4	2.2	4.0
	电流密度 /(A/m²)	母线	2.32×10^6	2.03×10^6	1.15×10^6	8×10^4	7.5×10^5	1.36×10^8
		阳极	341	489	259	303	397	198
		阴极	273	371	251	253	392	444
	同极中心距/mm		120	75	100	140	75	90
	电流效率/%		94.9	95.75	87.01	95.0	92.0	96.10

　　电流效率是指通过一定电流，实际析出金属量与理论析出金属量之比。计算电流效率的公式为：

$$\eta_k = \frac{B}{QIT} \times 100\%$$

式中　　η_k——阴极电流效率，%；

  B——实际析出的金属量，g；

  Q——电化当量，g/(A·h)；

  I——电流强度，A；

  T——通电时间，h。

一些金属的电化当量列于表 4-10。

表 4-10 一些金属的电化当量

元素	Au	Au	Ag	Cu
原子价	1	3	1	2
电化当量	7.361	2.454	4.025	1.186

  生产中力求提高电流效率。因此，要保证电路畅通，无漏电、短路、断路，减少析出银的反溶，防止半价银离子的产生，尽量减少阳极、电解液中的杂质含量，都有助于电流效率的提高。

  槽电压是指同一个电解槽中，相邻的阴极和阳极间的电压降。槽电压与极间距、电解液的导电率，阳极的成分等因素有关。缩短极间距，改善电解液的导电率，适当降低阳极的含金量，均有助于槽电压的降低。

  电能消耗是一个很重要的技术经济指标，是指生产 1t 金属的电能消耗，可用下式计算：

$$W = \frac{V \times 10^3}{Q\eta}$$

式中 W——电能消耗，kW·h/t；

   V——槽电压，V；

   Q——电化当量，g/(A·h)；

   η——阴极电流效率，%。

  由该式可知，电能消耗与槽电压成正比，与电流效率成反比。

  我国某厂的电流效率为 96%，槽电压为 1.5～2.5V，每吨银直流电耗为 510kW·h。

  电解精炼产出的电银，含银在 99.9% 以上，出槽后用热水洗涤干净、烘干，送去熔铸。熔铸所用的炉子为烧煤气或重油的坩埚炉。大企业多采用中频感应电炉，坩埚为石墨坩埚。

  高电流密度银电解新工艺[18]：常规银电解工艺一般采用直流电进行电解，电解液中 Ag^+ 80～120g/L、H^+ 2～8g/L、Cu^{2+}＜60g/L，电解液温度 35～45℃，槽电压 1.5～3.0V，电流密度 250～300A/m²，电解周期 36～48h。采用双反星形可控整流，电解液中 Ag^+ 120～150g/L、H^+ 2～8g/L、Cu^{2+}＜25g/L，电解液温度 50～55℃，槽电压 5.0～6.0V，同极矩 140mm，电流密度 800～1000A/m²，电解周期 16～18h，高电流密度银电解工艺由于采用锯齿脉冲直流高电流，可减轻阳极钝化，银粉析出较快，在相同电解时间内析出银粉约是常规电解的 3 倍。这就

要求电解液中 Ag^+ 比常规的银电解液要高；Cu^{2+} 要求低；同极距要加大；因电解液温度升高，导电钩要粗。由于银粉析出较快，刮银粉要求频繁，取银粉应用涤纶布传输带。另外，要加大电解液循环速度，否则容易造成浓差极化。电解液温度高，电解液中水分蒸发快，要定期地往电解液中补充一定量的水或稀电解液。

双反星形可控整流也称双反星形带平衡电抗器式整流，由两套相位差 180° 的三相半波整流电路相并联，中点用一平衡电抗器 LD 连接，其输出由可控硅的公共阴极和电抗器的中点处引出。其特点是：六相触发脉冲彼此间隔 60°，最大移相范围 120°，每一个元件最大导通角 120°，每隔 60° 就有一元件换相；由于平衡电抗器的作用，变压器铁芯没有直流磁化，且同时有两组绕组供电给负载，因而变压器利用率较高；负载电流 i_d 同时由两个可控硅元件分担，可做到输出低电压、大电流（最大接近元件额定电流的 6 倍），压降损耗小；输出脉动频率为 6 倍基频，脉动系数大为降低。

近年来，高电流密度银电解新工艺在江西铜业集团公司贵溪冶炼厂、安徽铜都铜业股份有限公司金昌冶炼厂得到了广泛应用[19,20]。

4.3.7　阳极泥及废电解液处理[3]

4.3.7.1　银电解阳极泥的处理

银电解精炼产出的阳极泥占阳极质量的 8% 左右，一般含金 50%～70%，含银 30%～40%，还有少量杂质。

此种阳极泥含银过高，不能直接熔铸成阳极进行电解提金，应进一步除去过多的银，提高金的品位。阳极泥的处理有硝酸分离法、2 次电解法与水溶液氯化法。

① 硝酸分离法　把阳极泥加入硝酸中，银则溶解而金不被溶解。液固分离后，液体送去回收银，固体含金品位提高，可达 90% 以上，则送去熔铸成电解提金的阳极板。此法虽比较简单，但耗酸多，银的回收较麻烦，一般已不使用。

② 2 次电解法　把第 1 次电解的阳极泥熔铸成阳极板，再进行 1 次电解提银，电银仍是合格的，而阳极泥的含金量却大大提高了，约为 90%。2 次电解提银不必另设一套设备，可只在 1 次电解的电解槽中，放进一部由 1 次电解的阳极泥铸成的阳极板即可，非常简便易行。为了防止这种阳极板中含金过高而影响阳极溶解，熔铸时可掺进一部分银粉以降低含金百分数。工厂中为了区别，把第 1 次电解提银产出的阳极泥称为 1 次阳极泥；第 2 次产出的阳极泥称为 2 次阳极泥。阳极泥色黑，含金多，故又称黑金粉，第 1 次电解产出的阳极泥称 1 次黑金粉，第 2 次产出的阳极泥称 2 次黑金粉。2 次黑金粉产出率一般为 2 次阳极重的 35%，含金在 90% 以上，含银为 6%～8%，其余为铜等杂质。将 2 次黑金粉熔铸成阳极板，送去进行金的电解精炼。

③ 水溶液氯化法　金银分离彻底，缩短了金的生产周期，避免了资金的积压，国内某些厂已改 2 次电解法为水溶液氯化法。

4.3.7.2　电解废液的净化

电解废液净化的方法很多[10,15]，例如，结晶净化法、水解除锑铋法、氢氧化钠沉淀法、Ag₂O 法、氯化钠沉淀法、硫酸除铅法、铜置换法、热分解法等。氢氧化钠沉淀法是一种新型的银电解液净化方法，具有综合除杂质能力强，成本低，净化渣易处理等诸多优点，其应用越来越广泛。

（1）结晶净化法

根据硝酸盐在水中溶解度的不同可以对其进行浓缩结晶，浓缩后的电解液冷却可结晶出硝酸银，而绝大部分杂质则留在液体中形成含杂质量高的母液，结晶用水溶解后可返回电解。母液可返回再结晶，至母液中杂质含量过高不能再结晶时用氯化钠水溶液将 Ag^+ 沉淀为氯化银。此法适用于含杂质较少的电解废液。其成本低，净化效果明显。

（2）水解除锑、铋法

锑水解 pH 为＞1.0，铋水解 pH＝2.5，银水解的 pH＝6.0，银、锑、铋水解时的 pH 值相差较大，通过加入氢氧化钠溶液调节银电解液的 pH，使锑、铋水解成相应的碱式硝酸盐沉淀，从而达到银电解液脱除锑、铋的目的。

化学反应如下：

$$Sb(NO_3)_3 + 2NaOH = Sb(OH)_2NO_3 \downarrow + 2NaNO_3$$
$$Bi(NO_3)_3 + 2NaOH = Bi(OH)_2NO_3 \downarrow + 2NaNO_3$$

水解除锑、铋的工艺特点：

①工艺成熟可靠，操作简单。②银、锑、铋水解时的 pH 值相差较大，水解的终点容易控制，除锑、铋比较彻底，渣中含银低。③容易带入其他杂质，如钠。钠离子在电解液中不断积累，使电解液黏度增大、电阻升高。④随着沉淀剂的加入，容易使电解液体积膨胀，造成溶液中银离子浓度降低。

（3）氢氧化钠沉淀法

Sb^{3+} 水解酸度为 [H^+] 20g/L，Bi^{3+} 的水解 pH＝2.5，Cu^{2+} 的水解 pH＝4.5，Pb^{2+} 的水解 pH＝5.0，Ag^+ 的水解 pH＝6.0，Ag^+ 与 Cu^{2+}、Pb^{2+}、Bi^{3+}、Sb^{3+} 的水解 pH 值相差较大，这就为水解沉淀法一步除去 Cu^{2+}、Pb^{2+}、Bi^{3+}、Sb^{3+} 提供了理论依据。通过向银电解废液中加入沉淀剂控制一定的 pH 值范围，使 Cu^{2+}、Pb^{2+}、Bi^{3+}、Sb^{3+} 水解形成沉淀进入渣中，而 Ag^+ 不水解仍然留在溶液中，使 Ag^+ 与 Cu^{2+}、Pb^{2+}、Bi^{3+}、Sb^{3+} 等杂质分离。

将银电解废液加热至 70～80℃，在搅拌条件下加入沉淀剂，搅拌 2h，控制终点溶液 pH＝5.0，进行过滤，滤渣用 70～80℃的热水洗涤 3～4 次。滤液和洗液经调酸后，返回银电解系统，滤渣返回到铜冶炼回收铜。以净化 1000L 银电解液为例（电解液成分：Ag 100g/L、HNO₃ 7g/L、Pb 2.0g/L、Cu 20g/L、Bi

0.1g/L)，氢氧化钠沉淀法需要 4h，净化温度 70～80℃，过滤温度 60～70℃，终点 pH 值 5.0，造液温度 70～80℃，银回收率 99.8%，费用 158 元。

氢氧化钠沉淀法的特点：①工艺过程简单，操作难度小；②一次性地实现了 Ag^+ 与 Cu^{2+}、Pb^{2+}、Bi^{3+}、Sb^{3+} 等杂质的有效分离；③不破坏银电解液中银的存在状态，减少了硝酸银母液的制备；④净化后液通过简单的酸度调整后，直接返回银电解系统；⑤净化渣含银，处理方法比较简单，既可用火法处理，又可用湿法处理；⑥不具备脱除碲的能力，不能有效地除去银电解废液中的碲。

（4）Ag_2O 法

专利[10]提供了一种高纯白银生产过程中银电解液的净化方法，该方法具有反应时间短，一次性去除铜、铅、铁、铋、锑等多种杂质离子，贵金属损耗小，不使用氨水以及产品纯度高的优点。

在不断搅拌的状态下，往待净化的银电解液中缓慢加入 Ag_2O，并不断升温至 90℃以上，此时 Ag_2O 在硝酸作用下生成 $AgNO_3$，当 pH＝5.5～6 时停止加入 Ag_2O，90℃以上煮 1h，上述过程其化学反应方程式如下：

$$Ag_2O + 2HNO_3 \Longrightarrow 2AgNO_3 + H_2O$$
$$Cu(NO_3)_2 + 2H_2O \Longrightarrow Cu(OH)_2\downarrow + 2HNO_3$$
$$Fe(NO_3)_3 + 3H_2O \Longrightarrow Fe(OH)_3\downarrow + 3HNO_3$$
$$Pb(NO_3)_2 + 2H_2O \Longrightarrow Pb(OH)_2\downarrow + 2HNO_3$$
$$Bi(NO_3)_3 + 2H_2O \Longrightarrow Bi(OH)_2NO_3\downarrow + 2HNO_3$$
$$Sb(NO_3)_3 + 2H_2O \Longrightarrow Sb(OH)_2NO_3\downarrow + 2HNO_3$$

当电解液中绝大部分的铜、铅、铁、铋、锑以氢氧化物或碱式硝酸盐的形式沉淀于电解液底部后，将上述反应物冷却到 50～60℃开始过滤，滤液用 HNO_3 调整酸浓度为 6～8g/L，将调整后的滤液打入电解槽再次利用；滤渣可进行 2 次净化，2 次净化后的渣集中后用盐酸沉银，$AgCl$ 沉淀用亚硫酸钠浸出-水合肼还原法将 2 次净化后的渣去除杂质并提纯为含银 99.99% 以上的银粉，可作造液或铸阳极板。

由于净化时需要氧化银，可用待净化的银电解液首先制备氧化银，其工艺步骤和条件如下：取电解液 500L，冷态下加固体 NaOH 中和沉淀，当溶液 pH＝10～11 时，银呈 Ag_2O 状态进入渣中，Pb、Cu、Sb、Bi、Fe 杂质也水解进入渣中，上述过程完成后可加热煮沸 30min，然后进行冷却过滤，在排放滤液前，取少许滤液加少量 HCl 检查滤液是否有白色沉淀或者混浊现象，若有此现象，说明银未完全沉淀，须调整 pH＝11 再测定，无沉淀才可外排弃之，滤渣集中待用。

然后进行银电解液净化，其工艺步骤和条件如下：往 500L 反应釜中加入约 400L 电解液，在搅拌的状态下将第 1 步制备的 Ag_2O 缓慢加入电解液中，并不断升温至 90℃以上，此时 Ag_2O 在硝酸作用下生成 $AgNO_3$，当 pH＝5.5～6 时停止加入 Ag_2O，90℃以上煮 1h，此时电解液中绝大部分的铜、铅、铁、铋、锑以氢氧化物或碱式硝酸盐的形式沉淀于电解液底部，冷却到 $50 \sim 60 ℃$ 进行过滤，滤液用 HNO_3 调整酸浓度至 $6 \sim 8 g/L$，即可打入电解槽再次利用；滤渣可进行 2 次净化，2 次净化后的渣集中后用盐酸沉银，$AgCl$ 沉淀用亚硫酸钠浸出-水合肼还原法将 2 次净化后的渣去除杂质并提纯为含银 99.99％以上的银粉，可作造液或铸阳极板。

Ag_2O 法的特点：①可一次性将电解液中的杂质离子 Cu^{2+}、Fe^{3+}、Pb^{2+}、Sb^{3+}、Bi^{3+} 浓度降至 $10^{-3} g/L$ 数量级以下；②调整后的滤液可直接打入电解槽，以备再次利用，因此贵金属损失少；③净化所需时间短，不使用氨水，因此工艺过程中无刺激性气味产生；④净化本身不会带来新的杂质离子，因此不会造成电解液的再次污染；⑤主产品白银的品位达到了 99.993％以上。

（5）氯化钠沉淀法

氯化银溶度积常数 $K_{sp}^{\ominus} = 1.56 \times 10^{-10}$，而氯化铜、氯化铅、氯化铋、氯化锑在水中的溶解度较大。氯化钠沉淀法是利用氯化银和氯化铜、氯化铅、氯化铋、氯化锑等在水中的溶解度的差异，通过向银电解废液中加入氯化钠使银离子和氯离子生成难溶的氯化银沉淀，而其他的杂质仍然留在溶液中，达到银和其他杂质元素分离的目的。沉银后液用碳酸钠将 Cu^{2+} 沉淀成碱式碳酸铜或用铁粉置换溶液中的铜。

化学反应如下：

$$AgNO_3 + NaCl \Longrightarrow AgCl \downarrow + NaNO_3$$

氯化钠沉淀法的特点：①银与铜、铅、铋、锑等杂质分离比较彻底；②用湿法工艺处理氯化银，得到的银阳极品位很高，甚至可以直接产出合格的银锭产品；③工艺流程较长，设备配置复杂；④采用火法从氯化银中回收银时，氯化银的挥发损失大；采用湿法从氯化银中回收银时，材料品种多，消耗大。

（6）硫酸净化法

硫酸铅的溶度积常数 $K_{sp}^{\ominus} = 1.6 \times 10^{-8}$，硫酸银的溶度积常数 $K_{sp}^{\ominus} = 1.4 \times 10^{-5}$，两者的溶度积相差较大。硫酸净化法是利用硫酸铅和硫酸银溶度积之间的差异，通过向银电解废液中加入硫酸使铅离子和硫酸根离子结合生成硫酸铅沉淀，而银离子仍然留在溶液中，从而达到除铅的目的。该方法在国内外都曾经被应用，前苏联采用硫酸沉铅法处理被铅污染的银电解液，国内采用硫酸沉铅法的有中冶葫芦岛有色金属集团公司和沈阳冶炼厂。

化学反应如下：

$$Pb(NO_3)_2 + H_2SO_4 \Longrightarrow PbSO_4 \downarrow + 2HNO_3$$

当搅拌的强度不够或者硫酸加入的速率过快，硫酸加入过量时，也可能发生沉银的反应：

$$2AgNO_3 + H_2SO_4 \Longrightarrow Ag_2SO_4 \downarrow + 2HNO_3$$

硫酸银的生成造成 3 个方面的影响：①使电解液中银离子浓度降低，硝酸银母液补充量增加；②降低了除铅的效果，使硫酸消耗增加，电解液酸度升高；③渣含银增高。

硫酸净化法的特点：①工艺简单，SO_4^{2-} 与 Pb^{2+} 在常温下就能够发生反应，生成 $PbSO_4$ 沉淀；②反应的速度快，反应所需要的时间短；③除铅渣的过滤性能好，易于洗涤和过滤；④除铅渣的渣量小，处理比较简单；⑤硫酸法除铅时，对硫酸加入速率和加入量控制比较严格，如果硫酸加入的速度过快，造成局部的硫酸根过量或硫酸的加入量过剩，达到了硫酸银的溶度积，就会生成硫酸银沉淀，导致电解液中银的浓度降低，除铅渣中含银过高；⑥按照理论计算，若使电解液中银不生成硫酸银沉淀，要求除铅后液中 Pb＞0.2g/L，因而硫酸法除铅不彻底；⑦通过向电解液中加入硫酸进行除铅，易引起电解液的酸度上升。

（7）铜置换法

铜置换法是利用铜银之间的标准电极电势的差异，用电解铜始极片或电解铜残极将银电解液中的银置换出来，而杂质 Pb^{2+}、Bi^{3+}、Sb^{3+} 的标准电极电位比铜低，仍留在溶液中，从而使银和其他杂质分离。溶液中的铜用碳酸钠沉淀成碱式碳酸铜或用铁粉置换溶液中的铜。

化学反应式如下：

$$2AgNO_3 + Cu == 2Ag + Cu(NO_3)_2$$
$$Cu(NO_3)_2 + 2H_2O + Na_2CO_3 == Cu(OH)_2CO_3 \downarrow + 2NaNO_3 + 2H^+$$
$$Cu(NO_3)_2 + Fe == Fe(NO_3)_2 + Cu$$

将银电解废液加热至 70～80℃，加入铜片进行置换。置换后银粉经水洗，加入到造液槽中，按照比例 Ag：HNO_3：H_2O＝1：1：0.7 加入硝酸和水，制备硝酸银母液，产生的烟气经碱液吸收其中的二氧化氮等有毒气体。置换后液加热至 50～60℃，用碳酸钠进行沉铜，生成的碱式碳酸铜返回粗铜冶炼回收铜，沉铜后液送污水系统进行处理。也可将粗银粉熔铸成合金板返回电解系统，进行电解精炼。银回收率达 99.5％，以净化 1000L 银电解液为例（电解液成分：Ag 100g/L、HNO_3 7g/L、Pb 2.0g/L、Cu 20g/L、Bi 0.1g/L），铜片置换法需要 10h，置换温度 70～80℃，置换后液含银 0.001g/L，沉铜温度 70～80℃，沉铜 pH 值 7～8，造液温度 70～80℃，Ag：HNO_3：H_2O＝1：1：0.7，费用 2846 元。

铜置换法的工艺特点：①可以脱除铜、铅、铋等多种杂质；②以碱式碳酸铜或用铁粉置换溶液中的铜产出铜粉，回收方法简单；③铜置换法产出的银粉质量低，含银大约在 80％，需要重新熔铸成阳极板或用于制备硝酸银母液；④需要重新制备硝酸银母液，工艺过程复杂，材料消耗大。

（8）氯化银回收-铁置换法

电解废液回收为氯化银的过程可使绝大部分杂质留于溶液中，洗涤氯化银后，在有少量盐酸存在的条件下用铁粉还原氯化银，得到黑色的银粉。用磁铁除铁后再用盐酸浸泡，洗涤烘干，可得到含量在 99.6％以上的银粉。

（9）置换-电解法

前苏联处理含铜多的废电解液，使用铜片置换使银还原沉淀，银粉经过滤、洗涤后，送去制备硝酸银电解液。除银液加入适量硫酸除去铅后，在陶制或木制涂漆的槽中进行电解提铜，电解阳极为磁铁或不溶于硝酸的合金材料，阴极用废铜片。溶液不经循环，用空气搅拌。电流密度 200～250A/m²，槽电压 2.5～3.5V。为节约硝酸，溶液电解至含铜 1g/L 左右时返回制备硝酸银电解液用。

（10）热分解法

硝酸铜的分解起始温度为 170℃，200℃时硝酸铜分解已经非常剧烈，250℃时硝酸铜分解完全；而硝酸银的分解起始温度为 440℃，硝酸铜的分解温度与硝酸银的分解起始温度相差 270℃。热分解法就是利用硝酸铜的分解温度与硝酸银的分解起始温度相差较大，通过控制一定的温度范围，如在 220～250℃恒温，达到硝酸铜完全分解，而硝酸银未分解。硝酸铜的分解结束后，用热水浸出分解渣，使硝酸银结晶体溶解进入溶液，氧化铜不溶于热水中，实现银、铜分离。没有分解的锑盐、铋盐水解生成沉淀与 CuO 一起留在不溶渣中。浸出液加入化学计量的化学纯硫酸沉铅，净化液补充硝酸调整酸度和银离子浓度后返回电解系统使用。

涉及的化学反应如下：

$$2Cu(NO_3)_2 =\!\!=\!\!= 2CuO + 4NO_2\uparrow + O_2\uparrow$$
$$Bi(NO_3)_3 + 2H_2O =\!\!=\!\!= Bi(OH)_2NO_3\downarrow + 2HNO_3$$
$$Sb(NO_3)_3 + 2H_2O =\!\!=\!\!= Sb(OH)_2NO_3\downarrow + 2HNO_3$$
$$Pb(NO_3)_2 + H_2SO_4 =\!\!=\!\!= PbSO_4\downarrow + 2HNO_3$$

将废电解液和洗液置于不锈钢罐中，加热浓缩结晶至糊状并冒气泡后，在220～250℃恒温，使硝酸铜分解成氧化铜（电解液含有钯时，它也随之分解）。当渣完全变黑和不再放出含 NO₂ 的黄烟时，分解过程即结束，产出的渣加适量水于 100℃浸出使 AgNO₃ 结晶溶解。浸出进行 2 次，第 1 次得到含银 300～400g/L 的浸出液，第 2 次得到含银 150g/L 左右的浸出液，均返回电解液用。浸出渣含铜 60％、银 1％～10％、钯 0.2％，进一步处理分离钯和银。

热分解法的特点：①在分解渣中，银以硝酸银的形态存在，经热水浸出后，浸出液可以直接进入电解系统进行配液；②分解温度控制精度要求高，温度的控制难度较大；③由于分解时产生腐蚀性的气体，产出的分解渣黏度大，导热性能差，对测量仪表耐腐蚀要求较高；④热分解工艺过程控制的难度较大，硝酸银有部分分解，使分解渣中含银高达 10％左右；⑤由于分解渣成熔融状态，加水浸出时立即凝固，使浸出作业很难进行；⑥由于分解渣凝固在分解罐的罐壁上，清理分解罐的劳动强度大，操作环境恶劣。

（11）不溶阳极电解回收法

电解废液中含银量高时可采用金箔或者钛片作为阳极，以钛片作为阴极电解，电解过程中阳极放出氧气，阴极析出银粉，电解液中酸度增高，须向电解液中加入碳酸钠溶液或者氢氧化钠溶液降低酸度。初期可得到99.99%的银粉，中后期也可得到99.8%以上的银粉。当溶液中银的浓度降低为20g/L时用食盐沉淀其中的银离子，然后再处理氯化银。

金川集团股份公司贵金属冶炼厂发明了一种旋流电解技术处理银电解废液[25]的方法，采用该方法提取银电解废液中的银离子主要包括3个部分：第1部分为中低电流密度、中等流量除杂工序；第2部分为中低电流密度、中等流量提取电解银粉工序；第3部分为深度净化工序，使处理后的废液达到废水外排标准。旋流电解技术是基于各金属离子理论析出电势的差异，即欲被提取的金属只要与溶液体系中其他金属离子有较大的电势差，则电位较正的金属易于在阴极优先析出，其关键是通过高速液流消除浓差极化等对电解的不利影响。使用本发明方法对银电解废液进行处理，可直接提取银电解废液中的银及铜，产出粗银及粗铜产品。与常用的液碱中和工艺相比，无需进行火法回收处理，避免了有价金属在火法处理过程中的损失，节约了大量的试剂，减轻了员工的劳动强度，并改善了员工的作业环境。

旋流电解450L银离子浓度为73.56g/L的银电解废液。首先进行除杂，除杂过程中控制银电解废液的循环流量为3m³/h、电流密度为400A/m²，除杂3h，然后进行电解银粉的电积；电积过程中控制除杂后液的循环流量为3.5m³/h、电流密度为350A/m²，电积35h，检验电积后液，若电积后液中的银离子浓度低于1g/L，停止电积；然后对电积后液进行深度净化，控制电积后液的循环流量为7m³/h、电流密度为400A/m²，净化6h，完成对银电解废液的处理。经检测，处理后的液体中的银离子含量小于0.001g/L、铜离子含量小于0.16g/L，达到废水外排标准，可直接排放。电解结束后，共产出电解银产品29.766kg，其主品位在98.23%～99.14%之间。电解后阴极银产品的产品化学成分满足GB/T 4135—2015中IC-Ag99.99的质量要求的占总产出的77.04%。

（12）活性炭从电解液中吸附铂、钯

云南冶炼厂通过对银电解过程铂钯分散规律的考察证明：电解银时，阳极板中约有40%～50%的铂、钯进入电解液，并不断积累。为提高铂、钯回收率，在回收银之前，用硝酸处理过的活性炭选择性吸附银电解液的铂、钯，使之与银分离。然后用1:1 HNO₃解吸，经分离提纯铂、钯直收率分别可达92%、97%，推荐的流程如图4-6所示。

该厂使用的活性炭为药用活性炭。经筛分，取40～60目备用。活性炭及炭柱的制备，将1:1的工业稀硝酸加热至90～100℃，按固液比1:10向热稀硝酸中缓慢加入活性炭氧化至不再放出棕色气体为止（一般需6～12h），经倾析弃去硝酸，用等量蒸馏水洗3次装柱。装柱后，再用蒸馏水洗至流出液pH=4～5

待用。炭柱为直径 70mm 的玻璃管，共 8 根，7 柱串联，1 柱备用，各柱定量装活性炭 1kg，高位槽高出炭柱 5～6m。

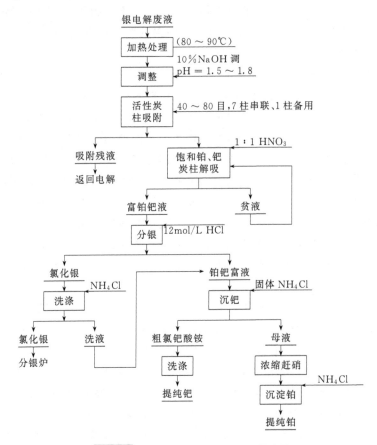

图 4-6 活性炭吸附、解吸铂、钯流程

电解液先于 80～90℃加热浓缩 4h，边搅拌边加入 10%NaOH 调整 pH=1.5～1.8（游离硝酸 1～2g/L）后，以 100～150mL/min 的流速连续通过串联的 7 根炭柱。待第 1 柱吸附铂、钯饱和后取出，将第 2 柱改为 1 柱，备用柱串联于尾端作第 7 柱，依此类推。

饱和了铂、钯的炭柱，用 1:1 工业硝酸解吸。解吸液以 75～100mL/min 的流速通过炭柱，每次取出铂、钯富液 2.5L 回收铂钯。1 次和 2 次解吸贫液及新补充的 1:1 工业硝酸，以逆流方式返回供下一次解吸用。解吸过程每柱通过总液量 25～30L。

试验结果表明，铂、钯的吸附解吸总回收率为：铂 102%，钯 96.5%。经吸附后的溶液，含铂、钯一般小于 1mg/L。可考虑除铜、铅后返回电解过程。

活性炭的吸附容量，按第 2 柱解吸液中的铂、钯含量计算，钯的吸附容量大于 72.5mg/g，铂大于 6.9mg/g。

经解吸后的炭柱用蒸馏水洗至中性后，即可再生使用。经再生 4 次试验，其吸附容量并未下降。

解吸获得的铂、钯富液，铂与钯的含量比为 1 : (6～7)。先用 12mol/L 盐酸处理使银呈氯化银沉淀，过滤后用 3mol/L 的盐酸洗涤氯化银。除银富液与洗液合并，加固体氯化铵使钯呈粗氯钯酸铵沉出，钯盐用二氯二氨配亚钯法提纯 2 次后煅烧或用 10% 水合肼还原，可制得含钯大于 99.9% 的海绵钯。

沉出钯后的母液经加热浓缩赶硝，用氯化铵沉出铂，再直接水解提纯，并用 10% 水合肼还原，可获得含铂大于 99% 的海绵铂。

上述工业试验还证明：

① 40～60 目活性炭比 20～40 目活性炭吸附容量大，使用前者钯增加 71%，铂增加 32%；② 经 80～90℃ 加热浓缩 4h 的电解液比不加热处理的电解液所吸附的钯约增加 1 倍，铂增加近 4 倍；③ 活性炭对铅的吸附差，但可以吸附铋，当电解液中含铋 0.26g/L 时，解吸液中铋的浓度可达 10.03g/L；④ 用氢氧化钠调 pH 值时，带入电解液中的 Na^+ 虽有积累，但经过一段时间使用未发现 Na^+ 对电解银的质量有影响。

(13) 离子交换树脂从电解废液中吸附钯[27]

取 10g 聚丙烯腈树脂（交联度为 10%），用水润湿后加 100mL 无水乙醇浸泡 24h；配制 900mL 175g/L 的盐酸羟氨溶液，用碳酸钠调节 pH=7，再加入树脂乙醇混合液（乙醇浸泡液一并加入），在 80℃ 下改性处理 8h 后取出并洗净，得到 15.5286g 淡黄色的偕胺肟聚丙烯腈树脂，相应氰基转化率高达 88.79%。取 25mL 硝酸银溶液（其成分为 Pd 0.5g/L、Ag 80g/L、Cu 4g/L，pH=0.05）与 0.20g 偕胺肟聚丙烯腈树脂充分混合，于 55℃ 下振荡吸附 120min 后分离，所得吸附后液中各离子浓度（g/L）分别为：Pd 0.092、Ag 73.78、Cu 3.65，Pd、Ag、Cu 的吸附率分别为 81.55%、7.76%、8.73%。向负载钯的偕胺肟聚丙烯腈树脂中加 50mL 20g/L 硫脲、1.5mol/L HNO_3 的混合溶液于 35℃ 下进行振荡解吸，120min 后分离取 1 次解吸液，其中各种离子浓度（mg/L）分别为：Pd 192.96、Ag 304.49、Cu 11.07，Pd、Ag、Cu 的解吸率分别为 94.64%、9.79%、6.34%。进行 1 次解吸后的树脂中加 50mL 8mol/L HCl 溶液在 30℃ 下解吸残余的银和铜，180min 后得到 2 次解吸液，其中各种离子浓度（mg/L）分别为：Ag 2527.91、Cu 156.16，Ag、Cu 的解吸率分别为 90.11%、95.49%。2 次解吸后的树脂经水洗至洗水呈中性之后重新用 10mL 无水乙醇浸泡 12～24h，再用 40mL 200g/L 的盐酸羟胺溶液于 80℃ 下活化处理 6h，得到 0.1748g 再生后的偕胺肟聚丙烯腈干树脂。0.1784g 再生树脂再次与 20mL 硝酸银溶液均匀混合后，于 55℃ 下振荡吸附 120min 后分离取吸附后液，其中各离子浓度（g/L）分别为：Pd 0.065、Ag 73.36、Cu 3.64，则活化树脂对 Pd、Ag、Cu 的吸附率分别为 87.01%、8.30%、9.01%。

PSI 公司生产的 PSI-100 树脂为无定形二氧化硅基非苯乙烯树脂，主要用于酸性溶液中 Pt、Pd 的回收。在 pH<0 的条件下，该树脂吸附 Pt、Pd，而不吸附所有贱金属杂质离子，负载容量通常大于 150mg/L。在 pH<8 的条件下，不吸附 Na^+、K^+、Ca^{2+} 和 Mg^{2+} 等离子；树脂使用寿命在 10000 次循环周期后负载能力损失小于 10%（排除由于在柱中的任何磨损消耗）；可用 H_2SO_4、HNO_3、HCl 和 $NH_3 \cdot H_2O$ 洗涤；树脂使用温度可以达到 110℃ 以上；pH 值使用范围在 3~10；出厂水分<10%。

国内某大型企业应用 PSI-100 树脂对含银 143.77g/L、钯 0.177g/L 的电解液进行了吸附分离钯的实验，树脂柱容积 68mL，树脂质量 42g，试验过程流速 0.2BV/min，料液 pH 值 0.5~1.0，吸附与洗涤过程为上进下出，吸附温度为 30℃，吸附后液含钯 0.001g/L，钯吸附率达 97% 以上，银的吸附率仅为 1.953%，应用 10.4% HNO_3＋硫脲或 10.4% HCl＋硫脲解吸钯，解吸温度为 60℃，解吸与解吸清洗过程为下进上出，钯的解吸率为 100%，达到完全解吸，但考虑到对电解液成分的影响，工业应用中应选择 10.4% HNO_3＋硫脲作为解吸液。

（14）丁基黄药从电解废液中沉淀铂、钯

目前从存在大量银的溶液中提取少量钯、铂的方法较少。加拿大国际镍公司采用活性炭吸附可以有效地提取银电解液中的钯，但未见报道银的吸附率和钯的直收率如何，经研究发现活性炭如不经浓硝酸煮沸氧化，铂和钯的吸附率低，而且银有部分被吸附。经过部分铜厂实验证明，钯的直收率最终只有 70% 左右，劳动条件也较差。所以有人提出了用丁基黄药作沉淀剂从银电解液中提取铂和钯的方法。该法对含铂、钯及只含钯不含铂的两种电解液均适用，选择性很高，沉淀率为：铂 99%、钯 99.9%。银的共沉率不超过 2%。黄原酸钯的溶度积常数 $K_{sp}^{\ominus}$ 为 3×10^{-43}，黄原酸银的溶度积常数 $K_{sp}^{\ominus}$ 为 8.5×10^{-19}，在钯、银同时存在的弱酸性硝酸溶液中，如果按生成黄原酸钯化学计算量加丁基黄药，则钯优先快速地沉淀，银仍留在溶液中。

$$Pd(NO_3)_2 + 2C_4H_9OCSSNa \rightleftharpoons (C_4H_9OCSS)_2Pd\downarrow + 2NaNO_3$$

黄药是一种较强的配合剂，往大量银存在的溶液中加入丁基黄药，丁基黄药也能与银发生作用，由于生成的丁基黄原酸银可与硝酸钯发生交换反应，所以钯依然能定量沉淀，银还是留在溶液中。

$$Pd(NO_3)_2 + 2C_4H_9OCSSAg \rightleftharpoons (C_4H_9OCSS)_2Pd\downarrow + 2AgNO_3$$

而分散在银电解液中铂的形态至今未见专门报道，有关文献推论可能为 2 价铂的亚硝基配合物，如 $Ag_2Pt(NO_2)_4$。

丁基黄药从银电解液中回收铂和钯的工艺流程如图 4-7 所示。

① 银电解液酸度的选择   银电解液酸度对铂、钯沉淀率的影响情况可见表 4-11 和图 4-8。

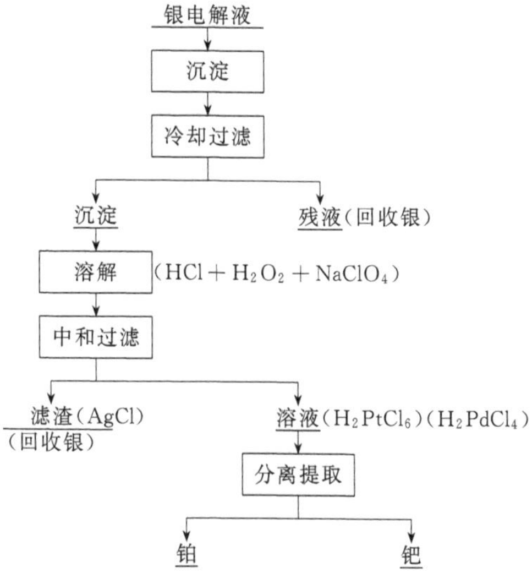

图 4-7 丁基黄药从银电解液中沉淀提取铂和钯的工艺流程

表 4-11 银电解液酸度对铂、钯沉淀率的影响

原始银电解液			沉淀母液浓度/(g/L)		金属沉淀率/%		
pH 值	Pt/(g/L)	Pd/(g/L)	Pt	Pd	Pt	Pd	Ag
0.5	0.092	0.42	0.0007	0.0032	98.9	99.0	1.13
1.0	0.092	0.42	<0.0002	<0.0002	>99.9	>99.9	2.28
1.5	0.092	0.42	0.0011	0.0018	96.4	99.4	2.91
2.0	0.092	0.42	0.0023	0.0045	91.7	99.0	1.39

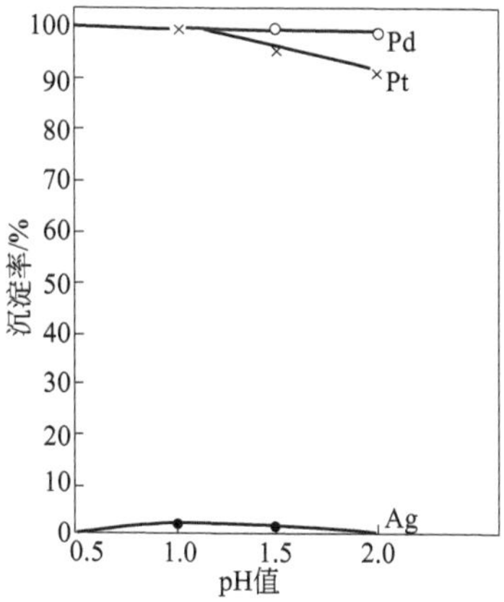

图 4-8 pH 值对丁基黄药沉淀铂和钯的影响

由于国内一般工厂采用的均是高银低酸根电解液，原始酸度为 pH=0.5~2.0，从表 4-11 可见 pH=0.5~2.0 对丁基黄药沉淀钯均无影响，钯的沉淀率都

在 96％以上。可从图 4-8 来看，铂的沉淀率随溶液 pH 值的增加有所下降，但在 pH＝0.5～1.0 范围变化不大。而银的沉淀率受原液酸度的影响不明显。所以用丁基黄药从银电解液中同时沉淀提取铂和钯的适宜酸度应为 pH＝0.5～1.0，如酸度过低对钯的回收率稍有差别。

② 丁基黄药用量的选择　丁基黄药的用量是根据化学反应式进行粗略计算的，因为工业和化学纯的产品都没有注明确切的有效成分，使用时为避免丁基黄药分解，应现用现配。丁基黄药的用量对铂、钯沉淀率的影响见表 4-12。

表 4-12　丁基黄药用量对铂、钯沉淀率的影响

原液酸度	丁基黄药过量/%	原液金属浓度/(g/L)		沉淀残液金属浓度/(g/L)		金属沉淀率/%		
		Pt	Pd	Pt	Pd	Pt	Pd	Ag
1.5	0	0.092	0.42	0.0024	0.0003	96.0	99.65	1.45
1.5	5	0.092	0.42	0.0003	0.0015	99.0	99.45	1.33
1.5	20	0.092	0.2	<0.0002		99.8		1.45
1.5	50	0.092	0.42	<0.0002	0.0002	99.8	>99.98	3.73

从表 4-12 可见，丁基黄药过量与否，对铂、钯沉淀率均不产生明显的影响，丁基黄药用量增大，对铂、钯的回收还是有利的，可是银的沉淀率也随之增大，影响钯、铂的纯度，所以丁基黄药适宜的用量以过量 5％为佳。此时铂、钯的沉淀率均可保证达 99％，银的沉淀率又可降到 1.33％。适宜温度为 80℃，不低于 70℃。所需沉淀时间从加完丁基黄药开始计算为 1h。在沉淀过程中要进行强烈的机械搅拌，促使交换反应迅速完成。

获得的黄原酸钯沉淀经酸溶后使其生成二氯化二氨配亚钯沉淀，再将沉淀溶于氨水后加水合肼直接还原。过程中钯的直收率为 97％。产品钯的纯度为 99.98％，含铜 0.006％、银 0.0003％。

在另一厂用丁基黄药从 pH＝0.5～2.0（最好 1.0～2.0）、液温 80～85℃的电解液中沉淀铂、钯，时间 1h，钯的沉出率均大于 99％，铂的沉出率为 91.7％～99.9％，银的沉出率均小于 2％。而丁基黄药过量 5％～20％，铂、钯的回收率均大于 99％。再增加丁基黄药的量则银的沉淀率也随之增大。

（15）丁二酮肟（R-DH）从电解废液中沉淀钯[26]

方法原理：在 pH＝0.4～0.8 或游离硝酸浓度为 10～20g/L 的硝酸银电解液中 R-DH 对钯具有极高的选择性，与银电解液中的硝酸钯发生下述反应：

$$Pd(NO_3)_2 + 2 \text{ R-DH} \Longrightarrow Pd(R-D)_2 \downarrow + 2HNO_3$$

生成的化合物 Pd(R-D)$_2$ 是一种黄色结晶沉淀物，不溶于水、稀硝酸、稀盐酸及稀硫酸，也不溶于硝酸银溶液。同时在酸性介质下 R-DH 不与银、铂、铜、镍、碲、铅、铋、锑、铁等元素发生反应，从而实现钯的高效分离和银电解液的

深度净化，将钯从银电解液中分离，并得到含钯极低的银电解液。

操作方法：取钯浓度为 0.2～0.5g/L 的银电解液，用电感耦合等离子体发射光谱仪（ICP-AES）准确分析测定该银电解液中的钯浓度和游离硝酸浓度；游离硝酸浓度不符合 10～20g/L 的要求，在该银电解液中补加硝酸使游离硝酸浓度达到 10～20g/L，加热至 45℃，得加热后的溶液；用电子天平准确称量 R-DH，R-DH 为所含钯质量的 1.9 倍，将称取的 R-DH 加入加热后的溶液，搅拌反应 45min，真空过滤，得到除钯后液和钯配合物；用 80℃ 热水洗涤钯配合物 2～3 次，以洗去夹带的硝酸银等杂质，可制取高纯金属钯或直接用作催化剂以及钯金属有机化合物前驱体。银电解液中钯含量为 0.44g/L，除钯后液中钯含量为 0.013g/L，钯分离率为 98.45%。将除钯后液加入银电解槽中，将银阳极板装入隔膜袋并挂入银电解槽，再挂入不锈钢阴极板，同极中心距 100mm，温度 30℃，槽电压 2.1V，电流密度 800A/m²，单槽电解液循环速度 15L/min，通入直流电进行银电解，电解过程中用自动刮刀间断刮下阴极板上的银粉，收集电解银粉；当银阳极板残极率为 20%～30% 时，取出银残极，放入银阳极板继续进行银电解；当银电解槽内溶液中钯浓度大于等于 0.4g/L 时，即抽出银电解槽中的溶液，并按上述方法对该溶液进行钯的分离，得到的除钯后液返回银电解精炼循环使用；当银电解槽内银电解液中其他各种杂质离子浓度均超出银电解液规定的范围时，抽出所有的银电解液，按照上述方法先分离钯，随后进行废银电解液的处理。

方法特点：①分离钯的选择性非常高，可以从复杂银电解液中一步高效高选择性分离钯，银、铜等金属沉淀率极低，一般小于 0.1%，分离钯后的溶液中钯含量可降低至 0.1～0.00x g/L，并且不破坏溶液的性质，可以直接返回银电解槽循环使用，提高了电解液净化除钯的效率。②即使银阳极板含钯高达 1500～3000g/t，银电解液中钯浓度达到 0.5～1.8g/L，使用本方法分离钯后仍然可以稳定生产出 IC-Ag99.99 高纯银粉和银锭产品，能从高含钯原料中制取高纯金属银产品。③净化沉淀产出的钯配合物 Pd(R-D)$_2$ 纯度高，含其他元素很少，用于进一步制取高纯金属钯或直接用作催化剂、钯金属有机化合物前驱体，既提高了钯的回收率，同时可便捷生产具有高附加值的产品，经济效益可观。④操作过程简单，R-DH 可直接（或溶于乙醇后）加入银电解液中，反应迅速，无有毒有害气体、废液、废渣产生。⑤大大提高了银电解液净化除钯的效率，将银电解造液量降低至原来的 30% 以下，延长了电解液连续使用周期，提高了生产效率和产能，并改善了作业环境条件，大幅度减少了硝酸和银粉造液过程中氮氧化物的产生，并减少了硝酸和银粉消耗，显著降低了造液成本。⑥分离钯后的溶液返回银电解精炼循环使用，即使采用 400～800A/m² 高电流密度电解工艺精炼银，获得的精炼银粉含钯仍然小于 0.001%，符合 IC-Ag99.99 高纯银粉和银锭产品标准要求。

4.4　银的化学法精炼[2~5,7]

　　银的化学精炼方法目前应用较多，一般主要采用以下步骤：①酸溶银为可溶性的盐，一般为硝酸银；②沉淀为氯化银；③净化除去氯化银中的其他杂质元素；④用还原剂还原为纯银。用酸溶解银多用硝酸，也可以用王水溶解直接得到氯化银，得到的氯化银用热水洗涤，也可用氨水反复配合，以除去杂质元素。可采用的还原剂有活性金属、甲酸、亚硫酸钠、抗坏血酸、葡萄糖、水合肼等，目前多采用活性金属、蚁酸、水合肼等选择性较强成本较低的还原剂。在这些步骤中，氯化银的还原精炼技术是银精炼过程中的关键一环。

4.4.1　氯化银液相化学还原精炼法

4.4.1.1　基本化学原理

　　银易溶于硝酸生成硝酸银，而金及铂族金属（钯除外）不溶于硝酸，易溶于王水或（$HCl+Cl_2$），这就是说既可用硝酸选择溶解银又可用王水溶解金及铂族金属，而银以氯化银形式留在不溶渣中，这是银与金及铂族金属分离的基础；向硝酸银溶液中加入食盐饱和液或盐酸溶液，银生成难溶于水的氯化银，而绝大部分贱金属氯化物易溶于水，这是银与绝大部分贱金属分离并使银富集的基础；氯化银在一定条件下易被某些还原剂或金属还原或置换为金属银，这是氯化银还原精炼技术的基础。涉及的有关化学反应如下：

　　银易溶于硝酸及浓硫酸中，发生溶解反应：

$$6Ag+8HNO_3(稀)=\!=\!=6AgNO_3+2NO\uparrow+4H_2O$$

$$Ag+2HNO_3(浓)=\!=\!=AgNO_3+NO_2\uparrow+H_2O$$

$$2Ag+2H_2SO_4(浓)=\!=\!=Ag_2SO_4+SO_2\uparrow+2H_2O$$

　　硝酸银或硫酸银溶液中加入食盐或盐酸，发生沉淀反应：

$$Ag^++Cl^-=\!=\!=AgCl\downarrow$$

　　N_2H_4 可以直接还原氯化银，还原反应：

$$4AgCl+N_2H_4=\!=\!=4Ag\downarrow+4HCl+N_2\uparrow$$

　　氯化银易溶于氨水，向氯化银中加入氨水浆化，然后用 N_2H_4 还原。

$$AgCl+2NH_3\cdot H_2O=\!=\!=Ag(NH_3)_2Cl+2H_2O$$

$$4Ag(NH_3)_2Cl+N_2H_4+4H_2O=\!=\!=4Ag\downarrow+N_2\uparrow+4NH_4Cl+4NH_3\cdot H_2O$$

　　还原总反应为：

$$4AgCl+N_2H_4\cdot H_2O+4\,NH_3\cdot H_2O=\!=\!=4Ag+N_2\uparrow+4NH_4Cl+5H_2O$$

　　用碱调整氯化银料浆 pH=11，然后加入甲醛还原：

$$2AgCl+HCHO=\!=\!=2Ag\downarrow+2HCl+CO\uparrow$$

　　用碱调整氯化银料浆 pH=12.5，加入 3% $NaBH_4$ 溶液还原：

$$2AgCl + NaBH_4 + 2NaOH \Longrightarrow 2Ag + NaBO_2 + 2NaCl + 3H_2\uparrow$$

铁粉还原氯化银：

$$Fe + 2AgCl \Longrightarrow 2Ag\downarrow + FeCl_2$$

锌粉还原氯化银：

$$Zn + 2AgCl \Longrightarrow 2Ag + ZnCl_2$$

氯化银与碳酸钠熔炼还原：

$$2AgCl + Na_2CO_3 \Longrightarrow 2Ag\downarrow + 2NaCl + CO_2\uparrow + 0.5O_2\uparrow$$

但是氯化银的生成是有条件的，只有在适当的条件下才能使氯化银沉淀完全。一是溶液中银离子浓度不要太高，最好在 $30\sim50g/L$。因为银浓度过高，氯化银会包裹银离子，致使银沉淀不完全。另外，加食盐或盐酸的量也要适当，氯化银在水中的溶解度与溶度积的关系见表 4-13。

表 4-13 氯化银在水中的溶解度与溶度积的关系

温度/℃	25	50	75	100
$lgK_{sp}^{\ominus}$	-9.75	-8.93	-8.23	-7.60
Ag 溶解度计算值/(mg/L)	1.90	4.90	—	22.6
Ag 溶解度实测值/(mg/L)	1.95	5.40	—	21.00

即随温度的升高，氯化银的溶解度增大。随着溶液中 $[Cl^-]$ 的增加，由于氯化银生成配阴离子 $[AgCl_2]^-$ 而使其溶解度明显增大（见图 4-9）。从该图可以看出，欲以氯化银形式从溶液中沉淀银，当水溶液中 $[Cl^-] = 2.37\times 10^{-3}\,mol/L$ 时，氯化银沉淀最完全。此时溶液中残留的银浓度达到最低值，在 25℃时仅为 $8.13\times 10^{-7}\,mol/L$（0.088mol/L）。

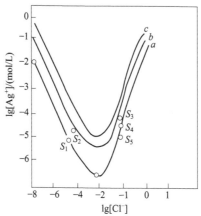

图 4-9 Ag-Cl⁻-H₂O 体系中 lg[Ag⁺] 与 lg[Cl⁻] 的关系

$a-t$ 为 25℃，S_1，S_3 为实测值；$b-t$ 为 50℃，S_2 为计算值，S_4 为实测值；$c-t$ 为 75℃，S_5 为实测值

在氯化银沉淀过程中，可能与氯化银共沉淀的离子为 Pb^{2+}、Hg_2^{2+}、Cu^+，

溶度积常数分别为 $K_{sp(PbCl_2)}^{\ominus} = 1.6 \times 10^{-5}$、$K_{sp(Hg_2Cl_2)}^{\ominus} = 1.3 \times 10^{-18}$、$K_{sp(CuCl)}^{\ominus} = 1.2 \times 10^{-6}$，但是在氧化性气氛中 Hg_2^{2+}、Cu^+ 均被氧化为 Hg^{2+}、Cu^{2+}，因此，实质上共沉淀的只有 $PbCl_2$，但是随着温度的升高，$PbCl_2$ 的溶解度显著增大（见表4-14）。因此可在常温下沉淀氯化银，然后用热水反复洗涤共沉淀的 $PbCl_2$。若银为少量，$PbCl_2$ 为大量，可以用氨浸使氯化银生成银氨配离子，然后用盐酸沉淀生成氯化银。

表 4-14   氯化铅的溶解度

温度/℃	20	25	100
100mL 水中的溶解度/mg	960	1075	3208

4.4.1.2 氯化银液相化学还原精炼技术

氯化银的还原精炼方法至少有几十种，可概括为两大类：液相化学还原法和高温熔炼还原法。前者如水合肼、甲酸、甲醛、葡萄糖、抗坏血酸、双氧水、硼氢化钠还原等方法及铁粉、锌粉、铝等金属置换法。后者如碳酸钠、硼砂、碳、氢气高温还原等方法。这里先介绍液相化学还原法。

（1）甲醛还原

在碱性溶液中，氯化银可被甲醛还原为金属银。在搅拌下，用 10% NaOH 调整氯化银水悬料 pH=11，缓慢加入工业甲醛。甲醛还原氯化银为放热反应，反应速率很快。必须用水反复洗涤海绵银中过量的甲醛，以免熔炼铸锭时甲醛挥发。海绵银熔炼铸锭纯度大于 99%，涉及的反应为：

$$2AgCl + HCHO \Longrightarrow 2Ag + 2HCl + CO \uparrow$$

碱性越强，甲醛的还原性越强，反应中随碱不断消耗，应补加一定的氢氧化钠。在常温下搅拌时间 1h，反应液固比 5:1，甲醛的消耗量约为氯化银干量的 1/4。反应停止后，静置澄清过滤，甲醛还原氯化银所得的粗银粉质量比铁粉还原的质量好，无铁粉残留，主元素品位高，但银转化不完全，在强碱性条件下有部分银以氧化银形态存在，在吹炼过程中需先进行还原作业，减少氧化银进入炉渣或挥发。

（2）甲酸还原[23]

从废银中制取纯银的甲酸还原法是向干燥的废银中加入王水溶解铅、汞及其他杂质，经玻璃纤维过滤后产出氯化银渣，并洗净除去可溶性物质。再用尽可能少量的密度为 $0.90g/cm^3$ 的浓氨水溶解氯化银。过滤除去氨水不溶物后，仔细向滤液中加入 6mol/L 的盐酸酸化溶液，并加热使氯化银凝集沉淀，经倾析洗涤至洗液呈中性后，于盐酸液中用锌棒还原，并用水洗净获得的银。

此金属银再用稀硝酸溶解后，加大量蒸馏水稀释，至少静置 12h，使锡、锑、铋等沉淀。经过滤，再次加稍过量的浓盐酸沉淀氯化银，并于温水浴中加热倾析洗净，澄清液弃去。然后用 6mol/L 盐酸在充分搅拌下倾析洗净的氯化银。

经如此反复数次加酸倾析洗涤后的氯化银，过滤洗净，再次于盐酸液中用锌棒还原成金属银沉淀。再用 7.5mol/L 硝酸溶解还原的金属银后，将经稍过量氨水中和过的 85% 的甲酸滴加于热硝酸银溶液中还原银。

$$2AgNO_3 + 2NH_4CHO_2 = 2Ag\downarrow + 2NH_4NO_3 + CO_2\uparrow + HCHO_2$$

甲酸的用量一般为理论量的 1.2 倍。获得的粒状银沉淀，用热水洗涤后，进行抽气干燥或夹于滤纸中干燥。

（3）硼氢化钠还原

硼氢化钠分子式是 $NaBH_4$，简称 SBH，是一种强还原剂。商品 SBH 有含 98%$NaBH_4$ 的粉末产品和含 $NaBH_4$ 12%、NaOH 40% 的液体产品。这种液体产品在美国登记的商标称为温西尔（Vensil）。温西尔价格低，在金属回收中应用广泛。它与 AgCl 发生如下反应：

$$8AgCl + NaBH_4 + 2H_2O = 8Ag\downarrow + NaBO_2 + 8HCl$$
$$8AgCl + NaBH_4 + 3.4NaOH =$$
$$8Ag\downarrow + NaBO_2 + 3.4NaCl + 4.6HCl + 1.4H_2O$$

并同时发生水解反应：

$$NaBH_4 + 2H_2O = NaBO_2 + 4H_2\uparrow$$

还原 1kg 银理论上需 SBH 粉末 44.7g，需 Vensil 365g，在碱性溶液中实际需要量相当于理论量的 1.1 倍。

将 AgCl 加入水中，再加入估计银量 40% 的 NaOH、使 pH>14，同时将相当于银量 40% 的 Vensil 用水稀释 5 倍，缓缓加入 AgCl 中（15min），生成灰色银颗粒。然后向澄清液中滴加 0.1%$AgNO_3$ 水溶液，若出现黑色沉淀，标志反应结束。为了使银离子熟化，继续搅拌 30~40min，澄清后除掉上清液，过滤沉淀便得到金属银粉。废液用酸中和后排放。

若用 SBH 粉末产品做还原剂，首先把它溶解在 0.1mol/L NaOH 溶液中，配成含 SBH 5% 的溶液。若 AgCl 中有铜、铅、镍等杂质，它们亦能被还原而进入银中，SBH 还原 AgCl 可减少公害，废液用酸中和后便可排出。另外，在 NaOH 溶液中，AgCl 用葡萄糖等也能还原，但用葡萄糖还原时需煮沸。

（4）锌粉还原

先制取氯化银，然后向氯化银水悬浮料中加入工业浓硫酸，浓硫酸的浓度约控制为 5%，边搅拌边向氯化银水悬浮料中缓慢加入工业锌粉，至无白色氯化银为止。待反应完成后，再用 5% 稀硫酸溶解过量的锌粉，用水反复洗涤至 pH=7，1kg 锌粉可还原 4kg 海绵银，得到粗银纯度为 99.47%，锌置换母液含银 0.0001g/L。

锌粉还原速度快，易暴沸，不易控制，操作时必须小心谨慎。

（5）氨浸-锌粉还原

将氨水加入到氯化银中，在搅拌下缓缓加入锌粉，反应 30min 后，取少量溶液酸化，如无白色沉淀即为反应完毕。将暗灰色银粉过滤、水洗，再用稀硫酸浸泡除去过量的锌，再洗涤干燥，得到合格银粉，本法一次还原率大于99%。

(6) 铁粉还原[23]

用盐酸调氯化银浆料至 pH<1，加入铁粉直接还原氯化银，涉及的反应为：

$$2AgCl+Fe = 2Ag+FeCl_2$$

反应温度为常温，适当加热可以加快反应速率。液固比 3:1，由于是固液相间反应，反应时间较长，搅拌时间为 4～6 h。铁粉耗量约为氯化银干量的1/4，保持溶液的弱酸性，可以提高铁粉的活性。反应停止后，静置澄清过滤。海绵银熔炼铸锭纯度大于 99%，可以作硝酸银生产的原料，经电解精炼得纯度大于 99.95% 的高纯银粉，可作粉末冶金银氧化镉触点材料的原料。

铁粉还原反应放热，但铁没有锌活泼，反应虽快，但不会暴沸。铁粉还原氯化银的过程中，铜、碲也被还原，粗银粉含铜、碲及铁粉比较高。另外由于铁粉易氧化，所购铁粉活性不一，氯化银转化率不稳定，所得银粉常见明显未反应的氯化银。

(7) 水合肼还原[23]

在金银湿法冶金中，常会碰到纯度不同的 AgCl 中间产品。如水溶液氯化法处理铜阳极泥或氰化金泥分金后的氯化渣，食盐沉淀法或盐酸酸化法处理各类硝酸银溶液的沉淀渣以及用次氯酸钠从废氰化银电镀液中得到的沉淀，其中银均呈AgCl 沉出。采用水合肼还原法既可用于银的提取，也可进行银精炼。关于这方面的报道甚多。我国有的也用该法提取银。

水合肼还原法又称氨-肼或联氨还原法。此法使用水合肼与适量氨水配合的还原剂。

水合肼从硝酸银溶液或氯化银浆料中还原产出的银粉具有粒度细（小于 160目）、纯度高（大于 99.9%）的特点，是制造各种银系列电触头材料的理想材料。加之水合肼还原法具有工艺流程短、设备简单、操作容易、生产效率高、成本低等优点，因而是目前制取粉末冶金用纯银粉的一种很有前途的新方法。

① 水合肼还原银的原理　水合肼能把许多金属盐还原成金属，使之呈粉末状的非均一晶粒沉积于反应器壁上或基片上。

还原过程中，当水合肼被氧化成氮和水时能释放出氢离子，因而，它是一种具有速率常数 K_1 和 K_{-1} 的反应。

$$N_2H_4 = N_2\uparrow + 4H^+ + 4e$$

就 $A = B + H^+$ 来说：

$$-d[A]/dt = K_1[A] - K_{-1}[B][H^+]$$

反应过程中，随着氢离子浓度的增加，$K_1[A]$ 与 $K_{-1}[B][H^+]$ 两数值逐渐接近，而使反应速率减慢。为了保持过程中的反应速率，需向体系中加入适量氨水。

在室温下，水合肼从硝酸银溶液中还原银的基本反应为：

$$AgNO_3 + N_2H_4 \cdot H_2O =\!=\!= Ag\downarrow + NH_4NO_3 + \frac{1}{2}N_2\uparrow + H_2O$$

当加入氨水调整 pH 值后，其反应则为：

$$4Ag(NH_3)_2NO_3 + N_2H_4 =\!=\!= 4Ag\downarrow + N_2\uparrow + 4NH_3 + 4NH_4NO_3$$

水合肼从 AgCl 浆料中还原沉淀银的基本反应为：

$$4AgCl + N_2H_4 + 4OH^- =\!=\!= 4Ag\downarrow + N_2\uparrow + 4H_2O + 4Cl^-$$

由于浆料中的氯化银系呈悬浮的固体状态存在，所以反应速度较慢。尽管氯化银加水浆化后，在不加氨水、加入氨水、通入氨气三种情况下的反应热力学计算值是相近的，但向此体系中加入氨水或通入氨气时，因能溶解部分氯化银而生成 $[Ag(NH_3)_2]^+$ 配离子，因而可加速反应的进行。

② 氨浸-水合肼还原　根据氯化银极易溶于氨水而生成银氨配合阳离子的原理，将氯化银沉淀物用氨水浸出，其条件是：工业氨水（含 NH_3 一般 12.5％左右），常温，液固比视氯化银渣含银品位而定，控制浸出液含 Ag 不大于 40g/L，机械搅拌，浸出 2h，浸出率可达 99％以上。

因氨易挥发，浸出需在密闭设备中进行。

氨浸液用水合肼（$N_2H_4 \cdot H_2O$）还原即可得到海绵银。水合肼是一种强还原剂，其 $\varphi^{\ominus}_{(N_2H_4 \cdot H_2O)/N_2} = -1.16V$ 而 $\varphi^{\ominus}_{[Ag(NH_3)_2]^+/Ag} = +0.377V$。因此，还原反应很容易进行。其反应是：

$$4Ag(NH_3)_2Cl + N_2H_4 \cdot H_2O + 3H_2O$$
$$=\!=\!= 4Ag\downarrow + N_2\uparrow + 4NH_4Cl + 4NH_3 \cdot H_2O$$

水合肼还原条件：温度 50℃，水合肼（$N_2H_4 \cdot H_2O$）用量为理论量的 2～3 倍，人工或机械搅拌下缓缓加入水合肼，30min 左右即可，还原率可达 99％以上。

如果氯化银渣中含铜、镍、镉等金属杂质，则氨浸时也会形成相应的氨配合物而进入溶液，直接用水合肼还原时，得不到较纯的银产品。此时可在氨浸液中加入适量盐酸，使银沉淀为 AgCl，与其他贱金属杂质分离，得到的纯 AgCl 再经氨浸-水合肼还原，就可得到纯度在 99.9％以上的海绵银。

③ 氨-肼还原　氨-肼还原法是将氨浸-水合肼还原两个过程同时进行，简化了工艺过程。从前述还原反应式可见，还原一个 Ag，便产生一个 $NH_3 \cdot H_2O$，无疑，两步合并将会加速整个反应的进行，其综合反应可写为：

$$4AgCl + N_2H_4 \cdot H_2O + 4NH_3 \cdot H_2O =\!=\!= 4Ag\downarrow + N_2\uparrow + 4NH_4Cl + 5H_2O$$

把氨浸-水合肼还原反应与该反应式对比可见，两种方法效果相同，而氨-肼还原法却整整降低一半氨耗，但只适用于纯氯化银的处理。

我国某厂含铜、镍、铅较高的硝酸银废电解液采用氨-肼还原法制取纯海绵银，其流程如图 4-10 所示。

将硝酸银废电解液加热至 50℃，加入饱和 NaCl 水溶液，得 AgCl 沉淀用热水洗至无色。再将水合肼、氨水、水按 1：3：8 的比例混匀，加热至 50～60℃，缓缓加入调成浆状的 AgCl，加料完毕后待反应缓慢升温煮沸 30min，然后过滤、洗涤、烘干、铸锭。

该法处理硝酸银废电解液，银直收率为 97%，总收率为 99%，产品海绵银品位大于 99.9%，沉银母液与还原后液含 Ag 小于 0.001g/L，每千克银的水合肼耗量为 0.3～0.4kg，氨水耗量为 1.2～1.6kg。

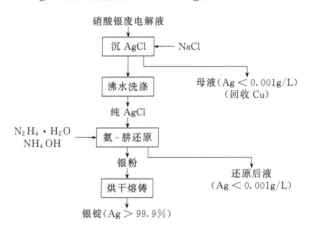

图 4-10 从硝酸银废电解液中精制银流程

④ 用水合肼法从含银废料中制取纯银粉 从银触头、银合金、镀银件、焊药、抛光废料、切削碎屑等废料中精炼纯银粉，需预先用 1：1 稀硝酸来溶解其中的银使之生成硝酸银溶液，过滤分离不溶渣，不溶渣送去回收其他金属。

滤出的硝酸银溶液多含有铜、镉、镍、铁等重金属杂质，需往其中加入盐酸使银呈氯化银沉淀析出而与重金属杂质分离。但盐酸的加入量不宜过量太多，以免过量的 Cl⁻ 与银生成不沉淀的 $[AgCl_2]^-$、$[AgCl_3]^{2-}$ 配阴离子，而降低银的回收率。

沉淀出的氯化银，过滤洗涤后加水浆化，再加入适量氨水调整 pH=10～11。然后在室温和良好搅拌条件下（不要有死角）缓慢加入两倍理论量肼的水溶液，经还原 30min，溶液清亮，再加少量水合肼，若颜色无变化说明氯化银还原完全，静置获得细粒海绵银。经过滤，再水洗、1：1 HCl 煮洗、水洗、干燥和筛分产出合格银粉。

用此法处理含有重金属杂质的工业废酸性硝酸银也具有很好的效果。

⑤ 用水合肼法从块状纯银或从纯硝酸银液中制取纯银粉 从块状纯银或从纯硝酸银溶液中精炼纯银粉一般不使用含氯钠的药剂。块状纯银先加稀硝酸溶解制备成纯硝酸银溶液。纯硝酸银溶液加氨水调整 pH=8～10，在室温和搅拌下缓慢加入两倍理论量肼的水溶液，还原 30min，静置产出细粒海绵银。经过滤、洗涤、干燥、筛分产出合格银粉。

水合肼还原可在室温下从 AgNO₃ 溶液中还原沉淀出海绵银，反应如下：

$$AgNO_3 + N_2H_4 \cdot H_2O = Ag\downarrow + NH_4NO_3 + 0.5N_2\uparrow + H_2O$$

或 $4AgNO_3 + N_2H_4 \cdot H_2O = 4Ag\downarrow + 4HNO_3 + N_2\uparrow + H_2O$

因酸可耗掉大量水合肼，故向 $AgNO_3$ 溶液中加入适量氨水调 pH≈10，再加入水合肼，可加速还原反应的进行，其反应如下：

$$AgNO_3 + 2NH_3 \cdot H_2O = Ag(NH_3)_2NO_3 + 2H_2O$$

$2Ag(NH_3)_2NO_3 + 2N_2H_4 \cdot H_2O$

$$= 2Ag\downarrow + N_2\uparrow + 2NH_4NO_3 + 4NH_3 + 2H_2O$$

该法可从银-钨、银-石墨、银-氧化镉、银-氧化铜等含银废料中制取银粉，其粒度为 160 目，纯度 99.95%，可满足粉末冶金制造电触头的要求。用 1:1 HNO_3 溶液浸出含银废料，浸出率可达 98%～99%。所得 $AgNO_3$ 浸出液用水合肼还原，过滤出的银粉经水洗、1:1 HCl 煮洗，再经水洗、干燥、筛分即可得到上述规格的银粉，还原率可达 99%。

如 $AgNO_3$ 浸出液中含有贱金属杂质，可加入适量盐酸沉出纯 AgCl 后，再进行氨-水合肼还原。同样得到上述规格的银粉。其流程如图 4-11 所示。

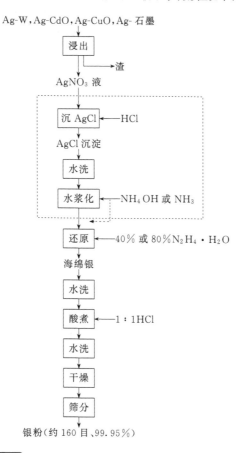

图 4-11 水合肼还原法从含银废料中制取纯银粉工艺流程

据比较，用该法处理上述含银废料制取纯银粉，比湿法-火法加电解工艺更为经济合理。

⑥ 水合肼还原的工艺要点　经过实验室试验和小批量生产的实践证明，水合肼还原的工艺和技术要求为：

a. 水合肼还原银的最佳条件：原液含银浓度 $10\sim200g/L$（氯化银的浓度对还原无明显影响），pH 值一般为 $8\sim10$（氯化银最好为 $10\sim11$），$N_2H_4\cdot H_2O$ 的用量为理论量的两倍，在室温和良好搅拌下还原 30min 或更长。

b. 从含银废料中生产纯银粉，银的浸出率一般为 $96\%\sim99\%$，还原率一般在 99% 以上。回收率高，还原后的母液中含银均在 $0.001g/L$ 以下，达到废弃程度。

c. 水合肼的价格虽较贵，但它的还原力强，还原当量大。故药剂的单项成本甚至比碳酸钠、亚硫酸钠、铜粉等还原剂低。如将还原后的母液返回使用，还可减少肼和氨水的消耗。

d. 为保护环境，溶银过程中放出的 NO、NO_2 气体可经稀 NaOH 溶液吸收；水合肼还原后的母液中含有一定量的 NH_3 与 NH_2NH_2 不宜直接排放。为最大限度利用氨并保护环境，应在处理后排弃，其处理方法是蒸氨：将水合肼还原后液加热至沸，蒸出氨气用水吸收，得氨水可返回使用。氧化水合肼：向蒸氨后液中加入适量高锰酸钾溶液，使肼被氧化后即可排放。

（8）亚硫酸钠还原[2,24]

亚硫酸钠还原酸性溶液中的金和银，由于操作简单，成本低，近来受到国内外技术人员的广泛注意。

亚硫酸钠还原银是鉴于铜、铅、镍的亚硫酸盐易溶于酸，锌、铋生成的亚硫酸盐可溶于含有 SO_2 的水溶液中，而银的亚硫酸盐既不溶于无机酸的溶液，也不溶于含有 SO_2 的水溶液。因而，亚硫酸钠可从含大量重金属杂质的酸性溶液中还原银。

使用食盐液沉淀银成本虽低，银的沉淀完全（氯化银的溶度积为 1.78×10^{-10}），但一部分杂质（铜、镍、铅、锌、铁等）会与银共沉淀，获得的银纯度不高，且氯化银难于过滤。当使用火法还原时，由于氯化银粒度小、熔点低，熔炼时炉渣和烟尘中银的损失率高达 $2.5\%\sim3\%$ 以上。如使用铜置换法，不但银的纯度很低（80% 左右），且成本高。当使用铜粉置换时，由于在硝酸液中铜粉的湿润性差，易生成"结块"和"夹心"铜，因而所得沉淀银的纯度不高。因此，亚硫酸钠从酸性溶液中还原银优于食盐沉淀法和铜置换法。

当溶液 pH＝$5.5\sim6.5$ 时，亚硫酸钠能与全部的银反应，并生成 Ag_2SO_3 沉淀，与此同时，有 $15\%\sim20\%$ 的其他金属也生成亚硫酸盐沉淀，从而降低了银的纯度。

$$2AgNO_3 + Na_2SO_3 \Longrightarrow Ag_2SO_3 \downarrow + 2NaNO_3$$

$$\mathrm{Me(NO_3)_2 + Na_2SO_3 = MeSO_3 \downarrow + 2NaNO_3}$$

当溶液 pH=1～2 时，由于游离硝酸与亚硫酸钠反应生成 SO_2，而 SO_2 具有较高的还原性，可将已生成的亚硫酸银沉淀还原成金属银，全部贱金属杂质则留在溶液中，而获得纯度高的粗银，其反应如下：

$$\mathrm{Na_2SO_3 + 2HNO_3 = 2NaNO_3 + H_2SO_3}$$

$$\mathrm{H_2SO_3 = SO_2 \uparrow + H_2O}$$

$$\mathrm{Ag_2SO_3 + H_2SO_3 = 2Ag \downarrow + H_2SO_4 + SO_2 \uparrow}$$

研究了亚硫酸钠从银电解废液中还原银的试验，用作试验的硝酸银电解废液的组分（g/L）为：Ag 56、Cu 240、Fe 3.85、Ni 2.85、Pb 18.90、Sn 4.78、Bi 0.60，游离 HNO_3 12.7。亚硫酸钠还原银的实验是在容量为 10L 的带搅拌浆的反应器中进行的，在搅拌速度 120r/min 时，考察了还原时间、硝酸浓度和亚硫酸钠加入量对银和杂质还原的影响。

还原时间对还原的影响。当调整溶液至含 HNO_3 70g/L，按溶液中含银质量加入 1.5 倍的 Na_2SO_3，于室温下搅拌还原 25min，银的沉淀率达 99.3%。不同还原时间银的沉淀率如图 4-12 所示。

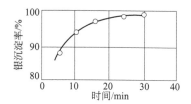

图 4-12 反应时间与银沉淀率的关系

硝酸浓度对还原的影响。当溶液中含 HNO_3 10g/L，加入 1.5 倍理论量的 Na_2SO_3，于室温下搅拌还原 30min，银的沉淀率接近 100%，与此同时也有占总量 17% 的杂质共沉淀。随着溶液中酸度的增高，银和杂质的沉淀率均明显下降。不同酸度条件下，银与杂质的沉淀率如图 4-13 所示。

亚硫酸钠加入量对还原的影响。当溶液中 HNO_3 浓度为 70g/L 时，加入 1.5～2 倍理论量的 Na_2SO_3，室温搅拌还原 30min，银还原沉淀率为 78.92%～99.30%，共沉淀的杂质占总量的 0.1%～0.8%（图 4-14），其中主要的杂质（%）为：Cu 0.06～0.25、Zn 0.05～0.35、Ni 0.00～0.12。此法比铜粉置换法获得的沉淀物（含 Cu 1.60%～2.25%、Zn 0.62%～0.78%、Pb 0.40%～1.27%）纯度高。

某厂曾从铜阳极泥的硝酸直接浸出液中进行过亚硫酸钠还原银的试验。试验料液，是将铜阳极泥经水洗除去铜粉碎屑后，直接加入硝酸溶解而获得的含有大量重金属杂质的硝酸银溶液。

由于试验属探索性质，因而没有进一步进行不同条件的对比和最佳条件选

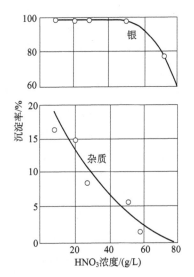

图 4-13 硝酸浓度与银和杂质沉淀率的关系

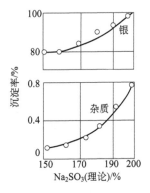

图 4-14 亚硫酸钠加入量与银和杂质沉淀率的关系

择。试验用铜阳极泥的主要组分（％）为：Cu 11.20、Pb 18.07、Zn 6.30、Fe 0.80、SiO_2 2.37、Au 1.64、Ag 26.78。阳极泥经硝酸溶解至后期反应缓慢后，通蒸汽直接加热并搅拌加速溶解和赶除过量的硝酸，获得含银 10.5g/L、硝酸 90g/L 及大量铜、铅、锌、铁等杂质的溶液。将此溶液 10 L 置于 20 L 的耐酸瓷缸中，在室温和搅拌（不锈钢搅拌桨，转速 360r/min）下，按溶液中每克银加入无水亚硫酸钠（使用工业纯 $Na_2SO_3 \cdot 7H_2O$ 折算）1.8g，经搅拌还原 40min，银的还原率为 97.36％，沉淀物含银 91.47％。沉淀物经 3.0mol/L 硫酸洗涤后银品位提高至 94.25％。沉淀银后残液和洗液中的银用铜置换回收。

综合以上实验，可以得出如下结论：①亚硫酸钠可从含有大量重金属杂质的硝酸银溶液中还原银。②还原作业的最佳条件是：硝酸浓度为 10～90g/L，无水 Na_2SO_3 的加入量为银质量的 1.8～2.1 倍，在自热和搅拌条件下还原 30～40min 即可将银还原完全，还原率为 99%，银的纯度在 90% 以上。③沉淀的银经硫酸或含 SO_2 的水溶液洗涤，能明显降低其中的杂质含量，获得纯度较高的银粉。

4.4.2 氯化银高温熔炼还原精炼法

4.4.2.1 纯碱还原熔炼氯化银的原理[23]

Na_2CO_3 氯化银熔炼还原分步反应如下：

$$2AgCl + Na_2CO_3 == Ag_2CO_3 + 2NaCl$$

225℃时：
$$Ag_2CO_3 == Ag_2O + CO_2 \uparrow$$

340℃时：
$$Ag_2O == 2Ag + 0.5O_2 \uparrow$$

总反应：$4AgCl + 2Na_2CO_3 == 4Ag + O_2 \uparrow + 4NaCl + 2CO_2 \uparrow$

干氯化银一般用碳酸钠熔炼还原，根据银还原率与温度的关系（见图 4-15）知，理论上在 500~600℃ 范围内氯化银还原就比较完全了，但是在该温度范围内碳酸钠、银均未熔化（见表 4-15）。因此为了使银熔化以便熔融铸锭，同时使渣变稀保证渣与银能很好地分离，实际操作温度为 1100~1200℃。提高温度亦加速了还原反应的速度，但是温度过高氯化银挥发损失增大，700℃时氯化银很明显开始挥发，为了降低氯化银的挥发损失，预热段升温应缓慢，600℃保温 2h，然后升温至 1100~1200℃。

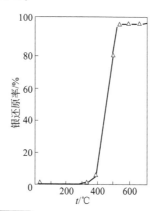

图 4-15 氯化银还原率与温度的关系

表 4-15 熔炼还原时各物质的熔点、沸点及分解温度

物质	熔点/℃	沸点/℃	分解温度/℃
Ag_2CO_3			225
Ag_2O			340
AgCl	455	1550	
NaCl	800.4	1413	
Na_2CO_3	851		950℃有少量 CO_2 挥发
Ag	960.6	1955	

据文献报道，在熔炼过程中银的损失达 3%~7%，甚至更高。主要原因为：

①气相烟尘挥发；②渣中损失，高温下氯化银被包裹在 NaCl-AgCl 固熔体中；③坩埚渗漏。

4.4.2.2　熔炼操作

将干燥的 AgCl 与纯碱混合均匀（AgCl：Na_2CO_3＝100：44）装入石墨黏土坩埚，再将坩埚置于电炉或焦炭炉中加热升温。待坩埚内部分物料熔化体积减小后，再补加 1～2 次配好的物料，继续升温使全部炉料都熔化并适当过热，此时温度为 1000～1050℃。经过一段时间待反应稍微平稳后，用预热的铁钎子将熔体充分搅拌一次，使之完全发生反应。出炉前要将铸铁模内表面刷上一层石墨粉，并烘干。把坩埚抬出炉外，将全部熔融物一起倾入铸模中。冷却后敲去浮渣，可得含银 98％以上的银锭。如 AgCl 不纯，为了改善炉渣性质，出炉前可加入少量硼砂。炉渣的主要成分是 NaCl，熔融的 NaCl 和金属流到潮湿地上均能迸溅，甚至爆炸，操作时务必注意。

4.4.2.3　影响熔炼银回收率的因素

① 配入的纯碱量　银的回收率随纯碱量的增加而提高，当纯碱量达到理论量的 120％时（即约占 AgCl 量的 44％）回收率最高。

② 温度　AgCl 熔点低，沸点也不太高，容易挥发，故温度不宜太高，升温速率也不宜太快。否则，不仅 AgCl 挥发，而且会由于反应过于激烈，将 Ag 和 AgCl 喷至坩埚外造成损失。

③ 炉渣的性质　炉渣的主要成分是 NaCl，AgCl 与 NaCl 液相和固相均能互相熔解，因而部分 AgCl 可能熔于渣中，加入过量 Na_2CO_3 能减少 AgCl 在渣中的损失，银回收率可达 96％～98％。如 AgCl 不纯，含其他高熔点金属氧化物，会使渣的熔点升高，黏度增加，银不能完全从渣中分离出来，加入过量的 Na_2CO_3 和适量的硼砂，使之与高熔点金属氧化物造成熔点低的渣，可减少银的损失。

4.4.2.4　纯碱熔炼法的优缺点

本法优点是工艺简单，可直接得到金属银，且银锭品位较高，能达 98％～99％。其缺点是：

① 劳动条件差　大部分金属氯化物的熔点和沸点均较低，在高温下极易挥发，恶化劳动条件和污染大气。

② 坩埚消耗量大　坩埚是由 50％石墨粉和 50％耐火黏土制成，加入的大量纯碱容易和黏土造渣而使其受到腐蚀。反应过程中产生的 O_2、Ag_2O、CO_2 都属于氧化性物质，在高温下能与石墨发生如下反应：

$$C+O_2 \xlongequal{\quad} CO_2 \uparrow$$

$$C+2Ag_2O \xlongequal{\quad} 4Ag \downarrow +CO_2 \uparrow$$

$$C+CO_2 \xlongequal{\quad} 2CO \uparrow$$

另外，各种熔融的氯化物对坩埚也有一定的渗透和腐蚀作用。上述几个因素共同作用的结果是坩埚极易被腐蚀和破坏，且温度越高腐蚀越严重，因此坩埚寿命很短，一般使用 3～4 次就得更换，否则便会发生漏埚事故，造成银的损失。

③ 操作技术要求严格 操作技术不当，便可能造成 AgCl 挥发损失、渣中含银高以及漏埚等事故，降低银的回收率，甚至在浇铸时产生迸溅乃至爆炸等事故而伤人。

4.5 银的萃取法精炼[8]

在盐酸介质中，银主要以氯化银形式存在，只有当氯离子浓度相当高时才部分形成 $[AgCl_2]^-$、$[AgCl_3]^{2-}$ 等配合物，并且稳定性较差，因此常用沉淀法回收银，而对银的萃取研究甚少。

在硝酸介质中，银主要以硝酸银形式存在，溶解度较大，而硝酸属强氧化剂，故要求萃取剂的抗氧化性要好。一般萃取剂在强氧化剂的作用下容易被破坏或老化，因而萃取银的有效萃取剂不多，比较有效的萃取剂有二烷基硫醚，例如二异辛基硫醚、石油硫醚等。

在氰化物介质中，银与金相似可生成氰配合物 $[Ag(CN)_2]^-$，可被萃取 $[Au(CN)_2]^-$ 的萃取剂共萃取。

在硫代硫酸钠中，银可以生成 $[Ag(S_2O_3)_2]^{3-}$，能被某些萃取剂萃取。

4.5.1 二异辛基硫醚（S_{219}）萃取精炼银

水相酸度在较宽的范围内都可得到很好的萃取效果，但酸度过低不利于分相，萃取率会受到影响；而酸度太高对萃取剂会起破坏作用，一般以 0.2～0.5mol/L HNO₃ 为宜（见图 4-16）。以二异辛基硫醚为萃取剂，磺化煤油为稀释剂，萃取银的速度较快，4～5min 即可达到平衡。萃取剂浓度＞30％，可达到较高的萃取率。增加萃取剂浓度有利于提高萃取率，但过高会增加分相困难，一般以 40％～60％为宜（见图 4-17）。水相中的银浓度与萃取剂浓度、相比、银萃合物在有机相中的溶解度有关，高银浓度萃取有利于提高产率，但超过有机相的溶解能力会出现第 3 相，一般以含银 60～150g/L 为宜。

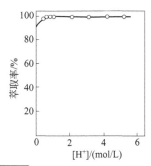

图 4-16 料液酸度对银萃取率的影响

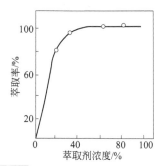

图 4-17 萃取剂浓度对银萃取率的影响

工厂实际生产采用离心萃取器 5 级萃取，相比（O/A）＝（1～2）∶1，有机相萃取容量≈70g/L，饱和容量可达 136g/L，萃取率＞99.9%，工艺流程见图4-18。

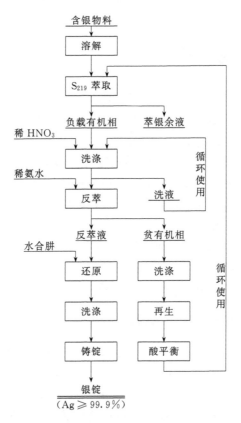

图 4-18　二异辛基硫醚（S_{219}）从硝酸介质中萃取银工艺流程

洗涤和反萃在混合澄清槽中进行，稀硝酸 2 级洗涤，以 1～2mol/L $NH_3 \cdot H_2O$ 为反萃剂反萃 3 级，相比（O/A）＝1∶1，反萃率＞99.75%。液体流量采用不锈钢柱塞泵控制。银经萃取、反萃已经得到提纯，再经水合肼还原得到纯银粉。还原在 50～60℃下进行，过滤得海绵银。海绵银洗涤、烘干、铸锭，纯度＞99.9%，直收率＞99%，总收率＞99.9%，产品纯度＞99.9%。

实际生产表明：该工艺简单、生产周期短、易于操作、设备占地少、产品纯度有保证，回收率和直收率高，萃取剂具有良好的化学稳定性和复用性能，能满足工业应用的要求。这是至今为止在工业上应用萃取法提纯回收银的唯一成功例证。

二异辛基硫醚（S_{219}）从硝酸介质中萃取银属中性配合萃取机理，其萃取反应为：

$$Ag^+ + NO_3^- + nS_{219} \Longrightarrow AgNO_3 \cdot nS_{219}$$

反萃时有机相内以硫醚配合物形式存在的银转化为银氨配合阳离子而返回水相，反萃反应为：

$$AgNO_3 \cdot nS_{219} + 2NH_3 \cdot H_2O === [Ag(NH_3)_2]^+ + NO_3^- + nS_{219} + 2H_2O$$

硫醚有一定的还原性，有机相中会产生金属银微粒，会影响萃取的正常操作。

关于其他萃取剂萃取分离精炼银的工艺参阅笔者 2010 年于化学工业出版社出版的《贵金属萃取化学》（第 2 版）。

4.5.2 电解含银萃取有机相制备高纯银[9]

利用具有一定反萃取能力的电解质水相，将有机相中的银反萃取到水相，使得电解反应能够维持，电解时水相中的银的浓度降低，反应平衡不断移动，有机相中银浓度逐渐降低，直到电解完全。利用此法可以提取回收银，以及在用阳离子表面活性剂萃取回收金或氰化法提取回收金的过程中同时获取金与银。在水相中加入电解质，于两相共存的条件下进行电解，银具有高的回收率，从整体上降低银的生产成本，为萃取法提取回收银提供一捷径，并为其工艺的工业化提供理论和实践基础。利用萃取剂选择性、水相反萃取条件以及电解时电解电压的控制可以较高效率地得到纯银，省去了萃取法提取银时所需的常规的后续化学处理步骤。

萃取银有机相系由磷酸三丁酯（TBP）与正庚烷以体积比（3:7）配成的溶液，以体积比（1:1）萃取 pH≈10.5 的 2g/L KAg(CN)$_2$ 含有十六烷基三甲基溴化铵（CTMAB）[Ag:CTMAB=1:(1.2～1.3)，摩尔比]的水溶液所得。此有机相 10.0mL，水相为 0.5mol/L KSCN 溶液 10.0mL，阳极采用铂电极，阴极为不锈钢片，恒电流，电解一定时间，洗净阴极，其表面呈灰白色，阴极增重 0.0121g，其电积率约为 96.2%。

参 考 文 献

[1] 宋文代，范顺科. 金银精炼技术和质量监督手册. 北京：冶金工业出版社，2003：15-64.

[2] 孙戬. 金银冶金. 第 2 版. 北京：冶金工业出版社，1998：499-502，542-595.

[3] 黄礼煌. 金银提取技术. 第 2 版. 北京：冶金工业出版社，2003：487-490.

[4] 黎鼎鑫，王永录. 贵金属提取与精炼. 修订版. 长沙：中南大学出版社，2003：561-564.

[5] 卢宜源，宾万达. 贵金属冶金学. 修订版. 长沙：中南大学出版社，2004：232-254.

[6] 尹淑云. 银电解精炼的设计与改进，有色金属（冶炼），2001，(1)：35.

[7] 贺小塘. 氯化银还原精炼技术. 黄金，1998，19 (2)：36-38.

[8] 余建民. 贵金属萃取化学. 第 2 版. 北京：化学工业出版社，2010：369-370.

[9] 周维金，周勇，张天喜. 由电解含银萃取有机相制备高纯银的方法，CN 1448541A. 2003-10-15.

[10] 李永诚，刘庆杰，刘久苗. 高纯白银生产过程中银电解液净化方法. CN 101113526A. 2008-1-30.

[11] GB/T 4135—2015，2015-9-11.

[12] 胡建辉，夏兴旺，王日. 一种无铜离子银电解工艺. CN 100588746C. 2010-2-10.

［13］王日，黄绍勇，聂华平.无铜离子电解制备高纯银新技术.湿法冶金，2013，32（5）：323-325.

［14］杨其壬，秦仁睿.高酸无铜电解液银电解工艺生产实践.铜业工程，2013（4）：32-36.

［15］刘庆杰，胡世勋，赵国成.银电解废液净化方法浅析.中国有色冶金，2011（1）：22-26.

［16］熊超.银锭自动浇铸机的应用与实践.铜业工程，2007（1）：50-53.

［17］王青，蒲保春，魏东.银电解精炼中铋的行为分析.黄金，2002（11）：35-38.

［18］张基娟，宋裕华.双反星形可控整流在银电解生产中的应用.黄金，2009，30（2）：36-39.

［19］胡丕兴.高电流密度下银电解的研究及工业试验.江西理工大学学报，2008，29（3）：62-64.

［20］梁勇，王日，黄绍勇，等.高电流密度银电解新工艺的研究与应用.有色金属（冶炼部分），2011（11）：41-44.

［21］容智梅.银电解过程中杂质的行为及其控制.湖南有色金属，2003，19（3）：16-18.

［22］黄绍勇.银电解液中杂质的行为及净化方法.湿法冶金，2004，23（1）：53-56.

［23］李伟，秦庆伟.化学精炼提 Ag 在大冶有色公司的实践.矿产保护与利用，2008（3）：33-35.

［24］余建民，毕向光，李权.亚硫酸钠在稀贵金属冶金中的应用.黄金，2014，35（1）：48-52.

［25］陈大林，邢晓钟，张燕，等.银电解废液处理方法.CN 102010036 B.2012-6-7.

［26］马玉天，钟清慎，陈大林，等.一种从银电解液中高效分离钯的方法.CN 103526233 A.2014-1-22.

［27］吴江华，杨天足，刘伟锋，等.一种从银电解液中分离钯的方法.CN 102329959 B.2012-12-26.

5

钯的精炼工艺

5.1 概述

通常，钯的精炼方法主要有二氯二氨配亚钯沉淀法和氯钯酸铵反复沉淀法。与氯铂酸铵反复沉淀法相似，氯钯酸铵反复沉淀法是从钯中除去贱金属杂质的有效方法，但铂族金属难以除尽。二氯二氨配亚钯沉淀法则能有效地除去各类贵金属杂质。随着溶剂萃取技术的迅速发展，钯的萃取精炼工艺在工业上得到了广泛的应用。精炼中可根据原料成分等情况选用适宜的方法。由二氯二氨配亚钯制取海绵钯传统的方法是煅烧-氢还原法，但是水合肼还原法也得到了应用。

5.2 氯钯酸铵反复沉淀法[1~3]

钯精炼的原料可以是经初步分离的氯亚钯酸、硝酸钯、硫酸钯等溶液，也可以直接用粗钯或钯合金废料作原料，原料粗钯或钯合金废料在精炼前必须溶解造液。

5.2.1 钯的溶解造液

目前钯造液的方法有：硝酸法、王水法、氯化法和电化法等。

铂族金属中，钯容易被多种酸造液溶解。凡是铂造液的各种方法，都能有效地溶解钯。但选择什么造液方法，不仅要考虑钯的溶解程度，还应综合考虑原料杂质的种类、技术控制的复杂程度、过程的稳定情况、是否连续作业和安全、容器材质等诸因素。现将钯造液的各种方法介绍如下。

① 硝酸溶解法 各种造液法都要求金属原料（尤其废合金）在造液之前选去杂物，进行碎化，除去油污，以利于钯原料的溶解。钯很容易溶于硝酸，钯在浓硝酸作用下发生如下反应：

$$Pd + 4HNO_3 \longrightarrow Pd(NO_3)_2 + 2NO_2 \uparrow + 2H_2O$$

钯在稀硝酸作用下，按下式进行反应：

$$3Pd+8HNO_3 \rightleftharpoons 3Pd(NO_3)_2+2NO\uparrow+4H_2O$$

用硝酸造液时，贵金属杂质多为硝酸不溶物而进入残渣，这有利于贵金属的分离和综合提取。但溶液中的硝酸根及游离硝酸对下一步进行的二氯二氨配亚钯沉淀法精炼极为有害，必须专门赶硝，以彻底除去溶液中的硝酸根与游离硝酸。赶硝后的溶液应呈透明的红棕色。

② 王水溶解法 钯在王水中将按下式反应进行化学溶解：

$$3Pd+4HNO_3+18HCl \rightleftharpoons 3H_2PdCl_6+8H_2O+4NO\uparrow$$

生成的氯钯酸 H_2PdCl_6 在煮沸时将自行转化为氯亚钯酸 H_2PdCl_4，形成稳定的低价亚钯氯配离子。

钯料中的银及铱等，因不被王水溶解而进入残渣，其他贵金属和贱金属属能溶于王水，分别以贵金属氯配离子及贱金属氯化物形态和氯亚钯酸一起进入溶液。

对含银、铱量多的钯料不宜于采用王水溶解法造液，因不溶的氯化银沉淀或铱容易包裹钯料或使钯料钝化，严重时将被迫停止溶解作业。此外，若原料中含有大量金、铂，因其能被溶解进入溶液，故下一步还须采用单独的作业综合提取金、铂，但若采用单纯硝酸溶解时，不会出现上述问题，因为此时金、铂进入不溶残渣而实现金、铂与钯的分离。

王水造液后，过滤除去不溶物，此不溶物可送去回收银、铱等。滤液与洗液合并，可在减压装置中加热进行彻底赶硝。

③ 水溶液氯化造液法 钯容易被王水、硝酸所氧化，与配合剂结合溶于水中。同理，氯气、次氯酸、氯酸钠、双氧水等，尤其是当有配合剂氯离子存在时，也能有效地氧化钯，使钯以氯配离子形态溶解进入溶液。前述中的盐酸-氯、盐酸-双氧水、盐酸-氯酸钠等方法溶解各种贵金属就属于这一范畴。这种造液法通过控制电极电势还可实现选择溶解。

④ 电化造液法 与金电化造液相似，装于布袋中的原料钯阳极在直流电的作用下失去电子，不断电化溶解，电极电势较正的金属杂质则不溶解而进入阳极泥。阴极上套有阴离子隔膜，电解液溶解的钯阳离子由于不能穿过阴离子隔膜，便不断在电解液中积累，隔膜中的阴极反应，仅放出氢。

电化造液中电解液的选择是至关重要的，当原料的阳极钯含有大量银或金时，不宜选用盐酸作电解质，而选用硝酸电解液较好。因为在盐酸介质中电化造液时，银生成氯化银沉淀包裹阳极，妨碍了阳极溶解，金则与钯一起溶解进入电解液，此电解液须在提钯前单独作业来进行复杂的金、钯分离。当然，硝酸电解液在提钯前尚须赶硝，溶解的银也须脱除，但从钯中分离银的氯化分银法较为简单易行。用盐酸作电解液可不进行赶硝作业，但溶液中贵金属多呈配阴离子，这时就不能选用阴离子隔膜了。若用阳离子隔膜，个别阳离子则易通过隔膜而在阴极上析出，这将妨碍电解液中贵金属离子的富集。

电化造液作业平稳，不产生有害气体，也容易连续作业和联动控制，但电化溶解速率小。

⑤ 电解溶解造液法　为弥补化学溶解造液、电化造液的不足，可采用电解溶解造液法。其装置如图 5-1 所示。

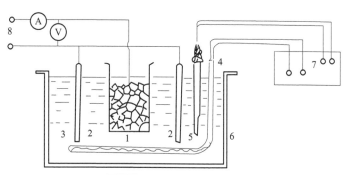

图 5-1 钯电解溶解造液装置

1—阳极筐，用多股铂丝作引入线；2—不锈钢阴极；3—硝酸电解液，8mol/L；4—石英内加热器（24W）；
5—接点温度计（0~100℃）；6—瓷电解槽；7—温度自动控制装置；8—直流电源

钯的电解溶解造液工艺与单纯电化造液工艺不同，此工艺不用阴极隔膜，而利用表面活性原理，增加了化学溶解过程，造液中发生的反应如下：

阳极筐中的钯废料　　$Pd \Longrightarrow Pd^{2+} + 2e$

阴极上　　　　　　$Pd^{2+} + 2e \Longrightarrow Pd$

由于阳极电化溶解，阴极电化析出，故阴阳极都生成了新鲜表面，都有极大的表面化学活性。在稀硝酸电解液及温度作用下，上述新鲜表面活性极强的钯很快反应溶解。钯溶解的化学反应是放热反应，放出的热量足以使槽内溶液温度上升到 60℃。石英加热器供热，是借助于温度自动控制装置使其保持恒温。

电解溶解造液过程中，电化溶解促进了化学溶解，电化溶解又控制了化学溶解。生产实践证明，其生产能力可达单位电化溶解的数倍至 10 倍，硝酸溶剂消耗量接近于理论量，又不产生有害气体，改善了工作条件。

电解溶解造液生产中控制的作业条件为：电流密度 200A/m²，槽电压 2V，电解液温度 70℃，各种废钯合金不论采用何种造液方法，所产生的钯液除了含有各种合金元素外，含其他杂质均较少，而且通过造液还有可能除去大部分贵金属合金元素如金、铱、铑、银等。因此，废钯合金溶液可以直接送到下一工序，进行钯的精炼，并回收其他贵金属。

5.2.2　氯化铵反复沉淀法

高价铂族金属氯配离子都能与氯化铵作用生成相应的铵盐沉淀，因此与氯铂酸铵反复沉淀精炼法原理相似，氯钯酸铵沉淀法同样可对钯盐进行精炼。但这种方法多用来除去贱金属及金、银等杂质。

操作时，控制溶液含钯 $40\sim50g/L$，室温下通入氯气约 $5min$，然后按理论量和保证溶液中有 10% 的 NH_4Cl 浓度计算加入固体氯化铵，继续通入氯气，直至溶液中的钯完全沉淀为止。一般延续时间约需 $30min$。沉淀完毕即过滤，并用 $17\%NH_4Cl$ 溶液（经通入氯气饱和）洗涤，即可得到纯钯盐。

$$H_2PdCl_4+Cl_2+2NH_4Cl =\!=\!= (NH_4)_2PdCl_6\downarrow+2HCl$$
$$Na_2PdCl_4+Cl_2+2NH_4Cl =\!=\!= (NH_4)_2PdCl_6\downarrow+2NaCl$$

氧化剂可以是 HNO_3、Cl_2、H_2O_2 等，H_2O_2 的氧化效果较差，HNO_3 的氧化效果较好，但操作不便且废液不易处理，Cl_2 是最方便的。

若原料用王水溶解造液，溶解结束后过滤，滤液不必赶硝，可直接加入 NH_4Cl 沉淀钯为氯钯酸铵。

若原料中含有其他铂族金属氯配离子，也会生成铵盐，并与氯钯酸铵共存，沉淀颜色则变为赤褐色或黄褐色。

四价钯的氯钯酸铵很不稳定，在长时间加热或还原剂存在的条件下，它将分解或还原成氯亚钯酸铵，溶液呈暗红色。根据这一特性，要求在精炼过程采取措施，避免生成可溶性的亚钯盐，否则会降低钯的直收率。

$$(NH_4)_2PdCl_6+H_2O =\!=\!= (NH_4)_2PdCl_4+HCl+HClO$$
（红色固体）　　　　　　（黑红色液体）

冷却后过滤，重复进行沉淀-溶解过程，最后获得的较纯的氯钯酸铵经煅烧和氢还原得纯海绵钯。氯钯酸铵沉淀法能有效地除去铜、铁、镍、钴、铅等贱金属杂质，但其他贵金属则难于除去（见表5-1），故当贵金属杂质含量较高时，钯的纯度很难达到 99.9%，而将氯化铵反复沉淀法与氨配合-酸化沉淀法联合使用可以最大限度地除去各类杂质，易获得含量为 99.99% 的钯。

表 5-1　氯化铵反复沉淀法除杂效果

沉淀次数	杂质含量/%					
	Pt	Au	Ag	Rh	Ir	Cu
1	0.00585	<0.0005	<0.0001	<0.001	<0.004	0.020
2	0.00861	<0.0005	<0.0001	<0.001	<0.004	<0.001
3	0.00725	<0.0005	<0.0001	<0.001	<0.004	<0.001

沉淀次数	杂质含量/%					
	Fe	Ni	Co	Pb	Mg	Mn
1	0.00962	0.00412	0.002	0.00693	<0.0002	<0.0001
2	<0.002	<0.001	<0.002	<0.002	<0.0002	<0.0001
3	<0.002	<0.001	<0.002	<0.002	<0.0002	<0.0001

5.3 二氯二氨配亚钯法[1~3]

5.3.1 溶解造液

在氯钯酸铵反复沉淀法中对钯料的造液已有详细说明。

5.3.2 除银赶硝

采用硝酸溶解法或以硝酸溶液为电解液进行造液的残渣或阳极泥主要含金、铂、铑、铱等贵金属，可另行回收。而溶液的主要成分为硝酸亚钯和硝酸银及其他贱金属合金元素的硝酸盐。溶液经澄清过滤后，要求首先除银，由于银在氨配合-酸化沉淀提纯过程中具有与钯相似的行为，若不除尽银，银将进入产品钯中，影响钯的质量。

据有关文献记载，除银时将原液稀释后边搅拌边加入 NaCl 饱和溶液，于是发生下列反应，Ag 以 AgCl 状态沉淀。

$$AgNO_3 + NaCl \rightleftharpoons AgCl\downarrow + NaNO_3$$

但用 NaCl 沉淀除银，在赶硝时极易生成结晶沉于容器底部，时常发生炸杯现象，造成钯的损失。结合反应可见，可能是生成的 $NaNO_3$ 结晶造成的。如果采用盐酸沉淀，则可避免炸坏容器。将原液稀释，使银离子浓度降至 50g/L 以下，搅拌、缓缓加入盐酸溶反应如下：

$$AgNO_3 + HCl \rightleftharpoons AgCl\downarrow + HNO_3$$

盐酸加至不再生成白色沉淀为止，一定不要过量太多，否则将有部分氯化银重溶，静止过滤，滤液中银即可达到规定水平以下。

氯化银滤饼洗涤后应为白色沉淀，但因洗涤稀释过程中体系的 pH 值增大，部分钠盐水解，沉淀夹裹了部分钯盐，使氯化银由白色变为黄色。为使肉黄色沉淀中的钯盐与氯化银分离，可将该沉淀浆化并加入氨水，控制 pH=8~9，再加热至沸，此时钯盐被氨水配合溶解而与沉淀分离。

氨水除能配合溶解钯盐外，也能将部分氯化银按以下反应配合生成可溶性的银氨配盐：

$$AgCl + 2NH_3 \cdot H_2O \rightleftharpoons Ag(NH_3)_2Cl + 2H_2O$$

所以氨水配合溶解的钯溶液中也含有大量的银氨配离子，此溶液可加入适量盐酸，严格控制 pH=5~6，则银氨配离子被破坏，银仍以氯化银形式从溶液中分离沉淀出来。沉淀银后的配合液并入主流程溶液，一起进行钯的精炼。白色氯化银沉淀干燥后送去提取银。

赶硝装置及作业均与铂溶解赶硝部分相同。应尽量将硝酸根赶尽，否则在提纯过程中会降低钯的直收率。

赶硝终点，可根据加入盐酸后不再出现棕红色 NO_2 的烟气为止，再继续浓缩一段时间，然后加水两次，以赶去溶液中大部分游离盐酸，这时溶液将由硝酸亚钯转化为氯化亚钯或氯亚钯酸，此溶液不用过滤即可进行氨水配合。

5.3.3 氨水配合

氨水配合作业的目的是进一步除去料液中的金属杂质。作业方法是向钯料液中加入浓氨水，控制 pH＝8～9，这时与水解作业相似，料液中多数杂质金属离子生成相应的氢氧化物或碱式盐沉淀，并进入土红色配合渣。

料液中的氯亚钯酸在氨水作用下发生如下反应：

$$2H_2PdCl_4+4NH_3 \cdot H_2O \Longrightarrow Pd(NH_3)_4 \cdot PdCl_4 \downarrow +4HCl+4H_2O$$

$$2Na_2PdCl_4+4NH_3 \cdot H_2O \Longrightarrow Pd(NH_3)_4 \cdot PdCl_4 \downarrow +4NaCl+4H_2O$$

式中产物 $Pd(NH_3)_4 \cdot PdCl_4$ 称为氯亚钯酸四氨配合亚钯，又称沃凯连盐，为肉红色沉淀。

当继续加入氨水至 pH＝8～9，在加热温度达 80℃时，肉红色沉淀就会消失，并按下面反应生成浅色的二氯四氨配亚钯溶液：

$$Pd(NH_3)_4 \cdot PdCl_4+4NH_3 \cdot H_2O \Longrightarrow 2Pd(NH_3)_4Cl_2+4H_2O$$

式中产物 $Pd(NH_3)_4Cl_2$ 即为二氯四氨配亚钯，若其中溶解有杂质，颜色将由浅色变为绿蓝色，杂质含量越多，溶液颜色愈深。

氨水配合时，料液中的铑、铱被还原为 3 价盐，并生成氯亚铑酸铵 $(NH_4)_2RhCl_5$ 和氯亚铱酸铵 $(NH_4)_2IrCl_5$，与钯一起进入溶液，少量铑、铱呈氢氧化物或一氯五氨盐沉淀而进入配合渣：

$$(NH_4)_2RhCl_5+5NH_3 \cdot H_2O \Longrightarrow [Rh(NH_3)_5 \cdot Cl]Cl_2 \downarrow +2NH_4Cl+5H_2O$$

$$(NH_4)_2RhCl_5+3NH_3 \cdot H_2O \Longrightarrow Rh(OH)_3 \downarrow +5NH_4Cl$$

氨水配合时，料液中的 Ag^+、Cd^{2+}、Cu^{2+}、Ni^{2+}、Zn^{2+} 等与氨水配合能力也较强，它们的氨配合物逐级不稳定常数都小于 10^{-5}，所以这类杂质的存在能影响产品钯的质量。

氨水配合作业要求料液控制含钯 100g/L，一边搅拌一边缓慢加入浓度为 14mol/L 的试剂级氨水，调整 pH＝8～9。此后，溶液加热至 80℃，肉红色沉明显消失，但溶液中生成并悬浮有絮状土红色的配合渣。如果溶液的 pH 值下降，则应补加氨水调整至规定的 pH 值。

pH＜8 可能出现两种情况：a. 生成沃凯连盐，需加热才能溶解；b. 有些杂质水解不完全，影响钯精制效果。pH＞9 也可能出现两种情况：a. 部分杂质的氢氧化物沉淀重溶，降低精炼效果；b. 盐酸酸化时溶液温度升高，使进入酸化作业废液的钯量增加，从而降低了钯精炼的直收率。

氨配合产物先静置澄清，过滤配合渣须用 1% $NH_3 \cdot H_2O$ 溶液洗涤数次，配合渣积累到一定数量后再进行综合提取其中的有价元素。滤液与洗液合并，送下一步精炼。

5.3.4 酸化沉淀

氨配合液中还溶解了部分 3 价铑、铱的氨配酸盐以及少量银、镉、铜、镍、锌等氨配离子，故需进一步除去这些杂质。酸化作业是基于在酸性条件下，二氯四氨配亚钯将转化为二氯二氨配亚钯黄色沉淀，各种杂质则仍留在溶液中，从而实现了钯与上述杂质的进一步分离。通常氨配合与酸化沉淀作业需反复数次才能使杂质达到允许限度以下。

酸化作业时，氨配合液中钯浓度约控制在 80g/L，常温下，在搅拌下加入 12mol/L 的浓 HCl 溶液，调整 pH＝1～1.5，这时二氯四氨配亚钯按如下反应生成黄色沉淀：

$$Pd(NH_3)_4Cl_2 + 2HCl = Pd(NH_3)_2Cl_2 \downarrow + 2NH_4Cl$$

过滤上述二氯二氨配亚钯黄色沉淀，滤液中的杂质则与钯盐沉淀分离，通常每千克钯约消耗 1.5L 12mol/L HCl 溶液。

作业过程中需严格控制 pH 值，要注意盐酸加入速度不宜太快，以防止 HCl 过量。加入盐酸速度过快或过量太多，都将使作业温度升高，使钯在酸化母液中的溶解度增大。如果酸化母液中钯溶解量增大，则其滤液颜色由正常的淡黄色变为黄红色，这将降低钯的直收率。

此外，$Pd(NH_3)_2Cl_2$ 沉淀必须用 1％HCl 溶液洗涤，以避免洗液溶解钯盐沉淀，否则又将降低钯的沉淀率。

滤液与洗液合并，其中含钯量有时达 1g/L 以上，可用锌置换的方法回收其中的贵金属。用硫化法处理上述废液，工艺简便易行，贵金属沉淀彻底，尤其易于再造液，可获得较好的经济效益。

5.3.5 煅烧与氢还原[4]

将精制的二氯二氨配亚钯黄色沉淀烘干，然后进行高温煅烧，使其分解氧化生成氧化钯，再将氧化钯进行高温氢还原，最后产出粉状金属钯，通称海绵钯。

煅烧作业在马弗炉中进行。二氯二氨配亚钯盛于高温化学陶瓷容器中，放入马弗炉内，炉料在温度和空气作用下，按以下反应生成黑色的氧化亚钯：

$$3Pd(NH_3)_2Cl_2 = 3Pd + 2HCl + 4NH_4Cl + N_2 \uparrow$$
$$2Pd + O_2 = 2PdO$$

为防止陶瓷容器炸裂和避免物料被突发性气流喷出而造成钯的损失，煅烧初期应在 200℃下恒温数小时，然后缓慢升温至 600℃，待逸出白烟显著减少后，停电自然冷却。较高的煅烧温度有利于分解和氧化过程，但产物易烧结，造成还原困难。

煅烧逸出的炉气腐蚀性强，大量氯化铵到处结晶，作业中应注意回收氯化铵，并加强通风改善作业环境。

黑色氧化亚钯取出后，用热水洗涤，洗净其中的氯离子，然后在图 5-2 所示的装置中进行氢还原。

装有黑色氧化亚钯的石英管在管状电炉中加热至 500℃，首先通入二氧化碳气体（或其他惰性气体）15min，以赶走管内空气，在通入保护气体的过程中才能将石英管另一端用装有导气管的胶塞堵住。接着通入经洗涤干燥的氢气，炉料在高温下与氢气作用，按如下反应生成金属钯：

$$PdO + H_2 \rightleftharpoons Pd + H_2O$$

通入氢气过程中，炉内保持 500~600℃ 恒温，在后期可适当加大氢气通入量，打开石英管排气胶塞一次，以赶尽管内水蒸气。

炉料由黑色明显变为灰色，时间为 1~1.5h。然后快速降温，温度降至100℃时改通 CO_2 气体至常温。即获得产品海绵钯，产品可稳定在含钯 99.99%以上。

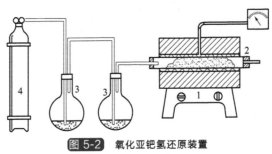

图 5-2 氧化亚钯氢还原装置

1—管状电炉；2—石英管；3—洗气瓶；4—气瓶

5.3.6 水合肼还原[1~5]

（1）水合肼还原氧化钯

煅烧所得到的氧化钯亦可应用水合肼还原的方法制得海绵钯。将 361.07g 氧化钯加入盛有 1500mL 左右水的烧杯中，搅拌使氧化钯悬浮于水中，在不断搅拌的情况下逐次小批量地加入水合肼共 315mL，即将氧化亚钯还原成疏松状态的金属钯，沉淀于烧杯底部，溶液透明无色，溢出大量气泡后，补加少量水合肼，不再有气泡放出时反应完成。将所得沉淀过滤、洗涤至中性、烘干，将此沉淀全部转化成 H_2PdCl_4，并制备成 $PdCl_2$（AR 级）520g，按理论量计算回收率为 99.6%。

（2）水合肼还原 $Pd(NH_3)_2Cl_2$

① 酸度对钯还原率的影响 由酸化后的二氯二氨配亚钯得到海绵钯，以前多采用煅烧与氢还原法。此方法环境污染较大，又麻烦，所以现多用水合肼还原二氯二氨配亚钯，产生海绵钯，发生的反应如下：

$$Pd(NH_3)_2Cl_2 + 2N_2H_4 \cdot H_2O \Longleftrightarrow Pd + 2NH_3 \cdot H_2O + 2NH_4Cl + N_2 \uparrow$$

在水合肼还原 $Pd(NH_3)_2Cl_2$ 时，其还原酸度对钯的回收率、纯度、水合肼的消耗量有一定影响，如表 5-2 所示。

表 5-2　不同酸度时钯的还原试验

加入钯量/mg	介质酸度/(mol/L)	还原得钯量/mg	回收率/%
1000	12	990	99.0
1000	6	993	99.3
1000	4	987	98.7
1000	2	988	98.8
614	1	620.4	101.0
614	pH<1	626.2	102.0
614	pH=1～2	625.6	101.9
614	pH=4～5	630.6	102.7
614	pH=9	623.0	101.4

从表 5-2 可见，在盐酸介质中，各种不同浓度一直到介质 pH≈9，钯都能被 $N_2H_4 \cdot H_2O$ 还原，并能一次还原完全。但实验与生产实践证明，介质酸度在 4mol/L 以上时，消耗的 $N_2H_4 \cdot H_2O$ 显著增多，酸度越高，需 $N_2H_4 \cdot H_2O$ 越多。同样还原 1g 钯，酸度在 4mol/L 以上时需 8mL 以上 $N_2H_4 \cdot H_2O$，酸度在 2mol/L 以下，只耗 $N_2H_4 \cdot H_2O$ 1～2mL。据此用水合肼还原时，采用 pH＝4～5，这时少量的铁、钴、镍、锰、镁、铝等不被还原。

② pH 值对海绵钯外观的影响　溶液 pH 值与海绵钯的堆密度、颜色密切相关（见表 5-3），堆密度大、体积小、熔炼或溶解损失小的烟灰色海绵钯比较受市场青睐。

表 5-3　溶液 pH 值与海绵钯外观的关系

溶液 pH 值	堆密度/(g/cm³)	外观
2～2.5	0.8～1.2	黑色
4～5	2～3	灰色
7～9	4～6	烟灰色

③ 水合肼还原作业过程　将 $Pd(NH_3)_2Cl_2$ 浅黄色沉淀物用 80℃ 左右的水浆化，缓慢加入 $N_2H_4 \cdot H_2O$ 还原，至反应后的溶液清亮为止，开始时要慢加，以免冒槽，溶液清亮后即可过滤，用水洗至中性，在 120℃ 烘箱中烘干。

④ 工业生产实践

a. 钯的原液组成　钯精炼的原液为 DBC 萃取分离金，氯化铵沉铂后得到的钯原液，其成分见表 5-4，钯的原液中除含有大量的贱金属外，含还原一定量的其他贵金属铂、金、铑、铱，从这样复杂的料液中制取纯度为 99.99% 的海绵钯是有一定难度的。

表 5-4   钯原液的组成成分

批号	体积/L	含量														
		Pd		Pt		Au		Rh		Ir		Ni		Cu		Fe	
		g/L	kg	g/L	kg	g/L	kg	g/L	kg	g/L	kg	g/L	kg	g/L	kg	g/L	kg
1	1802	6.89	12.418	1.57	2.832	0.30	0.535	0.68	1.223	0.37	0.658	0.38	0.68	13.44	24.21	0.20	0.36
2	997	3.10	13.058	0.95	0.945	0.12	0.123	0.51	0.504	0.34	0.342	1.42	1.42	17.34	17.29	1.64	1.64
3	981	14.45	14.180	0.91	0.892	0.28	0.278	0.86	0.841	0.26	0.256	2.83	2.78	21.73	21.32	2.53	2.54
4	966	14.61	14.113	1.10	1.065	0.34	0.327	0.54	0.518	0.08	0.081	0.46	0.44	10.43	10.08	0.28	0.27
5	567	12.50	7.085	1.07	0.608	0.59	0.333	0.22	0.123	0.03	0.019	0.56	0.32	19.84	11.25	1.48	0.84
6	1530	12.30	18.822	1.36	2.084	0.24	0.369	0.34	0.527	0.08	0.132	1.09	1.67	10.12	15.49	2.41	3.68
7	1323	13.71	118.144	1.87	2.475	0.14	0.191	0.42	0.553	0.17	0.225	2.61	3.45	17.87	23.64	3.96	5.34
8	1261	12.19	15.37	0.58	0.732	0,08	0.105	0.52	0.657	0.11	0.139	0.67	0.84	9.39	11.84	0.10	0.129
9	1259	8.68	10.931	0.51	0.642	0.10	0.13	0.35	0.437	0.04	0.054	2.48	3.12	15.28	19.24	3.46	4.36
10	762	11.50	8.764	1.65	1.2.6	0.32	0.244	0.37	0,282	0.12	0.094	3.99	3.04	25.04	19.08	5.09	3.88
11	522	10.98	5.733	1.75	0.915	0.22	0.114	0.53	0.278	0.19	0.097	1.44	0.75	25.94	13.54	1.99	1.04
合计	11970		138.618		13.19		2.749		5.661		2.097		18.51		186.98		22.439

b. 工艺流程   水合肼还原 $Pd(NH_3)_2Cl_2$ 工艺流程如图 5-3 所示。

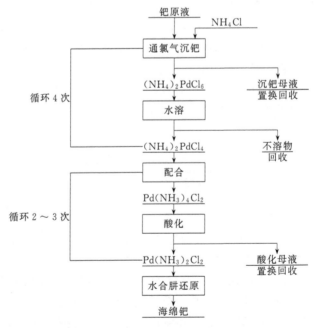

图 5-3   水合肼还原 $Pd(NH_3)_2Cl_2$ 工艺流程

c. 实际生产结果   按照上述工艺流程实际工业生产得到的海绵钯质量、一级品级率及历年海绵钯的一级品率见表 5-5 和表 5-6，金属平衡表见表 5-7。

表 5-5　水合肼还原法得到的海绵钯的质量、产量、品级率

批号	产量/kg	海绵钯主品位/%	杂质含量/%											一级品率/%
			Au	Pt	Rh	Ir	Fe	Ni	Pb	Cu	Mg	Al	Si	
1	10.68	99.9905	0.00066	0.001	0.001	0.001	0.001	0.0005	0.0005	0.0002	0.0002	0.0006	0.003	94.34
	0.64	99.9835	0.0056	0.003	0.001	0.001	0.0008	0.0005	0.0005	0.0002	0.0009	0.0006	0.003	
2	0.33	99.9903	0.00087	0.091	0.001	0.001	0.0008	0.0005	0.0005	0.0002		0.0006	0.003	94.42
	0.67	99.984	0.0006	0.0044	0.001	0.0021	0.0008	0.0005	0.0005	0.0002	0.0023	0.0006	0.003	
3	12.25	99.9913	0.001	0.001	0.001	0.0006	0.0003	0.0005	0.0007	0.0006	0.0006	0.0006	0.002	93.65
	0.83	99.9806	0.012	0.001	0.001	0.0006	0.0003	0.0005	0.0007	0.0006	0.0006	0.0006	0.002	
4	12.25	99.99	0.0006	0.0011	0.001	0.001	0.001	0.0005	0.0005	0.0005	0.0023	0.0006	0.003	94.16
	0.76	99.9831	0.0015	0.0067	0.001	0.001	0.001	0.0005	0.0005	0.0014	0.0002	0.0006	0.003	
5	6.42	99.9903	0.00087	0.001	0.001	0.001	0.0008	0.0005	0.0005	0.0002	0.0002	0.0006	0.003	100
	—	—	—	—	—	—	—	—	—	—	—	—	—	
6	16.21	99.9909	0.0016	0.0025	0.001	0.001	0.001	0.0005	0.0005	0.0002	0.00037	0.0006	0.003	91.84
	1.44	99.9812	0.0016	0.0034	0.001	0.001	0.001	0.0005	0.0005	0.0002	0.0002	0.0006	0.003	
7	15.9	99.9913	0.001	0.001	0.001	0.0006	0.0003	0.0003	0.0007	0.0006	0.0006	0.0006	0.002	92.71
	1.25	99.9897	0.001	0.001	0.001	0.0022	0.0003	0.0003	0.0007	0.0006	0.0006	0.0006	0.002	
8	13.58	99.991	0.001	0.001	0.001	0.0006	0.0005	0.0003	0.0007	0.0006	0.0006	0.0006	0.002	92.89
	1.04	99.984	0.006	0.0051	0.001	0.001	0.0008	0.0006	0.0006	0.00034	0.00034	0.0006	0.002	
9	8.67	99.9916	0.001	0.001	0.001	0.0006	0.0001		0.00017	0.0006	0.0006	0.0006	0.002	90.88
	0.87	99.9627	0.021	0.0067	0.001	0.0006	0.0008	0.0005	0.0007	0.0006	0.0006	0.0006	0.002	
10	8.33	99.9906	0.0006	0.0017	0.001	0.001	0.0007	0.0006	0.0006	0.0003	0.0003	0.0006	0.002	100
											—			
11	4.88	99.99	0.0006	0.0028	0.001	0.001	0.0001	0.0006	0.0006	0.0003	0.0003	0.0006	0.002	100
合计	109.5										—			94.14
	7.50													

表 5-6　历年海绵钯的一级品率

年份	产量/kg	海绵钯主品位/%	杂质含量/%											一级品率/%
			Au	Pt	Rh	Ir	Fe	Pb	Cu	Al	Ni	Ag	Si	
1985	39.904	99.99021	0.0006	0.0011	0.001	0.001	0.001	0.0005	0.0002	0.0006	0.0005	0.0029	0.003	42.10
	54.87	99.9766	0.011	0.002	0.0013	0.001	0.0008	0.0005	0.0002	0.0006	0.0005	0.0025	0.003	
1986	48.9	99.99015	0.0006	0.0011	0.001	0.001	0.0008	0.0005	0.0002	0.0006	0.0005	0.00055	0.003	40.66
	71.81	99.984	0.0006	0.0044	0.001	0.0071	0.0008	0.0005	0.0002	0.0006	0.0005	0.0023	0.003	
1987	58.007	99.99005	0.0006	0.0023	0.001	0.001	0.0007	0.0006	0.00039	0.0006	0.0006	0.00021	0.002	47.85
	63.22	99.98517	0.0026	0.0051	0.001	0.001	0.0007	0.0006	0.00029	0.0006	0.0006	0.003	0.002	
1988	77.115	99.99018	0.0006	0.001	0.001	0.001	0.0007	0.0006	0.00042	0.0006	0.0006	0.0013	0.002	58.42
	54.885	99.98647	0.00025	0.0044	0.001	0.0021	0.0007	0.0006	0.0003	0.0006	0.0006	0.00028	0.002	
1989	120.52	99.9908	0.0006	0.0015	0.001	0.001	0.0007	0.0006	0.0003	0.0006	0.0006	0.0003	0.002	94.14
1990	7.50	99.989	0.0022	0.0017	0.001	0.001	0.0007	0.0006	0.0003	0.0006	0.0006	0.0003	0.002	

表 5-7　水合肼还原海绵钯金属平衡表

批号	原液含钯量/kg	第一次产出产品/kg	第二次产出产品/kg	一次直收率/%	实收率/%
1	12.18	11.32	0.879	91.16	98.24
2	13.058	12.00	0.794	88.37	97.98
3	14.180	13.08	1.31	92.24	101.48
4	14.113	13.01	0.90	92.18	98.56
5	7.085	6.42	0.60	90.16	99.08
6	18.822	17.65	1.05	93.77	99.35
7	18.144	17.15	0.589	94.52	97.77
8	15.370	14.62	0.996	95.12	101.60
9	10.931	9.54	1.30	87.27	99.17
10	8.764	8.33	0.40	95.05	101.60
11	5.733	4.88	0.70	85.12	97.33
合计	138.618	128.00	9.565	92.34	99.24

　　生产实践表明产品一级品率高，达到 94.14%，产品质量稳定在 99.99%，产品经煅烧、氢还原处理证明不减重，经光谱分析证明产品中不含氧化钯。一次直收率为 92.34%，实收率为 99.24%，水合肼直接还原的工艺过程简单，省去了高温煅烧、氢还原、酸煮等过程，产品钯品位可达 99.99% 以上。但水合肼还原能力强，为获得所需产品纯度，必须在还原以前将原料中杂质降至所需限度以下。

　　(3) 水合肼还原 $Pd(NH_3)_4Cl_2$

　　将 $Pd(NH_3)_2Cl_2$ 浅黄色沉淀物用 $NH_3 \cdot H_2O$ 溶解直至溶液 pH＝8～9，将溶液加热，缓慢加入 $N_2H_4 \cdot H_2O$ 还原，至反应后的溶液清亮为止，开始时要慢加，以免冒槽，溶液清亮后即可过滤，用水洗至中性，在 120℃烘箱中烘干。

　　生产实践表明水合肼还原 $Pd(NH_3)_4Cl_2$ 得到的产品比水合肼还原 $Pd(NH_3)_2Cl_2$ 得到的产品粒度细、振实密度大、色泽好，因此在实际生产中应用水合肼还原 $Pd(NH_3)_4Cl_2$ 得到了广泛的推广应用。

5.4　钯的萃取精炼工艺[6,7]

　　用溶剂萃取法从溶液中分离钯和其他铂族金属、金和钯、钯和贱金属以及从贵贱金属混合溶液中分离钯，从 20 世纪 60 年代至今，国内外做了大量研究工作，提出了不少新工艺。贵金属氯配合物的萃取难易顺序为：$[AuCl_4]^- >$ $[PdCl_4]^{2-} > [PtCl_6]^{2-} > [IrCl_6]^{2-} > [RhCl_6]^{3-}$，因此除金之外，钯是较容易萃取的。在一般情况下，钯（Ⅱ）比钯（Ⅳ）稳定，而钯（Ⅱ）在盐酸氯化物介质中随酸度和氯离子浓度的不同可生成多种配合物：$[PdCl_4]^{2-}$、$[Pd(H_2O)Cl_3]^-$、$Pd(H_2O)_2Cl_2$、$[Pd(H_2O)_3Cl]^+$ 等，其萃取能力随着水分子数的增加而降低。因此对酸性氯化物介质中钯的萃取分离主要是研究对 $[PdCl_4]^{2-}$ 的萃取。对钯与二氯化锡、硫氰酸盐等所形成配合物的萃取研究较少。对硝酸和硫酸介质中钯的萃取也有少量报道。钯的萃取剂很多，绝大多数中性、酸性、碱性和螯合萃取剂都可萃取分离钯，但在钯的萃取工艺中研究较多、选择性较好的主要有硫醚、亚砜和羟肟。

羟肟萃取动力学速率较慢，加入胺类动力学协萃剂后选择性降低。亚砜是由相应硫醚氧化而制取的，主要有两类：合成亚砜和石油亚砜。前者组分单一，但价格较高，后者价格低，但其组分常随不同油田所产石油含硫量不同而变化，更重要的是与相应的硫醚相比，其选择性，尤其对铂（Ⅳ）、铱（Ⅳ）的选择性较差，钯精炼较难达到1号钯（99.99％）产品纯度。因此硫醚被公认为是最好的萃钯试剂。如国际镍公司阿克通（Acton）精炼厂和南非国立冶金研究所（NIM）分别将二正辛基硫醚（DOS）和二正己基硫醚（DNHS）应用于钯的生产。钯的萃取率及饱和容量高、产品纯度高，但最大的缺点是这两种正烷基结构的对称硫醚萃取动力学速率较慢，一般需1～3h，实际应用中只能间隙操作，萃取过程的优越性没有充分发挥。并且正烷基结构的硫醚抗氧化能力较弱，易氧化成亚砜，而亚砜也是铂（Ⅳ）、铱（Ⅳ）的有效萃取剂，在较高酸度下也可萃取铁（Ⅲ），因此降低了萃取钯的选择性，难以保证精炼钯的产品纯度。而异构烷基结构的对称硫醚萃取动力学速率较快（<5min），实际生产中可连续操作，充分发挥出了萃取的优越性。最近几年来也有一些二元协同萃取剂萃取钯的研究报道。但是在钯的萃取工艺中研究较多、选择性较好，并且已经实现工业化的主要有两类：硫醚和羟肟类。

5.4.1　二正辛基硫醚（DOS）萃取分离钯

国际镍公司阿克通（Acton）精炼厂已经将DOS萃取钯应用于工业生产，使用25％DOS-脂肪烃（含直链烷烃80％，环烷烃20％，相对密度0.28，沸点208.1℃，闪点78.4℃）萃取，萃余液含钯可降至0.00x g/L，负载有机相用盐酸洗涤，氨水反萃。25％DOS-脂肪烃有机相萃取钯的理论饱和容量为40g/L，实际操作容量为32g/L，但是由于DOS萃取钯的动力学速度很慢，达到平衡需要几个小时，因此只能间断、分批操作，而不能连续进行，这是DOS萃取钯的缺点。

5.4.2　二正庚基硫醚（DNHS）萃取分离钯

南非国立冶金研究所（NIM）选择二正庚基硫醚（DNHS）萃取钯，该萃取剂用下述方法合成：

第一步用庚醇及溴化钠、硫酸反应生成1-溴庚烷：

$$C_8H_{17}OH+NaBr+H_2SO_4 \Longrightarrow C_8H_{17}Br+NaHSO_4+H_2O$$

第二步1-溴庚烷和硫化钠反应生成二正庚基硫醚：

$$2C_8H_{17}Br + Na_2S \Longrightarrow (C_8H_{17})_2S + 2NaBr$$

反应的产率很高，但需仔细控制条件防止生成庚硫醇 $CH_3(CH_2)_6CH_2SH$ 污染产品，因为它的味道较臭，并且会降低萃取的选择性、反萃时会引起钯的沉淀。

50%DNHS-Solvesso150 萃取钯对酸度的依赖关系不明显，可在任何酸度下萃取钯，在 1mol/L HCl 溶液中分配系数可达 10^5，对其他铂族金属的选择性很高，铂（Ⅳ）接触 5d 都不萃取，铂（Ⅱ）在 2d 内萃取 1%，其他铂族金属则无论是什么氧化态都不萃取，贱金属中只有铜（Ⅰ）可共萃形成 Cu(R—S—R)Cl 配合物，但稳定性较差可用酸洗涤除去。负载有机相中的钯可用氨水反萃，反萃速率很快，2min 即可平衡，而且反萃很完全。1 级反萃的平衡常数就小于 10^{-2}。

二正庚基硫醚的密度为 $0.84g/cm^3$，沸点为 230℃，黏度低可使用 100%浓度，萃取钯的容量很高，100%DNHS 为 200g/L，50% DNHS-Solvesso150 为 80g/L，操作容量最高可达理论容量的 95%，从 1mol/L HCl 溶液中萃取钯的分配系数为 10^5，氯离子浓度不影响钯的萃取。但是二正庚基硫醚萃取钯的动力学速率较慢，50% DNHS-Solvesso150 萃取钯需要 1~3h 才能达到平衡，因此萃取只能间歇操作。

例如，料液成分（g/L）为：Pd 20、Pt 50、Rh 2、Ir 1、Ru 5、Ag $250×10^{-6}$、贱金属（BMS）（Cu、Fe、Al、Ni）10，酸度 1mol/L HCl，用 50% DNHS-Solvesso150 间歇萃取钯，萃余液含钯 $1×10^{-6}$~$5×10^{-6}$，钯的萃取率为 98%，钯的纯度为 99.96%~99.99%，二正庚基硫醚经过 25 次循环使用未见中毒和分解等异常。

5.4.3　二异戊基硫醚（DIAS 或 S_{201}）萃取分离钯

1980~1986 年昆明贵金属研究所和上海有机化学研究所合作共同对 S_{201} 萃取金、钯、铂的性能进行了大量的研究，先后研究了 S_{201} 共萃金和钯，S_{201} 萃取钯的实验室试验、扩大试验、半工业试验，通过了原中国有色工业总公司的鉴定。但是由于存在如下问题未能应用于工业生产：未除去 S_{201} 中的硫醇杂质，致使其味道较大，操作人员难以接受；未控制好料液中钯、铂的价态和状态，致使有少量的铂（Ⅱ）被共萃，影响了钯的反萃分相和有机相的循环使用；有机相的组成选择不合理，钯的萃取容量低，并且使部分铁（Ⅲ）被共萃，也影响了萃取和反萃的正常分相。1991 年在承担国家"八五"攻关课题时，笔者对原二异戊基硫醚（S_{201}）萃取分离钯的工艺作了改进。①DBC 萃金余液的性质调整：DBC 萃金余液放置一段时间后会析出一种红褐色沉淀物（化学分析表明主要是钯、铂），过滤后滤液直接用 S_{201} 萃取时，有机相呈深红色，萃取、洗涤现象正常，但用氨水反萃时界面出现大量絮状泡沫，难以分相。当采用酸性硫脲反萃时，分相快，界面清晰，但所需要的级数较多，反萃液中钯、铂互含较高，还需两次转化才可衔接精炼，精炼次数必然增加，因此选用氨水反萃时必须调整萃金余液的性质。选用适当的方法调整性质后，反萃分相顺利，反萃液中钯、铂互含显著降低。②萃取剂经预先除味；改变有机相、洗涤剂、反萃剂组成；洗涤液、再生液、平衡液循环使用。

经改进后所形成的二异戊基硫醚萃取钯新工艺，明显优于其他萃取体系，萃取率高、萃取动力学速率快（<5min）、选择性强、允许酸度范围宽、萃取容量大、抗氧化性强、易反萃，仅使用稀 $NH_3 \cdot H_2O$ 就可实现连续反萃，且反萃液质量高，特别是 S_{201} 经预处理除臭，操作环境得到了较大改善，S_{201} 臭味大影响应用的问题得到了解决。

5.4.4 8-羟基喹啉类萃取剂（HQ）萃取分离钯

8-羟基喹啉类萃取剂（HQ）萃取分离钯（Ⅱ），国外进行了大量的研究，而国内的研究还是空白，虽然取得了一些有意义的结果，有的取得了专利权，其优点是不用氨水反萃钯，称为无氨新工艺，但是由于 8-羟基喹啉类萃取剂（HQ）萃取分离钯的选择性不高，萃取动力学速率较慢等原因，目前尚未有工业应用之实践，但对其今后的发展应给予关注。

关于钯的其他萃取分离工艺请参阅笔者 2010 年于化学工业出版社出版的《贵金属萃取化学》（第 2 版）。

5.5 中国钯的精炼工艺[8]

5.5.1 钯精炼工艺流程

中国钯的精炼工艺仍沿用氯钯酸铵反复沉淀法和二氯二铵合钯法相结合的联合工艺，流程如图 5-4 所示。

5.5.2 主要工艺过程

Cl_2 氧化-氯化铵沉钯：由粗分岗位转来的钯原液（氯化铵沉铂母液），取样，量体积，打开氯气阀通 Cl_2 30～40min，分多次加入 NH_4Cl 至钯沉淀完全，过滤，沉淀用配好的氯气饱和的 10% NH_4Cl 溶液洗至无色，过滤，废液转置换岗位进行锌粉置换，渣存放待处理。

粗氯钯酸铵水溶解：将水加入水溶锅中，待水热后将粗氯钯酸铵投入锅中进行溶解，待溶解完毕，冷却，过滤，水不溶物集中存放处理，过滤后的溶液继续通 Cl_2 沉钯，反复 6～7 次。

氨水配合：水溶完毕，加氨水配合，pH=8～9，铵盐全部溶解后过滤，用 1% $NH_3 \cdot H_2O$ 洗涤配合渣。

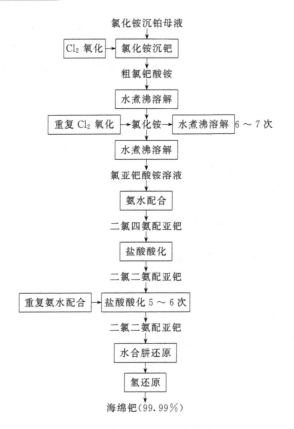

氯化铵沉铂母液

Cl₂ 氧化 → 氯化铵沉钯

粗氯钯酸铵

水煮沸溶解

重复 Cl₂ 氧化 → 氯化铵 → 水煮沸溶解 6～7 次

水煮沸溶解

氯亚钯酸铵溶液

氨水配合

二氯四氨配亚钯

盐酸酸化

二氯二氨配亚钯

重复氨水配合 → 盐酸酸化 5～6 次

二氯二氨配亚钯

水合肼还原

氢还原

海绵钯(99.99%)

图 5-4 中国钯精炼工艺流程

　　盐酸酸化：配合溶液加盐酸酸化，pH＝0.5～1，静置 2h 过滤，铵盐用 1%
HCl 溶液洗至无色，控制酸化液体积为铵盐量的 8～9 倍。酸化母液转置换岗位
进行置换，置换渣单独存放，置换母液经检验无贵金属可废弃。滤纸、不溶物、
配合渣单独存放，集中回收处理。

　　水合肼还原：配合-酸化反复 5～6 次后，将铵盐用水合肼还原至 pH＝8～9，
再洗至 pH＝6～7，转煅烧岗位。

　　煅烧：水合肼还原后的钯黑煅烧时，控制初始温度 45～50℃，缓慢升温到
450℃，恒温 1h，温度升至 600℃，恒温 1h，降温至 150～200℃，出炉进行氢
还原。

　　钯黑氢还原：先仔细检查 H₂ 管道，确认无误后将有钯黑的坩埚放置在电炉
上，先通 N₂ 5～10min，再通 H₂，调电压 160V，还原 40～60min，将钯黑还原
成海绵钯，称重入库。

　　中国现行钯精炼的优点和缺点如下。

　　优点：现行钯精炼是联合法提纯钯，对排除贱金属铜、铁、镍杂质有效，对
排除贵金属铂、铑、铱、金也较好。

缺点：过程反复沉淀-溶解多次，金属易损失，对直收率也有所影响，同时沉淀铵盐，溶液体积大、溶液浓度不易控制掌握，由此导致质量波动。

参 考 文 献

［1］谭庆麟．铂族金属性质冶金材料应用．北京：冶金工业出版，1990：264-315.

［2］黎鼎鑫．贵金属提取与精炼．长沙：中南工业大学出版社，2003：523-603.

［3］卢宜源，宾万达．贵金属冶金学．长沙：中南工业大学出版社，2003：344-392.

［4］朱永善，尹承莲．制取纯钯的方法和设备：CN 1133893A.1996-10-23.

［5］黄洋，张树峰，葛敬云，等．水合肼还原法在钯精炼生产中的应用［研究报告］．金昌：金川集团公司精炼厂，1990.

［6］余建民．贵金属萃取化学．第2版．北京：化学工业出版社.2010：168-225.

［7］余建民，杨正芬，刘时杰．二异戊基硫醚萃取分离钯．贵金属，1997，18（4）：45.

［8］王贵平，张令平，等．贵金属精炼工．金昌：金川集团公司精炼厂，2000：40-60.

6

铂的精炼工艺

6.1 概述

    铂的精炼方法有多种，归结起来有：氯化羰基铂法、熔盐电解法、区域熔炼法、王水溶解-氯化铵反复沉淀法、还原溶解-氯化铵反复沉淀法、氧化水解法（氧化剂有：$NaBrO_3$、$NaClO_3$、Cl_2、O_2、H_2O_2、HNO_3 等）、载体水解法、载体水解-离子交换法、碱溶-还原法、二氯二氨合铂（Ⅱ）法、二亚硝基二氨合铂（Ⅱ）法、还原-溶解法、萃取精炼法等。氯化羰基铂法是基于氧化铂吸收一氧化碳以后，保持在适当的温度下能生成氯化羰基铂 $[Pt(CO)_2Cl_2]$，在常压或减压下蒸发加热分解得到纯铂。此法可将纯度为 99% 的粗铂精制成纯度为 99.99% 的铂。熔盐电解法是将粗铂作为阳极，纯铂作为阴极，以碱金属氯化物作电解质，在电解质溶液中加入 K_2PtCl_6，在 500℃进行电解，纯度为 95% 的铂阳极电解后得到的阴极铂纯度为 99.9%。氯化羰基铂法、熔盐电解法在工业上都没有得到应用，其原因主要是：工艺过程复杂，操作烦琐，大规模生产受到限制。区域熔炼法主要用于生产超高纯铂，在大规模的工业生产中也很少应用。目前在工业上应用最多的是王水溶解-氯化铵反复沉淀法、溴酸钠水解法、氧化载体水解法等。

6.2 王水溶解-氯化铵反复沉淀法[1~3]

6.2.1 方法原理

    这是最古老的经典方法，具有操作简单，效果好等优点。

    当铂族金属离子呈高价态时，都生成难溶的氯配酸铵沉淀，如氯铂酸铵 $(NH_4)_2PtCl_6$、氯钯酸铵 $(NH_4)_2PdCl_6$、氯铑酸铵 $(NH_4)_2RhCl_6$、氯铱酸铵 $(NH_4)_2IrCl_6$、氯锇酸铵 $(NH_4)_2OsCl_6$、氯钌酸铵 $(NH_4)_2RuCl_6$ 等。当铂族

金属离子呈低价态时，则生成可溶性的氯亚配酸铵盐，如氯亚铂酸铵 $(NH_4)_2PtCl_4$、氯亚钯酸铵 $(NH_4)_2PdCl_4$、氯亚铱酸铵 $(NH_4)_3IrCl_6$ 及 3 价钌的氯配酸铵 $(NH_4)_3RuCl_6$ 等。利用这一特性，可使铂族金属与贱金属分离，亦可使四价铂盐与其他低价贵金属杂质分离。另外，铂族金属离子的氧化难易程度也存在着差异，稳定常数也不相同，根据其标准还原电势由大到小排列顺序是：

$$\varphi^{\ominus}_{Pt/Pt^{4+}} > \varphi^{\ominus}_{Ir/Ir^{3+}} > \varphi^{\ominus}_{Pd/Pd^{2+}} > \varphi^{\ominus}_{Rh/Rh^{3+}} > \varphi^{\ominus}_{Pt/Pt^{2+}} > \varphi^{\ominus}_{Ru/Ru^{3+}}$$

各种贵金属氯配离子离解常数见表 6-1，热力学分析表明，标准还原电极电势越大越难氧化，离解常数越大越易离解。

表 6-1　贵金属氯配离子离解常数

氯配离子	$K^{\ominus}_{离解}$	氯配离子	$K^{\ominus}_{离解}$
$[PtCl_4]^{2-}$	3.16×10^{-16}	$[IrCl_6]^{3-}$	2.57×10^{-20}
$[PdCl_4]^{2-}$	6.61×10^{-13}	$[AuCl_4]^{-}$	5.01×10^{-22}
$[RhCl_6]^{3-}$	1.12×10^{-17}	$[AgCl_2]^{-}$	1.78×10^{-5}

由于铂族金属性质的差异，故其氯配离子与氯化铵作用必然也存在着差异。通常 4 价铂盐较稳定，而 4 价钯盐与 2 价铂盐相比，2 价铂盐要稳定得多，铑、铱性质相近，所以用氯化铵沉淀铂氯配离子时，铂最易作用，铑、铱次之，钯较差，这一特性虽不能使各种铂族金属分离，但反复用氯化铵沉淀，部分铑、铱、大部分钯可与铂分离，分离时，控制铂为高价，铑、铱、钯呈低价，其分离效果好。

6.2.2　作业过程

将分离后的粗氯铂酸铵用王水溶解，王水是强氧化剂，在溶解过程中可将铂以外的杂质也同时溶解，在其后的氯化铵沉淀时生成相应的铵盐，其中主体氯铂酸铵的溶解度最小，呈淡黄色有时呈柠檬黄色结晶沉出，而同类型的铱、锇铵盐的溶解度比铂铵盐大 6～7 倍，同类型的钯、钌铵盐的溶解度比铂铵盐大 300～600 倍。溶解后，溶液加 1∶1 HCl 溶液赶硝 3 次，最后用 1‰稀盐酸溶解并煮沸10min，冷却至室温后，过滤除去不溶物，滤出的铂溶液，控制含铂 50～80g/L，加热至沸，加入氯化铵，铂呈氯铂酸铵沉淀：

$$H_2PtCl_6 + 2NH_4Cl \Longrightarrow (NH_4)_2PtCl_6 \downarrow + 2HCl$$

氯铂酸铵在氯化铵溶液中的溶解度较小，在 25℃水溶液中饱和含量为0.77%，在含 17.7%氯化铵溶液中的溶解度降为 0.003%，以后随着溶液浓度增加其溶解度并无显著降低，即饱和的氯化铵溶液含 0.003%氯铂酸铵，因此氯化铵的用量除理论计算所需量外，还要保证溶液中过量 5%以上的 NH_4Cl，沉淀1kg 铂需要 800～1000g 氯化铵。沉淀完毕后，冷却并过滤出氯铂酸铵。在氯铂酸铵结晶表面会吸附少量的 $(NH_4)_2IrCl_6$ 及铁盐，为减少对铱及铁的吸附作用，氯铂酸铵用盐酸酸化（5%HCl）的 17%NH_4Cl 溶液洗涤 2～3 次。氯铂酸铵沉淀中的杂质主要靠洗涤除去，在洗涤过程中借助溶解度的差别可使铂与金及其他贱金属杂质的氯化物大部分除去。如果洗涤不彻底会造成杂质含量超标，产出不合格产品，返工不但降低了金属收率而且消耗了大量的材料。上述过程反复进行 3 次，可得到很纯的铵盐。

　　氯化铵沉铂母液可以用锌置换回收其中的铂、铑等贵金属。或向氯化铵沉铂母液中加入食糖溶液并净置 5～8h，析出几乎纯净的氯铂酸铵，然后将沉铂母液浓缩至原体积的 1/2，过滤得到的不纯的氯铂酸铵返回精炼，过滤得到的母液再浓缩至相对密度为 1.20，冷却得到的结晶中主要含有氯铂酸铵、氯铑酸铵等，向浓缩后的溶液中加入 50～100mL 硝酸，将铱氧化为 $(NH_4)_2IrCl_6$，过滤出的 $(NH_4)_2IrCl_6$ 送铱精炼。

　　将氯铂酸铵装入坩埚，移入煅烧炉中，逐步升温煅烧，反应为：

$$3(NH_4)_2PtCl_6 \Longrightarrow 3Pt + 16HCl + 2NH_4Cl + 2N_2 \uparrow$$

　　以前是把马弗炉或坩埚炉放在风橱里煅烧 $(NH_4)_2PtCl_6$。煅烧时产生大量的腐蚀性气体，虽能经风机抽走大部分气体，仍有部分气体逸至室内，直接影响操作人员身体健康，劳动条件较差。炉体被腐蚀性气体所充满和包围，炉子受到严重腐蚀，因而炉子使用寿命很短。在笔者的指导下，昆明某企业改用卧式管式炉煅烧，如图 6-1 所示。

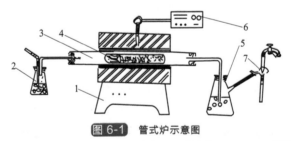

图 6-1　管式炉示意图

1—管式炉；2—气体洗涤瓶；3—石英管；4—石英舟；5—抽滤瓶（10L）；6—温度表；7—水喷射泵

　　将 $(NH_4)_2PtCl_6$ 装入石英舟，放入石英管中进行煅烧。产生的腐蚀性气体被碱液吸收，避免了对大气的污染和铂的损失，改善了劳动条件，延长了设备使用寿命。煅烧时所控制的条件见表 6-2。

表 6-2　煅烧（NH_4）$_2PtCl_6$ 的控制条件

温度/℃	时间/h
150	1
250	2
450	2
700～750	3

自然冷却后取出，经 1∶1 HCl 溶液煮洗，水洗至中性，得到海绵铂，取样分析，称量包装后即可出售。

为了克服煅烧 $(NH_4)_2PtCl_6$ 环境气氛差、耗时长等缺点，近年来国内许多企业采用了水合肼还原-铸锭的方法，其操作过程为：纯氯铂酸铵用水溶液浆化（s/l＝1∶10），按照每千克铂需要 0.5kg 水合肼的比例将水合肼稀释 2 倍加入，加热至沸腾后，在搅拌下缓慢滴加碱溶液，反应激烈发生，反应过程中保持溶液为碱性，约 30min 碱溶液滴加完，再煮沸 15min，用 $SnCl_2$ 检验溶液中无贵金属后过滤，纯铂粉用热水洗涤至中性，烘干，熔炼铸锭，涉及的反应为：

$$(NH_4)_2PtCl_6 + NH_2NH_2 \cdot H_2O \Longrightarrow Pt\downarrow + 2NH_4Cl + 4HCl + N_2\uparrow + H_2O$$

王水溶解-氯化铵反复沉淀法可将粗铂铵盐经 3 次提纯至＞99.99％。此方法的优点：①操作简单，技术条件易控制；②成本较低；③产品质量稳定。此方法的缺点：①王水溶解氯铂酸铵速率缓慢，生产周期长，特别是 1 次王水溶解易暴沸。每一批料，为了除去杂质，达到铂产品 99.99％的质量要求，上述过程需要重复数次，不但操作烦琐，而且生产周期较长；②直收率低，重复王水溶解-氯化铵反复沉淀过程中产生大量沉淀母液，直接影响直收率；③产生的 NO、NO_2 黄烟污染严重，劳动环境差，对设备的要求严格，随着产量的增加，这一问题将更加突出。

6.3　还原溶解-氯化铵反复沉淀法[1~4]

6.3.1　方法原理

本法与氯化铵反复沉淀法有些相似，也是精制 $(NH_4)_2PtCl_6$ 的一种方法。在一定条件下，用还原剂还原悬浮于水溶液中的 $(NH_4)_2PtCl_6$ 或 K_2PtCl_6，使其发生还原溶解，过滤除去固体杂质。滤液中的铂呈二价的 $(NH_4)_2PtCl_4$ 或 K_2PtCl_4 状态存在，再用氧化剂氧化，使它再变为四价的 $(NH_4)_2PtCl_6$ 或 K_2PtCl_6 沉淀，进行过滤和洗涤，如此反复精制数次可得较纯净的 $(NH_4)_2PtCl_6$ 或 K_2PtCl_6。

可选择的还原剂有：水合肼、SO_2、亚硫酸、亚硫酸钠、草酸、草酸铵、$(NH_4)_2S$ 等。可选择的氧化剂有：Cl_2、H_2O_2、$NaClO_3$、$NaClO$、O_2 等。

4 价铂盐与 2 价铂盐溶解度不同是本方法的重要依据，4 价铂盐与 2 价铂盐的溶解度如表 6-3 所示。

表 6-3　4 价铂盐与 2 价铂盐的溶解度（在 100g 水中）　　　　单位：g

物质	在冷水中	在热水中
K_2PtCl_6	0.478	5.03(100℃)

物质	在冷水中	在热水中
K_2PtCl_4	16.60	溶解
$(NH_4)_2PtCl_6$	0.70(10℃)	1.25(100℃)
$(NH_4)_2PtCl_4$	溶解	极易溶解

6.3.2　作业过程

6.3.2.1　粗铂溶解

将粗铂（或铂含金废料）溶于王水蒸发赶硝至糖浆状，加入盐酸反复蒸发赶硝 3 次，用蒸馏水稀释至铂浓度在 100g/L 左右。此料液必须经氧化处理（如通入 Cl_2 或加入 H_2O_2 等），使铂氯配离子尽量保持高价，而其他贵金属杂质尽可能地保持低价。王水溶解铂的反应为：

$$3Pt + 18HCl + 4HNO_3 \rightleftharpoons 3H_2PtCl_6 + 8H_2O + 4NO\uparrow$$

6.3.2.2　氯铂酸铵沉淀

在料液中加入氯化铵生成氯铂酸铵沉淀，冷态下或热态下加入纯 NH_4Cl 固态盐或饱和 NH_4Cl 溶液，直至继续加 NH_4Cl 时无新的黄色沉淀生成，氯化铵与氯铂酸作用的化学反应如下：

$$H_2PtCl_6 + 2NH_4Cl == (NH_4)_2PtCl_6\downarrow + 2HCl$$
$$Na_2PtCl_6 + 2NH_4Cl == (NH_4)_2PtCl_6\downarrow + 2NaCl$$

通常浓度为 50g/L 的 H_2PtCl_6 溶液，每升消耗固体 NH_4Cl 约 100g。实际作业时的 NH_4Cl 用量既要保证铂沉淀完全，又要使 NH_4Cl 不致过量太多。高价的钯、铑、铱等与氯化铵作用，生成相应的铵盐沉淀；低价的钯、铑、铱则生成可溶性的铵盐，贱金属氯化物仍残留于溶液中。滤液与洗液合并，并用锌条置换或用其他方法回收其中的贵金属。

6.3.2.3　氯铂酸铵沉淀的溶解

采用王水溶解还需赶硝，且在下一步又要加 NH_4Cl，再次使氯铂酸铵沉淀。采用 SO_2 或 Na_2SO_3 还原造液具有更多的优点，其化学反应如下：

$$(NH_4)_2PtCl_6 + SO_2 + 2H_2O == (NH_4)_2PtCl_4 + H_2SO_4 + 2HCl$$
$$(NH_4)_2PtCl_6 + Na_2SO_3 + H_2O == (NH_4)_2PtCl_4 + Na_2SO_4 + 2HCl$$

浆化液在通入 SO_2 或加入 Na_2SO_3 前应加热至 90~100℃，有利于提高反应速率，同时亦有利于生成的氯亚铂酸铵溶解，通入 SO_2 或加入 Na_2SO_3 后，铂以氯亚铂酸铵状态溶解于溶液，过滤除去非铂的铵盐不溶物，使铂得到进一步提纯。

在不具备 SO_2 气体的条件下，亦可以使用水合肼作还原剂，还原时控制铂浓度 40~50g/L，盐酸酸度为 1mol/L，固液比为 1:5，温度 60~80℃，水合肼的用量为 1kg 铂加 5% 水合肼溶液 5L，铂的溶解率为 99.2%，涉及的反应为：

$$2(NH_4)_2PtCl_6 + NH_2NH_2 \cdot H_2O = 2(NH_4)_2PtCl_4 + 4HCl + H_2O + N_2\uparrow$$

可能发生的副反应为：

$$(NH_4)_2PtCl_6 + NH_2NH_2 \cdot H_2O = Pt\downarrow + 2NH_4Cl + 4HCl + H_2O + N_2\uparrow$$

若以草酸或草酸铵为还原剂，涉及的反应为：

$$(NH_4)_2PtCl_6 + H_2C_2O_4 = (NH_4)_2PtCl_4 + 2HCl + 2CO_2\uparrow$$

$$(NH_4)_2PtCl_6 + (NH_4)_2C_2O_4 = (NH_4)_2PtCl_4 + 2NH_4Cl + 2CO_2\uparrow$$

6.3.2.4 氯铂酸铵再沉淀

当向氯亚铂酸铵溶液中通入 Cl_2 或加入 H_2O_2、$NaClO_3$、$NaClO$ 时，氯亚铂酸铵被氧化，并生成黄色的氯铂酸铵沉淀，其反应如下：

$$(NH_4)_2PtCl_4 + Cl_2 = (NH_4)_2PtCl_6\downarrow$$

$$(NH_4)_2PtCl_4 + 2HCl + H_2O_2 = (NH_4)_2PtCl_6\downarrow + 2H_2O$$

$$3(NH_4)_2PtCl_4 + 6HCl + NaClO_3 = 3(NH_4)_2PtCl_6\downarrow + NaCl + 3H_2O$$

$$(NH_4)_2PtCl_4 + 2HCl + NaClO = (NH_4)_2PtCl_6\downarrow + NaCl + H_2O$$

使用 H_2O_2 作氧化剂，其量为 1kg 铂加 30% H_2O_2 溶液 1.5L，在室温下反应 4h，然后加热煮沸 5min，铂的沉淀率可达到 98.2%。

应用 $NH_2NH_2 \cdot H_2O$ 还原-H_2O_2 氧化法处理 1kg 铂的消耗为：1.5L 10mol/L HCl、294mL 85% $NH_2NH_2 \cdot H_2O$、1.5L 30% H_2O_2。

不易氧化的氯亚钯酸铵等贵金属和残留的贱金属氯化物仍留在溶液中，这一过程又使铂与部分杂质进一步分离。

6.3.2.5 煅烧

沉淀、还原反复进行 3 次，最后过滤产出的黄色氯铂酸铵沉淀抽干后放入坩埚中，在马弗炉内缓慢升温，先除去水分，然后在 350~400℃ 恒温一段时间，使铵盐分解。待炉内不冒白烟，升高温度，并控温在 900℃ 煅烧 1h，冷却后取出海绵铂。如煅烧温度在 700℃ 左右则产品为灰白色，控温在 900℃ 产品为银白色，带金属光泽，产出的海绵铂品位可达 99.99% 以上。

6.3.3 方法特点

该法对于除去钯及贱金属杂质特别有效，但对除铑、铱效果不够好。因此含有杂质铑、铱较多的料液若先经 3 次氧化载体水解，用 NH_4Cl 沉淀铂，使沉淀母液中 NH_4Cl 的浓度达到 17%，铂的沉淀率达到 99.9%，再经 1 次还原-氧化提纯，可产出纯度为 99.995% 的高纯铂，铂的直收率为 98.73%，光谱定量分析结果分别列入表 6-4 和表 6-5。

表 6-4　还原-氧化法精炼铂的效果　　　　单位:%

杂质	第 1 批		第 2 批	
	还原氧化 2 次	还原氧化 3 次	还原氧化 2 次	还原氧化 3 次
Mg	0.0002	<0.0002	0.0002	0.0002
Pb	<0.0005	<0.0005	0.0008	<0.0005
Fe	0.0005	0.0005	<0.0005	0.00057
Al	0.0005	<0.0005	<0.0005	<0.0005
Ir	0.0054	0.0047	0.0050	0.0046
Cu	0.0017	<0.0001	0.0015	<0.0001
Ag	0.00013	0.00013	<0.0001	<0.0001
Pd	>0.2	0.0061	>0.2	0.0068
Rh	0.0032	0.0025	0.0023	0.0018
Au	<0.0003	<0.0003	<0.0003	<0.0003
Ni	<0.0005	<0.0005	<0.0005	<0.0005

表 6-5　氧化载体水解 3 次-还原-氧化 1 次精炼铂的效果　　　　单位:%

杂质	第 1 批(含铱)	第 2 批(含铑)	第 3 批(含钯)
Au	<0.003	<0.0003	<0.0003
Fe	0.0005	0.00058	0.00058
Al	<0.0005	<0.0005	<0.0005
Ir	<0.001	<0.001	<0.001
Pd	0.0003	0.00046	0.00050
Cu	<0.0001	<0.0001	<0.0001
Ag	<0.0001	<0.0001	0.00022
Rh	<0.0005	<0.0005	<0.0005
Ni	<0.0005	<0.0005	<0.0005
Pb	<0.0005	<0.0005	<0.0005
Mg	<0.0002	<0.0002	<0.0002

【实例 6-1】　硝酸工业用氨氧化催化网,经过王水溶解、盐酸赶硝,得到盐酸介质的溶液 35L,其成分 (g/L) 为:Pt 42.95、Pd 71.87、Rh 0.77、Ni 2.43、Fe 0.64、Al 0.94、Cr 0.46。调整溶液酸度至 pH＝1～1.5,用阳离子树脂交换 2 次,取样检测表明溶液中 Ni、Fe、Al、Cr 等贱金属交换完全;加入盐酸,调整溶液 pH＝0.5～1,控制温度在 90℃以上,在搅拌状态下缓慢加入工业双氧水,当溶液电位稳定在 700mV 左右时停止加入双氧水,保持 30min 以上;加入试剂级氯化铵 1800g,充分搅拌 10min,静置,冷却过夜;滤出氯铂酸铵沉淀,加 5%试剂级氯化铵溶液 10L,搅拌浆化,加热至沸腾,并保持 30min 以上,静置,自然冷却至 50℃以下,滤出氯铂酸铵沉淀;沉淀中加纯水 40L、试剂级盐酸 10L,搅拌加热到 85℃,加入试剂级亚硫酸钠,当溶液电势稳定在 500mV 左右时停止加入亚硫酸钠,保持 10min 以上,黄色氯铂酸铵基本完全溶解,反应器底部有少量白色沉淀,停止加热和搅拌,静置,自然冷却到 50℃以下,滤出溶液;加入试剂级盐酸,调整溶液的 pH 值为 0.5 以下,搅拌加热,温

度达到 85℃时，开始加入次氯酸钠，当溶液电势达到 950mV 时停止加入次氯酸钠，加入试剂级氯化铵 1500g，继续搅拌 10min，停止加热和搅拌，静置，自然冷却，滤出氯铂酸铵沉淀；沉淀加 5%的试剂级氯化铵溶液 10L，搅拌浆化，加热至沸腾，并保持 30min 以上，静置，自然冷却至 50℃以下，滤出氯铂酸铵沉淀；沉淀中加水 50L，搅拌浆化，用试剂级氢氧化钠调整 pH≈10，缓慢加入试剂级水合肼 800mL，并煮沸 10min，滤出黑色铂粉，用纯水洗涤 8 次，用石英舟盛装，在马弗炉中高温煅烧，750℃保温 3h；自然冷却，取出称重，得到纯度为 99.95%的海绵铂 1163.12g，铂的直收率为 97.33%[9]。

【实例 6-2】 汽车废催化剂富集精矿溶解液，盐酸介质，溶液体积 27.30L，其成分（g/L）为：Pt 45.80、Pd 31.26、Rh 7.78、Cu 0.42、Fe 1.30、Pb 0.31、Al 0.75、Zn 1.21。调整溶液酸度至 pH＝1～1.5，用阳离子树脂交换 4 次，然后按照上述类似的方法氧化-还原精炼 2 次，得到纯度为 99.95%的海绵铂 1212.85g，铂的直收率为 97.00%[9]。

【实例 6-3】 贵金属精炼渣溶解液，盐酸介质，溶液体积 38.50L，其成分（g/L）为：Pt 35.11、Pd 18.32、Rh 5.50、Ir 5.43、Cu 0.63、Fe 0.47、Pb 0.29、Ni 0.62、Zn 0.55。调整溶液酸度至 pH＝1～1.5，用阳离子树脂交换 3 次，然后按照上述类似的方法氧化-还原精炼 3 次，得到纯度为 99.95%的海绵铂 1297.88g，铂的直收率为 96.02%[9]。

【实例 6-4】 在 2L 的烧杯中加入 800mL 去离子水及 100g 含氯铂酸铵的含铂族金属物料浆化形成浆化液，在不断搅拌下往浆化液中加入 12mol/L 分析纯盐酸 150mL，调整浆化液酸度为 1.8mol/L，然后置于电热板上加热，浆化液加热至沸腾状态后加入 27g 还原剂草酸铵，反应 1h 后再加 5g，以后每隔 0.5h 补加 4g，共 2 次，即在反应 2h 内共加入还原剂草酸铵 40g，再反应 0.5h 氯铂酸铵完全溶解，在溶解过程中氯铂酸铵沉淀逐渐消失并连续平稳地放出气泡，溶液最后呈玫瑰红色。将溶液过滤，在滤液中加入氯化铵固体 150g，搅拌、溶解，升温至 85℃后在通风橱中通入氯气持续 10min，氯气流量为 25L/h，氯气氧化过程反应平稳，黄色的氯铂酸铵重新析出，氯气氧化过程结束后将烧杯置于电热板上继续加热至微沸后持续 10min 进行赶氯。将烧杯置于自来水中冷却至室温后抽滤，滤饼用 17%氯化铵溶液 200mL 分 4 次洗涤，再用 50mL 纯水快速冲洗 1 次，干燥后得到纯化 1 次的氯铂酸铵。将此氯铂酸铵按以上步骤重复操作 1 次，得到纯化 2 次的氯铂酸铵，经高温煅烧后得到海绵铂，高温煅烧的过程为将装入纯净氯铂酸铵的瓷坩埚放入煅烧炉内，首先在 100℃下烘干 2h，然后在 150℃下恒温 2h，再升温至 430℃，在 430℃恒温 2h，最后再升温至 650℃，在 650℃恒温 4h，降温出炉，海绵铂符合 GB/T 1419—2004 SM-Pt99.99 的标准，其中杂质（%）为：Pd 0.0015、Rh 0.0015、Ir 0.0012、Au 0.0003、Ag 0.0002、Cu 0.0006、Al 0.0006、Ni 0.0007、Fe 0.0005、Pb 0.0006、Si 0.0018[10]。

6.4 铂的氧化水解法[1~3]

6.4.1 铂的造液方法

铂精炼的原料为粗分后的贵金属氯配酸溶液或粗铂，铂精炼原料若是粗铂则首先要进行造液，贵金属溶解造液属于化学反应，一般情况下，加热、适当进行搅拌、改善溶解过程动力学条件等均有利于贵金属溶解。铂的造液方法常有：王水造液、在盐酸中通入 Cl_2 溶解造液、在盐酸中加 H_2O_2 溶解造液、电化溶解造液等。

王水造液及溶液赶硝作业常在减压装置中进行，其反应如下：

$$3Pt + 4HNO_3 + 18HCl \Longrightarrow 3H_2PtCl_6 + 8H_2O + 4NO\uparrow$$

原料经反复溶解后，贵金属和贱金属都以氯配酸或氯化物形态进入溶液中，只有银以氯化银形式沉淀，但也有部分铂以氯亚铂酸硝基盐 $Pt(NO)_2Cl_6$ 形式沉淀，可经赶硝及将氯铂酸转变为氯铂酸钠使其复溶：

$$Pt(NO)_2Cl_6 + 2HCl \Longrightarrow H_2PtCl_6 + 2NO\uparrow + Cl_2\uparrow$$
$$H_2PtCl_6 + 2NaCl \Longrightarrow Na_2PtCl_6 + 2HCl$$

溶液经过滤除去银及少量不溶物后首先送去除金。

粗铂还可用电化溶解造液，将铂料作为阳极，套有隔膜的铂作为阴极，电解液是 $3\sim6mol/L$ HCl 溶液，电解液温度为 $50^\circ C$，通入直流电进行电化溶解，槽电压 $3\sim3.5V$，经过一段时间可使电解液密度上升到 $1.2\sim1.5g/mL$，含铂 $80g/L$，造液时可通入部分交流电，有利于防止阳极钝化，从而促进阳极铂的溶解，造液后也必须送去除金。

6.4.2 氧化水解法精炼铂的原理

研究表明，在一定的 pH 值条件下，铂的氯配合离子水解生成稳定存在的氢氧化物沉淀。同样，其他铂族金属的氯配离子也会水解生成相应的氢氧化物沉淀。各种铂族金属氯配离子的水解反应，$pH^\ominus$ 值及平衡 pH 值如表 6-6 所示。

表 6-6   铂族金属氯配离子水解反应 $pH^\ominus$ 值及 pH 值

水解反应	$pH_{298}^\ominus$ 值	pH 值
$[PtCl_4]^{2-} + 2H_2O \Longrightarrow Pt(OH)_2\downarrow + 2H^+ + 4Cl^-$	4.29	$pH = 4.29 - 0.5lga_{PtCl_4^{2-}} + 2lga_{Cl^-}$
$[PtCl_6]^{2-} + 4H_2O \Longrightarrow Pt(OH)_4\downarrow + 4H^+ + 6Cl^-$	3.88	$pH = 3.88 - 0.25lga_{PtCl_6^{2-}} + 1.5lga_{Cl^-}$
$[PdCl_4]^{2-} + 2H_2O \Longrightarrow Pd(OH)_2\downarrow + 2H^+ + 4Cl^-$	5.18	$pH = 5.18 - 0.5lga_{PdCl_4^{2-}} + 2lga_{Cl^-}$
$[PdCl_6]^{2-} + 4H_2O \Longrightarrow Pd(OH)_4\downarrow + 4H^+ + 6Cl^-$	4.95	$pH = 4.95 - 0.5lga_{PdCl_6^{2-}} + 2lga_{Cl^-}$
$[RhCl_6]^{3-} + 3H_2O \Longrightarrow Rh(OH)_3\downarrow + 3H^+ + 6Cl^-$	6.45	$pH = 6.45 - 0.25lga_{RhCl_6^{3-}} + 1.5lga_{Cl^-}$
$[RhCl_6]^{2-} + 4H_2O \Longrightarrow Rh(OH)_4\downarrow + 4H^+ + 6Cl^-$	6.05	$pH = 6.05 - 0.25lga_{RhCl_6^{2-}} + 1.5lga_{Cl^-}$
$[IrCl_6]^{3-} + 3H_2O \Longrightarrow Ir(OH)_3\downarrow + 3H^+ + 6Cl^-$	2.64	$pH = 2.64 - 0.33lga_{IrCl_6^{3-}} + 2lga_{Cl^-}$
$[IrCl_6]^{2-} + 4H_2O \Longrightarrow Ir(OH)_4\downarrow + 4H^+ + 6Cl^-$	-1.58	$pH = -1.58 - 0.25lga_{IrCl_6^{2-}} + 1.5lga_{Cl^-}$

表 6-6 中的数据表明，各种铂族金属氯配离子水解具有不同的 pH 值。一般情况下总是高价氯配离子的水解 $\mathrm{pH}_{298}^{\ominus}$ 值小于低价氯配离子的水解 $\mathrm{pH}_{298}^{\ominus}$ 值。按照这一规律，向酸性介质中铂族金属氯配离子溶液中加入碱液，随着溶液 pH 值的增大，最先生成氢氧化物的应是高价氯配离子，因此使铂金属氯配离子保持高价状态，有利于使其最先水解。

按照以上规律，铂氯配离子 $[\mathrm{PtCl_6}]^{2-}$ 应先于低价的 $[\mathrm{PtCl_4}]^{2-}$ 按下式发生水解：

$$[\mathrm{PtCl_6}]^{2-} + 4\mathrm{H_2O} = 4\mathrm{H^+} + 6\mathrm{Cl^-} + \mathrm{Pt(OH)_4} \downarrow$$

此 $\mathrm{Pt(OH)_4}$ 易与水结合生成 $\mathrm{H_2Pt(OH)_6}$ [或 $\mathrm{Pt(OH)_4 \cdot 2H_2O}$] 黄色针状沉淀。

随着 pH 值增大，在 $\mathrm{pH}_{298}^{\ominus} = 4.29$ 时 $[\mathrm{PtCl_4}]^{2-}$ 按下式反应水解：

$$[\mathrm{PtCl_4}]^- + 2\mathrm{H_2O} = 2\mathrm{H^+} + 4\mathrm{Cl^-} + \mathrm{Pt(OH)_2} \downarrow$$

生成的 $\mathrm{Pt(OH)_2}$ 为胶体沉淀，将其加热煮沸则生成 $\mathrm{Pt(OH)_2 \cdot H_2O}$ 黄色沉淀。

在实际生产中，当 pH=2～3 时高价氯铂酸盐溶液出现浑浊，产生了极细的黄色悬浮颗粒，同时这些极细黄色颗粒又很快消失。这是因为棕色两性氢氧化物 $\mathrm{Pt(OH)_4}$ 与水能结合成 $\mathrm{Pt(OH)_4 \cdot H_2O}$ 或 $\mathrm{H_2Pt(OH)_6}$，称为羟铂酸。羟铂酸为黄色针状固体，不溶于水易溶于稀酸或碱溶液，与碱作用后生成可溶性的 $\mathrm{Na_2Pt(OH)_6}$（或 $\mathrm{Na_2PtO_3 \cdot 3H_2O}$）。因此在铂水解作业时，即使 pH 值控制在 8～9，4 价铂也不会生成 $\mathrm{Pt(OH)_4}$ 沉淀。这一特性为铂氯配离子水解与其他贵、贱金属分离创造了重要条件。

研究指出，铂族金属配离子水解最适宜的 pH 值分别为：锇，pH=1.5～6.0（以 4 为佳）；铱，pH=4～6（甚至在 pH=6～8 时也不会妨碍铱的水解沉淀）；钌，pH=6；钯与铑，pH=6～8。

在铂与铑、铱水解分离过程中，控制 pH=8～9，这时铑、铱的氯配离子很快水解生成氢氧化物沉淀而铂（Ⅳ）不生成沉淀从而实现了铂与铑、铱的分离。

但由于铂（Ⅱ）的存在，在 pH=4.3～6.0 时（甚至在 pH=2.5～3.8 时），$[\mathrm{PtCl_4}]^{2-}$ 也水解沉淀，这不但降低了铂的直收率，同时铑、铱沉淀中也混入了铂，使下一步提取铑、铱时增加了除铂工序，从而不利于提高铑、铱的回收率。因此选择合适的氧化剂在水解前将铂族金属氯配离子氧化为高价状态。这不仅促进了铑、铱与其他杂质的水解沉淀，同时也使 $[\mathrm{PtCl_4}]^{2-} \rightarrow [\mathrm{PtCl_6}]^{2-}$，因而防止了铂（Ⅱ）水解进入沉淀，提高了铂的直收率。

应该指出的是钯在 pH=6～8 时发生水解，即在铂水解工艺作业中，钯是不易水解除去的杂质，这可能是由于 $\mathrm{Pd(OH)_4}$ 与 $\mathrm{Pt(OH)_4}$ 有类似的性质，$\mathrm{Pd(OH)_4}$ 的水合物也能与碱液生成可溶性 $\mathrm{Na_2Pd(OH)_4}$ 的缘故。所以料液中若含钯应在铂水解前期先分离钯。溶液中微量的钯则应采用其他工艺方法将其除去。

6.4.3　铂的水解作业过程

6.4.3.1　氧化

氧化作业的目的是将料液中贵金属氯配离子保持高价状态，以便在适当的 pH 值条件下（pH＝8～9）使锇、铱及各种贵、贱金属尽快水解生成稳定的氢氧化物沉淀，而铂则因为被氧化成高价氯配离子，不水解，同时四价铂的 $PtCl_6^{2-}$ 虽然水解生成 $Pt(OH)_4$ 但又与钠离子组成 $Na_2Pt(OH)_6$，$Na_2Pt(OH)_6$ 可溶于水、稀酸或碱液，总之铂不与锇、铱等一道水解沉淀，达到与锇、铱等分离的目的。

氧化剂的选择如前所述可选用 $NaClO_3$、$NaBrO_3$、Cl_2（或饱和氯气水溶液）、H_2O_2、纯 O_2（或空气）、HNO_3，其氧化反应如下：

$$Pt+2Cl_2+2Cl^- === [PtCl_6]^{2-}$$

$$Pt+2H_2O_2+4H^++6Cl^- === [PtCl_6]^{2-}+4H_2O$$

$$3Pt+4HNO_3+12H^++18Cl^- === 3[PtCl_6]^{2-}+4NO\uparrow+8H_2O$$

用 H_2O_2 作氧化剂时，准确调整溶液 pH 值较为困难，且加入量难于控制。加入过量 H_2O_2 使作业增加了水解前长时间煮沸料液赶尽 H_2O_2 的工艺，而料液氧化后长时间保持热状态对水解作业是不利的。纯 O_2（或空气）作氧化剂虽可行，但氧化能力较弱，延长了氧化作业时间。HNO_3 作氧化剂，又可能使溶液生成王水，赶不尽硝基会使以后作业中沉淀反溶，破坏了分离效果，还降低了贵金属的直收率。

用 Cl_2 或 $NaBrO_3$ 作氧化剂获得了广泛应用，$NaBrO_3$ 在加热时容易按下式反应进行分解，并获取盐酸介质中氢而释放出新生态的 $[Cl]$：

$$NaBrO_3 === NaBr+3[O]$$

$$[O]+2HCl === H_2O+2[Cl]$$

这种新生态氯比 Cl_2 具有更大的氧化活性，在贵金属氯配酸或贵金属氯配酸钠盐、钾盐中很容易将低价盐氧化生成高价盐：

$$H_2PtCl_4(Na_2PtCl_4)+2[Cl] === H_2PtCl_6(Na_2PtCl_6)$$

$$H_2PdCl_4+2[Cl] === H_2PdCl_6$$

$$H_2RhCl_5+[Cl] === H_2RhCl_6$$

$$H_2IrCl_5+[Cl] === H_2IrCl_6$$

以 $NaBrO_3$ 作氧化剂的氧化作业要先将料液加热煮沸，并控制料液铂离子浓度在 50g/L 左右，然后缓慢加入 20%NaOH 溶液调整料液 pH＝1。将 $NaBrO_3$ 配制成 10% 的溶液，$NaBrO_3$ 用量按料液含铂量的 9% 计算，分两次加入。第一次 $NaBrO_3$ 溶液的加入量约为计算量的 70%，然后用 10%NaOH 溶液调整料液 pH＝5。第二次再加入剩余量的 $NaBrO_3$ 溶液进行氧化。

6.4.3.2 水解

水解作业实际在第一次加入 $NaBrO_3$ 溶液后调整 pH＝5 时就开始了，第二次加入余量 $NaBrO_3$ 溶液后，再用浓度为 8％$NaHCO_3$ 溶液调整料液 pH＝8～9。调整酸度的碱液消耗量与料液游离盐酸含量有关，为防止料液游离盐酸过多，水解氧化前应适当延长加热赶酸的时间，这有利于减少碱液的消耗和溶液中 Na^+ 的积累，同时也有利于彻底而快速地水解。

当料液 pH 值调整至 8～9 时，水解反应已大部分完成：

$$Na_3RhCl_6 + 3H_2O === 3HCl + 3NaCl + Rh(OH)_3 \downarrow$$

$$Na_2IrCl_6 + 4H_2O === 4HCl + 2NaCl + Ir(OH)_4 \downarrow$$

$$Na_2PtCl_6 + 4H_2O === 4HCl + 2NaCl + Pt(OH)_4 \downarrow$$

但水解生成的 $Pt(OH)_4$ 沉淀又发生了如下反应：

$$Pt(OH)_4 + 2H_2O === Pt(OH)_4 \cdot 2H_2O [或 H_2Pt(OH)_6]$$

$$H_2Pt(OH)_6 + 2NaOH === Na_2Pt(OH)_6 (或 Na_2PtO_3 \cdot 3H_2O) + 2H_2O$$

水解生成的 $Pd(OH)_4$ 也有类似反应，生成可溶性 $Na_2Pd(OH)_6$（羟钯酸钠），如果氧化作用不彻底，部分贵金属也可能以低价氯配离子存在。铂氯配离子即使氧化生成高价铂的 $[PtCl_6]^{2-}$，如长时间加热使其保持热态，$[PtCl_6]^{2-}$ 也易还原为低价的 $[PtCl_4]^{2-}$，4 价钯氯配离子长时间保持热态也易分解还原成亚钯氯配离子 $[PdCl_4]^{2-}$。各种低价氯配离子在调整 pH 值由 1～8 的过程中，在相应的 pH 值条件下按下列反应发生水解：

$$Na_2PtCl_4 + 2H_2O === 2HCl + 2NaCl + Pt(OH)_2 \downarrow$$

$$Na_2RhCl_5 + 3H_2O === 3HCl + 2NaCl + Rh(OH)_3 \downarrow$$

$$Na_2IrCl_5 + 3H_2O === 3HCl + 2NaCl + Ir(OH)_3 \downarrow$$

上述反应表明以 2 价铂氯配离子存在的氯亚铂酸钠 Na_2PtCl_4 容易与铑、铱一起水解生成氢氧化铂 $[Pt(OH)_2]$ 沉淀，这违背了分离目的，所以要求提高氧化效率，并防止水解作业时间过长或长时间保持热状态，使高价铂不致分解还原为氯亚铂配离子。若用 H_2O_2 作氧化剂，在提高氧化效率、防止长时间保持热状态、避免氯亚铂配离子的生成等方面，就明显地逊色于用 $NaBrO_3$ 作氧化剂进行的水解过程。

上述反应还表明，产物中有盐酸生成容易使调整好的 pH 值下降，不利于水解分离。所以在工艺作业中，料液 pH 值调到 8～9 后，应保持 15～20min。若 pH 值下降，则补加 8％$NaHCO_3$ 溶液，以防止 pH 值发生变化。

6.4.3.3 过滤与赶溴

终点 pH 值保持 15～20min 后料液要快速冷却，急剧降至常温，这一方面能防止高价铂氯配离子分解还原成低价的氯亚铂配离子而进入沉淀；另一方面也可避免部分生成的水解沉淀物重新溶解而使上述铂液重新混入杂质。用外冷加内冷的联合工艺进行快速冷却,可获得较好的效果。

料液冷至常温后,最好静置过夜,使料液自然沉降澄清后,先将上清液仔细吸出过滤,沉淀转至大瓷漏斗中,进行自然过滤,目的是防止真空过滤时产生穿滤现象。

滤出的沉淀物用 pH=8~9 的洗液洗涤,尽可能将沉淀中可溶性的铂离子洗涤进入滤液中,沉淀中富集了铑、铱等贵金属,用盐酸溶解后送去分离提取铑、铱。

富集了铂的滤液和洗液合并赶溴,赶溴作业时,先用盐酸将溶液酸化至 pH=0.5,然后加热至沸,使溴化物分解生成气态的 HBr 或 Br_2 与溶液分离。加热赶溴作业的容器不要装得太满,因气泡容易使溶液溅出,造成铂的损失。溴蒸气具有较强的腐蚀作用,对人体及设备有不利影响,要求在具有负压的通风橱中进行作业。与加 H_2O_2 进行铂直接载体水解法相比需要赶溴是 $NaBrO_3$ 水解法明显的缺陷,但 $NaBrO_3$ 水解法具有技术条件稳定,直收率高等优点,所以仍得到了广泛的应用。

成都光明派特贵金属有限公司(原成都光明器材厂九分厂)1984 年从日本田中贵金属株式会社(TKK)引进全套铂铑提纯、加工生产线,年提纯铂 2.3t,年提纯铑 60kg,年加工铂或铂铑制品 2.5t,其核心技术为铂铑合金→王水溶解赶硝→水解铂→氯化铵沉淀铂→煅烧→海绵铂,水解渣→盐酸溶解→提纯铑→铑粉。其核心设备为微晶搪瓷反应釜(见图 6-2)、精密 pH 酸度计、精密过滤器(见图 6-3)、废水及废气净化设备,其最大优势是王水溶解设备先进,处理能力大,占地面积小(见图 6-4),能准确控制水解 pH 值,劳动生产率高,劳动环境好。

图 6-2 微晶搪瓷反应釜

图 6-3 精密过滤器

图 6-4 提纯生产线

6.5 载体水解法[1~3]

6.5.1 溶解造液

铂的溶解造液方法与 6.4.1 节相同。

在水解作业中经常采用载体水解的工艺。所谓载体水解，就是在氧化作业前的料液调整 pH＝1 后，加入浓度为 10％的三氯化铁溶液，每 1000g 铂可加入 2～3g 固体三氯化铁，氧化作业时三氯化铁不发生变化，但水解作业调整 pH＝8～9 时，三氯化铁则按下式进行水解：

$$FeCl_3 + 3H_2O = Fe(OH)_3 \downarrow + 3HCl$$

生成的 $Fe(OH)_3$ 为大体积的絮状沉淀，能吸附漂浮在溶液中的水解沉淀颗粒和各种难于沉淀的胶体颗粒并与之共沉淀，使溶液澄清效果显著。铁因全部水解生成沉淀，故不致造成料液被铁离子污染。载体水解法常用于生产高纯铂，一般采用 7 段载体水解法，产品品位可达 99.999％。

载体水解法的氧化剂可用 $NaBrO_3$、Cl_2、O_2 等，其原理是利用在碱性介质中，氧化剂将某些杂质如铱（Ⅲ）、铁（Ⅱ）等氧化为更易水解的高价状态而被更彻底地除去。

6.5.2 除金

由于利用水解法不能除去金，因此需采用单独的除金工艺，现行的除金工艺

有：硫酸亚铁还原法、二氧化硫还原法、草酸或草酸钠还原法（pH＝4～6.5）、
$NaNO_2$ 还原法（pH＝2）、DBC、MIBK、乙醚（$C_2H_5OC_2H_5$）萃取法、离子
交换法等。

(1) $FeSO_4$ 或 $FeCl_2$ 还原法

用 $FeSO_4$ 或 $FeCl_2$ 还原除金可使产品铂中的含金量降至 0.01％以下，沉金
后的溶液加入双氧水，使被 Fe^{2+} 还原为 2 价的铂再氧化为 4 价铂。

$FeSO_4$ 和 $FeCl_2$ 的加入量分别为：Au：$FeSO_4$＝1：(5～6)，Au：$FeCl_2$＝
1：(3～3.2)，Fe^{2+} 于下一步水解时除去。

(2) SO_2 还原法

料液中通入 SO_2 或加入 Na_2SO_3 后 $[AuCl_4]^-$ 被还原为金粉，反应为：

$$2HAuCl_4 + 3SO_2 + 6H_2O \Longrightarrow 2Au\downarrow + 3H_2SO_4 + 8HCl$$

SO_2 法除金，可使产品铂中的含金量降至 0.004％以下。

(3) 萃取法

控制料液中盐酸浓度为 1.5～3.0mol/L，用 DBC、MIBK、乙醚或乙酸乙配
进行萃取，使金有机相与铂液（水相）分离，用此法可除金至 0.0041％以下，
详见笔者的专著《贵金属萃取化学》。

6.5.3　除钯

应当说明的是由于钯和铂的性质相似，钯在水解时生成可溶的羟钯酸钠
$[Na_2Pd(OH)_6]$，所以水解除钯的效果并不太好。因此，当料液含钯大于 0.1％～
0.3％时，应先赶尽硝酸或于 85℃ 的条件下滴加甲酸来破坏硝酸，然后在 pH＝2
和常温条件下，在搅拌下缓慢加入 10％丁二酮肟（用 20％NaOH 溶解）沉钯，
生成亮黄色沉淀，其反应为：

$$2C_4H_8O_2N_2 + Pd^{2+} \Longrightarrow Pd(C_4H_7O_2N_2)_2\downarrow + 2H^+$$

6.5.4　载体水解

以除金、钯后的溶液作原料，铂浓度约为 100g/L，加热至 80℃ 以上，加入
10％$NaBrO_3$ 溶液 80mL，加热 10min，加入 10％$FeCl_3$ 溶液，用 10％NaOH 调
pH＝4，又加入 10％溴酸钠溶液 20mL，再煮沸 10min，然后用 10％NaOH 溶液
调 pH＝8，冷却，过滤，滤液做第 2 次水解，操作同上，只需补加 $NaBrO_3$
即可。

水解母液用盐酸酸化，浓缩，煮沸赶尽溴，加入 NH_4Cl 并静置 1～2h 之后，
便可获得黄色沉淀 $(NH_4)_2PtCl_6$，此沉淀物用 15％～17％NH_4Cl 水溶液洗至洗
液无色，干燥后煅烧，煅烧产品即为浅灰色的海绵铂。冷却出炉后用去离子水反
复洗 Na^+ 数次，经烘干后，即得高纯海绵铂。

6.6　高纯铂的制取[1~3]

高纯铂主要用于制造铂阻温度计及标准热电偶。高纯铂具有熔点高,蒸气压低,抗氧化能力强,化学惰性强以及非常稳定而可重现的测温性能等特性。

高纯铂的纯度对其热电势及电阻温度系数影响很大,纯度愈高则相应的电阻温度系数亦愈高。1922 年美国国家标准学会(ANSI)制备的高纯铂,其电阻温度系数仅为 0.003922,这是当时所能获得的最好标样。随着提纯及加工、高新技术的发展,美国 1968 年制出了电阻温度系数达 0.003927 的标准高纯铂丝,其电阻比值(R_{100}/R_0)为 1.39250。在 20 世纪 70 年代我国某研究所制得高纯铂的比电阻值达到 1.39265~1.39269。

6.6.1　载体水解-离子交换法

① 溶液的制备　以纯度为 99.9% 的海绵铂为原料,用王水溶解,其用量为铂量的 4 倍。用盐酸赶硝。然后加入其量 0.6 倍的 NaCl,使 H_2PtCl_6 转变为 Na_2PtCl_6,用水溶解,过滤,用水稀释至 50g/L(铂浓度),滤渣需回收贵金属。

② 载体水解　将已制得的 Na_2PtCl_6(批料 2kg 铂)溶液在体积为 70L 的瓷缸中水解,用石英管内加热器加热,使溶液温度升至 60~80℃,加入相应铂量 0.3% 的铁(以 $FeCl_3$ 溶液加入),用 10%NaOH 溶液调 pH 值至 7~8。维持该 pH 值 3min,冷却过滤,滤液反复水解 6~7 次后进行离子交换。滤渣集中回收贵金属。水解过程不宜剧烈搅拌,以避免 $Fe(OH)_3$ 胶溶使过滤困难。

③ 离子交换　经 2 次水解过的铂滤液用盐酸调 pH=2~2.5。用 732 型阳离子树脂交换。树脂柱内径 11cm,柱高 80cm,流速 100~130mL/min,树脂为 H^+ 型,交换后流出液 pH<1。

④ 沉淀灼烧　将交换后得到的溶液用 NH_4Cl 沉淀,过滤。得到的淡黄色 $(NH_4)_2PtCl_6$ 沉淀放入铂坩埚中烘干、灼烧、分解获得高纯海绵铂。

6.6.2　氧化载体水解-离子交换-氨气沉淀法

由于高价态金属离子氢氧化物溶度积较低,特别是钯、铑、铱等贵金属,其高价态离子的氢氧化物多呈水合氧化物状态,不易胶溶,易于过滤。因此,在载体水解前使溶液中的金属离子氧化为高价态将有利于铂的净化。本法采用氧气直接氧化,操作条件比用氯气和溴酸钠氧化优越。

此外,在制备 $(NH_4)_2PtCl_6$ 沉淀时,本法采用氨气代替固体 NH_4Cl,从而避免了用 NH_4Cl 沉淀铂时试剂所引入的杂质;同时,氨可能与溶液中的铱、铜、镍等杂质生成配合物而使其不被沉淀,有利于提纯铂。

6.6.2.1　氧气氧化载体水解

① 水解　将王水造液、赶硝后所得溶液 2L 转至 5L 烧杯中(铂的浓度

<50g/L)。加入铂量 0.3% 的铁（FeCl$_3$ 溶液）。在电热板上加热，溶液温度升至 60℃ 时通 O$_2$ 氧化 15min，随着通 O$_2$ 时间的增加，溶液颜色逐渐变深。停止通氧气后，继续加热 15min，溶液温度在 90℃ 以上。用 10%NaOH 溶液调 pH=7~8，维持该 pH 值 1~2min。水解沉淀呈棕色絮状，易于沉降。迅速冷却，过滤，滤液清亮透明呈橘红色。若再需水解只需将滤液加盐酸酸化至 pH=1.5 左右，再按上述操作进行水解。此水解过程稳定，易于掌握。铂不易水解，载体铁的氢氧化物不易胶溶，便于过滤。

② 离子交换　用 732 型阳离子交换树脂交换，交换柱直径为 11cm，柱高为 35cm。流速为 100~130mL/min。将上述反复水解后所得滤液流经树脂柱。流出液作下一步氨气沉铂之用。

③ 氨气沉淀　通氨气到交换后的流出液时，流出液事先用盐酸酸化至 pH≤0.5，使溶液中有过量的盐酸存在。在氨气通到一定数量时有较多量的橘红色的铂盐出现。在母液呈浅黄色后停止通氨气，立即过滤，用 17%NH$_4$Cl 溶液洗 3 次，抽干。将所得铂盐烘干，灼烧，得海绵铂。水洗钠离子，烘干，称重。

6.6.2.2　氯气氧化载体水解

以王水造液、赶硝所得溶液作原料（约 100g/L Pt），水解所用溶液浓度、温度及最终 pH 值与氧气氧化载体水解一致，仅用 Cl$_2$ 氧化而不用 O$_2$ 氧化。水解完毕后，滤液进行离子交换，交换条件与氧气氧化载体水解相同。

6.6.2.3　溴酸钠氧化载体水解

① 水解　以王水造液、赶硝后的溶液作原料，铂含量约 100g/L，在电热板上加热至 80℃ 以上，加入 10%NaBrO$_3$ 溶液 80mL，加热 10min，用 10%NaOH 溶液调 pH=4，又加入 10% 溴酸钠溶液 20mL，煮 10min，加入铂量 0.3% 的铁（三氯化铁溶液），然后用 10%NaOH 溶液调 pH=8。冷却，过滤。滤液作第 2 次水解，操作同上。只需补加一些 NaBrO$_3$ 即可。

② 离子交换　将上述水解后的滤液用盐酸酸化至 pH<1，在低温电热板上浓缩至原体积的 1/4 以下，以破坏溴。然后稀释至铂浓度为 30g/L，进行离子交换，交换过程如前所述。

6.7　碱溶-还原法[5]

6.7.1　方法概述

① 用浓度为 1~5mol/L NaOH 溶液将粗氯铂酸铵溶解后，滤去少量不溶物，涉及的反应为：

$$(NH_4)_2PtCl_6 + 2NaOH \Longrightarrow Na_2PtCl_6 + 2NH_3 \uparrow + 2H_2O$$

② 在铂溶液中加入水合肼还原，当判定溶液中的铂已完全沉淀时，立即滤

出铂黑并用纯水洗涤，涉及的反应为：

$$Na_2PtCl_6+NH_2NH_2 \cdot H_2O = Pt\downarrow+2NaCl+N_2\uparrow+H_2O+4HCl$$

③ 用 HCl-H_2O_2 溶解得到的铂黑。铂黑用纯水浆化后在搅拌的情况下先加入盐酸，再加入 H_2O_2，加入的 HCl 与 H_2O_2 的比例为 1:1，直至铂黑完全溶解，溶解完毕继续加热煮沸使残余 HCl 蒸发，然后用纯水稀释控制溶液中的铂浓度为 80~160g/L，冷却后过滤，滤去不溶物，涉及的反应为：

$$Pt+6HCl+2H_2O_2 = H_2PtCl_6+4H_2O$$

④ 用 NH_4Cl 分步沉淀。在上述溶液加热煮沸的情况下，按理论量的 20%~80% 加入氯化铵使铂以氯铂酸铵进行第一步沉淀，得到纯度高的氯铂酸铵产品；在第一步沉淀后的含铂溶液中，再加入 NH_4Cl，使其完全沉淀得到纯度较低的氯铂酸铵，涉及的反应为：

$$H_2PtCl_6+2NH_4Cl = (NH_4)_2PtCl_6\downarrow+2HCl$$

⑤ 用常规的锻烧方法得到海绵铂。

6.7.2 操作过程

粗氯铂酸铵经 6.7.1①、②、③工艺处理后得到的铂溶液成分（g/L）为：Pd 0.0028、Au<0.0005、Rh 0.059、Ir 0.00712、Pt 160，按理论量的 50% 加入氯化铵，铂的沉淀率为 80%，得到的产品纯度为 99.99%，第二步完全沉淀得到的产品纯度>99.9%。

该方法采用氢氧化钠将氯铂酸铵溶解制取精炼铂的工艺，工艺过程周期短，对具有极高价值的铂金属来说，加速资金的周转具有重要意义，从氯铂酸铵投入到生产出海绵铂产品只需 16h，且生产成本比传统的生产方法有所降低，能耗低，操作条件好，并且可以根据市场需求同时生产不同质量的产品。

6.7.3 实验结果

国内某大型企业以表 6-7 所示组成的粗氯铂酸铵为原料，对该方法进行了大量的实验研究，期望能用于实际生产。

表 6-7 粗 $(NH_4)_2PtCl_6$ 成分

项目	成分					
	Pt	Pd	Au	Rh	Ir	其他
含量/%	25.1	0.183	0.0051	0.043	0.0031	—
煅烧后/%	98	0.722	0.020	0.170	0.0122	1

实验结果表明：

① 用 NaOH 溶液溶解粗氯铂酸铵时，溶液会出现由浑浊→清亮→沉淀的现象，说明溶解液的稳定性与加入的 NaOH 溶液浓度有很大的关系，浓度越大，

过量很少便会导致沉淀增多，碱溶解过程难以控制。

② 如何将碱溶解液中的铂还原完全得到活性较高的铂黑以利于 $HCl+H_2O_2$ 溶解是该方法的难点。

③ 先后进行了多方案的实验。1 次碱溶- $NH_2NH_2 \cdot H_2O$ 还原- $HCl+$ H_2O_2 溶解-1 次 NH_4Cl 沉淀，未得到合格的产品（Pd、Rh 超标）。1 次碱溶-1 次 $NH_2NH_2 \cdot H_2O$ 还原-1 次 $HCl+H_2O_2$ 溶解-1 次 NH_4Cl 沉淀-2 次碱溶-2 次 $NH_2NH_2 \cdot H_2O$ 还原-2 次 $HCl+H_2O_2$ 溶解-2 次 NH_4Cl 沉淀，未得到合格的产品（Rh 超标）。碱溶-$NH_2NH_2 \cdot H_2O$ 还原-王水溶解-氯化铵沉淀，未得到合格的产品（Pd、Rh、Ag 超标）。

6.8　二氯二氨合铂（Ⅱ）法[8]

此法与所有上述各法不同，不是将铂从溶液中呈氯铂酸盐析出，而是呈别氏盐 $[Pt(NH_3)_2Cl_2]$ ——顺式-二氯二氨合铂（Ⅱ）析出。为此，将需净化的铂溶于王水，蒸发并呈含有杂质的氯铂酸铵沉淀。氯铂酸铵以下列方式净化：将其与水共热并加入草酸溶液（为氯铂酸铵质量的一半），草酸预先用氨中和至氨微过量，加热时发生下列反应：

$$(NH_4)_2PtCl_6+(NH_4)_2C_2O_4 \rule[0.5ex]{2em}{0.4pt} (NH_4)_2PtCl_4+2NH_4Cl+2CO_2 \uparrow$$

溶液滤去由于次要反应析出的少量沉淀后，于水浴中蒸发至结晶出现，然后迅速将其冷却。往有氯亚铂酸铵结晶的溶液中加入浓氨溶液（18％），其量按 2.25mol 的氨对 1mol 氯亚铂酸盐计算，加入氨溶液最好逐渐进行，直至在良好的搅拌下氯亚铂酸铵全部溶解为止，此后将全部剩余的氨溶液加入并将溶液静置约 1h，直至橙黄色的别氏盐开始呈微绿色。别氏盐 $[Pt(NH_3)_2Cl_2]$ 沉淀一经加入氨溶液后几乎立即出现，而沉淀接近终了时全部变浓。别氏盐由于本身的结构（非电解质），不能与其他贵金属生成盐类，也不吸附于铱盐上。它不与其他铂族金属的盐类生成类质化合物。所生成的 0.2％～0.3％的杂质 {克氏盐 $[Pt(NH_3)_3Cl]_2PtCl_4$ 和马氏盐 $[Pt(NH_3)_4]PtCl_4$} 不含铂以外的其他金属，故为无害杂质。涉及的反应为：

$$(NH_4)_2PtCl_4+2NH_3 \cdot H_2O \rule[0.5ex]{2em}{0.4pt} Pt(NH_3)_2Cl_2+2NH_4Cl+2H_2O$$

别氏盐可从热水中重结晶。此盐在冷水中实际不溶解。实收率不少于理论计算量的 95％。按此法可制取纯度很高的铂。

6.9　二亚硝基二氨合铂（Ⅱ）法[8]

将不纯的铂溶解于王水中，溶液和盐酸与水一起蒸发，以除去硝酸和破坏亚硝基化合物。然后往溶液中加入亚硝酸钠，使铂转变为亚硝基亚铂酸盐

$Na_2Pt(NO_2)_4$。溶液滤去非贵金属和金的沉淀后，再往淡黄色的溶液中加入一定量的氨溶液，其量按能生成二亚硝基二氨合铂 $[Pt(NH_3)_2(NO_2)_2]$ 计算。预热的二亚硝基二氨合铂溶液中通入 Cl_2 后，即进行氧化，析出不易溶解的布氏盐 $[Pt(NH_3)_2(NO_2)_2Cl_2]$ 沉淀。此盐经过 1 次或 2 次重结晶。其他铂族金属不生成类似的盐，故获得的布氏盐特别纯净。将此盐小心加热煅烧即得纯海绵铂。涉及的反应为：

$$H_2PtCl_6 + 6NaNO_2 = Na_2Pt(NO_2)_4 + 4NaCl + 2HCl + 2NO_2 \uparrow$$

$$Na_2Pt(NO_2)_4 + 2NH_3 = Pt(NH_3)_2(NO_2)_2 + 2NaNO_2$$

$$Pt(NH_3)_2(NO_2)_2 + Cl_2 = Pt(NH_3)_2(NO_2)_2Cl_2 \downarrow$$

采用此法时，不需重复操作，即可迅速地制取很纯的铂。此种铂用化学分析法不能发现杂质。布氏盐煅烧时应小心，因其中的亚硝基可以引起爆炸；煅烧应小批地逐渐进行。此法用来净化含钯的铂最为适宜。

6.10 还原-溶解法

6.10.1 方法原理

当铂精炼的原料为粗氯铂酸铵时，在碱性条件下，应用 $NH_2NH_2 \cdot H_2O$ 还原，发生如下反应：

$$(NH_4)_2PtCl_6 + NH_2NH_2 \cdot H_2O + 4NaOH =$$
$$Pt \downarrow + 4NaCl + 2NH_4Cl + N_2 \uparrow + 5H_2O$$

当铂精炼的原料为铂反萃液（碱性）时，应用 $NH_2NH_2 \cdot H_2O$ 还原，发生的反应如下：

$$Na_2Pt(OH)_6 + NH_2NH_2 \cdot H_2O = Pt \downarrow + 2NaOH + N_2 \uparrow + 5H_2O$$

无论是粗氯铂酸铵还是铂反萃液，1mL 的水合肼，可以还原 2g 的铂，当粗氯铂酸铵、铂反萃液中含有少量的铑、铱、贱金属等杂质时，在碱性条件下铑、贱金属亦可被还原，而铱只能还原为 3 价或只能极少部分被还原。

新生态的铂活性较高，在酸性条件下可被氧化剂 X 氧化溶解，而铑及极少部分铱难以被氧化剂 X 氧化溶解，留在不溶渣中除去。

溶解之后，浓缩降低酸度，加入氯化铵沉淀铂，铂生成氯铂酸铵沉淀，而贱金属不会生成铵盐而留在沉铂母液中除去。

$$H_2PtCl_6 + 2NH_4Cl = (NH_4)_2PtCl_6 \downarrow + 2HCl$$

上述还原-溶解-沉淀步骤重复 2~3 次，即可除去其中的贵金属和贱金属杂质，得到较纯的氯铂酸铵，经煅烧即可获得纯度为 99.99% 的海绵铂产品。

$$3(NH_4)_2PtCl_6 = 3Pt + 16HCl \uparrow + 2NH_4Cl \uparrow + 2N_2 \uparrow$$

该方法的关键技术是控制最佳的还原条件，获得粒度细、表面积大、易溶解的活性铂粉。溶液 pH 值与铂粉的粒度、表面积、活性、外观颜色密切相关（见表 6-8）。因此溶液 pH 值、还原温度、反应速度、还原剂及碱的加入次序是获得活性铂粉的核心技术。

表 6-8　溶液 pH 值与铂粉性能的关系

溶液 pH 值	堆密度/(g/cm³)	外观	溶解性
1.5~2.5	3~5	黑色	易溶
4~5	6~8	灰色	较易溶
7~9	10~12	烟灰色	不易溶

6.10.2　工艺流程

还原-溶解法精制铂工艺流程示于图 6-5。

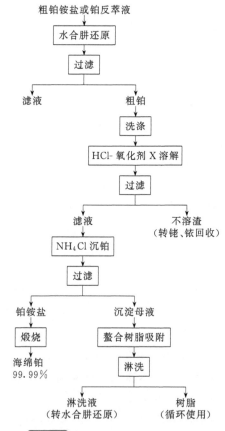

图 6-5　还原-溶解法精制铂工艺流程

6.10.3　作业过程

① 水合肼还原　粗氯铂酸铵用 10%NaOH 溶液浆化（s/l＝1∶10），加热至

沸腾后，按每千克铂需要 0.5kg 水合肼的比例将水合肼稀释 4 倍，在搅拌下缓慢滴加稀释后的水合肼，反应激烈发生，约 15min 水合肼滴加完，再煮沸溶液 15min，冷却后过滤，粗铂充分洗涤 Na^+ 后转入溶解，还原过程仅需 30min。

② HCl-氧化剂 X 溶解　粗铂用 6mol/L HCl 溶液浆化（s/l＝1∶10），加热升温，在搅拌下缓慢滴加氧化剂 X 溶液溶解，每千克铂约需氧化剂 X 4kg，约需 3h 铂即可溶解完全，过滤，滤液浓缩赶酸，浓缩液转氯化铵沉淀，少量不溶渣转入下一批溶解。

③ 氯化铵沉淀　按照比理论量过量 5％的比例，向铂溶液中加入固体氯化铵沉淀铂，放置后，用上清液检查铂沉淀完全后，过滤，氯铂酸铵用 17％NH₄Cl 溶液洗涤，抽干。

重复还原-溶解-沉淀 2～3 次，纯净的氯铂酸铵用经典的方法煅烧、洗钠、烘干、称重，即可获得纯的海绵铂产品。

④ 还原-溶解法的优点　a. 缩短了生产周期，提高了生产效率，每一个还原-溶解-沉淀过程仅需约 5h，每天按 3 班倒计算，1d 即可出产品；b. 产品纯度高、一次收率高；c. 操作环境好，省去了污染大、耗时的赶硝步骤；d. 对设备材质的要求低，投资少，常用的搪瓷设备即可满足要求。

⑤ 铂的金属平衡　投入粗铂 520g，铂含量 98.53％，含铂 512.36g，其中主要贵金属杂质依次为铱、铑、钌、钯，贱金属杂质依次为锑、铜、锌、铅、镍等。应用新的精炼方法精炼 2 次之后，获得纯铂 485g，按照新的分析标准，22 种杂质元素含量之和为 0.04％，铂的纯度达到 99.95％（见表 6-9），铂的直收率为 94.66％，沉铂母液经置换后得到置换渣 56g，铂含量 50.13％，含铂 28.07g，总收率 100.14％。

⑥ 还原-溶解法成本估算　若按还原-溶解-沉淀精炼 3 次计算（见表 6-10），与王水溶解-NH₄Cl 沉淀法精炼 3 次相比较（见表 6-11），生产 1kg 海绵铂成本大约增加 82 元，若按还原-溶解-沉淀精炼 2 次计算，与王水溶解-NH₄Cl 沉淀法精炼 3 次相比较，生产 1kg 海绵铂成本大约节约 103 元。

表 6-9　精炼前后铂的光谱分析结果

编号	铂纯度/%	杂质成分/%										
		As	Au	Mn	Pb	Mg	Sn	Sb	Si	Fe	Ni	Bi
Pt-5	98.53	约 0.003	约 0.001	<0.001	约 0.007	约 0.003	约 0.001	约 0.01	约 0.001	约 0.005	约 0.007	0.005
Pt-6	99.95	<0.002	<0.0003	<0.0003	<0.0005	0.00024	<0.0005	<0.002	0.001	<0.0005	<0.0005	<0.0005

编号	铂纯度/%	杂质成分/%										
		Al	Mo	Cu	Zn	Ag	Rh	Ca	Pd	Ru	Ir	Cr
Pt-5	98.53	约 0.001	<0.001	约 0.007	约 0.01	约 0.001	约 0.08	约 0.005	约 0.007	约 0.01	约 0.3	约 0.005
Pt-6	99.95	约 0.0007	<0.001	<0.001	<0.001	<0.0001	0.0092	<0.001	0.0074	<0.002	0.0043	<0.0005

表 6-10   还原-溶解法成本估算

项目	单价/(元/kg)	每千克 Pt 消耗/kg[①]	总价/(元/kg)[①]	每千克 Pt 消耗/kg[②]	总价/(元/kg)[②]
NaOH	22	2	44	3	66
$NH_2NH_2 \cdot H_2O$	40	1	40	1.5	60
HCl	11	10	110	15	165
氧化剂 X	22	8	176	12	264
NH_4Cl	11	2	22	2	22
电能[③]	0.3	33.3	10	33.3	10
合计			402		587

① 还原-溶解-沉淀精炼 2 次。

② 还原-溶解-沉淀精炼 3 次。

③ 生产周期按缩短 2/3 计算。

表 6-11   王水溶解-NH_4Cl 沉淀法成本估算

项目	单价/(元/kg)	每千克 Pt 消耗/kg	总价/(元/kg)	备注
HCl	11	30	330	按王水溶解-NH_4Cl 沉淀法精炼 3 次计算
HNO_3	14	8	112	
NH_4Cl	11	3	33	
电能	0.3	100	30	
合计			505	

6.11   电解精炼法[2]

以精炼的粗铂作阳极，以游离盐酸的氯铂酸作电解液。电解液的成分：HCl，$200\sim300g/L$；H_2PtCl_6，$50\sim100g/L$。电解温度为 $60℃$，通入重叠有交流电的直流电，电流密度为 $2\sim3A/dm^2$，槽电压 $1\sim1.5V$，则阴极上析出金属铂，其纯度可达 99.98%。

电解精炼铂时，由于金比铂有更高的标准还原电势，进入溶液的金比铂更容易在阴极上析出，除金效果差。

6.12   铂的萃取精炼工艺[6]

通常，铂（Ⅳ）比铂（Ⅱ）稳定，即 $[PtCl_6]^{2-}$ 比 $[PtCl_4]^{2-}$ 稳定，因此在盐酸氯化物介质中铂主要以 $[PtCl_6]^{2-}$ 形式存在，所以研究铂的萃取化学主要是研究对 $[PtCl_6]^{2-}$ 的萃取。用草酸、水合肼等可将 $[PtCl_6]^{2-}$ 还原为 $[PtCl_4]^{2-}$，$[PtCl_4]^{2-}$ 能被部分萃取剂萃取。对于铂与二氯化锡、硫氰酸盐等形成的配合物的萃取有极少量的研究。目前，可以萃取 $[PtCl_6]^{2-}$ 的萃取剂主要为磷类、胺类、硫类等。磷类萃取剂主要有：磷酸三丁酯（TBP）、三辛基氧膦（TOPO）、三烷基氧膦（TRPO）等。国际镍公司（Inco）阿克通（Acton）

精炼厂已将 TBP 萃取分离铂应用于生产。胺类萃取剂主要有：三正辛胺（TOA）、7301、N₂₃₅、Alamine 336、TAB-194、季铵盐 N₂₆₃、7402、7407、Aliquat 336、氨基羧酸衍生物 Amberlite LA-2、胺醇 TAB-182 等。英国 Royston 的 Mathey-Rusterburg 精炼厂已将 TOA 萃取分离铂应用于生产，南非 Lonrho 精炼厂已将氨基羧酸共萃取分离钯铂应用于生产。昆明贵金属研究所和金川有色金属公司合作对 N₂₃₅ 萃取分离铂进行了大量的研究，先后完成了实验室小型试验、实验室放大试验、半工业试验、工业试验，已经在金川集团公司精炼厂稀贵生产系统投产。含硫类萃取剂有：石油亚砜（PSO）、二正辛基亚砜（DOSO）、二异辛基亚砜（DIOSO）等。华南理工大学和金川有色金属公司合作对 PSO 萃取分离铂及共萃分离钯、铂进行了大量的研究，先后进行了实验室小型实验、实验室放大实验、半工业试验。螯合萃取剂有 8-羟基喹啉 TN 1911、TN 2336 等。其他可以萃取铂的萃取剂还有：异丙双酮、三苄基丙基磷酸、二安替比林丙基甲烷、甲基吡唑、四辛基氯化铵等。

6.12.1　磷酸三丁酯（TBP）萃取精炼铂

国际镍公司（Inco）阿克通（Acton）精炼厂在 DBC 萃取金，硫醚萃取钯之后，调整料液酸度为 5mol/L，通入 SO_2 使铱（Ⅳ）还原为铱（Ⅲ），用 35% TBP-60% Isopar M-5% 异癸醇 4 级逆流萃取铂，萃余液铂含量降至 $0.02\sim0.05g/L$，载铂有机相经 5mol/L HCl 溶液洗涤 [O/A=（5～10）∶1]，用水反萃（O/A=1∶1）。

TBP 是大多数贵金属的有效萃取剂，根据笔者的实践，在应用 TBP 萃取分离铂时应注意下述问题：

a. 料液酸度必须在 3～5mol/L HCl，少量 H_2SO_4 的存在有助于铂的萃取，但要尽量避免 ClO_4^-、ClO_3^{2-} 等的存在；

b. 由于 TBP 对铂的选择性不高，必须预先分离金（Ⅲ）和钯（Ⅱ），并将铱（Ⅳ）还原为铱（Ⅲ）；

c. TBP 的浓度对铂的萃取影响较大，实际应用时往往使用 100%TBP 萃取，随之带来的问题是 TBP 的水溶性增大，溶解损失较大；

d. 由于 TBP 萃取铂要求在高酸度下进行，洗涤时也在同酸度下进行，这样夹带的酸较多，文献所报道的用水反萃是无法实现的，用碱反萃前先用氯化钠水溶液洗涤，可减少碱的用量；

e. TBP 对有机玻璃、聚氯乙烯（PVC）、增强聚氯乙烯（UPVC）等有腐蚀溶胀作用，再加上浓盐酸、氯气、王水的强腐蚀作用，设备材质较难解决，因此在工业上的应用受到诸多限制。

6.12.2　三正辛胺（TOA）萃取精炼铂

英国 Royston 的 Matthey-Rustenberg 精炼厂已将 TOA 萃取分离铂应用于生

产，萃取在 3mol/L HCl 介质中进行，用稀酸洗涤共萃的部分贱金属，用强酸（例如 HCl、HClO₄）或强碱（例如 NaOH、Na₂CO₃）溶液反萃负载有机相中的铂，铂的萃取率可达到 99.99%。

6.12.3　三烷基胺（N_{235}、7301）萃取精炼铂

昆明贵金属研究所和金川有色金属公司合作对 N_{235} 萃取分离铂进行了大量的研究，完成了实验室小型实验、实验室放大实验、先后衔接 S_{219} 萃钯余液、PSO 萃钯余液、S_{201} 萃钯余液进行了多次半工业试验，分别于 1991 年和 1994 年 2 次通过了原中国有色工业总公司组织的专家鉴定。

N_{235} 萃取分离精炼铂新工艺试验结果证明如下：

① 萃取剂、改性剂、稀释剂为国产，来源充足，价格低廉。所选择的有机相组成对铂的萃取率高，而对铁、铜、镍的萃取甚微，即对铂具有较强的选择性，工艺新颖，适用范围广。

② 共处理 PSO-Ⅱ 萃钯余液 8.083m³，萃取率为 99.94%，反萃率＞9.94%，直收率为 82.83%，总收率为 100.83%，产品纯度为 99.99%。处理 S_{201} 萃钯余液 3.034m³，由于料液预处理不严格，未彻底破坏 NaClO₃，游离的 ClO_3^- 对 $[PtCl_6]^{2-}$ 形成竞争萃取，前 4 批萃取率为 93.91%，后 4 批萃金前料液严格按条件经浓缩、加盐酸破坏 NaClO₃，再浓缩赶酸，控制料液酸度≈2.5mol/L，电势 950～1000mV，经上述预处理后萃铂余液含铂 0.002～0.007g/L，萃取率达 99.9%。8 批合计平均萃取率为 98%，反萃率为 99%，直收率为 83.34%，总收率为 97.28%，产品纯度＞99.99%。

③ 萃取分相迅速，界面清晰、洗涤、反萃、平衡分相速度与洗液、反萃液、平衡液的流速、搅拌强度、料液的预处理等因素有直接的关系。

④ 铱的分散与料液酸度、电位及铱的价态和状态有密切关系，但要严格控制铱的价态和状态，对组成、性质非常复杂多变的蒸残液来说是极其困难的。如何降低铱的分散仍是今后尚需研究的课题。

目前，该工艺已经在金川集团公司精炼厂稀贵生产系统建成投产，2007 年 3～6 月进行了大规模试生产，取得了成功，详细情况请参阅文献［6］。

6.12.4　氨基羧酸萃取精炼铂

仲胺 Amberlite LA-2 与氯乙酸反应的产物 $R_2N—CH_2—COOH$ 可共萃铂、钯，已被南非 Lonrho 精炼厂应用于工业生产。料液成分（g/L）为：Pt 5～20、Pd 2～10、Rh 20～30、Ir 5～10、Os 5～10、Ru 50～70、BMS（Cu、Fe、Al、Ni）10，酸度 1mol/L HCl。用 10% Amberlite LA-2-Solvesso 150 在直径 75mm、长 6m 的脉冲密封柱中萃取，料液进入速率 20L/h，有机相进入速率控制在使有机相的容量为 18g/L（铂＋钯），萃取级数与料液酸度密切相关（一般 3～5 级），

铂、钯萃取率达 99.5%～99.9%，萃取容量达 25g/L，一般使用的操作容量为 18g/L。

在柱中用 10mol/L HCl（工业酸，含铁 100×10⁻⁶）反萃，控制相比为 1：1，反萃液成分（g/L）为：Pt 10～15、Pd 5～10、Rh(50～100)×10⁻⁶、Ir(20～50)×10⁻⁶、Ru(100～200)×10⁻⁶、BMS（Cu、Fe、Al、Ni）100×10⁻⁶，反萃率可达 99%。反萃后有机相用水洗涤（可除去共萃的少量锡、锑）之后循环使用。

Amberlite LA-2 与叔胺 Alamine 310 相比，Alamine 310 负载有机相中的铂难以被浓酸反萃，而 Amberlite LA-2 负载有机相中的铂易被浓酸反萃，Amberlite LA-2 对铂的选择性亦比 Alamine 310 高。

该工艺共萃铂、钯时，必须用二正己基硫醚从反萃液中萃取钯而使其与铂分离。工艺流程长，反萃条件差，操作繁杂，目前已改用 TBP 萃取铂。

关于铂的其他溶剂萃取分离精炼工艺参阅笔者 2010 年于化学工业出版社出版的《贵金属萃取化学》（第 2 版）。

6.13　中国的铂精炼工艺[7]

6.13.1　铂精炼工艺流程

中国矿产铂精炼工艺使用的是王水溶解-氯化铵反复沉淀法，工艺流程如图 6-6 所示。

6.13.2　主要工艺过程

王水溶解：从粗分岗位转来的粗铂铵盐称量，按照批号先后顺序投料，每次投粗铂铵盐 35kg 左右，1 次王水溶解直接投入微晶搪瓷反应釜中，加水浆化，然后加入王水 120L 左右，通蒸汽溶解，溶解过程中如王水不够可根据情况适当补加王水，涉及的反应为：

$$(NH_4)_2PtCl_6 + 4HNO_3 + 6HCl = H_2PtCl_6 + 4NO\uparrow + 8H_2O + 2NCl_3$$

蒸干赶硝：物料全部溶解完毕后，蒸至体积为 45L 左右，放料，用桶转运到电热板，分至多个烧杯中蒸干赶酸 3 次，每次加 1：1 HCl 800mL 左右，蒸干赶酸过程中蒸的过干或过稀造成的后果：蒸的过稀 NO_3^- 不能彻底分解挥发，铂会生成 $[Pt(NO_3)_4]^{2-}$，杂质钯、铑、铱氧化仍为高价态，这样在进行氯化铵沉淀铂时，钯、铑、铱与 NH_4Cl 作用生产沉淀，会与铂共沉淀，从而影响产品质量。蒸的过干会使 H_2PtCl_6 生成 $PtCl_2$，将不溶于 1% HCl 溶液而降低铂的直收率，涉及的反应为：

$$H_2PtCl_6 = PtCl_2 + 2HCl + Cl_2\uparrow$$

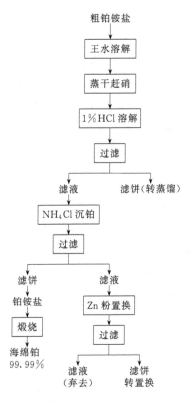

图 6-6 中国的铂精炼工艺流程

1％HCl 溶解：待硝全部赶完，每个烧杯中加 1％HCl 溶液至 4L 左右，加热溶解，待沸腾 5min 放置于冷却槽中冷却，过滤，过滤 2 次。

NH₄Cl 沉淀铂：过滤完毕，然后滤液分入多个烧杯中，每个烧杯 2L，放置在电热板上加热，待沸腾后加入事先过滤好的 17％氯化铵溶液沉铂，待沉铂完全后，冷却过滤，过滤完毕用 17％氯化铵溶液洗涤至无色，涉及的反应为：

$$H_2PtCl_6 + 2NH_4Cl \Longrightarrow (NH_4)_2PtCl_6 \downarrow + 2HCl$$

根据杂质含量，王水溶解-氯化铵沉淀过程正常料反复 3 次，回收料反复 4 次，王水溶解在 6 台 200～500L 微晶搪瓷反应釜中进行，王水溶解液赶硝在若干 5L 烧杯中进行。

煅烧：将纯铂铵盐送煅烧，得到纯度为 99.99％的铂产品，反应为：

$$3(NH_4)_2PtCl_6 \Longrightarrow 3Pt + 16HCl\uparrow + 2NH_4Cl\uparrow + 2N_2\uparrow$$

沉铂母液用锌粉置换回收，置换完毕，过滤，置换母液经检验无贵金属可排放。置换渣积累到一定量后可转粗分岗位进行氯化，氯化液转粗分岗位分离铂、钯，铂铵盐转铂精炼，钯原液转钯精炼。

精炼过程中杂质的走向：锇、钌在王水溶解时挥发；大部分铜、镍、铁、铑、铱、部分金在氯化铵沉淀母液中；少量银、硅在 1％HCl 不溶渣中。

参 考 文 献

［1］谭庆麟.铂族金属性质冶金材料应用.北京：冶金工业出版，1990：264-315.

［2］黎鼎鑫.贵金属提取与精炼.长沙：中南工业大学出版社，2003：523-603.

［3］卢宜源，宾万达，等.贵金属冶金学.长沙：中南工业大学出版社，2003：344-392.

［4］朱永善，邹振家，尹承莲，等.还原氧化法提纯铂及其应用［研究报告］.昆明：昆明贵金属研究
　　所，1984.

［5］何焕华.一种生产精炼铂的工艺：中国，CN 1370845A.2002-9-25.

［6］余建民.贵金属萃取化学.第2版.北京：化学工业出版社，2010.252-286.

［7］王贵平，张令平，等.贵金属精炼工.金昌：金川集团公司精炼厂，2000.40-60.

［8］兹发京采夫ＯＥ.金银及铂族金属的精炼.徐广生，林春梅，译.北京：冶金工业出版社，1965.
　　134-135.

［9］贺小塘，吴喜龙，王欢，等.一种采用控制电位分离提纯铂的方法.CN 102797018.2012.

［10］马玉天，黄国生，陈大林，等.一种铂精炼的工艺.CN 103484687 A.2014-1-1.

7

铑的精炼工艺

7.1 概述

精炼铑的传统方法是亚硝酸钠配合法和氨化法，虽然可用该法制得 99.9%～99.99%海绵铑，但是具有工艺流程长、操作烦琐、回收率低等缺点。随着溶剂萃取技术和离子交换技术的迅速发展，应用萃取工艺分离铑中的贵金属杂质，应用离子交换工艺分离铑中的贱金属杂质已成为铑的精炼工艺中最为先进的方法。由于其具有工艺流程短、操作简单、回收率高等优点，已取代了亚硝酸钠配合法和氨化法，在工业上得到了广泛的应用，并且达到了较好的经济技术指标。

应用萃取工艺分离铑中的贵金属杂质的技术关键是用中温氯化等技术在铑造液的同时将铱氧化为铱（Ⅳ），为使用 TBP、TRPO 等萃取分离铂、铱、钯创造良好的条件。应用离子交换工艺分离铑中的贱金属杂质的技术关键是用水解的方法除去溶液中的大量 Cl^-、Na^+，避免贱金属离子形成氯配合物，为用 732 阳离子交换树脂分离贱金属杂质创造良好的条件。

由铑的纯溶液制取纯铑粉的方法有氯化铵沉淀-煅烧-氢还原法、甲酸还原法、水合肼还原法等，目前应用较多的是水合肼还原-氢还原法，该法具有还原速度快、收率高、产品纯度高、粒度均匀等优点。

7.2 亚硝酸钠配合法[1~3]

7.2.1 铑的溶解

金属铑较难于进行化学溶解造液，例如造液原料为铑锭，需先进行碎化处理。碎化时，先用 4～5 倍铑量的锌与铑共熔成合金，并铸成分散状态的片状，再用 HCl 溶解片状合金中的锌，这时便产出不溶于 HCl 的粉状铑，此粉状铑即可用浓王水在热态下溶解，铑以氯配酸形态进入溶液。

王水溶解铑粉时，仍有部分铑不溶，在 $300\sim400℃$ 的条件下以硫酸氢钠在刚玉坩埚中进行熔融处理不溶物，使铑转变为可溶性的硫酸铑，再用热水溶出硫酸铑，如此反复，直至全部溶出。

用氢氧化钠中和水溶性硫酸铑的浸出液，使铑呈氢氧化铑从溶液中沉淀析出，过滤洗净 Na^+、SO_4^{2-}，用 HCl 溶解氢氧化铑沉淀，则生成氯铑酸溶液。

$$Rh(OH)_3+5HCl = H_2RhCl_5+3H_2O$$
$$Rh(OH)_3+6HCl = H_3RhCl_6+3H_2O$$

近几年来国内的科技工作者对铑粉的新溶解技术进行了大量的探索研究[10~12]，研究表明，铑粉的粒度对其溶解有重要影响，铑的溶解率与其粒度呈现负相关的关系，粒度 $\geqslant100\mu m$ 的铑粉基本不溶解，粒度 $\leqslant10\mu m$ 的铑粉有着很高溶解率。对王水溶解后的铑粉表面通过微区能谱分析表明，铑粉表面并没有氧化物形成，铑粉溶解过程中的微溶现象，是由于溶解时铑粉中的小颗粒铑粉首先溶解，当小颗粒铑粉溶解完，大颗粒铑粉不溶解[13]。

高温高压溶解技术[14,15]：研究了液固比、盐酸浓度、温度等因素对铑粉浸出的影响，得到的最佳溶解条件为：液固比 10：1，盐酸浓度 5mol/L，反应温度 $200℃$，氧气分压 0.5MPa，氯酸钠氧化剂用量为铑粉量的 4 倍。在 400 r/min 搅拌转速下反应，经 3h 铑粉的一次浸出率达到 99% 以上。

微波溶解技术[16]：将铑物料按比例与酸和氧化剂混合，其中铑物料：酸：氧化剂=1：30：10（或 5）装入全密闭耐腐蚀、耐高温、耐压反应器中，将反应器置于微波工作平台中并设定微波功率，在溶解温度 $160\sim260℃$，溶解压力 3MPa，溶解时间 $30\sim60min$ 的条件下，通过微波辅助溶解，可获得铑溶液，铑的溶解率大于 98%，回收率大于 99%。该方法具有流程短，溶解周期短，效率高，成本低，清洁无污染等优点。但是处理量小，还不适合工业化生产，有待进一步研究。

金属活化溶解技术：用镁粉对贵金属物料进行活化溶解[17]，将贵金属物料与金属镁粉按质量比 1：（2~3）混合后装入密闭反应器中，抽真空，密封并保持反应器内真空度为 0.4Pa，将反应器置于卧式管炉内，在 $700\sim800℃$ 下焙烧 $4\sim6h$，使活性金属镁汽化并与贵金属物料发生合金化反应，然后用稀酸选择性浸出焙烧样品中的镁，获得高活性贵金属物料，再采用盐酸加氧化剂溶解活性贵金属物料，获得含贵金属溶液。贵金属溶解率为 99%，回收率大于 99%。

用铝合金溶解铑的最佳工艺条件为[18]：铑铝质量比 1：10，活化温度 $1200℃$，活化时间 80min，溶解时间 30min。最佳条件下，铑溶解率达 99% 以上。活化后的铑粉不具明显颗粒状，呈疏松多孔结构，分散度增大，比表面积增大，表面能发生改变，活性增大。铝合金活化后的铑形成铝铑合金和金属间化合物，产生了晶体缺陷，晶胞体积变小，分散性增强，比表面积增大，反应活性提高，更易于溶解于王水。

将粗铑粉 100g，含量 98.10%，含铑 98.1g，用圆盘破碎机破碎磨细，过 200 目筛。将制得的粗铑粉与 500g 300 目的锌粉充分混合均匀。在一密闭的 3L 的玻璃反应器中，先加入工业盐酸 1000mL，盐酸浓度为 11mol/L，边搅拌边加入混合料，搅拌速率 80r/min，升温至 80℃，保温 40min。反应完成后的溶液过滤得滤渣，滤渣用滤渣 10 倍 80℃ 的热水洗涤 1 次，得还原活化的铑物料。将制得的还原活化的铑物料放入玻璃反应器中，先加 12mol/L 盐酸 20mL，后加入 98% 浓硫酸 1000mL，加热溶解，升温至 140℃，密闭回流溶解 8h，冷却过滤得硫酸铑硫酸溶液；分析硫酸铑硫酸溶液含铑 93.26g，95.1% 的铑被硫酸溶解生成硫酸铑硫酸溶液[19]。

用 HAuCl₄ 溶液和铑粉在特定条件下发生氧化还原反应，铑粉被氧化溶解生成 H₃RhCl₆ 溶液，而溶液中的 HAuCl₄ 被还原生成海绵金粉。在盐酸介质中，HAuCl₄ 溶液溶解铑粉的氧化还原反应为：

$$HAuCl_4 + Rh + 2HCl \Longrightarrow Au + H_3RhCl_6$$

反应过程中铑粉过量，最终 H₃RhCl₆ 溶液中的 [AuCl₄]⁻ 基本被还原，有利于提高后续铑基化合物产品的质量。

称取纯度大于 99.95% 的海绵金 400g，用 1.6L 王水溶液溶解，海绵金溶解完全后浓缩、赶硝，稀释至 1L 后放入三口烧瓶内，开启机械搅拌，然后称取优美科公司生产的纯铑粉 205g，纯度为 99.98%，缓慢加入三口烧瓶中，加热溶解，温度 110℃，时间 5h，搅拌速率 30r/min；溶解完成后，冷却过滤、洗涤，滤液为 99.98% 纯度的 H₃RhCl₆ 溶液，含铑 197.32g，溶解率为 98.66%[20]。

优点：铑粉的溶解率＞95%，少量未被溶解的铑粉返回下一批，最终铑粉会被全部溶解；铑的损耗低，铑回收率＞99.8%；铑粉溶解过程中金基本不损失，可实现海绵金溶解铑粉的闭合循环；得到的 H₃RhCl₆ 溶液中金的含量＜30×10⁻⁶，没有引进别的杂质元素，生产的铑基化合物产品质量稳定；工艺简单，生产成本低，环境污染小，易于实现产业化。

电化溶解技术[21]：以盐酸为电解质溶液，分别对直流电化溶解和交流电化溶解进行研究分析，探讨了各种因素对于铑粉溶解行为的影响。直流电化溶解部分重点考察了电流密度、电解温度、盐酸浓度、电解时间、氧化剂用量及铑粉粒径等因素对铑粉溶解速率的影响，结果表明，溶解速率随电流密度、电解温度、盐酸浓度、氧化剂用量的增大而加快，但在达到一定值后不会继续增加甚至会下降；粒径较小的颗粒更容易溶解。交流电化溶解部分重点考察了电流密度、电解温度、盐酸浓度、电解时间等与溶解速率的关系，最佳溶解条件为：温度 50～60℃，电流密度 3～5A/cm²、两相接触面积（cm²）与盐酸体积（mL）之比为

1：（250～300），在该条件下，溶解速率可以达到 1.8～2.0g/(h·cm)，制得的三氯化铑纯度高，达到分析纯的要求。

微波溶解和电化学溶解技术具有较大的发展潜力，因其具有环境污染较小、溶解速率快等特点，但目前仅处于实验室阶段，尚需进一步研究。

7.2.2 亚硝酸钠配合

与钯氯配离子用氨配合一样，亚硝酸钠（NaNO₂）与贵金属配合，可生成稳定的可溶性亚硝酸钠配合物。

用于配合的料液，铑浓度应控制在 50g/L 左右，并加热至 80～90℃，调整 pH＝1.5，此时即可向料液中搅拌加入固体亚硝酸钠。

$$H_2RhCl_5 + 5NaNO_2 \longrightarrow Na_2Rh(NO_2)_5 + 3NaCl + 2HCl$$
$$Na_2RhCl_5 + 5NaNO_2 \longrightarrow Na_2Rh(NO_2)_5 + 5NaCl$$

料液中其他贵金属杂质也配合生成类似的亚硝酸配合物。$[Pd(NO_2)_4]^{2-}$ 在 pH≤8 时煮沸也不分解，pH＝10 时，则很快生成钯的氢氧化物沉淀。$[Pt(NO_2)_4]^{2-}$、$[Ru(NO_2)_5]^{2-}$、$[Ir(NO_2)_5]^{2-}$，在 pH＝10 时，煮沸也不分解，贱金属中只有镍、钴可形成亚硝酸配合物，但前者在 pH＝8，后者在 pH＝10 时则完全分解。

$$NaNO_2 + HCl \longrightarrow NaCl + HNO_2$$
$$2HNO_2 \longrightarrow H_2O + NO_2\uparrow + NO\uparrow$$

此外，亚硝酸钠是还原剂，在铑配合的同时容易将料液中的氯金酸还原成金单质，使铑与金实现分离。

亚硝酸钠在配合工艺中，配合剂的消耗量约为理论量的 1.5 倍，1kg 铑约消耗 6.3kg 亚硝酸钠和 1kg 食盐。配合完成后，用 Na₂CO₃：NaOH＝3：1 溶液调整料液 pH＝7～8，煮沸 30～60min，料液中的贱金属杂质呈氢氧化物沉淀而与铑分离。调整 pH 值选用碳酸钠时，料液中的铜可除去。水解结束后，将热溶液冷却过滤，配合渣用 HCl 溶液溶解，再用亚硝酸钠配合一次并过滤，配合渣可留待提取其他贵金属。两次滤液合并，液体呈黄色或淡黄色，若含有铜离子，则溶液带蓝色。

7.2.3 硫化沉淀法除杂质

由于各种金属硫化物（用 MeS 表示）具有不同的溶度积，用硫化法可以从贵金属盐溶液中，选择沉淀金、钯。

在室温下向料液中通入 H_2S，其饱和浓度可达 0.1mol/L。当溶液中金属离子浓度 $[Me]^{n+}＝0.4mol/L$ 时，所生成金属硫化物的平衡 pH 值如表 7-1 所示。

表 7-1　生成的 MeS 平衡 pH 值

生成的 MeS	平衡 pH 值	生成的 MeS	平衡 pH 值
Cu_2S	-8.35	CdS	-0.25
Ag_2S	-10.6	InS	1.47
CuS	-4.55	CoS	2.85
SnS	-1.00	NiS	3.24
Bi_2S_3	0.38	FeS	4.9
PbS	-0.85	MnS	5.9

当料液 pH 值等于或大于平衡 pH 值时，该金属离子将与 H_2S 作用产生 MeS 沉淀。

在含贵金属离子的水溶液中，室温下通 H_2S 即可产生 PdS 黑色沉淀，大部分铂也呈 PtS_2 黑色沉淀析出。在常温下，H_2S 通入含铑离子的溶液中，只能使其浑浊，在加热溶液至 $80\sim90℃$ 时，则铑离子以 Rh_2S_3 黑色沉淀析出。而在 $100℃$ 时，向含铱离子溶液中通入 H_2S 时，才可使铱离子生成暗褐色的 $Ir_2S_3 \cdot 3H_2O$ 沉淀。所生成的金属硫化物都能溶于王水，并析出单质硫。

硫化反应将有酸生成，这时溶液的 pH 值会适当下降，其反应如下：

$$MeCl_2 + H_2S \Longrightarrow MeS\downarrow + 2HCl$$
$$Na_2Pd(NO_2)_4 + H_2S \Longrightarrow PdS\downarrow + 2NaNO_2 + 2HNO_2$$

若用稀 Na_2S 溶液（Na_2S 浓度$<5\%$，通常为 $2\%\sim3\%$）代替 H_2S 作硫化剂，在操作上将方便得多。用 Na_2S 作硫化剂加入含金属离子的溶液中，将发生如下硫化反应，并使 pH 值略有升高。

$$MeCl_2 + Na_2S \Longrightarrow MeS\downarrow + 2NaCl$$
$$Na_2Pd(NO_2)_4 + Na_2S \Longrightarrow PdS\downarrow + 4NaNO_2$$

根据理论计算，溶液在不同 Na_2S 浓度的条件下，水解平衡时，其中硫离子和氢氧根离子所具有的平衡浓度值列于表 7-2。

表 7-2　$S^{2-} + H_2O \Longrightarrow HS^- + OH^-$ 反应的平衡 $[S^{2-}]$、$[OH^-]$ 值

Na_2S 浓度/(mol/L)	平衡$[S^{2-}]$/(mol/L)	平衡$[OH^-]$/(mol/L)	pH 值
1.0	1.01×10^{-1}	8.99×10^{-1}	13.95
0.1	1.0×10^{-3}	9.9×10^{-2}	12.99
0.01	1.5×10^{-3}	9.985×10^{-3}	12.00

根据各种金属硫化物的溶度积和表中数值，可推算出能硫化沉淀除去的杂质种类和极限量。在室温下硫化时，形成 MeS 的能力由大到小的顺序大致为：贱金属$>$Au$>$Pd$>$Cu$>$Pt$>$Rh$>$Ir。在 $80℃$ 以上对溶液硫化时，铂、铱比铑更易硫化，而贱金属反而难硫化。所以料液中含贱金属杂质过多时，宜于低温硫化沉淀，含贵金属杂质多时，则宜于高温硫化沉淀。该性质可控制铑与贵金属杂质的分离。

在硫化杂质作业时，视所除杂质的种类选择相应的作业温度。在搅拌条件下，向具有中性或微酸性的料液中，滴加浓度为 2%～3% 的 Na_2S 溶液，加入量视杂质铂、钯含量多少而定，一般约为铑量的 3%～5%，有时多至 5%～10%。

7.2.4 用亚硫酸铵精炼除铱

亚硫酸铵 $[(NH_4)_2SO_3]$，可与铑氯配离子按下式反应，生成三亚硫酸配铑铵乳白色沉淀：

$$Na_2RhCl_5 + 3(NH_4)_2SO_3 \Longrightarrow (NH_4)_3Rh(SO_3)_3 \downarrow + 3NH_4Cl + 2NaCl$$

加入 HCl 生成可溶性盐：

$$(NH_4)_3Rh(SO_3)_3 + 6HCl \Longrightarrow (NH_4)_3RhCl_6 + 3SO_2 \uparrow + 3H_2O$$

当硫化沉淀除杂质后的铑液不含铱时，可直接用氯化铵沉淀法处理，否则须用亚硫酸铵精制除铱后再用氯化铵沉淀法处理。

7.2.5 氯化铵沉淀

当硫化沉淀除杂质后的铑液不含铱时用氯化铵沉淀，最好将料液冷至 18℃以下，用醋酸酸化至微酸性，每升溶液加固体氯化铵 100～150g，产出难溶于水的六亚硝基配铑酸钠铵 $[(NH_4)_2NaRh(NO_2)_6]$ 白色沉淀。

$$Na_3Rh(NO_2)_6 + 2NH_4Cl \Longrightarrow (NH_4)_2NaRh(NO_2)_6 \downarrow + 2NaCl$$

铱也会共沉淀，因而用此法处理前必须先除去铱。

7.2.6 铑的还原

分离了贵金属杂质和贱金属杂质后的氯铑酸溶液纯度已相当高，可以用甲酸或水合肼还原成铑黑，也可以用 NH_4Cl 沉淀后经煅烧、高温氢还原为铑粉。

甲酸或水合肼还原过程中需加 NaOH 调整溶液的 pH 值，NaOH 和甲酸的纯度会影响产品铑的质量，还原出的铑黑应洗涤至洗水中无钠离子，烘干后在 800℃ 下通氢还原为铑粉。

氯化铵沉淀法有进一步排除贱金属杂质的作用，但氯铑酸铵 $[(NH_4)_3RhCl_6]$ 在水中的溶解度相当大，即使加入氯化铵和盐酸提高溶液中的氯离子浓度，铑在滤液中的分散仍将相当可观，氯化铵浓度对氯铑酸铵沉淀率的影响见图 7-1。在适宜的铑浓度时加氯化铵，并加入数倍体积的乙醇，可使 $(NH_4)_3RhCl_6$ 的溶解降到相当低的程度。过滤并烘干的 $(NH_4)_3RhCl_6$ 可以直接在氢

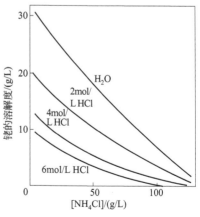

图 7-1 氯化铵浓度对 $(NH_4)_3RhCl_6$ 沉淀率的影响

气流中煅烧为铑粉，也可先煅烧为氧化铑，再经高温氢还原为铑粉。

在氯化铵沉淀作业后，有时尚需用阳离子树脂进行交换，铑盐的沉淀则先用 6mol/L HCl 溶液溶解，控制 pH＝1.5～2，通过阳离子交换，可进一步除去料液中的贱金属杂质，然后可用甲酸或水合肼还原。

甲酸还原 $Na_3Rh(NO_2)_6$ 的反应为：

$$3HCOOH+2Na_3Rh(NO_2)_6 \Longrightarrow 2Rh+6HNO_2+3CO_2\uparrow+6NaNO_2$$

水合肼还原纯氯铑酸溶液的反应为：

$$3NH_2NH_2 \cdot H_2O+2H_3RhCl_6 \Longrightarrow 2Rh+2N_2\uparrow+3H_2O+2NH_4Cl+10HCl$$

纯氯铑酸溶液用氯化铵沉淀出纯的氯铑酸铵反应为：

$$H_3RhCl_6+3NH_4Cl \Longrightarrow (NH_4)_3RhCl_6\downarrow+3HCl$$

沉淀出的纯氯铑酸铵，装入石英舟在马弗炉中低温烘干后，升温至 500～600℃，煅烧至氯化铵白烟排尽获得海绵金属铑，反应为：

$$2(NH_4)_3RhCl_6 \Longrightarrow 2Rh+6NH_4Cl\uparrow+3Cl_2\uparrow$$

其他纯铑化合物沉淀，如 $Rh(NH_3)_3Cl_3$、$[Rh(NH_3)_5Cl]Cl_2$ 等也可直接煅烧为金属铑粉。获得的铑粉一般还需用稀王水煮沸尽可能溶解夹带的贵、贱金属杂质。

高温煅烧时部分铑发生氧化生成氧化铑（Rh_2O_3），因此煅烧获得的铑粉需转入还原炉中于 800℃下通氢气还原，并在惰性气氛（如氮气氛）下冷却至室温获得金属铑粉。

7.2.7 氢还原

将铑黑装入石英舟里，放入管式炉内，连接好进出气管。150℃恒温 1h，通 20min 氮气，赶尽管中空气，接通氢气。到 700℃恒温 2h，冷至 400～500℃，再接通氮气，直冷到 100℃左右，停止通氮气，冷却后取出，用 1∶1 HCl 煮洗，水洗至中性，烘干，可得纯度在 99.95％以上的海绵铑。

7.3 氨化法[1～3]

氨化法又分五氨化法和三氨化法。

7.3.1 五氨化法

五氨化法是基于下列反应：

$$(NH_4)_3RhCl_6+5NH_3 \cdot H_2O \Longrightarrow [Rh(NH_3)_5Cl]Cl_2\downarrow+3NH_4Cl+5H_2O$$

生成的二氯化五氨一氯合铑沉淀，滤出后用氯化钠溶液洗涤，然后溶于 NaOH 溶液中，使 Ir(OH)₃ 留在残渣中。铑溶液用盐酸酸化并用硝酸处理，使铑转变为成二硝基化五氨一氯合铑 $\{[Rh(NH_3)_5Cl](NO_3)_2\}$ 溶液。将此溶液浓缩赶硝转变为铑氯配合物后，再重复上述过程直到制得纯二氯化五氨一氯合铑，煅烧后用稀王水煮沸溶去其中一些可溶杂质，再在氢气流中还原。铑的纯度可达 99%～99.9%。

7.3.2 三氨化法

三氨化法是利用三亚硝基三氨合铑沉淀在用盐酸处理时，能转化为三氯三氨配铑沉淀而设计的。铑的氯配合物溶液用碱液中和并加入 50%NaNO₂ 溶液配合，滤去水解沉淀，滤液加入氯化铵使铑以 Na(NH₄)₂[Rh(NO₂)₆] 沉淀。得到的铑盐用 10 倍的 4%NaOH 溶液溶解并加热至 70～75℃后加入氨水和氯化铵，生成三亚硝基三氨合铑沉淀，其过程的主要反应为：

$$Na(NH_4)_2[Rh(NO_2)_6]+2NaOH \Longrightarrow Na_3Rh(NO_2)_6+2NH_3 \cdot H_2O$$

$$NH_4Cl+NaOH \Longrightarrow NH_3 \cdot H_2O+NaCl$$

$$Na_3Rh(NO_2)_6+3NH_3 \cdot H_2O \Longrightarrow Rh(NH_3)_3(NO_2)_3 \downarrow +3H_2O+3NaNO_2$$

滤出沉淀用 5%NH₄Cl 溶液洗涤后，转入带夹套的搪玻璃蒸发锅内，加入 3 倍量的 4mol/L HCl，在 90～95℃下处理 4～6h，这时三亚硝基三氨合铑转变为鲜黄色的三氯三氨合铑：

$$2Rh(NH_3)_3(NO_2)_3+6HCl \Longrightarrow 2Rh(NH_3)_3Cl_3+3H_2O+3NO_2 \uparrow +3NO \uparrow$$

冷却后过滤、洗涤、干燥、煅烧。煅烧后的铑用稀王水处理，以除去可溶杂质，然后再进行氢还原得铑粉。氨化法提纯铑不仅过程冗长，回收率不高，而且铱难以除去，铑的纯度很难达到 99.9%。

7.4 加压氢还原法[4]

取铑浓度为 24.0g/L 的溶液置于小烧杯中，红外灯下烘干，再配入 1mol/L HCl、2mol/L NaCl，用蒸馏水溶解并稀释到 210mL，过滤后转入 400mL 烧杯中，取 10mL 作初始浓度分析，其余放入容积为 2L 的高釜内反应杯中，加盖，通电升温至 65℃，当温度达到预定值后，用 0.5MPa 的氢气清洗釜内 5 次，然后维持高釜内 0.2MPa 的氢压并开始搅拌（600r/min）和计时（2.5h），到反应终了时停止搅拌，放掉氢气，打开釜盖取出试液。过滤上清液并量体积，再取 10mL 同原始液一起分析铑含量，实验所得的铑粉经洗涤和烘干后，取样进行定量光谱分析，光谱定量分析铑的纯度为 99.9%（见表 7-3）。

表 7-3 加压氢还原法制得铑粉的光谱分析结果

杂质元素		Au	Ag	Cu	Al	Fe	Sn	Pb	Pt	Pd	Ir	Ni	Si
含量 /(mg/kg)	1 号	<10	3	2	6.7	5.9	<2.6	<5	<10	<1.3	<10	>10	130
	2 号	<10	0.68	2	25	5.9	<2.6	<5	<10	<1.3	<10	<2.6	50
	国标	10	3	10	30	20	10	10	10	10	10	10	30

加压氢还原制取纯铑是一种有应用价值的方法，它具有以下优点：

a. 不带入任何污染产品的杂质，流程较短，从纯溶液中一步还原就能获得金属铑粉，还原彻底，直收率高。用蒸馏水洗净氯离子和钠离子后，即可获得纯铑粉。

b. 由于还原所需的压力不大，温度不高，酸度也不高，故对设备的要求不苛刻。

c. 操作方便，容易控制，可对 H_3RhCl_6、Na_3RhCl_6 或 $(NH_4)_3RhCl_6$ 的纯溶液进行还原。还原时，其初始铑浓度、酸度、NaCl 浓度、铑配离子的状态，均可在较大范围内变化，而且都能为一般的生产条件所接受。

其缺点是不能除去铑中的任何杂质，只能用于纯铑溶液的还原。

7.5　铑的萃取精炼工艺[5~8]

铑在溶液中的常见稳定氧化态为铑（Ⅲ），在碱性介质中应用强氧化剂，例如 $NaBiO_3$、$NaClO$、$NaBrO$、Ag_2O、$K_2S_2O_8$ 等，可将铑（Ⅲ）氧化为铑（Ⅳ）或铑（Ⅵ），但后两者极不稳定，易还原为铑（Ⅲ）或金属铑。铑（Ⅲ）在强还原剂作用下，一般都直接还原为金属，但在弱还原剂（如 $SnCl_2$）并有配合剂存在时，还原反应可中止在铑（Ⅰ）。

与铱极其相似，铑（Ⅲ）在酸性氯化物介质中形成的配合物 $[RhCl_6]^{3-}$ 亦会随着溶液酸度、氯离子浓度、电位、放置时间、温度、来源等的变化发生水合、羟合、水合离子的酸式离解或氯代生成一系列氯、水合配合物或氯、水、羟合配合物 $[RhCl_5(H_2O)]^{2-}$、$[RhCl_4(H_2O)_2]^{-}$、$RhCl_3(H_2O)_3$、$[RhCl_2(H_2O)_4]^{+}$、$[RhCl(H_2O)_5]^{2+}$、$[Rh(H_2O)_6]^{3+}$。这些配合物的结构可用通式 $Rh(H_2O)_{6-n}Cl_n^{(3-n)-}$（$n=0\sim6$）表示，还可以形成顺式、反式、面式、经式或多核配合物。

这些阴离子、阳离子及中性配合物可被不同类型的萃取剂萃取，萃取机理亦各不相同。由于 $[RhCl_6]^{3-}$ 带 3 个电荷，面电荷密度大，水化作用强，因而铑（Ⅲ）的氯配合物是高惰性的，能萃取 $[RhCl_6]^{3-}$ 的萃取剂极少，即使能被萃取也会出现铑被"锁"在有机相中的现象；在一定的条件下，$[RhCl_6]^{3-}$ 可以转化为 $[Rh(H_2O)_6]^{3+}$，而 $[IrCl_6]^{3-}$、$[IrCl_6]^{2-}$、$[PtCl_6]^{2-}$ 等不会转化为相应的阳离子，$[Rh(H_2O)_6]^{3+}$ 可以被 P_{204}、P_{507}、P_{538}、二壬基萘磺酸（DNNS）、TOPO、二(十二烷基)萘磺酸（HD）、N,N-二辛基甘氨酸等阳离子萃取剂萃取，因此可以应用于铑与铱、铂等的分离。$[RhCl_6]^{3-}$ 中的 Cl^- 可被大体积的配体如 $[SnCl_3]^{-}$、$[SnBr_3]^{-}$、Br^-、I^-、二苯基硫脲、2-巯基苯并噻唑等取代生成低电荷密度的疏水性配阴离子 $[Rh_nCl_mX_p]^{k-}$（$X=Br^-$、I^-、$SnCl_3^-$、$SnBr_3^-$ 等）或中性配合物 $[RhCl_mL_n]$（L 为含 N、P、S、As、Sb 的中性有机物），可被异戊醇、TBP、Kelex 100、Lix 26、TN 1911、TOA 等萃取，文献将其称为活化（activation)-萃取技术。美国 IBC 高技术公司将大环冠醚化合物键合到固态载体，如 SiO_2 表面制得一系列具有分子识别能力的材料 Superlig™，可用来选择性提取微量铑。

7.5.1 离子交换-TBP 萃取法

7.5.1.1 萃取液的制备

若物料含铑品位较低，可先应用盐酸浸出、硝酸浸出、控制电位氯化等方法除去贱金属杂质；若物料可溶于王水，应用王水溶解赶硝后送离子交换；若物料不溶于王水，可应用中温氯化的方法溶解，将经中温氯化制得的 Na_3RhCl_6 干盐用 1mol/L HCl 溶液浸溶，控制铑浓度约 50g/L，过滤，滤渣再做第 2 次中温氯化，氯化液用 40% NaOH 溶液调整 pH＝8～9 水解除铂及 Na^+，水解渣用 4mol/L HCl 溶液溶解，溶解液浓缩后送离子交换除贱金属，水解母液用水合肼还原回收铂。对于低品位不溶于王水的物料可应用镍锍熔炼的方法富集后再用王水或 $HCl+Cl_2$ 溶解造液。

7.5.1.2 离子交换法分离铑中的贱金属杂质

水解渣溶解液浓缩至近干，然后用蒸馏水溶解和稀释至铑浓度约 30g/L，控制溶液的 pH 值在 1.5 左右，制得的交换液应立即交换，避免氯铑酸盐向阳离子转化，最好在准备工作搞好后，再用水溶解蒸干了的干盐。

树脂采用磺化聚苯乙烯型阳离子交换树脂，先用水漂洗除去机械杂质，再用 6mol/L HCl 溶液转化树脂为 H^+ 型，直至用 NH_4NCS 检查无 Fe^{3+} 为至，用水洗去交换柱中的盐酸，至流出液 pH＝1.5 时即可进行交换，交换时采用 2cm/min 的线速度。交换完后用 pH＝1.5 的水赶出交换柱中的氯铑酸溶液，再用 6mol/L HCl 溶液淋洗再生树脂，再生液中的铑用置换法回收。将交换好的溶液加热浓缩，调整溶液的酸度为 4mol/L 左右，送 TBP 萃取分离贵金属杂质。离子交换分离铑中贱金属的效果见表 7-4。

表 7-4 离子交换分离铑中贱金属的效果

原料中杂质 /%		交换后杂质含量/%		
		铑浓度 10g/L	铑浓度 20g/L	铑浓度 30g/L
Fe	0.1	0.001	0.0005	<0.0005
Cu	0.1	0.0010	0.0010	0.0011
Ni	0.1	0.0026	0.0019	0.0015
Co	0.1	<0.0008	<0.0008	<0.0008
Sn	0.05	<0.0005	<0.0005	<0.0005
Pb	0.05	0.0075	0.0520	～0.1
Mg	0.05	0.0015	0.0007	0.0012
Al	0.05	<0.0005	0.0003	<0.0005

从表 7-4 看出，离子交换对分离铑中的铁、铜、镍、钴、锡、镁、铝等贱金

属都十分有效，仅对铅效果差，而且还可看出，铑浓度增大时，不影响交换效果，交换后杂质含量相对还更低，因此可采用 30g/L 铑的浓度进行交换。交换液经浓缩后反复 2～3 次交换可除去铅，其他贱金属杂质亦可以达到分析下线。

7.5.1.3　溶剂萃取分离铑中的贱金属杂质

离子交换法需将料液浓缩近干以调整交换前溶液的 pH 值，具有交换后体积膨胀太大以及少量铑会上树脂等缺点。亦可用溶剂萃取除去铑中贱金属杂质，方法是在 pH＝4～11 时，三氯甲烷可定量萃取铁（Ⅲ）、铜（Ⅱ）、镍（Ⅱ）、钴（Ⅱ）与铜试剂 NaDDC 生成的配合物，而铑（Ⅳ）、铑（Ⅲ）、铱（Ⅳ）与 NaDDC 反应非常慢，甚至长时间接触也不能反应完全。因此可用萃取除去铑（Ⅲ）、铱（Ⅳ）、铑（Ⅳ）溶液中的微量贱金属杂质。pH＝2～10 时，四氯化碳可定量萃取铁（Ⅱ）、铁（Ⅲ）、铜（Ⅱ）、镍（Ⅱ）与二乙基氨荒酸二乙基季铵盐 DDDC 生成的配合物，在任何 pH 值范围内都不能萃取铂（Ⅳ）、铑（Ⅲ）、钌（Ⅲ），可用于铂、铑、钌的净化除杂。

条件试验表明，贱金属的萃取率与水相酸度和萃取剂在有机相中的浓度有关，在较佳条件下，可一次同时萃取除去铑溶液中各种常见贱金属。两份合成液经 1 次萃取后的贱金属浓度变化列于表 7-5。

表 7-5　溶剂萃取分离铑中贱金属合成样实验结果

加入元素	浓度/(g/L)	萃残液中金属离子浓度/(g/L)		萃取率/%	
		1 号	2 号	1 号	2 号
Fe	0.056	<0.005	<0.005	>91	>91
Cu	0.064	<0.005	<0.005	>91	>91
Ni	0.059	<0.005	<0.005	>91	>91
Co	0.059	<0.005	<0.005	>91	>91
Al	0.027	0.0013	0.0027	95.2	90.0

在用工厂实际料液进行实验室放大试验时，先用 TBP 萃取除经预处理后的料液中的贵金属杂质，然后降低酸度至 2mol/L HCl，萃取贱金属，用灵敏度高的分析方法考察萃残液中铱和铁的浓度，计算相对于铑的含量列于表 7-6，根据实践经验，此种纯度的溶液经甲酸还原或氯化铵沉淀处理后，产品铑的纯度已能满足 99.99% 要求。

表 7-6　溶剂萃取分离铑中贱金属时铁的分离效果

序号	水相体积/L	水相组分浓度/(g/L)		萃余液铁浓度/(g/L)	铑中铁、铱含量/(mg/kg)	
		Rh	Ir		Fe	Ir
1	1	42.2	<0.00007	0.00096	22	<1.6
2	1	38.7	<0.00007	0.00080	21	<1.8
3	1	31.7	<0.00007	0.00096	30	<2.2
4	1	35.8	<0.00007	0.00070	20	<1.9

两种方法比较，萃取法分离微量银、铜、铅优于离子交换法，离子交换法分离微量铝、锰、锌优于萃取法。亦可应用 P_{204}、P_{507} 等萃取法分离铑中的贱金属杂质，其详细情况见笔者的专著《贵金属萃取化学》。

7.5.1.4 TBP 萃取

控制溶液的酸度为 4mol/L 左右、铑浓度约 50g/L。在室温下，磷酸三丁酯 （TBP）以等体积的 4mol/L HCl 预平衡，加入 1∶1 的 100％TBP 萃取 3～4 级 （$t=10min$），萃余液中铂、钯、铱含量可下降到光谱分析下限。TBP 负载有机相用 4mol/L HCl 洗涤 2 次，用 5％NaCl 反萃 1 次、10％NaOH 反萃 2 次，再用 5％NaCl 洗涤 2 次，最后用 4mol/L HCl 平衡 2 次，即可重复使用。若经过多次使用后 TBP 带色，则先洗至中性后进行减压蒸馏净化。NaOH 反萃液过滤后用水合肼还原回收粗铂。

7.5.1.5 铑的还原

TBP 萃取后的萃余液过滤后用水合肼还原，先加入水合肼，水合肼的用量按 1g 铑加 0.5mL 水合肼（85％浓度）计算，在搅拌下用 NaOH 调整溶液 pH=8～9，此时即有铑黑生成，继续用 NaOH 调 pH 值，使 pH 值稳定在 8～9 之间，此阶段不断有铑黑生成，至上层溶液清亮后停止加入 NaOH，继续加热使反应完全，过滤出铑黑，用水洗至无 Na^+，将洗好的铑黑在 120℃下烘干，转入石英舟，在 800℃下通氢气还原，可得纯度为 99.99％的纯海绵铑。

物料经过王水溶解、中温氯化造液之后，可使料液中的铱保持为易被 TBP 萃取的 $[IrCl_6]^{2-}$，但是由于 TBP 萃取 $[PtCl_6]^{2-}$ 的最佳酸度在 4mol/L HCl 左右，TBP 共萃的铁、铜、镍、钴等贱金属杂质在用 NaOH 溶液反萃时将会生成大量的氢氧化物沉淀，将严重影响反萃分相，因此在 TBP 萃取分离铂、铱之前，先应用阳离子树脂交换分离大量的贱金属杂质；而大量 Na^+、Cl^- 的存在将会大大降低 732 阳离子树脂交换分离贱金属的交换容量，所以在阳离子树脂交换分离贱金属之前，应用水解的办法除去大量的 Na^+、Cl^-，同时也可水解除去部分铂，减轻了 TBP 萃取分离铂、铱的负荷，一举两得。由于三烷基氧膦 （TRPO）萃取分离铂、铱的能力比 TBP 强，本可应用 TRPO 萃取分离铂铱，遗憾的是 TRPO 合成困难，价格高，其应用受到限制。

高品位物料中温氯化造液或王水溶解造液或 HCl＋Cl_2 溶解造液（低品位物料镍锍富集后再溶解造液）→水解除钠离子及铂→离子交换除贱金属→TBP 萃取分离铂、铱等贵金属→水合肼还原→氢还原，应用该工艺先后处理过低品位的氨氧化催化制硝酸的炉灰、镀铑液、碘化铑、铑皮等各种含铑废料，共回收铑 50～60kg，铑的一次合格率 100％，铑的纯度 99.95％，铑的回收率 ≥95％，达到了较好的经济技术指标。

7.5.2 TRPO 萃取-离子交换法

将 1400g 粗铑（含铑 87.74％、铂 5.63％、铱 1.63％、贱金属 5％）与

7000g铝［1∶（4.5～5.5）］放入石墨坩埚中，升温至1000～1200℃铝合金化碎化，保温4h；合金块用HCl保持pH<1浸出铝，反应自热进行，所得粗铑粉加15L浓HCl（铑∶盐酸=1∶10～12），再按铑∶过氧化氢=1∶3～3.5逐渐加入过氧化氢，反应自身放热至100℃维持溶解，2.5～3.6h溶解完毕，所得粗铑溶液用盐酸调酸度至4mol/L，体积45L，用过氧化氢氧化水相，用30%三烷基氧膦（C_7～C_9）-煤油溶液萃取除铂及铱。相比（O/A）=0.6∶1，连续萃取6级，用硝酸反萃负载有机相，反萃液富集了铂、铱，萃余液经732阳离子交换法除贱金属，甲酸还原、氢还原得纯铑粉1154.658g，纯度99.99%，直收率94%。光谱定量分析结果（%）为：Ag 0.00016、Cu 0.00034、Mg 0.0001、Pd<0.0000128、Au<0.001、Al<0.00034、Fe 0.0020、Ni<0.00025、Pt<0.001、Ir<0.001、Ru<0.00128、Sn<0.00025、Pb<0.0005、Mn<0.000128。

该方法的优点是：简化了粗铑铝合金化碎化步骤，用纯铝作合金剂与粗铑及含铑量高（>10%）的贵金属合金废料熔融成易碎合金，铝不挥发，熔融液面平静，劳动条件好，金属收率高；盐酸自热浸出铝合金块，浸出液中不含贵金属，浸出过程贵金属不损失；粗铑粉用盐酸加过氧化氢自热溶解，反应速度快，约3h即溶解完毕，彻底摆脱了传统使用的冗长而劳动条件恶劣的氯化法、硫酸氢钠熔融法及碱熔法，极大地缩短了生产周期，减少了劳动力及试剂用量，改善了劳动条件；用三烷基氧膦-煤油液萃取铂、铱纯化铑效果好，用过氧化氢作水相氧化剂，避免了氯气刺激污染，整个流程步骤短，铑纯度99.99%，直收率高，比传统方法提高了20%左右。

关于铑的其他溶剂萃取分离方法参阅笔者2010年于化学工业出版社出版的《贵金属萃取化学》（第2版）。

7.6   中国铑的精炼工艺[9]

7.6.1   铑精炼工艺流程

中国铑的精炼工艺流程是经过近20多年的探索，在实践中总结出的一套稳定的，行之有效的工艺流程，其工艺包括水解除杂、TBP萃取除铱、离子交换除贱金属、氯仿萃取、煅烧-氢还原等步骤，流程如图7-2所示。

7.6.2   主要工艺过程

7.6.2.1   水解

铂族金属氯配离子水解反应$pH^{\ominus}$值及pH值见表6-2，水解作用原理已在本书第6章铂的水解法精炼中做了论述，在此不再重复。在铑精制过程中，控制pH值在8～9，这时铑氯配离子很快水解生成氢氧化物沉淀，而铂（Ⅳ）不生成沉淀，从而实现分离。

$$Pt(OH)_4 + 2H_2O \Longrightarrow Pt(OH)_4 \cdot 2H_2O[或 H_2Pt(OH)_6]$$

$$H_2Pt(OH)_6 + 2NaOH \Longrightarrow Na_2Pt(OH)_6(或 Na_2PtO_3 \cdot 3H_2O) + 2H_2O$$

TBP 萃取萃余液及洗水，加热浓缩，加水稀释至原体积的 8～10 倍，加碱调 pH=8～9，静置，过滤得水解渣，水解母液转置换，水解渣用 6mol/L HCl 溶解得水解渣溶解液，水解渣溶解液再次用 TBP 萃取分离铱。

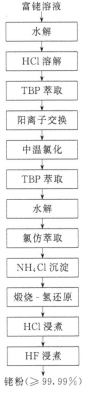

图 7-2 中国铑精炼工艺流程

7.6.2.2 TBP 萃取除铱

早在 20 世纪 60 年代 TBP 就应用于铑、铱分离，国际镍公司的 Acton 精炼厂早已将 TBP 萃取分离铱（Ⅳ）应用于实际生产中，TBP 萃取铱之后用盐酸洗涤，用水反萃铱，应用传统的氯化铵沉淀法从反萃液中精炼铱。

试验结果说明，TBP 萃取分离铑、铱时的最佳酸度为 4mol/L，为了使铱（Ⅲ）氧化为铱（Ⅳ），需要在萃取之前将溶液充分氧化，对料液中铂、钯含量有一定的限制，当铂、钯含量低于或接近铑、铱含量时，用多级分步萃取分离铑和铱效果良好，铑在萃余液中富集 99% 左右，铱在反萃液中富集 96% 左右。铂含量过高使铱的萃取显著恶化，即严重干扰铱的萃取，即使增加萃取级数也不能达到满意的萃取效果。

TBP 有机相中的铱可用硝酸、氢氧化钠、抗坏血酸、氢醌等反萃。反萃后的有机相依次分别用等体积蒸馏水洗涤 1 级，2%NaOH 洗涤 1 级，蒸馏水洗涤 1 级，4mol/L HCl 平衡 2 级即可复用。

7.6.2.3 离子交换

现生产过程中使用 001×7（732）阳离子交换树脂，其骨架由碳氢链的高聚合空间网配组成，其中固定着电荷符号不同的固定离子，其固定离子与反应离子相互键合形成离子化基团，即活性基，正是靠活性基来实现离子交换。

在料液中，铂、铑、铱等均以配阴离子 $[PtCl_6]^{2-}$、$[RhCl_6]^{2-}$、$[IrCl_6]^{2-}$、$[RhCl_6]^{3-}$、$[IrCl_6]^{3-}$ 存在，而贱金属均以 Cu^{2+}、Fe^{3+}、Ni^{2+} 存在，因此使用阳离子交换树脂可交换除去贱金属，而使贵金属不发生损失。001×7(732) 阳离子交换树脂可用 RH 表示，R 为活性基，交换反应式为：

$$2RH + Cu^{2+} \Longrightarrow R_2Cu + 2H^+$$

$$2RH + Ni^{2+} \Longrightarrow R_2Ni + 2H^+$$

$$3RH + Fe^{3+} \Longrightarrow R_3Fe + 3H^+$$

树脂再生反应式为：

$$R_2Cu + 2HCl \Longrightarrow 2RH + CuCl_2$$
$$R_2Ni + 2HCl \Longrightarrow 2RH + NiCl_2$$
$$R_3Fe + 3HCl \Longrightarrow 3RH + FeCl_3$$

732 阳离子树脂交换：TBP萃余液浓缩，赶酸，加水稀释至原体积的8～10倍，用20%NaOH调整pH=1.5，用001×7（732）阳离子树脂交换分离贱金属。

7.6.2.4　中温氯化

采用中温氯化，可以烧去树脂交换带来的油脂，同时可以使粗铑造液，除去粗铑中部分杂质。

在中温氯化中，铑转化为铑（Ⅲ），而铱几乎全部转化为铱（Ⅳ），便于下一步TBP萃取除铱，同时产出较纯的氯铑酸溶液，反应式为：

$$2Rh（粗铑） + 3Cl_2 \Longrightarrow 2RhCl_3$$
$$2Rh + 6NaCl + 3Cl_2 \Longrightarrow 2Na_3RhCl_6$$
$$Na_3RhCl_6 + 3HCl \Longrightarrow H_3RhCl_6 + 3NaCl$$

001×7（732）阳离子树脂交换液浓缩至糖浆状，按照液：NaCl=1：1.5～2的比例加入NaCl，充分搅拌，在红外灯下烘干，得到氯铑酸钠固体，分装入石英舟内，在管式炉内通Cl_2氯化，氯化温度750℃，以6mol/L HCl溶解（s/l=1：6），控制酸度为4mol/L HCl，再次用TBP萃取分离铱。TBP萃余液再次水解，水解渣以HCl溶解。

7.6.2.5　氯仿萃取

二乙基二硫代氨基甲酸钠，简称DDTC，分子式为$(C_2H_5)_2NCS_2Na$（RNa），可以与贱金属铜、铁、镍发生反应生成沉淀，这种有机酸钠还易与铂（Ⅱ）、钯（Ⅱ），尤其是与钯（Ⅱ）生成沉淀。由于其烷基链长、芳基数多，因此具有很大的疏水性，它们可以溶解在氯仿、四氯化碳等许多有机溶剂中，被称为沉淀萃取。

$$2RNa + Cu^{2+} \Longrightarrow R_2Cu + 2Na^+$$
$$2RNa + Ni^{2+} \Longrightarrow R_2Ni + 2Na^+$$

控制水解渣溶解液酸度为1mol/L HCl，加入DDTC，用$CHCl_3$萃取3级（O/A=1：1，t=10min），蒸馏回收$CHCl_3$。萃余液浓缩，加酸调整料液酸度为3mol/L HCl。

7.6.2.6　氯铑酸铵煅烧-氢还原

料液在热态下加饱和NH_4Cl溶液，料液：NH_4Cl=1：2，过滤得$(NH_4)_3RhCl_6$，以无水乙醇洗涤。纯净的$(NH_4)_3RhCl_6$晶体装入石英舟内煅烧、氢还原，铑粉用HCl煮沸4h，反复2～3次，水洗至pH=7，再用HF煮沸5h，反复2～3次，水洗至pH=7，烘干即得纯度为99.99%铑粉，反应式为：

$$2(NH_4)_3RhCl_6 \Longrightarrow 2Rh + 4NH_4Cl + 8HCl\uparrow + N_2\uparrow$$
$$Rh_2O_3 + 3H_2 \Longrightarrow 2Rh + 3H_2O$$

参 考 文 献

[1] 谭庆麟. 铂族金属性质冶金材料应用. 北京：冶金工业出版社，1990：264-315.

[2] 黎鼎鑫. 贵金属提取与精炼. 长沙：中南工业大学出版社，2003：523-603.

[3] 卢宜源，宾万达，等. 贵金属冶金学. 长沙：中南工业大学出版社，2003：344-392.

[4] 陈景. 铂族金属化学冶金理论与实践. 昆明：云南科技出版社，1995：285-299.

[5] 余建民. 贵金属萃取化学. 第2版. 北京：化学工业出版社，2010：302-359.

[6] 白中育，顾宝龙，金美荣. 粗铑及含铑量高的合金废料的溶解与提纯，CN 1031567A. 1989-3-8.

[7] 陈景，崔宁，杨正芬. 从金川粗氯铑酸制取纯金属铑的方法研究［研究报告］. 昆明：昆明贵金属研究所，1985.

[8] 陈景，崔宁，杨正芬. 从金川粗氯铑酸制取纯金属铑的半工业试验报告［研究报告］. 昆明：昆明贵金属研究所，1986.

[9] 王贵平，张令平，等. 贵金属精炼工. 金昌：金川集团有限公司精炼厂，2000：40-60.

[10] 贺小塘. 铑的提取与精炼技术进展. 贵金属，2011，32（4）：72-78.

[11] 刘杨，范兴祥，董海刚，等. 贵金属物料的溶解技术及进展. 贵金属，2013，34（4）：65-72.

[12] 董海刚，汪云华，李柏榆，等. 稀贵金属铑物料溶解技术研究进展. 稀有金属，2011，35（6）：939-944.

[13] 吴晓峰，董海刚，陈家林，等. 铑粉粒度对其溶解的影响. 贵金属，2013，34（1）：38-41.

[14] 赵家春，董海刚，范兴祥，等. 难溶铑物料高温高压快速溶解技术研究. 贵金属，2013，34（1）：42-45.

[15] 赵家春，汪云华，范兴祥. 一种高纯铑物料快速溶解方法. CN101319278A，2008-04-12.

[16] 董海刚，王云华，范兴祥，等. 一种难溶贵金属铑物料高效溶解的方法. CN102181659A. 2011-09-14.

[17] 董海刚，王云华，范兴祥，等. 一种贵金属物料溶解的方法. CN102212704A. 2011-10-12.

[18] 刘杨，范兴祥，董海刚，等. 铝活化剂对铑溶解的影响. 湿法冶金，2014，33（1）：42-46.

[19] 吴喜龙，贺小塘，韩守礼，等. 铑还原活化溶解方法. CN 103215454 A. 2013-7-24.

[20] 贺小塘，吴喜龙，韩守礼，等. 难溶铑粉的一种溶解方法. CN 103341639 A. 2013-10-9.

[21] 孙巍. 难溶贵金属铑的电化学溶解规律及工艺条件研究［D］. 昆明：昆明贵金属研究所，2013.

铱的精炼工艺

8.1 概述

铑、铱分离后，铱的精炼常采用氯铱酸铵反复沉淀精炼法，并辅以硫化法和亚硝酸钠配合法除杂质的工艺。随着溶剂萃取技术和离子交换技术的迅速发展，应用 P_{204} 萃取分离及 732 阳离子交换技术分离铱中的贱金属，应用 TBP、TRPO 等萃取分离铑、铱已成为铱的精炼工艺最为先进的方法。由铱的纯溶液制取纯铱的方法主要为氯化铵沉淀-煅烧-氢还原法。

8.2 硫化法[1~3]

8.2.1 铱的溶解

铱是贵金属中最难溶解的金属。造液溶解金属铱或铑铱矿天然合金时，除高温氯化造液外，还可采用与碱金属盐类混合熔融的方法。即用硝石、氢氧化钾、过氧化钠等混合物（或单用过氧化钠）与铱熔融，使铱转化为可溶盐。

向粗铱粉中加入等量脱水后的氢氧化钠和 3 倍量的过氧化钠，在 $600\sim750℃$ 条件下使其熔化，并不断搅拌加热 $60\sim90min$。熔融产物倒在铁板或坩埚中碎化冷却，用冷水浸出，原料中的锇、钌几乎大部分进入浸出液，而大部分铱则呈氧化物或钠盐留于浸出残渣中，只有少量铱与锇一道溶解。残渣用次氯酸钠处理，可将残渣中的钌全部溶解而与残渣分离。残渣最后用盐酸加热溶解铱，不溶物要反复用碱溶、盐酸溶，直至铱全部进入溶液。若铱中含铑，这时也可与铱一道溶解。对于含铑的铱，则须事前用硫酸氢钠熔融，或采用其他方法使铱与铑分离。

$$Ir+2Na_2O_2 =\!=\!= IrO_2 +2Na_2O$$
$$2Ru+6Na_2O_2 +2NaOH =\!=\!= 2Na_2RuO_4 +5Na_2O +H_2O$$

8.2.2　氯铱酸铵沉淀

向铱的盐酸浸出液中加入氧化剂（如氯气、硝酸等），使铱转变为铱（Ⅳ）。再加入氯化铵，则生成氯铱酸铵 $[(NH_4)_2IrCl_6]$ 沉淀，氯化铵浓度对氯铱酸铵沉淀率的影响见图 8-1。纯净的氯铱酸为黑色结晶，若含有铂、钌、铑等杂质，则黑色沉淀略显褐色或红色。按上述过程反复沉淀，可除去大部分杂质，但铂、钌仍不易除去。纯黑色氯铱酸铵经冷却，澄清，过滤，然后用含 15% NH_4Cl 的溶液洗涤送下一道工序。

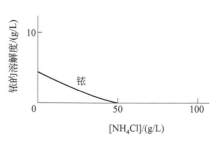

图 8-1　氯化铵浓度对 $(NH_4)_2IrCl_6$ 沉淀率的影响

$$H_2IrCl_6 + 2NH_4Cl \Longrightarrow (NH_4)_2IrCl_6 \downarrow + 2HCl$$

8.2.3　氯铱酸铵的还原

为除去氯铱酸铵中的杂质，要用还原剂将 4 价铱还原为 3 价铱，呈 $(NH_4)_3IrCl_6$ 溶于溶液中。

用二氧化硫作还原剂时，将有部分铱生成 $(NH_4)_3Ir(SO_3)_3$ 乳白色沉淀，用氨水沉淀时，须在过量的 NH_4Cl 存在条件下进行，否则将生成 $Ir(OH)_3$ 沉淀，这些沉淀还需用硝酸或稀王水溶解处理。另外可在液温为 70～80℃条件下，用 4 倍量的葡萄糖还原 4 价铱，但在下一步作业用硝酸氧化时易产生大量气泡而造成冒槽。还有的用硫化铵作还原剂，先控制料液 pH=1～1.5，于室温下搅拌加入浓度为 16% 的 $(NH_4)_2S$ 溶液，加入量按每克铱加入 0.15～0.2mL 计算，然后料液加热至 70～80℃，这时铱（Ⅳ）被还原为铱（Ⅲ）。

用水合肼作还原剂获得的效果更好。作业时先使氯铱酸铵沉淀浆化，保持料液含铱约 50g/L，在 pH=1.0～1.5，温度 80℃条件下，按每克铱加入水合肼 1mL 的加入量，缓慢并在不断地搅拌下，加入还原剂水合肼，保持一段时间，待铱全部还原生成 3 价铱盐后，溶液冷却过滤。水合肼用量不宜过量，否则三价铱将进一步还原生成铱粉。

$$2(NH_4)_2IrCl_6 + 2NH_2NH_2 \cdot H_2O \Longrightarrow 2(NH_4)_3IrCl_6 + N_2 \uparrow + 2H_2O$$

8.2.4　硫化铵除杂质

由热力学分析可知，硫化时平衡 pH 值的大小与硫化的贵金属氯配离子的种类有关，还与溶液中 Cl^-、H_2S 和贵金属氯配离子等的活度大小有关（见表

8-1)，只有当溶液 pH 值大于平衡 pH 值时，才能生成贵金属硫化物沉淀。平衡 pH 值愈小的愈容易硫化。因此，根据硫化时平衡 pH 值的大小，从小到大可以排列出贵金属氯配离子硫化时由易到难的次序为：$Os(\mathbb{N}) \rightarrow Pd(\mathbb{N}) \rightarrow Pt(\mathbb{N}) \rightarrow Ir(\mathbb{N})$。

表 8-1　贵金属硫化时的 pH 值计算公式

贵金属的硫化反应式	贵金属硫化时的 pH 值计算公式
$2[IrCl_6]^{3-} + 3H_2S \Longrightarrow Ir_2S_3 + 6H^+ + 12Cl^-$	$pH = 17.14 + 2lga_{Cl^-} - 0.5lga_{H_2S} - 0.33lga_{IrCl_6^{3-}}$
$[IrCl_6]^{2-} + 2H_2S \Longrightarrow IrS_2 + 4H^+ + 6Cl^-$	$pH = 17.51 + 1.5lga_{Cl^-} - 0.5lga_{H_2S} - 0.25lga_{IrCl_6^{2-}}$
$[PdCl_4]^{2-} + H_2S \Longrightarrow PdS + 2H^+ + 4Cl^-$	$pH = 13.49 + 2lga_{Cl^-} - 0.5lga_{H_2S} - 0.5lga_{PdCl_4^{2-}}$
$[PdCl_6]^{2-} + 2H_2S \Longrightarrow PdS_2 + 4H^+ + 6Cl^-$	$pH = 16.39 + 1.5lga_{Cl^-} - 0.5lga_{H_2S} - 0.5lga_{PdCl_6^{2-}}$
$[PtCl_4]^{2-} + H_2S \Longrightarrow PtS + 2H^+ + 4Cl^-$	$pH = 16.67 + 2lga_{Cl^-} - 0.5lga_{H_2S} - 0.5lga_{PtCl_4^{2-}}$
$[PtCl_6]^{2-} + 2H_2S \Longrightarrow PtS_2 + 4H^+ + 6Cl^-$	$pH = 14.88 + 1.5lga_{Cl^-} - 0.5lga_{H_2S} - 0.25lga_{PtCl_6^{2-}}$
$[OsCl_6]^{2-} + 2H_2S \Longrightarrow OsS_2 + 4H^+ + 6Cl^-$	$pH = 14.88 + 1.5lga_{Cl^-} - 0.5lga_{H_2S} - 0.25lga_{OsCl_6^{2-}}$

这个硫化次序与实践经验证明了的硫化次序基本符合。普通金属→Ag→Au→Os→Ru→Pd→Pt→Rh→Ir。证明热力学分析是可靠的。

用含有 16% 的 $(NH_4)_2S$ 溶液作硫化剂，每克铱加入 0.3~0.4mL，进行硫化除杂质。含普通金属杂质多的料液，宜于室温下硫化；含贵金属杂质多的料液，易于 80℃ 时硫化。这时杂质生成硫化物沉淀，也有一小部分铱进入硫化物沉淀中，过滤沉淀后，硫化物送去综合回收其中的贵金属。滤液是被提纯了的三价铱盐。

具体操作步骤为：将粗 $(NH_4)_2IrCl_6$ 悬浮溶解于去离子水中，以盐酸调 pH=1.5~2，徐徐加入当年生产的 $(NH_4)_2S$，边加边搅拌，最终 pH 值保持在 2.5 左右。如 $(NH_4)_2S$ 浓度为 16%，每毫升可除杂质 0.2g，硫化时以去离子水配成 1%~5% 的浓度使用为宜。静置 24h 过滤。硫化物沉淀留做回收铂、钯及铑等。如杂质多，则滤液需经 2 次硫化。2 次硫化条件与 1 次硫化基本相同，但加入 $(NH_4)_2S$ 后需加热煮沸 0.5h，冷却后过滤。沉淀与 1 次硫化渣合并处理。

8.2.5　离子交换除贱金属

为了克服硫化铵净化法操作烦琐、硫化渣量大、需要重溶处理等缺点，近年来贺小塘等对阳离子交换树脂分离铱溶液中的贱金属杂质进行了有益的探索，收到了较好的效果[9,10]。对于氯铱酸溶液，铱浓度为 25.08g/L，控制适当条件使贱金属以阳离子形式存在，用 732 阳离子树脂交换 2 次，用 6mol/L HCl 再生树脂，再生液含铱 0.021g/L，铱的回收率为 99.8%。交换后氯铱酸溶液中的贱金属杂质如表 8-2 所示。将交换后的氯铱酸溶液直接浓缩结晶、煅烧、氢还原，制得了纯度为 99.95% 的铱粉，铱的直收率为 93.06%。

表 8-2 阳离子交换后氯铱酸溶液中贱金属杂质含量

元素	质量浓度 /(g/L)	相对铱的含量 /%	元素	质量浓度 /(g/L)	相对铱的含量 /%
Ir	25.08		Fe	0.0013	0.005
Pd	0.0015	0.006	Cu	<0.001	<0.004
Rh	<0.001	<0.004	Pb	<0.001	<0.004
Au	<0.001	<0.004	Ca	<0.001	<0.004
Ru	<0.001	<0.004	Mg	<0.001	<0.004
Pt	0.0021	0.008	Si	<0.001	<0.004
Na	<0.001	<0.004			

对于含铂、铱的混合溶液，控制铂＋铱＝20～40g/L，流速500～800mL/min，pH＝0.5～1.5，用732阳离子树脂交换3次，用6mol/L HCl再生树脂，再生液含铂0.0082g/L、铱0.014g/L，铂、铱的回收率分别为99.9%、99.8%。交换后铂、铱的混合溶液中的贱金属杂质如表8-3所示。将交换后的铂、铱的混合溶液浓缩、2种氧化剂分2步氧化、NH_4Cl共沉淀铂铱、煅烧、氢还原，制得了铂铱混合粉末，其中铂、铱的含量分别为76.3%、24.5%，铂铱总含量为99.8%，铂、铱的直收率分别为98.64%、95.02%。

表 8-3 阳离子交换后铂铱混合溶液中贱金属杂质含量

元素	质量浓度 /(g/L)	相对铂铱的含量 /%	元素	质量浓度 /(g/L)	相对铂铱的含量 /%
Pt＋Ir	38.07		Fe	0.0015	0.004
Pd	0.0045	0.012	Ni	<0.001	<0.003
Rh	0.0042	0.011	Al	0.001	0.003
Au	0.005	0.013	Cu	<0.001	<0.003
Ru	<0.001	<0.003	Mg	<0.001	<0.003
Pt	0.0021	0.008	Ca	<0.001	<0.003
Si	0.0045	0.012			

离子交换法除氯铱酸溶液中的微量钾[11]：在由氯铱酸铵制备氯铱酸溶液的过程中，发现始终有不溶物存在，随即取氯铱酸铵制小样进行杂质分析，结果显示小样中钾含量高达136mg/L，远高于企业标准。而痕量杂质元素的混入破坏了原来的电解质，导致镀液中形成局部低电流密度区，使所镀金属不能均匀地沉积在工件表面上，影响了抗氧化涂层的质量。将氯铱酸钾结晶法、氯铱酸铵沉淀法与离子交换法相结合去除氯铱酸溶液中的微量钾，方法如下：

含钾的氯铱酸溶液浓缩、加水赶酸、过滤，滤液用离子交换法除钾，滤渣集中于烧杯中先用热水浆化并加水合肼还原至无沉淀，再加过量的氯化铵，在氧化剂作用下生成氯铱酸铵沉淀，过滤除去大部分钾后，用王水溶解氯铱酸铵制得氯铱酸溶液，再进行离子交换处理。

树脂的预处理：用水清洗树脂至排水无色和无泡沫为止，以除去树脂中的机械杂质和细碎树脂。用约为树脂 2 倍体积的 7% HCl 溶液浸泡树脂 3h，排去酸液，用水冲洗树脂至出水呈中性。用约为树脂 2 倍体积的 4% NaOH 溶液浸泡树脂 3h，放掉碱液，用水冲洗至出水呈中性。处理后的树脂再生时需用 9% HCl 溶液浸泡树脂 3h，用水冲洗树脂，直至出水电阻率 $>0.2MΩ \cdot cm$。

取 1500mL 氯铱酸溶液于 4000mL 烧杯中，置于电炉上进行加热，浓缩至 500mL 左右，加 100mL 去离子水赶酸 3 次，至液面出现油珠，加水至原来的体积进行溶盐，冷却后用 G4 砂板漏斗过滤。滤液以 50mL/min 的速率流经内径为 100mm、树脂装填高度为 1050mm 的强酸型阳离子交换树脂柱，离子交换完毕进行取样分析，合格后即可进行氯铱酸溶液的铱含量与酸度调整，否则氯铱酸溶液需在树脂再生后重新进行离子交换处理，直至氯铱酸溶液钾含量合格为止。实验结果表明，经氯铱酸钾结晶法预处理与 3 次离子交换处理后，溶液中的钾含量由 240 mg/L 降至 48.8mg/L，铱的回收率为 99.78%，达到了企业标准的要求。

8.2.6　氯铱酸铵再沉淀

在室温下缓慢加入双氧水，充分搅拌以破坏滤液中过量的水合肼，如果直接加入硝酸氧化则有大量气泡而出现冒槽。按照每千克铱加入 H_2O_2 200mL 或每克铱加 1mL 浓 HNO_3 的比例，使 3 价铱氧化为 4 价。例如含铱量为 8500g 已提纯的氯亚铱酸铵溶液（铱浓度为 50g/L）加热到 80℃，恒温 3h，加入 6%（体积分数）的化学纯浓盐酸和 17000mL 5% 的分析纯 H_2O_2，进行氧化，使铱(Ⅲ)全部氧化为铱(Ⅳ)，加热浓缩，使黑色 $(NH_4)_2IrCl_6$ 析出，至溶液颜色变淡。冷却，用玻砂漏斗过滤。并以 15% NH_4Cl 溶液洗至滤液无色，再以无水酒精洗涤 2 次。经反复还原、硫化、氧化处理，可除去料液中大部分杂质，得到纯净的氯铱酸铵沉淀。沉淀出的氯铱酸铵，经烘干后将氯铱酸铵置于管式炉煅烧、氢还原。

$$(NH_4)_3IrCl_6 + HNO_3 + 3HCl =\!=\!= (NH_4)_2IrCl_6 + NH_4Cl + 2H_2O + NO\uparrow + Cl_2\uparrow$$

8.2.7　煅烧-氢还原

精制的黑色氯铱酸铵沉淀，用王水和浓度为 10% 的氯化铵溶液溶解、洗涤，1kg 沉淀消耗 30~40mL 王水和 1.5L 氯化铵溶液。在温度为 60~70℃时搅拌处理 3h，再用浓度为 12% 的氯化铵溶液洗涤 2 次，经检验无铁离子后将黑色氯铱酸铵沉淀烘干。

将纯净的、烘干的 $(NH_4)_2IrCl_6$ 装入石英舟中，石英舟移入管式炉中加热，先在 200℃、500℃、600℃各恒温 2h，煅烧生成三氯化铱和氧化铱的黑色混合物。600℃时先通氮气赶尽空气，再改通氢气，升温至 900℃时还原 2h，然后降温，降至 500℃以下又改通氮气，待温度降至 150℃以下后出炉，即得灰色海绵铱。将此海绵铱用王水煮洗 0.5h，再用去离子水洗至中性后烘干。成品海绵铱品位可达到 99.9%～99.99%。回收率因铱含量高低而不同。通氢还原装置如图 8-2 所示。

$$3(NH_4)_2IrCl_6 \Longrightarrow 3Ir + 16HCl + 2NH_4Cl + 2N_2\uparrow$$

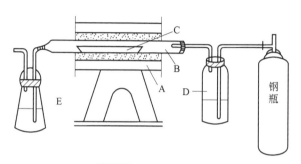

图 8-2　通氢还原装置

A—管式炉；B—石英管；C—石英舟；D—洗气瓶；E—吸收瓶

8.2.8　沉铱母液、还原渣及硫化渣的回收

① 沉铱母液　所有沉铱母液集中后，量体积、取样，分析残留铱量及铱的沉淀效率。此部分铱用硫化法回收。亦可用硫脲沉淀，方法是将硫脲加入待处理的溶液中，一般其用量为溶液中贵金属总量的 3～4 倍，然后加入一定量硫酸，加热至 190～210℃（最好能加热到 230℃），在此温度范围内保持 0.5～1h，冷却后于 10 倍体积的水中稀释，过滤洗涤后得到贵金属硫化物。硫化渣经适当工艺处理转变成溶解液后按提铱流程处理。

② 硫化渣　铱精制过程中，产出的硫化物中含铱较高，经王水或 HCl＋H_2O_2 溶解后，并入铱的 $(NH_4)_2S$ 法除杂工序中，能提高铱的实收率。

③ 水合肼还原渣　该渣中主体是铂及少量铑和贱金属。铱在水合肼还原溶解中分散损失率在 2%～3%。还原渣集中较多数量时送至铂精炼，用经典的王水溶解-NH_4Cl 沉淀法回收。

8.3　亚硝酸钠配合法[1~3]

亚硝酸钠配合法提纯铱的原则流程如图 8-3 所示。$NaNO_2$ 与 H_2IrCl_6 配合生成 $Na_3Ir(NO_2)_6$，溶液变为浅黄色，冷却后滤去配合过程中析出的沉淀，滤液加入浓盐酸煮沸破坏亚硝酸盐，得到的 Na_3IrCl_6 溶液浓缩至含铱 60～80g/L，通氯氧化并加入氯化铵，冷却过滤得到氯铱酸铵沉淀。如果一次提纯未达到要求，可反复操作。纯氯铱酸铵经煅烧还原便获得纯度为 99.9% 的纯铱粉。

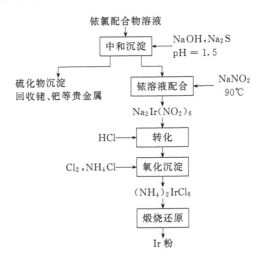

图 8-3 亚硝酸钠配合法提纯铱的原则流程

上述铱精制方法，经多次作业虽可获得纯度为 99.9% 的纯铱产品。但回收率低，且过程冗长。

8.4 加压氢还原法

从处理铂铱合金废料获得的主体铱溶液 800mL，组分浓度为铱 11.648g/L、铂 0.919g/L，酸度为 0.1mol/L HCl，用容积为 2L 的高压釜在温度为 40℃、氢压 2kgf/cm² （1kgf/cm² = 98.0665kPa）下加压氢还原 3h，过滤，滤液取样分析，铂浓度为 0.001g/L，将滤液通过阳离子交换树脂柱，流出液转入高压釜中，在温度 120℃，氢压 15kgf/cm² 下加压还原 2h，滤出铱粉，洗净烘干称量，得铱粉 9.252g，直收率 99.3%，光谱定量分析结果 （%）为：Pt 0.018、Pd 0.001、Au＜0.0003、Rh 0.0023、Ag＜0.0001、Cu 0.0014、Ni 0.0008、Fe 0.0051、Sn＜0.0005、Pb＜0.001、Mg 0.00011。铱的纯度达到 99.9%[4]。

以粗氯铱酸溶液计算，该方法可将铱的直收率提高到 98% 以上，比现有方法提高 15%～20%。该方法的优点在于操作步骤少，避免了两步高温操作，分离提纯效果好，不引入其他杂质，回收率高，同时不产生难于回收的含铱母液。该方法适用于从含铱及其他贵金属物料中进行铱的分离和提纯，包括用于传统贵金属生产工艺中铱的提纯、全萃取工艺中的铑铱分离和铱的提纯、铂铱合金及钯铱合金等二次资源废料中铱的分离和提纯。

研究了常压氢还原法分离铱溶液中微量铑的方法[12]，实际铱溶液中的铑和铱初始浓度分别为 0.185g/L、42.305g/L。实验条件为：温度 70℃、氢气压 101.33kPa、pH＝2、氢气流量为 400mL/min、搅拌强度为 800r/min、反应时间 10～120min。实验结果表明，铱初始浓度对常压氢还原铑的影响不大，还原

120min，铑的还原率为 99.6％，残余铑浓度为 0.0007g/L，而溶液中的铱几乎没有被还原。溶液中残余铱含量为初始含量的 99.99％，铑的质量分数小于0.002％。即在常压下用氢气还原分离铑、铱的方法，可以较为有效地实现铑、铱的彻底分离，是一种较好的分离方法，具有反应流程短、铑和铱的回收率都很高等优点，在制取纯铱和纯铑的生产中具有一定的应用前景。

8.5 萃取法精炼铱[5,6]

铱在溶液中的常见稳定氧化态为铱（Ⅲ）和铱（Ⅳ），它们之间的转化也相当容易，用中强还原剂如铁（Ⅱ）、乙醇、氢醌、抗坏血酸等可将铱（Ⅳ）还原为铱（Ⅲ）；在酸性介质中用 Cl_2、H_2O_2、HNO_3 等氧化剂可将铱（Ⅲ）氧化为铱（Ⅳ）。在酸性氯化物介质中铱（Ⅲ）和铱（Ⅳ）均可形成配合物 $[IrCl_6]^{3-}$ 和 $[IrCl_6]^{2-}$，但在中性或弱酸性介质中，铱形成的配合物 $[IrCl_6]^{2-}$ 会自发地还原为 $[IrCl_6]^{3-}$。在强碱介质中（pH＞11），$[IrCl_6]^{2-}$ 迅速定量地还原为 $[IrCl_6]^{3-}$，在强酸介质中（如 12mol/L HCl），$[IrCl_6]^{3-}$ 在室温下迅速地氧化为 $[IrCl_6]^{2-}$。然而，无论是 $[IrCl_6]^{3-}$ 还是 $[IrCl_6]^{2-}$ 均随着溶液酸度、氯离子浓度、体系电势、放置时间、温度、来源等的变化发生水合或羟合而生成一系列氯、水合配合物或氯、羟合配合物 $Ir(H_2O)_{6-n}Cl_n^{(3-n)+}$、$Ir(H_2O)_{6-n}Cl_n^{(4-n)+}$（$n$ = 3,4,5,6），以及顺、反或多核配合物[8]。铱（Ⅲ）的氯配合物是高惰性的，所以在铱的萃取化学中，只有铱（Ⅳ）能被萃取。但在组成复杂的溶液中要控制、检测铱的价态、配合物状态并确定它们之间的定量关系是极其困难的。由于 $[IrCl_6]^{3-}$ 与 $[RhCl_6]^{3-}$ 的性质极其相似，因此铑、铱的分离历来都是公认的难题。

$[IrCl_6]^{2-}$ 的萃取行为与 $[PtCl_6]^{2-}$ 相似，凡是可以萃取 $[PtCl_6]^{2-}$ 的萃取剂都可以萃取 $[IrCl_6]^{2-}$。目前，可以萃取 $[IrCl_6]^{2-}$ 的萃取剂主要有磷类萃取剂和胺类萃取剂。磷类萃取剂主要有：磷酸三丁酯（TBP）、三辛基氧膦（TOPO）、三烷基氧膦（TRPO）、三苯基正丙基磷卤等；胺类萃取剂主要有：N_{1923}、TOA、N_{235}、N_{263}、N-已基异辛酰胺（MNA）等。

8.5.1 三烷基氧膦（TRPO）萃取精炼法

（1）工艺流程

TRPO 萃取铱工艺流程如图 8-4 所示。

（2）TRPO 萃取作业

萃取剂-工业烷基氧膦在室温下为油状黄色高黏稠液体，须用稀释剂溶解，稀释剂可选用苯或磺化煤油。由于苯黏度小且不会带入还原性杂质，所以效果好。但苯沸点低，易挥发，对人体有害，常用磺化煤油代替苯作稀释剂，这时需

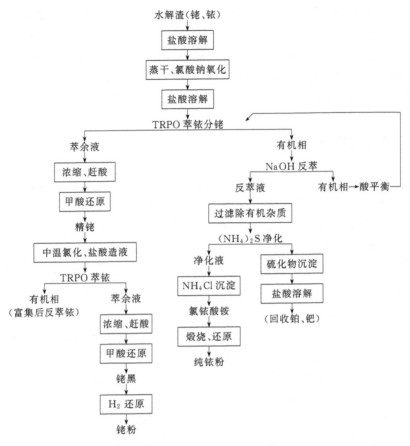

图 8-4 TRPO 萃取铱工艺流程图

加入添加剂仲辛醇 $[CH_6(CH_2)_5CHOHCH_3]$，以消除生成第 3 相的有害影响。萃取剂的配制，按体积分数计：TRPO 30%、磺化煤油 50%、仲辛醇 20%。仲辛醇有刺鼻臭味，并具有一定的还原能力，尤其能少量溶解于酸而进入水相，使萃取过程受到影响，故应限制仲辛醇的用量。

① 料液的准备　料液经预处理后，为提高 TRPO 对铱的萃取率，必须控制铱为高价态（4 价），故料液还需氧化。

氧化料液可选用氯气或氯酸钠作氧化剂，氧化剂用量宜控制为 Ir：$NaClO_3$＝1：3，按此要求萃取铱，经一级萃取即可使萃余液中铱浓度小于 0.002g/L，铱萃取率达 99% 以上。经研究，若料液采用中温氯化并采用通入氯气氧化的工艺，将能提高铱的萃取率。所谓中温氯化，是将料液烧干后，继续提温至 600～700℃，用氯酸钠氧化，待物料降至常温并溶解造液后，再进行 TRPO 的液-液萃取。

经氧化处理后的料液，还要调整其浓度及酸度，料液中铱浓度高，易影响溶液黏度，不利于萃取铱，若铑浓度高时（如大于 2g/L），TRPO 将增加对铑离子的萃取，这不但造成铑的分散损失，还会使铱中混入杂质铑，违背了分离的目的，所以控制料液铱、铑浓度均小于 2g/L 为好。若料液盐酸浓度低于 2mol/L 时，4 价铱离子易生成水合物，将使铱萃取率明显下降，所以料液盐酸浓度应控制在 3～5moL/L 范围内，这时，经 TRPO 2 级萃取，铱萃取率即可达 99％以上。

② 萃取条件　温度，常温；相比（O/A）＝1∶1。若选用萃取容量大的萃取剂，将有利于减少萃取剂的用量。混相时间：5～10min。萃取级数，为使被萃金属离子最大限度地溶于有机相，萃余液往往需再加入萃取剂进行 2 级以上萃取。用 TRPO 萃取铱，影响铱萃取率的关键因素不是萃取级数，而是料液中铱存在的价态。当溶液中铱以 $[IrCl_6]^{2-}$ 形式存在时，经 2 级萃取即可使铱萃取率达 99％以上，若以 $[IrCl_6]^{3-}$ 形式存在，即使多级萃取，铱也不易萃取完全。

（3）铱粉制备

从载铱有机相中提取铱，包括以下过程。

① 从载铱有机相中反萃铱　常用氢氧化钠稀溶液作反萃剂，把铱从 TRPO 有机相中反萃出来。反萃后的有机相用水洗涤数次。因氢氧化钠改变了有机相 pH 值，所以应调整酸度后再返回萃取使用。对于 2 级、3 级萃取的有机相，因含铱浓度小，可反复萃取使用数次，在铱离子浓度达一定值后，方进行反萃提铱。作业中反萃液容易溶解一定数量有机物，有机物存在，影响铱的净化与精炼，所以应将反萃液通过一特别装置过滤，以除去反萃液中的有机杂质。

② 氯化铵沉铱　要产出高质量铱，反萃液应送净化后再提铱，例如，可用氯化铵沉铱初步净化制取粗铱。氯化铵沉铱前，料液控制为酸性，并于一定温度条件下使铱离子氧化保持高价态的 $[IrCl_6]^{2-}$，然后急冷至常温，加氯化铵按下述反应生成氯铱酸铵沉淀：

$$H_2IrCl_6(Na_2IrCl_6)+2NH_4Cl \Longrightarrow (NH_4)_2IrCl_6 \downarrow +2HCl(2NaCl)$$

料液如含铂、钯等杂质，也容易生成铵盐与铱共沉，使铱质量下降，氯铱酸铵沉淀用常温氯化铵溶液洗涤数次，以防止沉淀中夹带杂质和沉淀反溶，进而提高成品铱的质量和直收率。

③ 烘干-煅烧-氢还原　氯铱酸铵沉淀经缓慢烘干后，在电炉中于 600℃煅烧数小时，生成三氯化铱和氧化铱的黑色混合物。这时用惰性气体赶尽炉内空气，改通氢气进行还原，温度继续升至 900℃还原 2h，然后降温，停止通氢气后亦需改通惰性气体保护。产品铱为灰色海绵铱，品位可达 99％。

反萃液中钠离子有可能部分进入海绵铱，所以海绵铱可用水反复洗涤，除去其中可溶性的钠离子。此外，反萃液也可在氯化铵沉淀前进行一次铱的水解，氢氧化铱水解沉淀物用盐酸溶解，再用氯化铵沉淀法处理，产品就避免了钠离子的污染。

8.5.2　磷酸三丁酯（TBP）萃取精炼法

早在 20 世纪 60 年代 TBP 就被应用于铑铱分离，国际镍公司的 Acton 精炼厂也早已将 TBP 萃取分离铱（Ⅳ）应用于实际生产中。

实验结果表明，酸度在 2～5mol/L HCl 范围内，铱（Ⅳ）、铂（Ⅳ）、钯（Ⅳ）的萃取率均在 90％以上，酸度继续增大，萃取率下降。因此酸度在此范围内较适宜。为减少铑的共萃在水相中加入氯化钠至饱和。

为了使铱（Ⅲ）氧化为铱（Ⅳ），需要在萃取之前将溶液充分氧化，在进行铑、铱分离时，由于选用的 TBP、N$_{235}$、TOA 等萃取剂具有还原性，在每一级萃取之后均有部分铱（Ⅳ）被还原为铱（Ⅲ），因此每一级萃取之后的萃余液都必须氧化，在氧化铱的同时溶液中的其他贵金属如铂、钯等也一起被氧化，有利于一同被分离；同时萃取前所用的 TBP、N$_{235}$、TOA 等有机相也加入适当的氧化剂使有机相保持氧化气氛，以尽量减少对铱（Ⅳ）的还原。所以铱的萃取分离只能是间歇操作。常用的氧化剂有：Cl$_2$、H$_2$O$_2$、NaClO$_3$ 等，实践证明 Cl$_2$ 较好。

对于含铑 10～50g/L 的溶液，若铱的浓度在毫克范围内（如铱 0.015g/L）用 TBP 萃取是比较好的，此时铱（Ⅳ）的萃取率为 99％，铑的共萃率为 0.2％～1％；若铱的浓度升高至和铑的浓度相近时，用 TBP 萃取时铱效果不如 TRPO 好，因此 TBP 萃取大量铑中的少量铱比较有效，但当铑、铱浓度接近时，难以达到纯铑的要求。

TBP 有机相中的铱可用硝酸、氢氧化钠、抗坏血酸、氢醌等反萃。反萃后的有机相依次分别用等体积蒸馏水洗涤 1 级，2％NaOH 洗涤 1 级，蒸馏水洗涤 1 级，4mol/L HCl 平衡 2 级即可重复使用。

试验结果说明，TBP 萃取分离铑、铱时，对铂、钯含量有一定的限制。当铂、钯含量低于或接近铑、铱含量时，用多级分步萃取分离铑和铱效果良好，铑在萃余液中富集 99％左右，铱在反萃液中富集 96％左右。铂含量过高使铱的萃取显著恶化，即严重干扰铱的萃取，即使增加萃取级数也不能达到满意的萃取效果。

在加拿大 Inco 公司的 Acton 冶炼厂很早就应用 TBP 萃取铱，萃取铱之后用盐酸洗涤，用水反萃铱，应用传统的氯化铵沉淀法从反萃液中精炼铱。

TBP 的缺点是：要求的萃取酸度高；在水和强酸中的溶解度大；不稳定易分解或降解为 DBBP、DBP 等；对有机玻璃、聚氯乙烯（PVC）、增强聚氯乙烯（UPVC）等常见材质有腐蚀溶胀作用；再加上浓盐酸、氯气或王水等的强腐蚀作用，工业实际应用时选择合适的设备材质非常困难。

8.5.3　三烷基胺（N$_{235}$）萃取精炼法

溶剂萃取法的扩大试验表明，不仅获得了 99.95％～99.99％的纯铱产品，且铱的直收率达 93%～96%，总回收率达 99%。原则流程如图 8-5 所示。流程的技术关键和铑的提纯相同，都在于调整铑、铱配离子的电性。

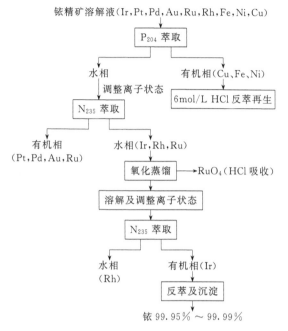

图 8-5 萃取法分离提纯铱的原则流程

关于铱的其他溶剂萃取分离方法参阅笔者 2010 年于化学工业出版社出版的《贵金属萃取化学》（第 2 版）。

8.6 中国铱的精炼工艺[7,8]

目前中国提纯铱的原料为铑、铱置换渣，即贵金属精矿经过蒸馏锇、钌→铜置换分离铂、钯、金→锌镁粉置换得到的置换渣，该置换渣中含有大量的贱金属杂质和少量的金、钯、铂，因此在铑、铱分离之前先要分离大量的贱金属杂质和少量的金、钯、铂，得到铑、铱富集溶液再进行铑、铱分离，铑、铱分离后的萃余液为主体铑溶液，送铑精炼，萃余液为主体铱溶液，送铱精炼。

8.6.1 铑铱溶液的净化

铑铱溶液的净化流程示于图 8-6。

（1）控电氯化

铜置换母液用锌镁粉置换得到的铑、铱置换渣，以 4mol/L HCl 浆化（s/l＝1∶3），加热升温至 80℃，通 Cl_2 氯化，控制电势 400～420mV，保持 1h，过滤，热水洗涤氯化渣。

（2）水溶液氯化

控电氯化渣以 3mol/L HCl 浆化（s/l＝1：5），加热升温至 80～85℃，通 Cl_2 氯化，控制电势 750～1000mV，保持 72h，过滤，滤渣转蒸馏。

（3）萃取分离金、钯、贱金属

调整水溶液氯化液酸度、体积，分别应用 DBC 萃取金、S_{201} 萃取钯、P_{204} 萃取分离贱金属。

（4）水解

P_{204} 萃余液及萃取洗水浓缩，加碱调 pH＝13，升温至 80℃，通 Cl_2 至 pH＝8，过滤，水解渣以热水洗涤。

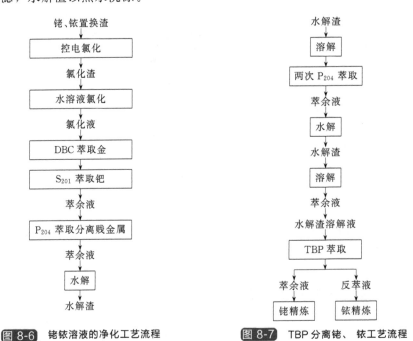

图 8-6　铑铱溶液的净化工艺流程　　　图 8-7　TBP 分离铑、铱工艺流程

8.6.2　TBP 分离铑、铱

TBP 分离铑、铱流程示于图 8-7。

（1）2 次 P_{204} 萃取料液的制备

水解渣以 6mol/L HCl 浆化（s/l＝1：3），加热升温至 80℃溶解，浓缩、赶酸至料液为糊状，加水、加热升温至 65℃溶解，冷却、过滤，滤液稀释 8～10倍，加碱调 pH＝2，加热升温至 65℃，通 Cl_2 至 pH＝1.5。

（2）2 次 P_{204} 萃取

30％P_{204}-磺化煤油，40％NaOH 皂化（O/A＝2：1，t＝8min），萃取 3 级（O/A＝1：1，t＝10min），5％NaCl 洗涤 3 级（O/A＝2：1，t＝10min），3％～5％$H_2C_2O_4$ 反萃 3 级（O/A＝2：1，t＝10min）。洗液与萃余液合并浓缩

8～10 倍。

（3）TBP 萃取料液的制备

2 次 P₂₀₄ 萃取萃余液加碱调 pH＝14，升温至 65℃，通 Cl₂ 至 pH＝8～9，反复 1 次，过滤，水解渣以热水洗涤，水解母液转锌镁粉置换。水解渣以 6mol/L HCl 浆化（s/l＝1∶4），加热升温至 85℃溶解，加 NaClO₃氧化，蒸发赶酸，控制酸度在 4mol/L。

（4）TBP 萃取

100％TBP 萃取 3 级（O/A＝1∶1，t＝10min），3mol/L 洗涤 3 级（O/A＝2∶1，t＝10min），H₂O 反萃 3 级（O/A＝2∶1，t＝10min），3mol/L HCl 再生 3 级（O/A＝2∶1，t＝10min）。萃余液与洗液转铑精炼，反萃液转铱精炼。

8.6.3 铱的精炼

中国的铱精炼工艺流程示于图 8-8。

（1）反萃液的预处理

反萃液赶酸、浓缩、加水稀释，加碱调 pH＝13，升温至 75℃，通 Cl₂ 至 pH＝8～9，重复 1 次，水解母液转锌镁粉置换，水解渣用 6mol/L HCl 溶解，赶酸，调整酸度为 1～3mol/L HCl，过滤，得水解渣溶解液。

（2）氧化-还原净化

① 氧化沉铱　将水解渣溶解液转入蒸发锅中，加热煮沸，边浓缩边加氧化剂：H₂O₂、HNO₃，然后加 NH₄Cl，铱沉淀完全，赶酸过滤，用 15％NH₄Cl 溶液洗至浅色，抽干（NH₄）IrCl₆存放。沉铱母液重新沉铱，此过程只需加少量的氧化剂，不需加 NH₄Cl，沉铱完全后，过滤，用 15％ NH₄Cl 洗至无色，两次的（NH₄）IrCl₆合并，母液存放回收，一次沉铱完毕，待做一次水合肼还原。

注意事项：

a. 水解渣溶解液的酸度一般控制在 1～3mol/L，酸度过低加入氧化剂不反应，酸度过高，氧化剂反应剧烈。

b. 加入 H₂O₂ 的目的是破坏 TBP 水解渣溶解液中残存的有机相，并起氧化作用。

c. 先加 H₂O₂ 的目的是若残存有有机相的溶解液直接加入硝酸易冒料。

d. 开始加 H₂O₂ 时一定要缓慢且要少量，待到反应不太剧烈可以加快些，分次加入。硝酸的加入也是如此。

e. NH₄Cl 加入量：此时溶液含铂、钯、金、铑、铱及贱金属，加 NH₄Cl 将铑、铱同时沉淀为铵盐，贱金属及金留在母液中。

富铱溶液 → 水解 → HCl 溶解 → 氧化沉铱 → 还原溶解 → 硫化除杂 → 氧化沉铱 → 煅烧-氢还原 → 王水浸煮 → HF 浸煮 → 铱粉（≥99.99％）

图 8-8　中国的铱精炼工艺流程

　　f. 15％NH₄Cl 溶液洗涤：铑在 15％的 NH₄Cl 水溶液中溶解效率最好，而铱则反而较低，但为排除铱中含有的铑杂质，可以损失部分铱，铱在 15％ NH₄Cl 水溶液中几乎不溶，浓度越低铱反溶越多。

　　g. 沉铱：排除贱金属杂质，判断铱是否沉淀完全，看溶液是否色浅或气泡变为白色。

　　② 水合肼还原溶解　(NH₄)₂IrCl₆ 加水浆化，调 pH＝1～1.5（如溶液中酸度低加 HCl 调 pH 值，酸度高加氨水调 pH 值），加热煮沸，轻轻搅拌，加水合肼还原溶解，溶解完后，用氨水调 pH＝2～2.5，煮沸 1～2h，冷却，过滤，滤渣存放，滤液待做一次硫化。

　　注意事项：

　　a. 浆化液酸度可以高一些，因为水合肼呈碱性，加水合肼可以中和溶液中一部分酸，酸度过低加水合肼 pH 值很容易到 4～4.5。

　　b. 用氨水调 pH 值的目的：尽量使溶液中的钠盐减少。

　　c. 水合肼的加入量：加入水合肼时，轻轻搅拌，缓慢滴加，直至加水合肼不反应时为止，此过程需水合肼 1000～2000mL。水可以溶解少量的 (NH₄)₂IrCl₆，大部分靠水合肼还原成溶液，同时贵、贱金属杂质不溶解，留在渣经过滤除去。

　　d. 溶解是否完全的检验方法：过滤少量溶液，抽干，洗渣，如洗液色泽越淡，表示溶解越完全，反之代表未溶完。也可以用勺子顺锅边取少量渣用洗瓶洗涤，若洗液色浅甚至无色，也证明溶解完全。

　　(3) 硫化铵净化

　　水合肼还原溶液加盐酸调 pH＝1.0～1.5，加热至 80℃，加硫化铵 320～360mL（稀释），调 pH＝2.5～3，煮沸 2h，冷却存放 62h 以上过滤，滤纸用弱酸洗净至无色，抽干，滤液待做二次氧化沉铱，硫化渣存放。

　　注意事项：

　　a. 加硫化铵主要净化除铑、铂，(NH₄)₂S 的加入量根据铂、铑杂质的多少而定。

　　b. 存放时间越长对净化除铑、铂杂质效果越好。

　　一般经过 3～4 次氧化还原净化-硫化后，硫化液加 1～1.5L 盐酸调整溶液酸度为 1～3mol/L HCl，加氧化剂沉铱，铱沉淀完全后用 10％ NH₄Cl 水溶液洗至色浅，抽干，得到纯净的 (NH₄)₂IrCl₆ 晶体。

　　(4) 煅烧-氢还原

　　纯净的 (NH₄)₂IrCl₆ 晶体装入石英舟内煅烧-氢还原，铱粉用王水煮沸 5h，反复 2～3 次，水洗至 pH＝7，再用 HF 溶液煮沸 5h，反复 2～3 次，水洗至 pH＝7，烘干即得纯度为 99.99％的铱粉。

　　TBP 萃取萃余液的处理即铑的精炼参见铑的精炼工艺部分。

参 考 文 献

［1］谭庆麟．铂族金属性质冶金材料应用．北京：冶金工业出版社，1990：264-315.

［2］黎鼎鑫．贵金属提取与精炼．长沙：中南工业大学出版社，2003：523-603.

［3］卢宜源，宾万达，等．贵金属冶金学．长沙：中南工业大学出版社，2003：344-392.

［4］陈景，聂宪生，杨正芬，等．利用加压氢还原分离提纯铱的方法．CN 1031399A.1989-3-1.

［5］余建民．贵金属萃取化学．北京：化学工业出版社，2005：187-236.

［6］余建民．关于铑铱的富集和分离．贵金属，1993，14（2）：59.

［7］张树峰，葛敬云，等．从含铱物料中分离提取铱新工艺［研究报告］．金昌：金川集团有限公司精炼厂，1995.

［8］王贵平，张令平，等．贵金属精炼工．金昌：金川集团有限公司精炼厂，2000：40-60.

［9］贺小塘，刘维平，吴喜龙，等．从有机废液中回收铱的工艺．贵金属，2010，31（2）：6-9.

［10］贺小塘，韩守礼，吴喜龙，等．从铂-铱合金废料回收铂铱的新工艺．贵金属，2010，31（3）：56-59.

［11］王锦鹏，钟学明，滕乐金．去除氯铱酸溶液中微量钾的工艺探讨．广东化工，2008，35（7）：23-26.

［12］汪云华，关晓伟，陆跃华．铱溶液中氢还原分离微量铑的研究．贵金属，2006，27（2）：35-38.

9

锇、钌的精炼工艺

9.1 概述

锇的精炼是对锇吸收液的处理，其基本方法有还原沉淀法、硫化钠沉淀-吹氧灼烧法、2 次蒸馏法、氢直接还原 OsO_4 或 Na_2OsO_6 法等。锇的氧化物为挥发性的物质，因此锇的提纯在贵金属中是比较容易的。

精炼钌的原料大致分为两种，即粗钌和蒸馏分离时得到的含主体钌的盐酸溶液，粗钌需用碱溶水浸蒸馏法转变为钌的盐酸溶液后精炼。钌精炼工艺的主要目的就是除去与之性质相似的锇。

9.2 锇的精炼工艺[1~4]

9.2.1 还原沉淀法

该法是在四氧化锇的碱吸收液中加入还原剂（一般选择乙醇或硫代硫酸钠溶液）使锇全部转变为 Na_2OsO_4，冷态下加入固体氯化铵，使其析出浅黄色的弗氏盐 $[OsO_2(NH_3)_4]Cl_2$，由于氯化铵与氢氧化钠反应生成的氨能使弗氏盐转变为可溶性的氨化物，因此，控制氯化铵不要过量，沉淀完毕后立即将弗氏盐滤出并用稀盐酸洗涤，在 $70\sim80℃$ 下烘干，于 $700\sim800℃$ 下煅烧，氢还原得到海绵锇。但是，氯化铵沉淀效率不高，有 10% 以上的锇仍留在母液中，需加入 Na_2S 处理得到硫化锇，再返回蒸馏过程。另外，所得锇产品纯度不高。

9.2.2 硫化钠沉淀法

硫化钠沉淀法的原则工艺流程见图 9-1。

向锇吸收液中加入硫化钠，沉淀得到的硫化锇必须用水仔细洗涤除钠。煅烧、还原以及吹氧灼烧均须在密封良好的管式炉中进行。锇吸收液需陈放 24h 并浓缩至含锇 20～30g/L 后加入固体氯化铵沉淀，煅烧、还原，冷却时继续通氢气或氮气保护。此法精炼过程回收率高，产品质量稳定，但其流程较长，技术条件要求高，因此在工业生产中很少采用。

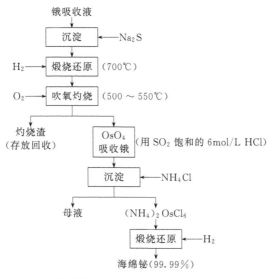

图 9-1 硫化钠沉淀精炼锇工艺流程

9.2.3　二次蒸馏法

此法全称为二次蒸馏-锇酸钾加压氢还原法精炼锇，原则流程见图 9-2。

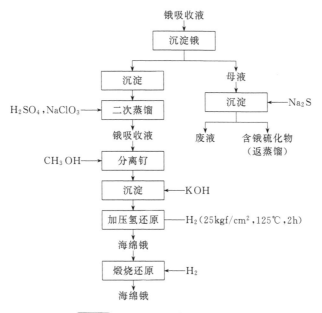

图 9-2 二次蒸馏法精炼锇工艺流程

　　锇吸收液中通入一定量的 SO_2，并加入适量的硫酸中和沉淀得到锇钠亚硫酸盐 $(Na_2O)_3OsO_3(SO_2)_4 \cdot 5H_2O$。二次蒸馏的操作同前述蒸馏分离，锇吸收液中所含微量钌与加入的甲醇作用生成 $Ru(OH)_4$ 除去。加入固体氢氧化钾沉淀完毕，静置一段时间后过滤并用无水乙醇洗涤锇酸钾。此法精炼得到的产品锇质量较高也较稳定，锇的回收率也很高。

　　锇酸钾高压氢还原制取高纯锇不失为一种先进的技术。但考虑高压釜内衬及搅拌系统材质对腐蚀要求较高，设备的投资及维修投资较贵。再从各步骤中间产物的杂质分析情况看，甲醇分钌后，KOH 沉锇及高压氢还原两个步骤的净化提纯作用并不明显，从分钌以后的纯锇溶液中直接还原沉淀锇颇具有吸引力。

　　纯锇溶液采用水合肼直接还原。水合物经洗涤、煅烧、氢还原等工序，所得金属锇纯度可达 99.9%，而且直收率大于 95%，该法操作简单，试剂消耗低，还原母液还可返回使用，是生产纯锇的一种简便有效的好方法。

9.2.4　氢直接还原 OsO_4 或 Na_2OsO_4 法[5]

　　取纯度 92% 的粗锇粉 200g，含锇量 184g，放入蒸馏瓶中，加入浓度为 3mol/L 的硫酸溶液，使锇转变为 OsO_4 气体蒸馏出；蒸馏出的 OsO_4 蒸气直接导入石英管反应器（管式电阻炉外加热）中通氢气还原，还原条件为：温度 500℃，氢分压 0.4kPa，还原气体流量 $300mL/cm^2$，还原后获得锇粉 182.528g，光谱定量分析结果（%）为：Pt<0.001、Pd<0.0002、Au<0.0003、Rh<0.0003、Ag 0.000028、Cu 0.0001、Ni 0.00045、Fe<0.0006、Si 0.001、Al<0.0003、Mg 0.00006、Co<0.0012、Ru<0.001、Ir<0.002，锇的纯度达到 99.992%，直收率 99.2%。

　　该方法的优点：以粗锇粉或粗锇酸钠为原料，仅经过蒸馏锇为 OsO_4 和 OsO_4 蒸气直接氢气还原 2 个步骤，即可获得纯度为 99.99% 的高纯锇粉，直收率>99%，比常规工艺减少了 2 个步骤，纯度提高，直收率提高，由于减少了 2 个步骤，也避免了这 2 个步骤所用试剂及操作中带来的微量杂质的影响。

9.2.5　中国的锇精炼工艺[6]

9.2.5.1　工艺流程

　　中国在 20 世纪 80 年代初建立贵金属生产车间后就不断摸索锇产品的精炼工艺，在生产实践中已总结出一套适合本国贵金属精矿，稳定的锇精制流程，见图 9-3。

9.2.5.2　方法原理

　　将蒸馏送来的锇吸收液加水稀释，加适量酒精，在室温下通 SO_2 6～10h（天冷时时间更长），通入 SO_2，控制终点 pH=6，使深红色的 $[OsO_4(OH)_2]^{2-}$ 生成

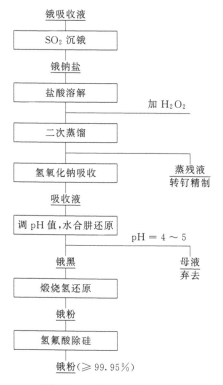

锇吸收液

SO₂ 沉锇

锇钠盐

盐酸溶解 —— 加 H₂O₂

二次蒸馏

氢氧化钠吸收 —— 蒸残液 转钌精制

吸收液

调 pH 值,水合肼还原 —— pH = 4～5

锇黑 —— 母液 弃去

煅烧氢还原

锇粉

氢氟酸除硅

锇粉(≥99.95%)

图 9-3 中国锇的精炼工艺流程

粉红色的 Os(Ⅵ) 配离子 $[OsO_2(OH)_4]^{2-}$。然后和 SO₂ 反应生成沉淀,过滤,得到锇钠盐,用蒸馏水洗涤 Na⁺,反应如下:

$$2OsO_4 + 12NaOH + 8SO_2 + 4H_2O == 2[(Na_2O)_3OsO_3(SO_2)_4 \cdot 5H_2O] \downarrow + O_2$$

$$Na_2OsO_4 + SO_2 + H_2O \longrightarrow (Na_2O)_7(OsO_3)_4(SO_2)_{10} \cdot 7H_2O$$

SO₂ 的作用:中和碱;造成还原气氛,使锇不挥发;与锇酸钠反应生成大分子复盐沉淀。

得到的沉淀过滤,加水浆化后进行 2 次蒸馏,加入 3∶7 HCl 控制,固液比 1∶5,升温至 90～95℃,缓慢滴加 H₂O₂ 进行蒸馏,反应如下:

$$Na_2OsCl_6 + 4H_2O_2 == OsO_4 \uparrow + 4H_2O + 2NaCl + 2Cl_2 \uparrow$$

吸收液为 20% NaOH + 0.5% C_2H_5OH,吸收级数为 5 级,每蒸馏 1 次需 8～10h,吸收液颜色为深红色后可重新配制,吸收反应为:

$$2OsO_4 + 4NaOH == 2Na_2OsO_4 + 2H_2O + O_2 \uparrow$$

将 2 次吸收液过滤,加入浓 HCl 溶液调整 pH=6,用水合肼还原,控制终点 pH=8～9,还原母液为无色,冷却,转入瓶中加蒸馏水洗涤至固液不分相后过滤，得到锇黑。锇黑用蒸馏水加热，加 0.5％的无水乙醇洗涤至洗涤液无色，即 pH＝6～7 时抽干转氢还原岗位，每批料洗涤时间为 1h 左右。反应如下：

$$2Na_2OsO_4 + 12HCl == 2Na_2OsCl_6 + 6H_2O + O_2 \uparrow$$

$$Na_2OsCl_6 + 4NH_2NH_2 \cdot H_2O == Os \downarrow + 2NaCl + 2N_2 \uparrow + 4NH_4Cl + 4H_2O$$

所得的沉淀即锇黑，缓缓抽去上清液，加水洗至中性，过滤，将滤饼送氢还原。

进行水合肼还原后，大部分锇以锇黑形式存在，但由于锇性质决定，在操作中仍有部分锇以氧化物存在，经氢还原后可除去氧，锇黑称量，氢还原，先 200℃烘干，后在 720℃氢还原，降温出炉（H_2 通至 300℃换 N_2）研磨，用 1∶1HCl 反复煮洗（除 Fe）3～4 遍，水洗至中性，用 1∶1HF 煮洗 3 遍（除 Si），水洗至中性，烘干，入库，获得品位＞99.9％的海绵锇产品。

9.2.5.3　生产结果

（1）原料

生产原料成分如表 9-1 所示。

表 9-1　生产原料成分

批　号	体积/L	锇		钌	
		浓度/(g/L)	含量/g	浓度/(g/L)	含量/g
1	2120	0.43	911.6	0.03	63.6
2	1653	0.45	743.85	0.016	26.45
3	1811	0.38	688.18	0.027	48.90
4	2832	0.39	1104.68	0.031	87.79
5	2350	0.29	681.5	0.025	58.75
6	2180	0.36	784.8	0.028	61.04
7	1950	0.41	799.5	0.051	99.45
8	2780	0.27	750.6	0.035	97.3
合计	17676		6464.71		543.28

（2）锇粉光谱分析结果

生产试验得到锇粉产品质量情况见表 9-2。由表 9-2 看出，各种杂质元素含量均较低，锇粉的产品质量均大于 99.96％，个别达到 99.9％的水平，产品纯度全部达到一级品。

（3）精制过程中锇的金属平衡

试验过程中锇的金属平衡见表 9-3，由表 9-3 看出，锇在精制过程中的直收率为 85％左右，实收率为 89％左右。

表 9-2 锇粉光谱分析结果

批号		1	2	3	4	5	6	7	8
主品位/%		99.9617	99.9665	99.9658	99.9671	99.9699	99.9584	99.47	99.9841
杂质含量/%	Pt	<0.003	<0.003	<0.003	<0.003	<0.003	<0.003	<0.003	0.001
	Pd	<0.002	<0.002	<0.002	0.002	<0.002	<0.002	<0.002	0.0006
	Rh	<0.003	<0.003	<0.003	<0.003	<0.003	<0.003	<0.003	0.0012
	Ir	<0.003	<0.003	<0.003	<0.003	<0.003	<0.003	<0.003	0.0012
	Ru	<0.0002	<0.0015	0.0025	0.0022	0.003	0.003	0.003	0.003
	Au	<0.0006	<0.0006	<0.0006	<0.0006	<0.0006	<0.0006	<0.0006	<0.0006
	Ag	0.001	<0.001	<0.001	<0.001	<0.001	<0.001	<0.001	0.0003
	Cu	0.0012	0.002	0.0013	0.0014	0.001	0.002	0.001	0.0005
	Fe	0.0055	0.003	0.004	0.0025	0.0035	0.005	0.002	0.001
	Ni	<0.003	<0.003	0.003	<0.003	<0.003	<0.003	0.003	0.001
	Al	0.005	0.002	0.0018	0.0022	0.004	0.005	0.003	0.0015
	Sb	<0.003	<0.003	<0.003	<0.003	<0.003	<0.003	<0.003	0.0001
	Si	<0.006	<0.006	<0.006	<0.006	<0.006	<0.006	0.005	0.003

表 9-3 精炼过程中锇的金属平衡

批号	锇吸收液含锇/g	盐酸溶解液含锇/g	二次吸收液含锇/g	一次产锇粉/g	直收率/%	回收锇粉/g	实收率/%
1	911.6	866.02	831.38	789.81	86.64	35.464	90.53
2	743.85	699.215	664.26	637.688	85.73	25.803	89.20
3	688.18	646.89	614.545	533.818	84.84	20.645	87.84
4	1104.68	1049.446	986.479	932.223	84.39	38.664	87.89
5	681.50	646.610	620.746	589.708	86.5S	25.897	90.33
6	784.80	745.61	702.318	660.178	84.12	35.316	88.62
7	799.50	759.525	721.549	685.47	85.74	43.173	91.14
8	750.60	713.07	670.286	630.069	83.94	33.777	88.44
合计	6464.71	6126.336	5811.563	5508.96	85.22	257.739	89.20

生产试验对新工艺流程的条件、产品纯度及实收率等方面进行了考察，根据试生产试验结果可以得出如下结论：①流程简短，稳定畅通，各工序之间衔接合理。②流程中采用盐酸溶解，双氧水选择蒸馏代替了传统的硫酸溶解、氯酸钠蒸馏。用水合肼还原代替了氢氧化钾沉淀、高压氢还原，不仅操作简便，而且还能减少加工费用。③产品质量稳定可靠。④锇的回收率较高，直收率为85%左右，实收率为89%左右，实收率比原工艺提高了9%以上。⑤本流程方法新颖、独特，工艺先进，到目前为止未见有类似的方法从工业料液中提取纯度大于99.96%锇粉的报道。

中国锇的精炼工艺是典型的沉淀法工艺，多年的实践证明，该工艺具有指标稳定、流程短、直收率高的优点。

9.3 钌的精炼工艺[1~3]

9.3.1 粗钌的精炼工艺

粗钌精炼必须将其转变为含钌溶液，一般采用高温熔融法，即将粗钌和等量的 Na_2O_2，3 倍量的氢氧化钠在 $600\sim700℃$ 的适当坩埚内熔融，冷却后用水浸出，残渣再反复用碱熔融或用次氯酸钠处理，将钌完全浸出，此时锇、钌都可以被浸出，因此先向料液中徐徐加入浓硝酸使其中和，再过量地加入其体积的 $5\%\sim10\%$ 使其成为硝酸酸性，加热蒸馏，用氯气饱和，加热到 $80\sim90℃$，以蒸馏四氧化钌，有可能最好通入少量氯气，完全将钌蒸出，钌的接收器中盛有水：盐酸：乙醇＝4：1：1 所配成的稀盐酸溶液，串联 3 个，但第 1 级中不要加无水乙醇。蒸馏结束后，再次加热烧瓶提高温度，使其沸腾，再加入苛性钠，边通 Cl_2 边进行蒸馏。

蒸馏完毕后，合并接收器中的溶液，徐徐加热蒸干，驱逐过量的盐酸之后再加硝酸，反复蒸干，将锇完全除去。蒸干后的盐中再加入盐酸进行蒸馏，以水溶解。再次进行蒸馏提纯，加热浓缩所得到的纯溶液中，加入氯化铵饱和溶液后，便生成黑色的 $(NH_4)_2RuCl_6$ 沉淀。此沉淀用氯化铵的冷饱和溶液洗涤、干燥，在 $200℃$ 的温度下通氢气还原，再以温纯水充分洗涤后，干燥得到高纯的海绵钌。

9.3.2 钌吸收液的二次蒸馏法

将一次钌吸收液加热煮沸 $40\sim50min$，使 OsO_4 挥发并被吸收，直至用硫脲棉球检查不呈红色后再加一定数量的双氧水，使残存的锇继续挥发。除锇后的钌溶液，加热浓缩至含钌约 $30g/L$，热态下加入固体氯化铵，生成黑色的氯钌酸铵 $[(NH_4)_2RuCl_6]$ 沉淀，沉淀完毕后，冷却并过滤，沉淀用无水乙醇洗至滤液无色，烘干、煅烧、氢还原可得到 $98\%\sim99\%$ 的海绵钌。

二次蒸馏精炼钌的溶液可用两种方法进行。一是将赶锇后的钌吸收液浓缩至近干，然后加水溶解，使 pH 值在 $0.5\sim1$ 之间，在加热及抽气下，加入一定数量 $20\%NaBrO_3$ 的溶液和 $20\%NaOH$ 溶液，当 RuO_4 大量逸出时，停止加 NaOH 溶液而继续加 $NaBrO_3$ 溶液，直至用硫脲检查无色为止。这时得到的钌吸收液再按前述方法处理，即可得到纯度为 99.9% 的海绵钌。另一方法是将精制钌吸收液用 NaOH 中和，使钌以 $Ru(OH)_3$ 沉淀，过滤后将沉淀转入蒸馏瓶中并用纯水浆化（固：液＝1：1）加入 $NaBrO_3$（或 $NaClO_3$）溶液，逐步升温后加入 $6mol/L$ H_2SO_4 溶液，最后将温度升至 $100℃$ 左右，蒸馏完毕后，钌吸收液仍采用赶锇、浓缩、氯化铵沉淀的方法处理，此法亦可得到纯度为 99.9% 的海绵钌。

9.3.3 硝酸赶锇-二次蒸馏法[7]

（1）工艺流程

工艺流程示于图 9-4。

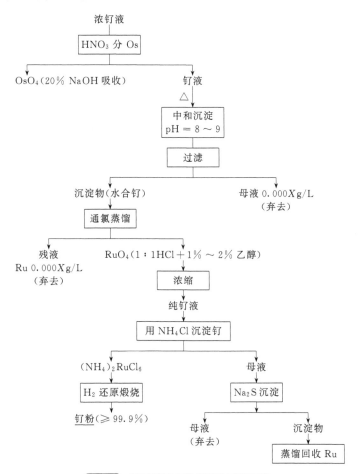

图 9-4 硝酸赶锇-二次蒸馏法工艺流程

（2）工艺技术条件

① 硝酸分锇，以加入 10％的硝酸为宜，锇除去率 82.6％～87％，钌回收率 94.3％～99.5％。

② 分锇后的钌液用 20％～40％NaOH 溶液中和沉淀，控制终点 pH＝6～10，钌沉淀率＞99.9％。

③ 加碱通氯蒸馏，钌的蒸出率 99.9％。

④ 蒸馏得到的纯钌液（1∶1 HCl 吸收液）缓慢升温至 70～80℃，加温 3～4h，使钌完全转变为稳定的氯钌酸（H_3RuCl_6）。再升温浓缩，达到所需钌浓度（100g/L 左右）时，加入分析纯氯化铵沉淀钌，钌沉淀率 98.4％～99.4％。氯

化铵六倍用量时，沉淀率 97.2%，氯化铵理论用量时，沉淀率 95.2%。

⑤ 铵盐母液加硫化钠沉淀回收钌，钌回收率 99.9%，残液含钌 0.0002g/L。

⑥ 综合条件试验，直收率 89.33%，总收率 98.53%，产品纯度 99.987%，光谱分析结果（%）为：Pt<0.002、Pb<0.001、Fe<0.0005、Ni<0.0005、Al<0.001、Au<0.001、Ir<0.0059、Cu 0.0003、Ag 0.00028、Rh<0.00038、Pd<0.00038。

9.3.4　萃取法精炼钌[8]

钌吸收液中的杂质锇可用 CCl_4 萃取。为使锇比较彻底地除去，萃取时加入 H_2O_2 氧化。萃取后的钌溶液经浓缩，用氯化铵沉淀即可得到纯钌铵盐。有机相中的锇可用 NaOH 溶液反萃，并使有机相再生。四氯化碳亦可萃取四氧化钌，并用二氧化硫饱和的 6mol/L HCl 反萃。该法的主要缺点是萃取剂毒性较大和萃取过程必须在较低温度下进行。

国际著名的南非 Lonrho 精炼厂应用萃取法分离钌，萃取前先氧化蒸馏锇，然后加入硝酸，再加入甲酸、亚硫酸钠或水合肼，使钌还原为 $[Ru(NO)Cl_5]^{2-}$，用叔胺或 TBP 萃取，具体技术指标未公布。

9.3.5　中国的钌精炼工艺[9]

中国钌的精炼工艺基本沿用二次蒸馏法，但由于中国贵金属精矿的特殊性和复杂性，在 2 次蒸馏法基础上又做了很多改进，工艺流程见图 9-5。

将一次钌吸收液浓缩至小体积，维持溶液中钌>30g/L，升温至 60℃，加入 NaOH 调 pH 值至 4~5，而后加入 Na_2S 沉淀至 pH=7~8，该反应为：

$$H_2RuCl_6 + 2Na_2S \Longrightarrow RuS_2 \downarrow + 4NaCl + 2HCl$$

将沉淀过滤洗涤，尽量将 Na^+ 洗净，加入蒸馏瓶进行二次蒸馏。加入适量的 H_2SO_4 溶解，控制固液比 1:5，$NaClO_3$ 必须缓缓加入，用 HCl 配制吸收液，3 级吸收，吸收液中加入 0.5% 的乙醇，涉及的反应为：

$$3Na_2RuO_4 + NaClO_3 + 3H_2SO_4 \Longrightarrow 3RuO_4 \uparrow + 3Na_2SO_4 + NaCl + 3H_2O$$
$$4RuO_4 + 12HCl \Longrightarrow 4RuCl_3 + 6H_2O + 5O_2 \uparrow$$

将钌二次吸收液蒸干赶酸，即可生产成品 $RuCl_3$。将 $RuCl_3$ 称量，研磨，在 630~720℃氢还原，恒温 2h，出炉研磨，用 1:1 王水煮洗 3 遍，水洗至中性（除 Fe），200℃烘干入库，涉及的反应为：

$$2RuCl_3 + 3H_2 \Longrightarrow 2Ru + 6HCl$$

亦可以将钌吸收液浓缩，用 NH_4Cl 沉淀得到氯钌酸铵，氯钌酸铵用 NH_4Cl 溶液洗涤至无色，烘干，煅烧，氢还原，可以获得纯度更高、物理性能更好的钌

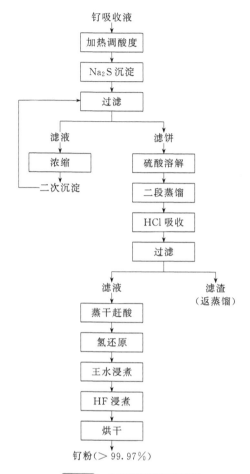

钌吸收液

加热调酸度

Na₂S 沉淀

过滤

滤液 → 浓缩 → 二次沉淀

滤饼 → 硫酸溶解

二段蒸馏

HCl 吸收

过滤

滤液　　滤渣（返蒸馏）

蒸干赶酸

氢还原

王水浸煮

HF 浸煮

烘干

钌粉（>99.97%）

图 9-5 中国钌精炼工艺流程

粉，涉及的反应为：

$$H_2RuCl_6 + 2NH_4Cl === (NH_4)_2RuCl_6 \downarrow + 2HCl$$

$$H_3RuCl_6 + 3NH_4Cl === (NH_4)_3RuCl_6 \downarrow + 3HCl$$

$$3(NH_4)_2RuCl_6 === 3Ru + 16HCl + 2NH_4Cl + 2N_2 \uparrow$$

$$2(NH_4)_3RuCl_6 === 2Ru + 4NH_4Cl + 8HCl \uparrow + N_2 \uparrow$$

$$RuO_2 + 2H_2 === Ru + 2H_2O$$

$$Ru_2O_3 + 3H_2 === 2Ru + 3H_2O$$

该工艺稳定、可靠，钌产品一次合格率维持在 100%。

当前钌粉末的最大用途之一是生产钌靶材，并以钌靶材作为计算机硬盘记忆材料。另外，钌靶材作为电容器电极膜也大量应用在集成电路产业中。贵金属靶材产业是 Heraeus 公司、昭荣、助友和贵研铂业股份公司等国内外公司正在大力发展的产业。集成电路用靶材在全球靶材市场占较大份额，钌靶材因用量大，附加值高而引起极大的重视。与其他产业相比，集成电路产业对于溅射靶及溅射薄膜的需求是最高乃至最苛刻的。为了集成电路的可靠性，制备出微粒少且溅射所淀积薄膜厚度均匀分布好的靶材是关键因素之一。溅射靶材的晶粒尺寸必须控制在 $100\mu m$ 以下，甚至其结晶结构的趋向性也必须受到控制。而在靶材的化学纯度方面，对于 $0.35\mu m$ 线宽工艺，要求靶材的化学纯度在 99.995% 以上，$0.25\mu m$ 线宽工艺，溅射靶材的化学纯度则必须在 99.999%，甚至 99.9999% 以上。可以说，钌靶材对钌粉苛刻的纯度要求带动了制取高纯钌粉末技术的研究热潮，并导致了高纯钌粉末生产技术的进步[10]。

钌化合物的组成形式、纯度、结构、干燥度及热还原的温度等对最终得到的钌粉的纯度、粒度、分散程度等物理化学性能有着重要的影响。不同用途的钌粉有不同的指标要求，金属杂质含量要合格，O、N、C 等元素含量也有严格的要求，钌粉的颗粒度、振实密度等都有要求。如在集成电路中，钌粉中含有的 Na 和 K 杂质可以从绝缘体中游离出来，引起金属氧化物半导体集成电路（MOS-LSL）表面质量恶化；过渡金属元素如 Fe、Ni、Cr、Cu 会导致材料表面可焊性变差。

日本在 20 世纪 80 年代初到 90 年代末使用，现在仍有相当多的企业使用的生产钌粉的工艺如下：用熔融的 KOH 和硝酸钾氧化和溶解钌金属，使钌金属转变为可溶的钌盐。用水提取钌盐，加热，通入 Cl_2 气体使钌离子变成 RuO_4。再用稀盐酸和乙醇的混合液吸收 RuO_4，经干燥，在通入氧气的条件下高温焙烧所得固体钌盐，使钌盐变成 RuO_2，最后高温下氢还原 RuO_2 得到钌粉。尽管该工艺相对简单，可规模化制备钌粉，但是所生产出来的钌粉末杂质含量如 Na、K、Fe 等偏高，不能满足集成电路的要求。随着集成电路产业的发展，日本国内一直积极研发制备高纯钌粉的工艺，并取得了显著的成就。

永井燈文等[11,12]利用氯化铵直接沉淀 Ru（Ⅲ），生成 $(NH_4)_3RuCl_6$，煅烧氢还原 $(NH_4)_3RuCl_6$ 得到纯度为 99.99% 的高纯钌粉。这样制得的钌粉比较细，但操作复杂，而且 $(NH_4)_3RuCl_6$ 水溶性很大，沉淀不完全，钌的收率不高。Yuichiro 等[13]采用市场上可购买到的较粗糙的钌粉（杂质金属含量较多）为原料，在使用次氯酸溶解粗钌粉时通入含 O_3 的气体，使绝大部分粗钌粉转变为 RuO_4，再用盐酸吸收 RuO_4，干燥得到 $RuOCl_3$ 晶体，经煅烧，热还原得到纯度高达 99.999% 的钌粉，符合溅射靶材的要求。其热还原温度为 $300\sim 1200℃$，可通过调节热还原温度得到粒径不同的钌粉。2009 年，Hisano 等[14]使用电化学的方法，对 99.9% 级的钌粉再加工得到 99.99% 级的钌粉。其工艺如下：将 2kg 99.9% 级的钌粉放置在阳极框上，使用隔膜固定钌粉。以石墨作阴极，硝酸作电解液。在电流为 5A 的条件下电解精制 20h，随后将钌粉从阳极框移出、洗涤、干燥，得到 99.99% 级的钌粉。该工艺首次使用电解精制的方法提纯钌粉，效果优异，工艺控制容易。

目前国内一般采用 $H_2SO_4+NaClO_3$ 两次氧化蒸馏钌，吸收液浓缩结晶得到

$RuCl_3$，煅烧氢还原 $RuCl_3$ 晶体生产钌粉，生产出的钌粉纯度为 99.90％～99.95％。国内相关科研单位进行了科研攻关，力图提高钌粉产品的纯度。2010年文献 [15] 采用 $(NH_4)_2RuCl_6$ 经过煅烧氢还原得到钌粉，其产出的钌粉颜色、粒度、振实密度均达到靶用钌粉的要求。用此工艺已经生产了 30kg 的靶用钌粉，钌的回收率为 94％。硬盘及集成电路行业钌系溅射靶材用钌粉标准 YS/T 1068—2015 如表 9-4 所示[16]，钌粉的粒度分布满足：D_{10} 在 $0.5～2.0\mu m$，D_{50} 在 $1.5～3.5\mu m$，D_{90} 在 $2.0～5.0\mu m$，振实密度 $\geqslant 3.0g/cm^3$。

表 9-4 制备钌靶用钌粉标准 YS/T 1068—2015

产品牌号		SMP-99.95	SMP-99.99	SMP-99.995	SMP-99.999
钌含量不小于/%		99.95	99.99	99.995	99.999
金属杂质含量不大于/%	Ag	0.0004	0.0004	0.0002	0.00005
	Al	0.005	0.001	0.0005	0.00005
	Au	0.005	0.0005	0.0003	0.00005
	Co	0.003	0.0005	0.0003	0.00005
	Cr	0.005	0.0005	0.0003	0.00005
	Cu	0.0004	0.0004	0.0002	0.00005
	Fe	0.005	0.001	0.0005	0.00016
	Ir	0.003	0.0005	0.0005	0.00005
	K	—	0.0005	0.0005	0.00001
	Na	—	0.0005	0.0005	0.00001
	Ni	0.005	0.0005	0.0005	0.00005
	Pd	0.003	0.0005	0.0002	0.0001
	Pt	0.003	0.0005	0.0003	0.0001
	Rh	0.002	0.0005	0.0003	0.0001
	Si	0.005	0.001	0.0003	0.008
	Th	0.0001	0.0001	0.0001	0.0001
	U	0.0001	0.0001	0.0001	0.0001
	Zr	0.005	0.001	0.0003	0.0001
杂质总量		0.05	0.01	0.005	0.001
非金属杂质含量不大于/%	C	0.005	0.003	0.001	0.001
	O	0.07	0.06	0.06	0.05
	N	0.007	0.003	0.003	0.002

注：1. 需方对某种特定杂质元素有需求的，由供求双方协商确定。

2. 钌粉中钌的含量为 100％减去杂质元素实测总和的余量。

3. SMP-99.999 牌号中总杂质元素计算不包括 Si 元素。

4. 钌粉中金属杂质元素含量测量按照 GB/T 23275 的规定进行；K、Na 等元素的测试方法参考 GB/T 23275 的规定进行；C 含量测量按照 HB 5220.3 的规定进行；O、N 含量测量按照 HB 5220.49 的规定进行。

文献 [17～20] 采用超重力旋转填料床一段 H_2O_2 选择性氧化-真空蒸馏分离锇，在分离锇后的一次氯钌酸盐酸蒸馏余液中加入 H_2SO_4 和 $NaClO_3$，二段氧化-真空蒸馏分离钌和残留锇，氧化蒸馏出的 RuO_4 经盐酸吸收还原所得精制氯钌酸盐酸吸收液中加入适量 H_2O_2，再经 NH_4Cl 结晶沉淀得到氯钌酸铵，在氢

气气氛下煅烧还原制得海绵钌，王水与 HF 混合煮洗、水洗干燥，所制钌粉纯度
达 99.999％以上，符合钌溅射靶材的原料要求。

参 考 文 献

[1] 谭庆麟. 铂族金属性质冶金材料应用. 北京：冶金工业出版社，1990；264-315.

[2] 黎鼎鑫. 贵金属提取与精炼. 长沙：中南工业大学出版社，2003；523-603.

[3] 卢宜源，宾万达，等. 贵金属冶金学. 长沙：中南工业大学出版社，2003；344-392.

[4] 胡绪铭，刘正华，赖友芳. 锇提纯工艺研究［研究报告］. 昆明：昆明贵金属研究所，1984.

[5] 陆跃华，周杨齐，董旭玲. 一种高纯度锇粉制备方法. CN 1288965A. 2001-3-28.

[6] 黄洋，张树峰，葛敬云，等. 从锇吸收液中分离提纯锇的新工艺［研究报告］. 金昌：金川集团有限
公司精炼厂，1990.

[7] 刘正华，胡绪铭，赖友芳. 钌提纯工艺研究［研究报告］. 昆明：昆明贵金属研究所，1984.

[8] 余建民. 贵金属萃取化学. 第 2 版. 北京：化学工业出版社，2010；364-368.

[9] 王贵平，张令平等. 贵金属精炼工. 金昌：金川集团有限公司精炼厂，2000；40-60.

[10] 张宏亮，李继亮，李代颖. 贵金属钌粉制备技术及应用研究进展. 船电技术，2012，32（8）：
54-56.

[11] 永井燈文，织田博. 制备钌粉末的方法. CN 1911572AP. 2007-02-1.

[12] 永井燈文，河野雄仁. 六氯钌酸铵和钌粉末的制造方法以及六氯钌酸铵. CN 101289229A. 2008-
10-22.

[13] Yuichiro Shindo. Process for producing high-purity ruthenium. US 6036741. 2000-3-14.

[14] Hisano, Akira, et al. High-purity Ru powder, sputtering target obtained by sintering the same, thin
film obtained by sputtering the target and process for producing high-purity Ru powder：United States，
US 7578965. 2009-8- 25.

[15] 韩守礼，贺小塘，吴喜龙，等. 用钌废料制备三氯化钌及靶材用钌粉的工艺. 贵金属，2011，32
（1）：68-71.

[16] 谭志龙，郭俊梅，张俊敏，等. 制备钌靶用钌粉. YS/T 1068—2015. 北京：中国标准出版社，2015.

[17] 章德玉，刘伟生. 超重力氧化-真空脱气法从一次钌盐酸溶液赶锇. 化工进展，2010，29（7）：
101-105.

[18] 章德玉. 用于溅射靶材的高纯钌粉制备工艺研究［D］. 兰州：兰州大学，2010.

[19] 章德玉，雷新有，张建斌. 靶用钌粉的制备. 过程工程学报，2015，15（2）：324-329.

[20] 章德玉，唐晓亮. 钌盐提纯和高纯钌粉制取的理论与实验研究. 稀有金属，2015-4-23.

10

光谱分析用高纯贵金属基体的制备

10.1 概述

贵金属材料在仪器仪表中用作敏感元件，对仪器仪表的精度、可靠性和使用寿命起着关键和核心作用。贵金属化合物和配合物在治疗癌症、石油化学工业中的均相配合催化、精细化学工业以及能源和生物工程中发挥着重要作用，人们称贵金属为"现代工业中的维他命"和"现代新金属"。在用作污染物净化如汽车尾气净化的催化剂方面，更有着其他金属材料不可替代的作用，又被誉为"环保卫士"。贵金属在高新技术发展中的地位日益重要，被许多国家列为战略物资，在国民经济中具有特殊的重要意义。这些贵金属材料的制备对贵金属的纯度要求越来越高，贵金属产品的国家标准和国际标准亦不断更新，这些贵金属产品的光谱定量分析均离不开贵金属的高纯基体，本章主要介绍贵金属产品标准和贵金属光谱分析用高纯基体的制备方法。

目前，多采用光谱内标分析法来测定贵金属的杂质以推算其纯度，为了满足分析测试对灵敏度和准确度的需要，必须提供光谱纯的产品作为光谱分析用基体。制备光谱标准试样的方法通常是将基体制成其氯配合酸溶液，各杂质元素也力求制成其盐酸溶液形式。按计算吸取不同体积的杂质元素的混合液，加到一定量基体的氯配合酸溶液中，便得到一套不同杂质含量的贵金属标准溶液，再加入适当过量的氯化铵饱和溶液，生成其相应的氯配酸盐，缓缓加热至干，磨细，移入石英舟并在管式炉中于一定温度下通氢灼烧还原，冷却得到贵金属标准物，此乃长期采用的行之有效的可靠方法。因此，要测定一定纯度的贵金属产品，就需要提供比此产品纯度更高的贵金属作为基体，例如，要测定纯度为 99.99% 金属钯，就需用杂质含量小于 0.0001% 的钯作为基体。为了分析工作的方便，一般要求在选定的灵敏度范围内，基体中所有待测杂质的元素都不出现线条。

制备光谱纯基体比生产高纯金属难度更大，这是由于光谱纯基体要求每个待测杂质元素，特别是那些在光谱分析时灵敏度高且又易于在过程中污染的待测杂质元素都同时提纯到低于光谱下限值，例如铜要求降至＜0.00005％，这就比仅将某些杂质或杂质总量降至下限值困难得多。基体试制的实践也说明，往往就是因为个别杂质元素达不到要求而需多次反复提纯，从而降低产品产率和显著提高成本。

在制备贵金属光谱分析用高纯基体时需注意如下几个问题：

① 对实验室的环境要求较高，改建高纯实验室，要求空气纯净度至少达到万级，往实验室内通入经水淋洗并过滤的纯净空气，使实验室处于正压状态，操作台面干净、平整。

② 所使用的水应为高纯水，电导率至少达到 $10M\Omega \cdot cm$，所有酸、碱、还原剂、氧化剂、沉淀剂等化学试剂均应为优级纯，若没有优级纯试剂应将分析纯试剂用重结晶、蒸馏等方法提纯后使用。

③ 所使用的容器等在使用前应用王水或重铬酸钾洗液浸泡，然后用自来水、纯水洗净后使用。

④ 操作人员应穿戴整齐干净的工作服、工作鞋、工作帽，操作要准确、熟练、仔细、认真。

⑤ 为制得合格的贵金属光谱分析用高纯基体，对贵金属回收率不做严格的要求。

10.2 金基体的制备

10.2.1 金锭产品标准

中国国家质量监督检验检疫总局于 2015 年 9 月 11 日发布了金锭最新国家标准 GB/T 4134—2015（见表 10-1），并于 2016 年 4 月 1 日正式实施。新标准 GB/T 4134—2015 与原标准 GB/T 4134—2003（见表 10-2）相比，主要技术变化为：IC-Au99.995 牌号删除了硅杂质限量要求，增加锑、镍杂质限量要求；IC-Au99.995 牌号删除了硅、砷和锡杂质限量要求；IC-Au99.995、IC-Au99.99、IC-Au99.95、IC-Au99.50 牌号增加了杂质元素总量要求；对 IC-Au99.995、IC-Au99.99 和 IC-Au99.95 牌号金主量及杂质测定要求进行了修订；物理规格中，对外形进行了修订，增加了外形尺寸和重量及其偏差要求；删除了金锭重以单锭为单位修约的要求；修订了金锭表面质量要求；对 IC-Au99.995、IC-Au99.99 牌号化学成分仲裁方法进行了修订；试验方法中增加了物理规格检测的器具要求和重量表示方法要求；修订了金锭的组批方式；对金锭标志进行了修订[1]。

表 10-1 金锭国家标准（GB/T 4134—2015）

牌号		IC-Au99.995	IC-Au99.99	IC-Au99.95	IC-Au99.50
金含量/% ≥		99.995	99.99	99.95	99.50
化学成分/%	杂质含量/% ≤				
	Ag	0.001	0.005	0.020	—
	Cu	0.001	0.002	0.015	—
	Fe	0.001	0.002	0.003	—
	Pb	0.001	0.001	0.003	—
	Bi	0.001	0.002	0.002	—
	Sb	0.001	0.001	0.002	—
	Pd	0.001	0.005	0.02	—
	Mg	0.001	0.003	—	—
	Sn	0.001	—	—	—
	Cr	0.0003	0.0003	—	—
	Ni	0.0003	0.0003	—	—
	Mn	0.0003	0.0003	—	—
杂质总含量≤/%		0.005	0.01	0.05	0.5

注：1. IC-Au99.995、IC-Au99.99 和 IC-Au99.95 牌号的金质量分数以杂质减量法确定，所需测定杂质包括但不限于表中所列杂质元素。

2. IC-Au99.50 牌号金质量分数可由直接测定法获得。

3. 非工业用 IC-Au99.99、IC-Au99.95 牌号金锭对单个杂质元素含量不作具体要求。

4. 需方如对化学成分有特殊要求时，可由供需双方商定。

表 10-2 金粉国家标准（GB/T 4134—2003）

牌号		IC-Au99.995	IC-Au99.99	IC-Au99.95
金含量不小于		99.995	99.99	99.95
化学成分/%	杂质含量不大于/%			
	Ag	0.001	0.005	0.020
	Cu	0.001	0.002	0.015
	Fe	0.001	0.002	0.003
	Pb	0.001	0.001	0.003
	Bi	0.001	0.002	0.002
	Sb	—	0.001	0.002
	Si	0.001	0.005	—
	Pd	0.001	0.005	0.02
	Mg	0.001	0.003	—
	As	—	0.003	—
	Sn	0.001	0.001	—
	Ni	—	0.0003	—
	Mn	0.0003	0.0003	—
	Cr	0.0003	0.0003	—
杂质总含量不大于/%		0.005	0.01	0.05

10.2.2 光谱分析用高纯金基体的制备

含量为 99.99% 的纯金在干净的容器内用王水溶解、赶硝，过滤得到的氯金酸溶液用亚硫酸钠还原、草酸还原、DBC 萃取、乙醚萃取、电解等方法均可较容易的制得纯度为 99.999％的金，符合光谱分析用高纯金基体的要求，具体操作方法请参阅本书"3.11 99.999％（5N）高纯金精炼工艺"。2010 年中国颁布了高纯金（99.999％）的国家标准，如表 10-3 所示[2]，规定必须测定 21 种杂质元素。

表 10-3　高纯金国家标准（GB/T 25933—2010）

牌　号			Au99.999
金含量　不小于			99.999
化学成分/%	杂质含量　不大于	Ag	0.002
		Cu	0.001
		Fe	0.002
		Pb	0.001
		Bi	0.001
		Sb	0.001
		Si	0.002
		Pd	0.001
		Mg	0.001
		As	0.001
		Sn	0.001
		Cr	0.001
		Ni	0.001
		Mn	0.001
		Cd	0.001
		Al	0.001
		Pt	0.001
		Rh	0.001
		Ir	0.001
		Ti	0.002
		Zn	0.001
杂质总含量　不大于			0.001

10.3　钯基体的制备

10.3.1　海绵钯产品标准

中国国家质量监督检验检疫总局于 2015 年 9 月 11 日颁布了海绵钯的最新国家标准 GB/T 1420—2015（见表 10-4）[24]，从 2016 年 4 月 1 日起实施。新标准 GB/T 1420—2015 与原标准 GB/T 1420—2004（见表 10-5）[3]相比，主要技术变化为：海绵钯产品牌号 SM-Pd 99.95 中铅杂质元素含量由 0.005％改为 0.003％；删去非必测元素钙的要求；增加海绵钯产品灼烧损失量的允许范围；增加 SM-Pd 99.99、SM-Pd 99.95、SM-Pd 99.9 中 Cr、Bi、Sn、Ru 杂质元素含量的测定，确定电感耦合等离子发射光谱法测定各杂质元素含量范围和波长，同时确定 SM-Pd 99.99、SM-Pd 99.95 中杂质元素测定也可参照 YS/T 362；删去原标准中附录 A 采用普通发射光谱法测定钯中的杂质元素；附录 B 增加氢还原重量法测定海绵钯灼烧损失量的要求。

表 10-4 海绵钯国家标准（GB/T 1420—2015）

牌号			SM-Pd99.99	SM-Pd99.95	SM-Pd99.9
钯含量 ≥			99.99	99.95	99.9
化学成分/%	杂质含量 ≤	Pt	0.003	0.02	0.03
		Rh	0.002	0.02	0.03
		Ir	0.002	0.02	0.03
		Ru	0.003	0.02	0.04
		Au	0.002	0.01	0.03
		Ag	0.001	0.005	0.01
		Cu	0.001	0.005	0.01
		Fe	0.001	0.005	0.01
		Ni	0.001	0.005	0.01
		Al	0.003	0.005	0.01
		Pb	0.002	0.003	0.01
		Mn	0.002	0.005	0.01
		Cr	0.002	0.005	0.01
		Mg	0.002	0.005	0.01
		Sn	0.002	0.005	0.01
		Si	0.003	0.005	0.01
		Zn	0.002	0.005	0.01
		Bi	0.002	0.005	0.01
	杂质总含量 ≤		0.01	0.05	0.1

注：1. 本标准未规定的元素控制限及分析方法，由供需双方共同协商确定。

2. 钯的含量为100%减去杂质元素实测总和的余量。

3. 海绵钯灼烧损失量均应不大于0.10%。

表 10-5 海绵钯国家标准（GB/T 1420—2004）

牌号			SM-Pd99.99	SM-Pd99.95	SM-Pd99.9
钯含量 不小于			99.99	99.95	99.9
化学成分/%	杂质含量 不大于	Pt	0.003	0.02	0.03
		Rh	0.002	0.02	0.03
		Ir	0.002	0.02	0.03
		Ru	0.003	0.02	0.04
		Au	0.002	0.01	0.03
		Ag	0.001	0.005	0.01
		Cu	0.001	0.005	0.01
		Fe	0.001	0.005	0.01
		Ni	0.001	0.005	0.01
		Al	0.003	0.005	0.01
		Pb	0.002	0.005	0.01
		Mn	0.002	0.005	0.01
		Cr	0.002	0.005	0.01
		Mg	0.002	0.005	0.01
		Sn	0.002	0.005	0.01
		Si	0.003	0.005	0.01
		Zn	0.002	0.005	0.01
		Bi	0.002	0.005	0.01
		Ca*	—	—	—
		挥发物	—	—	—
	杂质总含量不大于		0.01	0.05	0.1

注：* 为非必测元素；本表中未规定的元素和挥发物的控制极限及分析方法，由供需双方共同协商确定。

10.3.2 光谱分析用高纯钯基体的制备

光谱分析用高纯钯基体的制备工艺流程示于图 10-1[4]。

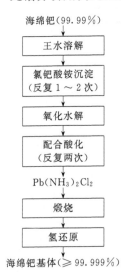

海绵钯(99.99%)

↓

王水溶解

↓

氯钯酸铵沉淀
（反复 1～2 次）

↓

氧化水解

↓

配合酸化
（反复两次）

↓

Pb(NH₃)₂Cl₂

↓

煅烧

↓

氢还原

↓

海绵钯基体(≥99.999%)

图 10-1 光谱分析用高纯基体钯的制备工艺流程

将适量的纯度为 99.99% 海绵钯放入干净的烧杯中，常温下加入新配制的王水，反应逐渐剧烈，缓慢加热以使钯完全溶解，在热态下往氯化钯的浓王水溶液中加入 NH_4Cl，使钯完全沉淀，冷却、过滤、洗涤。氯钯酸铵用水浆化，加热煮沸，使铵盐全部溶解，继续加热浓缩至其浓度约为 100g/L，加入硝酸及适量 NH_4Cl，使钯再次沉淀出来。氯钯酸铵用水浆化，煮沸溶解。滤液加碱水解，过滤后，滤液经 2 次配合酸化，得到纯净的 $Pd(NH_3)_2Cl_2$，过滤后洗涤、烘干、煅烧氢还原，即得符合 YS/T 83—1994 标准的光谱分析用钯基体，其纯度示于表 10-6。欲制备符合 YS/T 83—2006 标准的光谱分析用钯基体，可应用 S_{201} 萃取、732 阳离子交换等方法，请参阅笔者 2010 年于化学工业出版社出版的《贵金属萃取化学》（第 2 版）。

表 10-6 光谱分析用高纯钯基体光谱定量分析结果

项目	杂质元素含量/%					
	Pt	Rh	Ir	Au	Ag	Ni
原料	<0.003	<0.0002	0.004	<0.0002	0.00005	0.0002
一次氯钯酸铵沉淀	0.0003	<0.0005	0.001	<0.0003	0.00005	0.0003
二次氯钯酸铵沉淀	0.0003	<0.0005	0.001	<0.0003	0.00001	0.0003
一次水解	0.0002	<0.0005	0.001	<0.0003	0.00001	0.0003
一次配合酸化	<0.0005	<0.0005	<0.001	<0.0003	<0.0001	<0.0003
二次水解	<0.0005	<0.0005	<0.001	<0.0003	0.00005	<0.0003
二次配合酸化	<0.0005	<0.0005	<0.001	<0.0003	<0.0001	<0.0003

项目	杂质元素含量/%					
	Pb	Cu	Fe	Mg	Al	Si
原料	<0.0002	0.00004	0.0003	0.00005	0.003	0.004
一次氯钯酸铵沉淀	<0.0003	0.00003	0.0005	0.00005	0.0005	0.002
二次氯钯酸铵沉淀	<0.0003	0.00001	0.0002	0.00005	0.0001	0.0004
一次水解	<0.0003	0.00003	0.0002	0.0001		0.0003
一次配合酸化	<0.0003	0.00001	0.0002	0.00005	<0.0005	0.0007
二次水解	<0.0003	0.00003	0.001	0.00005	0.002	<0.0003
二次配合酸化	<0.0003	0.00001	0.0002	0.00008	<0.0005	0.0004

10.3.3　光谱分析用高纯钯基体国家标准（YS/T 83—2006）

光谱分析用高纯钯基体新国家标准示于表 10-7[5]，新标准（YS/T 83—2006）与原标准（YS/T 83—1994）相比，测定的杂质元素由 12 种增加到 18 种，新增加了 Mn、Cr、Sn、Zn、Bi、Ru。

表 10-7　光谱分析用高纯钯基体行业标准（YS/T 83—2006）

牌　号			SM-Pd99.995	SM-Pd99.999
	钯含量　不小于		99.995	99.999
化学成分/%	杂质含量不大于	Pt	0.00005	0.00001
		Rh	0.00005	0.00001
		Ir	0.0001	0.0001
		Au	0.00003	0.00001
		Ag	0.00001	0.00001
		Cu	0.00001	0.00001
		Fe	0.00005	0.00001
		Ni	0.00005	0.00001
		Al	0.00005	0.00001
		Pb	0.00003	0.00001
		Mg	0.00001	0.00001
		Si	0.0001	0.0001
		Mn	0.00003	—
		Cr	0.00005	—
		Sn	0.00005	—
		Zn	0.0001	—
		Bi	0.00005	—
		Ru	0.0001	—
	杂质总含量　不大于		0.005	0.001

10.4　铂基体的制备

10.4.1　海绵铂产品标准

中国国家质量监督检验检疫总局于 2015 年 9 月 11 日颁布了海绵铂的最新国家标准 GB/T 1419—2015（见表 10-8）[23]，从 2016 年 4 月 1 日起实施。新标准 GB/T 1419—2015 与原标准 GB/T 1419—2004（见表 10-9）[6]相比，主要技术变化为：海绵铂产品牌号 SM-Pt 99.95 中铅杂质元素含量由 0.005% 改为 0.003%；删去非必测元素钙的要求；增加海绵铂产品灼烧损失量的允许范围；删去原附录 A 中采用普通发射光谱法测定铂中杂质元素改为引用 YS/T 361；附录 A 电感耦合等离子发射光谱法测定杂质元素方法中扩大了锆、铋、锡和钌等 4 种杂质元素含量检测范围；附录 B 增加氢还原重量法测定海绵铂灼烧损失量的要求。2006 年 5 月 25 日颁布实施了高纯海绵铂有色行业标准 YS/T 81—2006（见表 10-10）[7]。

表 10-8　海绵铂国家标准（GB/T 1419—2015）

牌　号			SM-Pt99.99	SM-Pt99.95	SM-Pt99.9
铂含量　≥			99.99	99.95	99.9
化学成分/%	杂质含量 ≤	Pd	0.003	0.01	0.03
		Rh	0.003	0.02	0.03
		Ir	0.003	0.02	0.03
		Ru	0.003	0.02	0.04
		Au	0.003	0.01	0.03
		Ag	0.001	0.005	0.01
		Cu	0.001	0.005	0.01
		Fe	0.001	0.005	0.01
		Ni	0.001	0.005	0.01
		Al	0.003	0.005	0.01
		Pb	0.002	0.003	0.01
		Mn	0.002	0.005	0.01
		Cr	0.002	0.005	0.01
		Mg	0.002	0.005	0.01
		Sn	0.002	0.005	0.01
		Si	0.003	0.005	0.01
		Zn	0.002	0.005	0.01
		Bi	0.002	0.005	0.01
杂质含量的总量　≤			0.01	0.05	0.1

注：1. 本表中未规定的元素控制限及分析方法，由供需双方共同协商确定。

2. 铂的含量为 100% 减去杂质元素实测总和的余量。

3. 海绵铂灼烧损失量均应不大于 0.10%。

表 10-9　海绵铂国家标准（GB/T 1419—2004）

牌　号			SM-Pt99.99	SM-Pt99.95	SM-Pt99.9
铂含量　不小于			99.99	99.95	99.9
化学成分/%	杂质含量 不大于	Pd	0.003	0.01	0.03
		Rh	0.003	0.02	0.03
		Ir	0.003	0.02	0.03
		Ru	0.003	0.02	0.04
		Au	0.003	0.01	0.03
		Ag	0.001	0.005	0.01
		Cu	0.001	0.005	0.01
		Fe	0.001	0.005	0.01
		Ni	0.001	0.005	0.01
		Al	0.003	0.005	0.01
		Pb	0.002	0.005	0.01
		Mn	0.002	0.005	0.01
		Cr	0.002	0.005	0.01
		Mg	0.002	0.005	0.01
		Sn	0.002	0.005	0.01
		Si	0.003	0.005	0.01
		Zn	0.002	0.005	0.01
		Bi	0.002	0.005	0.01
		Ca*	—	—	—
		挥发物	—	—	—
杂质总含量不大于			0.01	0.05	0.1

注：* 为非必测元素；本表中未规定的元素和挥发物的控制极限及分析方法，由供需双方共同协商确定。

表 10-10　高纯海绵铂行业标准（YS/T 81—2006）

牌　号			SM-Pt99.999	SM-Pt99.995
化学成分/%		铂含量不小于	99.999	99.995
	杂质含量不大于	Pd	0.0003	0.0015
		Rh	0.0001	0.0015
		Ir	0.0003	0.0015
		Au	0.0001	0.0015
		Ag	0.0001	0.0008
		Cu	0.0001	0.0008
		Fe	0.0001	0.0008
		Ni	0.0001	0.0008
		Al	0.0003	0.001
		Pb	0.0001	0.0015
		Mg	0.0002	0.0008
		Si	0.0008	0.002
	杂质总含量不大于		0.001	0.005

注：本表中未规定的元素和挥发物的允许量及分析方法，由供需双方共同协商确定。

10.4.2　光谱分析用高纯铂基体的制备

光谱分析用高纯铂基体的制备工艺流程示于图 10-2[8]。

王水溶解：制备铂基体的原料为纯度为 99.99% 的海绵铂，批量不定（视所需基体数量而变化），先将铂放入白瓷缸中用王水溶解，用石英加热器加热，王水为优级纯 HCl 和 HNO₃ 配成，分批加入，待反应终止后，王水溶解液分批倾出，直至全部铂溶解完毕，王水耗量为铂量的 3～4 倍。

赶酸转钠盐：所得王水溶解液，置于白瓷缸内，用石英加热器加热，待浓缩至小体积后加入 HCl 赶 HNO₃，连续 3 次，加入 NaCl（GR）转钠盐，NaCl∶Pt＝0.6∶1，转钠盐后用水赶去其中过量 HCl，再用水溶解，并使溶液中铂含量为 50～80g/L，待水解。

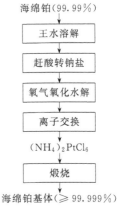

海绵铂（99.99%）

↓

王水溶解 → 赶酸转钠盐 → 氧气氧化水解 → 离子交换

(NH₄)₂PtCl₆

↓

煅烧

↓

海绵铂基体（≥99.999%）

图 10-2　光谱分析用高纯铂基体的制备工艺流程

水解：将已配制好的氯铂酸钠溶液倒入白瓷缸内，用石英加热器加热，加入铂量 0.3% 的 Fe（以 FeCl₃ 形式加入）作为载体，通入氧气氧化 20min，氧化结束后再煮沸 15min，以赶尽溶液中的氧气，接着用优级纯 10％NaOH 溶液调 pH＝7～8，此时继续保持此 pH 值稳定，10min 后停止加热，用蛇形冷凝管使溶液快速冷却，溶液冷至室温后，自然过滤，滤液待离子交换。经过水解可使铂溶液中的大多数贵、贱金属生成相应的氢氧化物除去，使铂得到提纯，其中贵金属杂质一般通过 1～2 次水解就可除至光谱分析下限，若水解结果不满意可反复进行。

　　离子交换：从水解结果看，除铁（有时还有铜）稍差外，其余元素均达 99.995％铂基体要求。为进一步除去铁（或铜），进行离子交换，所使用的交换树脂是 732 型阳离子交换树脂，树脂装入直径为 11cm、高为 50cm 的玻璃柱中，树脂先用水浸手选，除去其中肉眼所能见到的一些杂质，接着用 6mol/L HCl 浸泡，用水压洗，反复操作多次，最后经鉴定流出液中无铁（Ⅱ、Ⅲ）时，用交换水压洗至 pH＝2～2.5 时方可开始交换，交换速率为 20mL/min，交换完毕后取样分析，如不符要求可作第 2 次交换，交换过的树脂，用 6mol/L HCl 浸泡，压洗至流出液无色时，即可重复使用，重复上述操作，直至分析结果达到要求。

　　NH_4Cl 沉淀铂：浓缩阳离子交换液，用重结晶过的 NH_4Cl 沉淀铂，以 17％ NH_4Cl 洗涤 $(NH_4)_2PtCl_6$，煅烧即得符合 YS/T 82—2006 标准的光谱分析用铂基体，其纯度示于表 10-11。

表 10-11　光谱分析用高纯铂基体光谱定量分析结果

批号	杂质元素含量/％											
	Pd	Rh	Ir	Au	Ag	Ni	Pb	Cu	Fe	Mg	Al	Si
1#	<0.00001	<0.00005	0.0004	<0.00002	<0.00001	<0.00005	<0.0001	0.00002	0.0001	0.00001	0.0001	0.0003
2#	<0.00001	<0.00005	0.0004	<0.00002	<0.000001	<0.00005	<0.0001	0.00001	0.0001	0.00002	0.0001	0.0003

　　国内某企业以 99.99％海绵铂（执行 GB/T 1419—2004）为原料，按照王水溶解→NH_4Cl 沉淀→王水溶解→TBP 萃取→732 阳离子交换树脂交换→NH_4Cl 沉淀→煅烧→氢还原的工艺提纯，经西北矿产地质测试中心分析，结果表明，铂基体需控制的 18 种杂质元素均低于标准要求，铂基体纯度＞99.999107％。若按 YS/T 82—2006《光谱分析用铂基体》12 种杂质元素要求计算，所产出的铂基体纯度＞99.999373％，铂的直收率为 66.85％，总收率为 94.10％。该提纯工艺设计先进，流程简单明了，所制备的铂基体纯度高、技术指标稳定。用该铂基体共制备出了 20 套铂光谱标样（每套 5 个点，每个点 2g），经分析检测，全套标样均匀性检验合格，工作曲线梯度均匀，线性关系良好，各项技术指标均与新修订的国家标准样品要求相符合。

10.4.3　光谱分析用高纯铂基体行业标准（YS/T 82—2006）

　　光谱分析用高纯铂基体新标准示于表 10-12，新标准（YS/T 82—2006）与原标准（YS/T 82—1994）相比，测定的杂质元素由 12 种增加到 18 种，新增加了 Mn、Cr、Sn、Zn、Bi、Ru[9]。

表 10-12 光谱分析用高纯铂基体行业标准（YS/T 82—2006）

牌　号			SM-Pt99.995	SM-Pt99.999
铂含量　不小于			99.995	99.999
化学成分/%	杂质含量不大于	Pd	0.00005	0.000002
		Rh	0.00005	0.00001
		Ir	0.0001	0.0001
		Au	0.00003	0.00001
		Ag	0.00001	0.000002
		Cu	0.00001	0.000002
		Fe	0.00005	0.00001
		Ni	0.00005	0.00001
		Al	0.00005	0.00001
		Pb	0.00005	0.00001
		Mg	0.00001	0.00001
		Si	0.0001	0.0001
		Mn	0.00003	—
		Cr	0.00005	—
		Sn	0.00005	—
		Zn	0.0001	—
		Bi	0.00005	—
		Ru	0.0001	—
杂质总含量　不大于			0.005	0.001

注：本表中未规定的元素和挥发物的允许量及分析方法，由供需双方共同协商确定。

10.5 铑基体的制备

10.5.1 铑粉产品标准

1989 年发布的铑粉国家标准（GB/T 1421—1989）示于表 10-13，中国国家质量监督检验检疫总局于 2004 年 7 月 1 日发布实施了铑粉的新标准 GB/T 1421—2004（见表 10-14），新标准 GB/T 1421—2004 与 GB/T 1421—1989 相比，增加了 Mn、Mg、Zn、Ru 4 种必须控制的杂质元素[10]。

表 10-13　铑粉国家标准（GB/T 1421—1989）

牌　号		FRh-1	FRh-2	FRh-3
铑含量　不小于		99.99	99.95	99.9
化学成分/%	杂质含量　不大于			
	Pt	0.003	0.02	0.03
	Pd	0.001	0.01	0.03
	Ir	0.003	0.02	0.03
	Au	0.001	0.02	0.03
	Ag	0.001	0.005	0.01
	Cu	0.001	0.005	0.01
	Fe	0.002	0.01	0.02
	Ni	0.001	0.005	0.01
	Al	0.003	0.005	0.01
	Pb	0.001	0.005	0.01
	Si	0.003	0.005	0.01
	Sn	0.001	0.005	0.01
杂质总含量　不大于		0.01	0.05	0.10

表 10-14　铑粉国家标准（GB/T 1421—2004）

牌　号		SM-Rh99.99	SM-Rh99.95	SM-Rh99.9
铂含量　不小于		99.99	99.95	99.9
化学成分/%	杂质含量　不大于			
	Pt	0.003	0.02	0.03
	Ru	0.003	0.02	0.04
	Ir	0.003	0.02	0.03
	Pd	0.001	0.01	0.02
	Au	0.001	0.02	0.03
	Ag	0.001	0.005	0.01
	Cu	0.001	0.005	0.01
	Fe	0.002	0.005	0.01
	Ni	0.001	0.005	0.01
	Al	0.003	0.005	0.01
	Pb	0.001	0.005	0.01
	Mn	0.002	0.005	0.01
	Mg	0.002	0.005	0.01
	Sn	0.001	0.005	0.01
	Si	0.003	0.005	0.01
	Zn	0.002	0.005	0.01
	Ca[①]	—	—	—
	挥发物	—	—	—
杂质总含量　不大于		0.01	0.05	0.1

① 为非必测元素；本表中未规定的元素和挥发物的控制极限及分析方法，由供需双方共同协商确定。

10.5.2 光谱分析用高纯铑基体的制备

光谱分析用高纯铑基体的制备工艺流程示于图 10-3[11~14]。

铑粉 2 次氯化溶解：放入石英管内的金属铑粉在管式炉中加热通氯氯化，金属铑粉生成疏松的三氯化铑，避免了通常氯化时由于 NaCl 和生成的氯铑酸钠的包裹，使氯化受限制的弊端，以提高氯化率，转变铱的价态。氯化所得三氯化铑按比例配入氯化钠，在 650~700℃进行第 2 次氯化，生成可溶性氯铑酸钠，氯化产物溶解后，过滤，滤渣返回氯化处理。

TBP-TRPO 萃取贵金属杂质：用 TBP-20% TRPO 萃取铑溶液中贵金属杂质元素时，铑溶液浓度高达 30g/L 以上不会产生分相困难及出现第 3 相。萃取条件为：萃取液含铑 30~40g/L，HCl 3mol/L，O/A＝1：2，混相 10min，萃取级数视杂质含量而定，萃取分离后的主体铑溶液，除银外的贵金属杂质元素，光谱分析都达到了无线条水平。

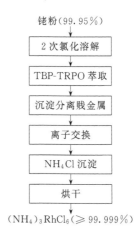

铑粉(99.95%)

→ 2 次氯化溶解 →
→ TBP-TRPO 萃取 →
→ 沉淀分离贱金属 →
→ 离子交换 →
→ NH₄Cl 沉淀 →
→ 烘干 →

(NH₄)₃RhCl₆(≥99.999%)

图 10-3 光谱分析用高纯铑基体的制备工艺流程

沉淀及离子交换分离贱金属：用几种有机单体合成的自配沉淀剂分离铑溶液中主要贱金属杂质，沉淀剂按总杂质含量计算，过量加入，滤渣过滤后回收，沉淀分离后的主体铑溶液再次用阳离子交换分离贱金属杂质，特别是钙、镁、铝、铁、钠等离子，以保证基体的质量。离子交换前先水解，排除大量钠盐，以减轻树脂负荷，水解渣用稀盐酸溶解，氢氧化钠溶液调整 pH=1~1.5，即可上柱交换，交换树脂为 732 强酸性苯乙烯氢型阳离子交换树脂，树脂密度 800~850g/cm³，交换容量为 9mmol/mL，最高溶胀率 5%，树脂经活化处理后使用，经由 ϕ40mm、H380mm 两柱交换所得交换液，取样，光谱分析结果除 Mg、Al 等杂质不稳定外，其余杂质均小于分析下限。

氯铑酸铵制备：氯化铵沉淀法是贵金属精炼中的一种经典方法，一直沿用至今，按光谱铑基体标准要求，提供的基体应为氯铑酸铵，离子交换液浓缩到一定体积后，加入氯化铵，制得氯铑酸铵，取样煅烧，氢还原，所得海绵铑经光谱定量分析证明符合 YS/T 85—1994 标准的光谱分析用铑基体，其纯度示于表 10-15。

表 10-15 (NH₄)₃RhCl₆光谱定量分析结果

批号	杂质元素含量/%						
	Pd	Pt	Ir	Au	Ag	Ni	Pb
1 号	无线条	无线条	无线条	无线条	无线条	无线条	无线条
2 号	无线条	无线条	无线条	无线条	无线条	<0.00025	无线条

续表

批号	杂质元素含量/%						
	Cu	Fe	Mg	Al	Sn	Mn	Ru
1号	<0.000064	0.00009	<0.000064	0.000038	无线条	0.00045	无线条
2号	<0.000064	0.00025	<0.000064	<0.000025	无线条	0.000128	无线条

国内某企业以铑精炼液（含铑 60g/L）为原料，根据原料成分特点，以氯气氧化，使铱(Ⅲ) 转换为铱(Ⅳ)，在适当浓度的盐酸介质中，以氯化钠作为盐析剂，进行 TBP 萃取分离铱；萃铱后调整溶液状态，通过 732 阳离子交换树脂除去痕量的贱金属杂质；交换后液水解除杂洗钠；在适当浓度的盐酸介质中进行氯化铵沉淀，所得氯铑酸铵结晶经煅烧、氢还原得纯金属铑粉。产品经发射光谱、ICP-MS、FGAAS、GDMS 等多种手段分析鉴定，铑含量达到 99.999% 以上，成功制备出高纯铑基体 100g，全流程直收率 54.05%，总收率 93.88%，获得了较好的技术指标。用该高纯铑基体制备出了 20 套铑光谱标样（每套 5 个点，每个点 2g），经分析检测，全套标样均匀性检验合格，工作曲线梯度均匀，线性关系良好，各项技术指标均与新修订的国家标准样品要求相符合。

10.5.3　光谱分析用高纯铑基体国家标准（YS/T 85—2006）

光谱分析用高纯铑基体新标准示于表 10-16，新标准（YS/T 85—2006）与原标准（YS/T 85—1994）相比，测定的杂质元素由 14 种增加到 16 种，新增加了 Mn、Zn[15]。

表 10-16　光谱分析用高纯铑基体行业标准（YS/T 85—2006）

牌　号			SM-Rh99.999
铑含量　不小于			99.999
化学成分/%	杂质含量不大于	Pt	0.00002
		Pd	0.00002
		Ir	0.0001
		Ru	0.0001
		Au	0.00005
		Ag	0.00002
		Cu	0.00002
		Fe	0.00002
		Ni	0.00002
		Al	0.0001
		Pb	0.00005
		Sn	0.00005
		Mg	0.00002
		Si	0.0001
		Mn	0.00003
		Zn	0.0001
杂质总含量　不大于			0.001

10.6 铱基体的制备

10.6.1 铱粉产品标准

1989 年发布的铱粉国家标准（GB/T 1422—1989）示于表 10-17，中国国家质量监督检验检疫总局于 2004 年 7 月 1 日发布并实施了铱粉的新标准 GB/T 1422—2004（见表 10-18），新标准 GB/T 1422—2004 与 GB/T 1422—1989 相比增加了 Mn、Mg、Zn、Ru 4 种必须控制的杂质元素[16]。

表 10-17 铱粉国家标准（GB/T 1422—1989）

牌号			FIr-1	FIr-2	FIr-3
	铱含量 不小于		99.99	99.95	99.9
化学成分/%	杂质含量 不大于	Pt	0.003	0.02	0.03
		Pd	0.001	0.02	0.03
		Rh	0.003	0.02	0.03
		Au	0.001	0.02	0.03
		Ag	0.001	0.005	0.01
		Cu	0.002	0.005	0.01
		Fe	0.002	0.01	0.02
		Ni	0.001	0.005	0.01
		Al	0.003	0.005	0.01
		Pb	0.001	0.005	0.01
		Si	0.003	0.005	0.01
		Sn	0.001	0.005	0.01
	杂质总含量 不大于		0.01	0.05	0.10

表 10-18 铱粉国家标准（GB/T 1422—2004）

牌号			SM-Ir99.99	SM-Ir99.95	SM-Ir99.9
	铱含量 不小于		99.99	99.95	99.9
化学成分/%	杂质含量 不大于	Pt	0.003	0.02	0.03
		Ru	0.003	0.02	0.04
		Rh	0.003	0.02	0.03
		Pd	0.001	0.01	0.02
		Au	0.001	0.01	0.02
		Ag	0.001	0.005	0.01

续表

牌　号		SM-Ir99.99	SM-Ir99.95	SM-Ir99.9
铱含量　不小于		99.99	99.95	99.9
化学成分/%	杂质含量不大于			
	Cu	0.002	0.005	0.01
	Fe	0.002	0.005	0.01
	Ni	0.001	0.005	0.01
	Al	0.003	0.005	0.01
	Pb	0.001	0.005	0.01
	Mn	0.002	0.005	0.01
	Mg	0.001	0.005	0.01
	Sn	0.001	0.005	0.01
	Si	0.003	0.005	0.01
	Zn	0.002	0.005	0.01
	Ca①	—	—	—
	挥发物	—	—	—
杂质总含量　不大于		0.01	0.05	0.1

① 为非必测元素；本表中未规定的元素和挥发物的控制极限及分析方法，由供需双方共同协商确定。

10.6.2　光谱分析用高纯铱基体的制备

光谱分析用高纯铱基体的制备工艺流程示于图 10-4[17,18]。

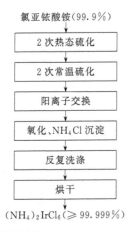

氯亚铱酸铵(99.9%)
→ 2 次热态硫化
→ 2 次常温硫化
→ 阳离子交换
→ 氧化、NH₄Cl 沉淀
→ 反复洗涤
→ 烘干
→ (NH₄)₂IrCl₆(≥99.999%)

图 10-4　光谱分析用高纯铱基体的制备工艺流程

硫化法可以使铱溶液中的贵金属、贱金属杂质及少量铱呈硫化物沉淀析出，从而与主体铱达到有效分离，使溶液得以净化，硫化次数过多，虽可达到提纯的目的，但会使收率下降、成本增加，沉淀剂本身又会引入一些杂质，因此，可在铱提纯至相当纯度后，对溶液中个别微量贱金属杂质通过动态阳离子交换法有效除去。由于铱(Ⅲ) 和铱(Ⅳ) 都能稳定存在，它们之间既易氧化又易还原，而 [IrCl₆]²⁻ 又有着与 [PtCl₆]²⁻、[PdCl₆]²⁻ 相似的性质，即可用 NH₄Cl 作为其特效沉淀剂，进一步与微量贱金属杂质达到完全地分离，保证整个过程更加稳妥、可靠。实验结果证明，硫化法对除去铱中微量贵、贱金属杂质比较有效，通过硫化可使某些杂质元素显著降低，而离子交换法对除去一些极微量贱金属是有效的，还可弥补硫化法的不足。应用该方法可以制得符合分析 YS/T 84—1994 标准的光谱分析用铱基体，其纯度示于表 10-19。该流程是用经典的沉淀法处理纯度为 99.9% 的铱溶液而制得光谱纯 (NH₄)₃IrCl₆，供配制标准用。实践证明，该方法简单、操作方便、工艺可靠、不需特殊试剂及设备、适应性强，故该流程可推荐作为制取光谱纯铱的基本流程，操作时，只需按原料不同杂质含量适当变更处理条件或增加个别补充操作，就可批量制备出合格的光谱纯铱基体。随着新技术的应用及技术水平的不断提高，今后还应全面和深入研究各杂质元素在提纯过程中的行为规律，使流程更趋完善、合理。

表 10-19 光谱分析用高纯铱基体光谱定量分析结果

批号	杂质元素含量/%											
	Pd	Rh	Pt	Au	Ag	Ni	Pb	Cu	Fe	Mg	Al	Sn	Mn
1号	无线条	无线条	无线条	无线条	无线条	无线条	0.00021	0.00004	0.00037	0.000074	0.0001	无线条	无线条
2号	无线条	无线条	无线条	无线条	无线条	无线条	0.00019	0.00013	0.00008	0.000016	0.0001	无线条	无线条

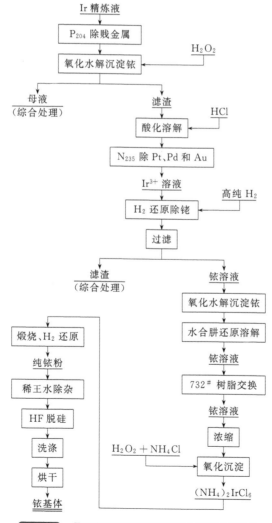

图 10-5 用于光谱分析的高纯铱基体研制工艺流程

近年来，为满足新国家标准对铱标准样品的要求，研制出用于光谱分析的高纯铱基体，国内某企业以铱精炼液为原料，根据原料成分特点，通过实验研究，确定的高纯铱基体研制的工艺流程为[8]：P_{204}萃取除去贱金属阳离子，N_{235}萃取除去以配合阴离子存在的贵金属杂质，H_2还原除铑及其他金属杂质，732阳离子树脂交换除去痕量的贱金属阳离子，NH_4Cl沉淀铱、H_2还原铱，HF除硅（见图10-5）。研制出的铱基体纯度高达99.999%，实验研究全流程铱的直收率为61.99%，铱的总收率为95.26%。采用所研制的高纯铱基体配制出新的铱标样，填补了铱标准修订后国内铱标样的空白。

10.6.3　光谱分析用高纯铱基体国家标准（YS/T 84—2006）

光谱分析用高纯基体铱新标准（YS/T 84—2006）示于表10-20，新标准（YS/T 84—2006）与原标准（YS/T 84—1994）相比，测定的杂质元素由15种增加到16种，新增加了Zn[19]。对照表10-19和表10-20可知，按照图10-5所示工艺可以制得符合YS/T 84—2006标准的99.995%的铱基体（SM-Ir99.995）。

表 10-20　光谱分析用高纯铱基体行业标准（YS/T 84—2006）

牌　号			SM-Ir99.995
铱含量　不小于			99.995
化学成分/%	杂质含量不大于	Pt	0.0001
		Pd	0.00005
		Rh	0.0001
		Ru	0.0001
		Au	0.00005
		Ag	0.00002
		Cu	0.00002
		Fe	0.00005
		Ni	0.00005
		Al	0.00005
		Pb	0.00005
		Sn	0.00005
		Mg	0.00002
		Mn	0.00002
		Si	0.0001
		Zn	0.00005
杂质总含量　不大于			0.005

10.7 钌基体的制备

10.7.1 钌粉产品标准

我国制定的钌粉有色金属行业标准如表 10-21 所示[20]，光谱分析用高纯基体钌标准尚未制定。

表 10-21　钌粉有色金属行业标准（YS/T 682—2008）

牌　号		SM-Ru99.95	SM-Ru99.90
钌含量　不小于		99.95	99.9
化学成分/%	杂质含量　不大于 Pt	0.005	0.01
	Pd	0.005	0.01
	Rh	0.003	0.008
	Ir	0.008	0.01
	Au	0.0005	0.005
	Ag	0.0005	0.001
	Cu	0.0005	0.001
	Ni	0.005	0.01
	Fe	0.005	0.01
	Pb	0.005	0.01
	Al	0.005	0.01
	Si	0.01	0.02
杂质总含量　不大于		0.05	0.10

10.7.2 光谱分析用高纯钌基体的制备

光谱分析用高纯钌基体的制备工艺流程示于图 10-6[21,22]。

采用碱性介质通 Cl_2 溶解蒸馏，所用原料为 200 目的钌粉，称取 100g，分两次进行溶解。Ru：NaOH＝1：5，NaOH 溶液的浓度为 25％，分 2 次将配好的 NaOH 溶液加入蒸馏瓶中，再加入钌粉，吸收液为 1：1 HCl 溶液，5 个吸收瓶串联，以射水泵维持系统为负压，然后开始通入 Cl_2，用电炉断续加热，这时产生大量 RuO_4，最高温度达到 90℃，全过程约 30min，蒸残液为浅黄色，无残渣，有 NaCl 析出。

吸收液经测定为含钌 30g/L 的氯钌酸溶液，取 100mL 移入洗净的蒸馏瓶内，5 个 500mL 吸收瓶中加入 1：1 HCl 溶液串联好，用射水泵抽气，在空气流中进行减压蒸馏，$NaBrO_3$ 溶液按体积比 Ru：$NaBrO_3$＝1：1.5，分几次加完，浴温保持在 45℃，3～4h 后，不再产生 RuO₄，即可换下第 1 个吸收瓶。并将残液升温到 85℃，若残液有色，则再补加一点氧化剂，延长 0.5h，直到残液无色透明，用硫脲棉球或滤纸检查无蓝色显示为止，第 1 瓶吸收液如此反复蒸馏 3 次、浓缩、NH₄Cl 沉淀、煅烧、氢还原。应用该方法可以制得符合企业标准的光谱分析用钌基体，其纯度示于表 10-22。

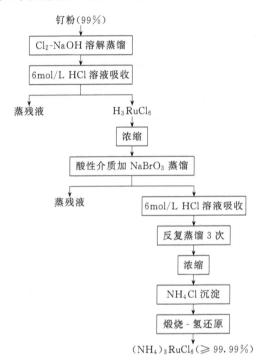

图 10-6 光谱分析用高纯钌基体的制备工艺流程

表 10-22 光谱分析用高纯钌基体光谱定量分析结果

批号	杂质元素含量/%										
	Pt	Rh	Pd	Ir	Au	Ag	Ni	Pb	Cu	Fe	Al
1号	<0.0005	<0.0005	<0.0005	<0.001	<0.0005	<0.0001	<0.0005	<0.0005	<0.0001	<0.0005	<0.001
2号	<0.0005	<0.0005	<0.0005	<0.001	<0.0005	<0.0001	<0.0005	<0.0005	<0.0001	<0.0005	<0.001

实验证明，99.9% 钌粉在碱性介质（NaOH）中通入 Cl₂ 溶解蒸馏，所得盐酸吸收液在盐酸介质中反复减压低温蒸馏 3 次，可有效除去钌中微量金属杂质，用该流程进行扩大实验得到的产品已符合基体要求，该流程的优点是：方法简单，操作方便，流程短，不需特殊试剂和特殊设备。

参 考 文 献

[1] 黄宏伟，张绵慧，颜红，等. 金锭 GB/T 4134—2015，2015-9-11.

[2] 黄蕊，薛丽贤，陈彪，等. 高纯金 GB/T 25933—2010，2010-10-23.

[3] 谭文进，方卫，石红. 海绵钯 GB/T 1420—2004，2004-2-5.

[4] 孙传仕. 光谱分析用钯基体的制备 [研究报告]. 昆明：昆明贵金属研究所，1981.

[5] 谭文进，石红，刘文，等. 光谱分析用钯基体 YS/T 83—2006，2006.

[6] 谭文进，方卫，石红. 海绵铂 GB/T 1419—2004，2004-7-1.

[7] 谭文进，石红，柴湖军，等. 高纯海绵铂 YS/T 81—2006，2006-5-25.

[8] 熊大伟. 光谱分析高纯铂（99.999%）基体的制备 [研究报告]. 昆明：昆明贵金属研究所，1988.

[9] 谭文进，石红，刘文，等. 光谱分析用铂基体 YS/T 82—2006，2006-5-25.

[10] 谭文进，张欣，文劲松. 铑粉 GB/T 1421—2004，2004-7-1.

[11] 杨正芬. 光谱分析用铑基体的制备 [研究报告]. 昆明：昆明贵金属研究所，1989.

[12] 杨正芬，陈景，崔宁，等. 从金属铑粉制取光谱分析用铑基体的方法研究 [研究报告]. 昆明：昆明贵金属研究所，1988.

[13] 杨正芬. 铑提纯方法的进展与现况 [研究报告]. 昆明：昆明贵金属研究所，1986.

[14] 郑雪君，马兴明. 高纯铑的制备 [研究报告]. 昆明：昆明贵金属研究所，1984.

[15] 谭文进，石红，柴湖军，等. 光谱分析用铑基体 YS/T 85—2006，2006-5-25.

[16] 谭文进，张欣，文劲松. 铱粉 GB/T 1422—2004，2004-7-1.

[17] 孙传仕. 光谱分析用铱基体的制备 [研究报告]. 昆明：昆明贵金属研究所，1985.

[18] 侯晓川，高丛堦，肖连生，等. 用于光谱分析的高纯铱基体的研制. 北京科技大学学报，2010，32（9）：1203-1208.

[19] 谭文进，石红，柴湖军，等. 光谱分析用铱基体 YS/T 84—2006，2006-5-25.

[20] 于晓霞，林秀英，王兴，等. 钌粉 YS/T 682—2008，2008-3-12.

[21] 王永录，刘正华. 金银及铂族金属再生回收. 长沙：中南大学出版社，2005：605.

[22] 邹振家，成武. 光谱分析用钌基体的制备 [研究报告]. 昆明：昆明贵金属研究所，1984.

[23] 韩守礼，贺小塘，夏军，等. 海绵铂 GB/T 1419—2015，2015-9-11.

[24] 谭文进，李富荣，李智专，等. 海绵钯 GB/T 1420—2015，2015-9-11.

附录

1 上海黄金交易所可提供标准金锭企业名单

编号	企业金锭编号	企业名称	金锭品牌	所属省市自治区或国家
1	A	长城金银精炼厂	长城金	四川
2	B	内蒙古乾坤金银精炼股份有限公司	乾坤金	内蒙古
3	C	山东黄金矿业股份有限公司焦家精炼厂	泰山	山东
4	D	山东招金金银精炼有限公司	招金	山东
5	E	山东天承生物金业有限公司	天承	山东
6	F	中金黄金股份有限公司黄金精炼厂	中金黄金	河南
7	G	大冶有色金属有限责任公司	大江	湖北
8	H	洛阳紫金银辉黄金冶炼有限公司	银辉	河南
9	I	紫金矿业集团股份有限公司黄金冶炼厂	紫金	福建
10	J	广东高要河台金矿黄金精炼厂	金清	广东
11	K	江西铜业股份有限公司贵溪冶炼厂	江铜	江西
12	L	铜陵有色金属集团股份有限公司金昌冶炼厂	铜冠	安徽
13	M	湖南辰州矿业股份有限责任公司	辰州	湖南
14	N	山东黄金集团金仓矿业有限公司精炼厂	金仓金	山东
15	O	株洲冶炼集团股份有限责任公司	TORCH	湖南
16	P	云南铜业股份有限公司	铁峰	云南
17	Q	上海鑫冶铜业有限公司	上冶	上海
18	R	芜湖恒鑫铜业集团有限公司	晶晶	安徽
19	S	蓬莱蓬港金业有限公司	金创	山东
20	T	灵宝市桐辉精炼有限责任公司	灵宝金	河南
21	U	桦甸市黄金有限责任公司	夹皮沟	吉林
22	V	甘肃西脉新材料科技股份有限公司	金牛	甘肃
23	W	中国黄金集团夹皮沟矿业有限公司	大金牛	吉林
24	X	云南黄金矿业集团股份有限公司	滇金	云南
25	Y	灵宝黄金股份有限公司	灵金	河南
26	Z	河南豫光金铅股份有限公司	YUGUANG	河南
27	GS	烟台国大萨菲纳高技术环保精炼有限公司	GUODASAFEINA	山东
28	GA	深圳市众恒隆实业有限公司	粤鹏金	广东
29	GB	美泰乐科技(苏州)有限公司	METALOR	江苏
30	GC	山东恒邦冶炼股份有限公司	Humon	山东
31	GD	杭州富春江冶炼有限公司	金风	浙江
32	GE	四川省天泽贵金属有限责任公司	贵	四川
33	GF	深圳市翠绿金业有阪公司	翠绿	深圳
34	GG	中矿金业股份有限公司	中矿金业	山东
35	GH	陕西黄金集团西安秦金有限责任公司	秦金	陕西

续表

编号	企业金锭编号	企业名称	金锭品牌	所属省市自治区或国家
36		金川集团股份有限公司	金驼	甘肃
HW001		西澳大利亚铸币厂 Western Australian Mint	The perth mint	澳大利
HW002		美泰乐科技集团(瑞士) Metalor Technologies SA	METALOR	瑞士
HW003		美泰乐科技(香港)有限公司 Metalor Technologies(Hong Kong)Ltd.	METALOR	香港
HW004		瑞士庞博贵金属公司(PAMP SA)	PAMP	瑞士
HW005		共和金属公司 Republic Metals Corporation	RMC	美国

2 上海黄金交易所可提供标准金条企业名单

编号	企业金锭编号	企业名称	金条品牌	所属省市自治区
1	A	长城金银精炼厂	长城金	四川
2	B	内蒙古乾坤金银精炼股份有限公司	乾坤金	内蒙古
3	C	山东黄金矿业股份有限公司焦家精炼厂	泰山	山东
4	D	山东招金金银精炼有限公司	招金进宝	山东
5	E	山东天承生物金业有限公司	天承	山东
6	F	中金黄金股份有限公司黄金精炼厂	中金黄金	河南
7	H	洛阳紫金银辉黄金冶炼有限公司	银辉	河南
8	I	紫金矿业集团股份有限公司黄金冶炼厂	紫金	福建
9	J	广东高要河台金矿黄金精炼厂	中华龙	广东
10	L	铜陵有色金属集团股份有限公司金昌冶炼厂	吉祥	安徽
11	M	湖南辰州矿业股份有限责任公司	辰州	湖南
12	N	山东黄金集团金仓矿业有限公司精炼厂	金仓金	山东
13	P	云南铜业股份有限公司	铁峰滇金	云南
14	S	蓬莱蓬港金业有限公司	金创	山东
15	T	灵宝市桐辉精冶有限责任公司	灵宝金	河南
16	V	甘肃西脉新材料科技股份有限公司	金牛	甘肃
17	G	大冶有色金属有限责任公司	大江	湖北
18		中国工商银行股份有限公司	如意	北京
19		中钞国鼎(北京)投资有限公司	国鼎	北京
20	GG	中矿金业股份有限公司	中矿金业	山东
21	GA	深圳市众恒隆实业有限公司	粤鹏金	深圳
22	GF	深圳市翠绿金业有限公司	翠绿	深圳
23	GT	乌鲁木齐天山贵金属冶炼有限公司	天山星	新疆
24		交通银行股份有限公司	沃德金	上海
25	GH	陕西黄金集团西安秦金有限责任公司	秦金	陕西

3　上海期货交易所金锭注册商标、包装标准及升贴水标准

序号	注册企业	注册日期	商标	冶炼厂地址	外形尺寸 /mm×mm	块重 /kg	牌号
1	中金黄金集团公司	2007.12	中金	河南三门峡	$(115\pm1)\times(52.5\pm1)$	1	Au99.99
					$(320\pm2)\times(70\pm2)$	3	Au99.99
						3	Au99.95
2	山东黄金矿业股份有限公司	2007.12	泰山	山东莱州	$(115\pm1)\times(52.5\pm1)$	1	Au99.99
					$(320\pm2)\times(70\pm2)$	3	Au99.99
						3	Au99.95
3	山东招金金银精炼有限公司	2007.12	招金	山东招远	$(115\pm1)\times(52.5\pm1)$	1	Au99.99
					$(320\pm2)\times(70\pm2)$	3	Au99.99
						3	Au99.95
4	紫金矿业集团股份有限公司	2007.12	紫金	福建上杭	$(115\pm1)\times(52.5\pm1)$	1	Au99.99
					$(320\pm2)\times(70\pm2)$	3	Au99.99
						3	Au99.95
5	灵宝市桐辉精炼有限责任公司	2007.12	灵宝金	河南灵宝	$(115\pm1)\times(52.5\pm1)$	1	Au99.99
					$(320\pm2)\times(70\pm2)$	3	Au99.99
						3	Au99.95
6	江西铜业股份有限公司	2007.12	江铜	江西贵溪	$(115\pm1)\times(52.5\pm1)$	1	Au99.99
					$(320\pm2)\times(70\pm2)$	3	Au99.99
						3	Au99.95
7	云南铜业股份有限公司	2007.12	铁峰	云南昆明	$(115\pm1)\times(52.5\pm1)$	1	Au99.99
					$(320\pm2)\times(70\pm2)$	3	Au99.99
						3	Au99.95
8	铜陵有色金属集团股份有限公司	2007.12	铜冠	安徽铜陵	$(115\pm1)\times(52.5\pm1)$	1	Au99.99
					$(320\pm2)\times(70\pm2)$	3	Au99.99
9	大冶有色金属有限责任公司	2007.12	大江	湖北黄石	$(115\pm1)\times(52.5\pm1)$	1	Au99.99
					$(320\pm2)\times(70\pm2)$	3	Au99.99
10	云南黄金矿业集团股份有限公司	2008.5	滇金	云南昆明	$(115\pm1)\times(52.5\pm1)$	1	Au99.99
					$(320\pm2)\times(70\pm2)$	3	Au99.99
11	灵宝黄金股份有限公司	2008.11	灵金	河南灵宝	$(320\pm2)\times(70\pm2)$	3	Au99.95
12	河南豫光金铅股份有限公司	2012.9	YG	河南济源	$(320\pm2)\times(70\pm2)$	3	Au99.95

4 上海黄金交易所可提供标准银锭企业名单

编号	企业银锭编码	企业名称	银锭品牌	所属省市自治区
1	A	长城金银精炼厂	长城	四川
2	B	内蒙古乾坤金银精炼股份有限公司	乾坤	内蒙古
3	C	山东黄金矿业股份有限公司焦家精炼厂	泰山	山东
4	D	山东招金金银精炼有限公司	招金	山东
5	K	江西铜业股份有限公司	JCC	江西
6	O	株洲冶炼集团股份有限责任公司	TORCH	湖南
7	P	云南铜业股份有限公司	铁峰	云南
8	Z	河南豫光金铅股份有限公司	豫光	河南
9	T	灵宝市金源桐辉精炼有限责任公司	秦岭	河南
10	F	中金黄金股份有限公司中原黄金冶炼厂	中金黄金	河南
11	G	大冶有色金属有限公司	大江	湖北
12	SA	广东罗定金业冶炼厂有限公司花都白银精炼厂	JIN YE	广东
13	SB	广东明发贵金属有限公司	GOLDMI	广东
14	GS	烟台国大萨菲纳高技术环保精炼有限公司	GUODASAFEINA	山东
15	H	洛阳紫金银辉黄金冶炼有限公司	银辉	河南
16	SC	杭州富春江冶炼有限公司	金风	浙江
17	SD	湖南水口山有色金属集团有限公司	SKS	湖南
18	GC	山东恒邦冶炼股份有限公司	Humon	山东
19	L	铜陵有色金属集团控股有限公司	铜冠	安徽
20	I	福建金山黄金冶炼有限公司	◎	福建
21	GG	中矿金业股份有限公司	中矿金业	山东
22	SE	阳谷祥光铜业有限公司	祥光	山东
23	SF	济源市万洋冶炼(集团)有限公司	万洋 WANYANG	广东
24	SG	河南金利金铅有限公司	济金 JIJING	河南
25	GE	四川省天泽贵金属有限责任公司	贵	四川
26	SH	江西龙天勇有色金属有限公司	龙天勇	江西

5　美国材料与试验学会（ASTM）及俄罗斯贵金属产品标准（ΓOCT）

（1）美国材料与试验学会贵金属产品标准（ASTM）

美国材料与试验学会（ASTM），是世界上著名的标准化组织机构之一，它所制定的标准基本上都被美国采纳为国家标准或军用标准，并被世界上许多国家所采用或作为制定本国标准的重要参考文件，分别见附表1和附表2。

附表 1　对金、钯、铂的标准　　　　　　单位：%

品名		精炼金			精炼钯		精炼铂		
标准		ASTM B562—95			ASTM B589—87		ASTM B561—86		
主金属含量		99.995	99.99	99.95	99.95	99.80	99.99	99.95	99.80
杂质含量　不大于	Pt	—	—	—	—	0.15			
	Pd	0.001	0.005	0.02			0.005	0.02	0.15
	Rh	—	—	—		0.10	0.005	0.03	0.10
	Ir	—	—	—		0.05	0.005	0.015	0.05
	Au	—	—	—	0.01		0.005	0.01	
	Ag	0.001	0.009	0.035	0.005		0.003	0.005	
	Cu	0.001	0.005	0.02	0.005		0.004	0.01	
	Fe	0.001	0.002	0.005	0.005		0.005	0.01	
	Ni	—	0.0003	—	0.005		0.001	0.005	
	As	—	0.003	—			0.002	0.005	
	Pb	0.001	0.002	0.005	0.005		0.005	0.001	
	Si	0.001	0.005	—	0.005		0.005	0.01	
	Sn	0.001	0.001	—	0.005		0.002	0.005	
	Bi	0.001	0.002	—			0.002	0.005	
	Mg	0.001	0.003	—	0.005		0.003	0.005	
	Cr	0.0003	0.0003	—	0.001		0.001	0.005	
	Mn	0.0003	0.0003	—	0.001		0.001	0.005	
	Ru					0.05	0.002	0.01	0.05
	Zn				0.0025		0.002	0.005	
	Ca				0.005		0.003	0.005	
	Al				0.005		0.004	0.005	
	Co				0.001				
	Cd						0.005		
	Mo						0.004	0.01	
	Sb	0.001	0.002	—	0.002		0.002	0.005	
	Ag+Cu			0.04					

附表 2 对铑、铱、钌、银的标准　　　　单位：%

品名	精炼铑			精炼铱		精炼钌		精炼银		
标准	ASTM B616—91			ASTM 671—87		ASTM B717—91		ASTM B413—89		
主金属含量	99.95	99.90	99.80	99.90	99.80	99.90	99.80	99.99	99.95	99.90
Pt	0.02	0.05	0.10	0.05	0.10	0.01	0.02			
Pd	0.005	0.05	0.05	0.05	0.05	0.005	0.05	0.001		
Rh				0.05	0.15	0.01	0.05			
Ir	0.02	0.05	0.10			0.005	0.05			
Au	0.003	0.01	—	0.02		0.005	0.005			
Ag	0.005	0.02	—	0.02		0.005	0.01			
Cu	0.005	0.01	—	0.02		0.005	0.01	0.010	0.04	0.08
Fe	0.003	0.01	0.01	0.01	0.01	0.02	0.05	0.001	0.002	0.002
Ni	0.003	0.01	—	0.02						
As	0.003	0.005	0.01	0.005	0.01					
Pb	0.005	0.01	0.01	0.015	0.02			0.001	0.015	0.025
Si	0.005	0.01	—	0.01	0.02	0.005	0.02			
Sn	0.003	0.01	0.01			0.005	0.01			
Bi	0.005	0.005	0.01	0.005	0.01			0.0005	0.001	0.001
Mg	0.005	0.01	—							
Cr	0.005	0.01	—	0.02						
Mn	0.005	0.005	—							
Ru	0.01	0.05	0.05	0.05	0.05					
Zn	0.003	0.01	0.01	0.01	0.01					
Ca	0.005	0.01	—			0.005	0.01			
Al	0.005	0.01	—							
Co	0.001	0.005	—							
Cd	0.005	0.005	0.01	0.005	0.01					
Sb	0.003	0.005	—	0.01	0.01					
B	0.001	0.005	—							
Os						0.005	0.06			
Na						0.005	0.01			
Se								0.0005		
Te	0.005	0.01	—					0.0005		
Ag+Cu										99.95

杂质含量 不大于

（2）俄罗斯贵金属产品标准（ГОСТ）

俄罗斯贵金属产品标准分别见附表3和附表4。

附表3　对金、钯、铂的标准　　　　　　　　　　　单位：%

品名		金锭				海绵钯		海绵铂		
标准		ЗЛАТТ-1	ЗЛА-1	ЗЛА-2	ЗЛА-3	ПЛАП-1	ПЛАП-2	ПЛАП-0	ПЛАП-1	ПЛАП-2
主金属含量		99.99	99.99	99.98	99.95	99.95	99.90	99.98	99.95	99.90
杂质含量　不大于	Au					0.005	0.010	0.005	0.005	
	Fe	0.005	0.001	0.001	—	0.01	0.02	0.003	0.010	0.010
	Al					0.005	0.005	0.005	0.005	
	Pb	0.005	0.001	0.005	—	0.005	0.005	0.005	0.005	
	Si					0.005	0.005	0.002	0.005	0.005
	Sn	0.005	0.001	0.005	—	0.001	0.005	0.001	0.005	
	Sb	0.005	0.001	0.001	—			0.001	0.005	
	Ba									
	Mg									
	Ag	0.005	0.005	0.015	0.035					
	Cu	0.005	0.001	0.005						
	Bi	0.005	0.001	0.001	—					
	Pd	0.0005	0.003	0.005	0.01					
	Cr	0.0005	0.0005	0.0005	—					
	Ni	0.0005	0.0005	0.0005	—					
	Mn	0.0005	0.0005	0.0005	—					
	Pt	0.0005	0.001	0.005	0.005					
	Zn	0.0005	0.001	0.001	—					
	Rh	0.0005	0.001	0.001	0.002					
Pd、Rh、Ir、Ru 总和								0.015	0.025	0.050
Pf、Ir、Rh、Ru 总和						0.025	0.050			
杂质总量　不大于						0.05（杂质总量包括表中杂质以及 Ag、Cu、Ni、Mg、O_2 和挥发物的百分含量）	0.10	0.02（杂质总量包括表中杂质以及 Ag、Cu、Ni、Mg 和挥发物的百分含量）	0.05	0.10

附表4　对铑、铱、锇、钌的标准　　　　　　　　　　单位：%

品名		铑粉		铱粉		锇粉			钌粉		
牌号		РДА-1	РДА-2	ИА-1	ИА-2	ОсА-0	ОсА-1	ОсА-2	РуА-0	РуА-1	РуА-2
主金属含量		99.95	99.90	99.95	99.90	99.97	99.95	99.90	99.97	99.95	99.90
杂质含量　不大于	Au			0.002	0.002	0.002	0.002	0.002	0.002	0.002	0.002
	Fe	0.01	0.02	0.01	0.02	0.01	0.01	0.03	0.003	0.01	0.02
	Al			0.005	0.005				0.002	0.005	0.005
	Pb	0.005	0.005	0.005	0.01				0.003	0.005	0.01
	Si	0.005	0.005	0.002	0.005				0.003	0.005	0.01
	Ba	0.005	0.005	0.002	0.005				0.002	0.005	0.005
	Mg			0.001	0.003						

续表

品名	铑粉		铱粉		锇粉			钌粉		
牌号	РДА-1	РДА-2	ИА-1	ИА-2	OcA-0	OcA-1	OcA-2	PyA-0	PyA-1	PyA-2
主金属含量	99.95	99.90	99.95	99.90	99.97	99.95	99.90	99.97	99.95	99.90
Pt、Pd、Ir 总和	0.02	0.3								
Pt、Pd、Rh、Ru 总和			0.02	0.045						
杂质总量不大于	0.05	0.10	0.05	0.10	0.03	0.05	0.10	0.03	0.05	0.10
		（杂质总量包括表中杂质以及 Au、Ag、Cu、Ni、Ti、Al 的百分含量）	（杂质总量包括表中杂质以及 Cu、Ni、Al 的百分含量）		（杂质总量包括表中杂质以及 Pt、Pd、Rh、Ir、Ag、Cu、Ni、Si、Al、Mg、Ba、Na 的百分含量）			（杂质总量包括表中杂质以及 Pt、Pd、Rh、Ir、Ag、Cu、Ni、Mg、O$_2$ 的百分含量）		